山东省地质矿产勘查开发局
山东省地质勘查工程技术研究中心 资助

# 济宁群及其成矿作用

焦秀美 宋明春 伊丕厚 胡树庭 张成基
马兆同 李培远 李世勇 李 哲 宋英昕 等著
韩玉珍 李凯月 李 宁 刘鹏瑞 付东叶

地质出版社
· 北 京 ·

## 内 容 提 要


本书讲述了沉积变质型含铁建造是引起济宁强磁异常的地质体。济宁铁矿的发现是山东省深部找矿的重大突破，揭开了济宁强磁大异常的神秘面纱。

在对济宁铁矿钻孔岩心详细编录、综合分析勘查成果资料的基础上，对济宁群及其成矿作用的研究取得了新进展。主要创新成果包括：系统研究了济宁群地层层序，新建立了翟村组、颜店组、洪福寺组3个岩石地层单位，划分了各组的基本层序；首次对济宁群进行了层序地层划分和区域地层对比，新发现微古植物化石；首次测得济宁群SHRIMP锆石U-Pb新太古代年龄数据，提出其形成于新太古代—古元古代的新认识；研究了济宁群变质作用和地球化学特征，提出了关于物质来源、沉积环境和原岩性质等一系列新认识；首次在济宁群中发现韧性变形构造，并对其进行了初步研究；研究了铁矿床特征、赋矿规律和成矿作用，首次提出济宁型铁矿是介于阿尔戈马（Algoma）型和苏必利尔（Superior）湖型铁矿之间的新类型铁矿。

早前寒武纪浅变质岩系的发现及济宁群的建立和详细研究是找矿突破带动基础地质研究的典型案例。本书可供从事矿产勘查、地质科研、地矿行政管理的技术人员及有关院校师生阅读。



**图书在版编目（CIP）数据**

济宁群及其成矿作用／焦秀美等著. —北京：地质出版社，2017.9

ISBN 978-7-116-10332-0

Ⅰ. ①济… Ⅱ. ①焦… Ⅲ. ①铁矿床—层序地层学—研究—济宁②铁矿床—成矿作用—研究—济宁 Ⅳ. ①P618.31

中国版本图书馆CIP数据核字（2017）第090502号

Jiningqun Jiqi Chengkuang Zuoyong

责任编辑：田 野
责任校对：王 瑛
出版发行：地质出版社
社址邮编：北京市海淀区学院路31号，100083
电 话：（010）66554528（邮购部）；（010）66554631（编辑室）
网 址：http://www.gph.com.cn
传 真：（010）66554686
印 刷：北京地大彩印有限公司
开 本：787 mm×1092 mm 1/16
印 张：13.75
字 数：280千字
版 次：2017年9月北京第1版
印 次：2017年9月北京第1次印刷
定 价：68.00元
书 号：ISBN 978-7-116-10332-0

# 目　　录

# 第一章　绪　　论

## 第一节　山东地学难解之谜——济宁强磁异常

### 一、济宁强磁异常的发现

济宁航磁异常是山东乃至华北地区最大的磁异常之一，以其面积大、磁异常强度高而闻名于世。最早是1958年地质部航测物探大队在华北地区进行1∶100万航磁测量时，在相邻两条测线上有磁异常反映，其中410剖面线峰值尖锐，磁异常达1700nT（图1－1），标志着济宁磁异常被发现。

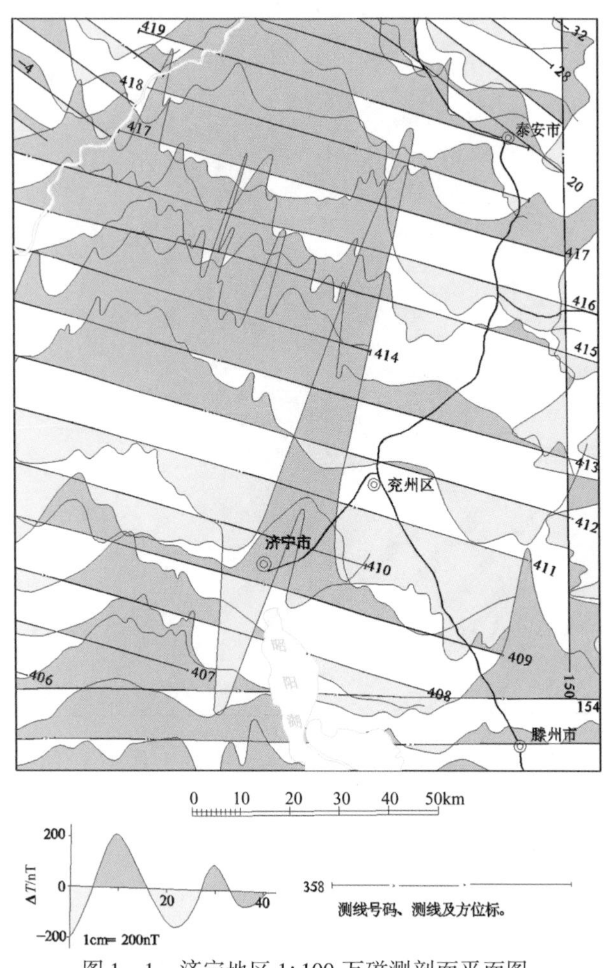


图1－1　济宁地区1∶100万磁测剖面平面图
（资料来源：国家地质总局航空物探大队1979年编制的中国航空磁力异常 $\Delta T$ 剖面平面图）

为查证济宁磁异常，1966 年原山东省地质局 803 队（山东省物探队）进行了 1∶5 万路线踏勘，初步圈定了济宁磁异常位置和范围，认为是接触交代式铁矿引起。当年综合一队在磁异常中心施工 $ZK_1$、$ZK_2$ 钻孔进行验证。$ZK_1$ 孔位于兖州区颜店镇屯头村南 1.5km 磁异常中心处（东经 116°40′22.55″，北纬 35°30′25.80″），在 122.3m 以下见奥陶系灰岩夹 3 层褐铁矿层（总厚 1.4m），501.04m 终孔于寒武系。$ZK_2$ 孔位于 $ZK_1$ 孔西 250m 处（东经 116°40′11.01″，北纬 35°30′28.03″），在 138.98m 以下见石炭系—二叠系，258.31m 终孔于石炭系—二叠系中。两孔中均未见到磁性体。

1967 年，地质部 907 航磁测量队在鲁西南进行了 1∶10 万航磁测量，济宁磁异常在 17 条线上有反映，第一次完整地圈出了该磁异常，编号为 67－23（图 1－2）。正负异常主体为 NE 向，正极值在 150 线，峰值 2245nT；负极值位于 166 线，负峰值 825nT，为正磁异常的伴生负异常。该异常解释推断为特大型“鞍山式”铁矿引起，由此而引起地质界的高度重视。

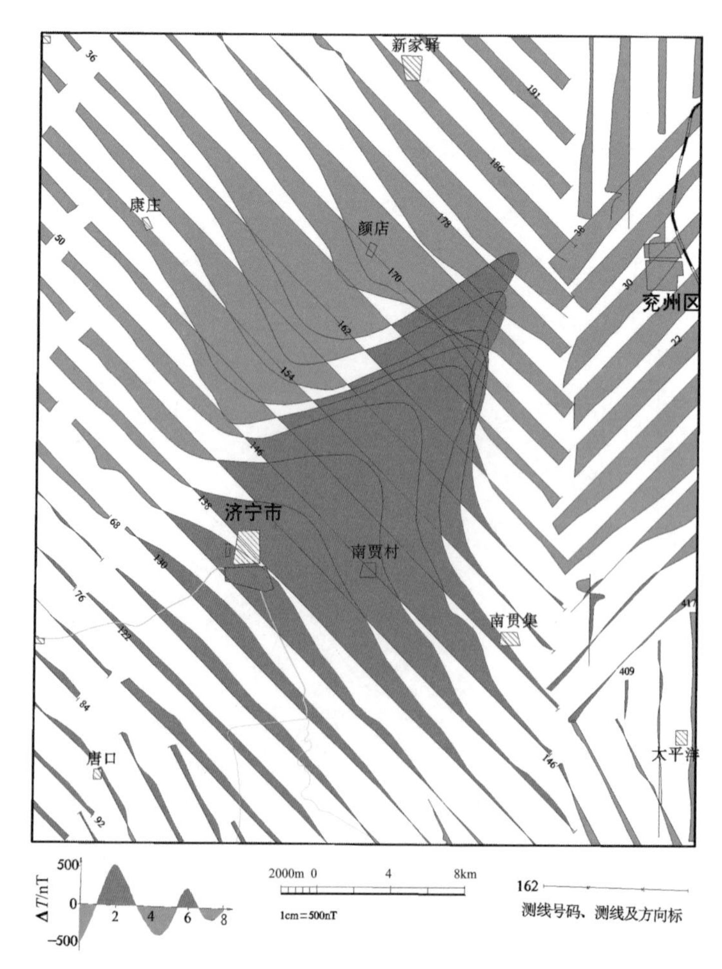


图 1－2　济宁磁异常区 1∶10 万磁测剖面平面图

（资料来源：地矿部航空物探大队 907 队 1967 年鲁西南地区 1∶10 万航空磁测剖面平面图）

1968～1969 年原山东省地质局 803 队组成航磁异常检查组对鲁西南地区的航磁异常进行了系统检查，以济宁航磁异常为重点，并在航磁异常的中心位置进行了 1∶2.5 万地面磁测（图1－3蓝色线框内部分），基本上圈出了济宁磁异常中心部位，面积160km²。

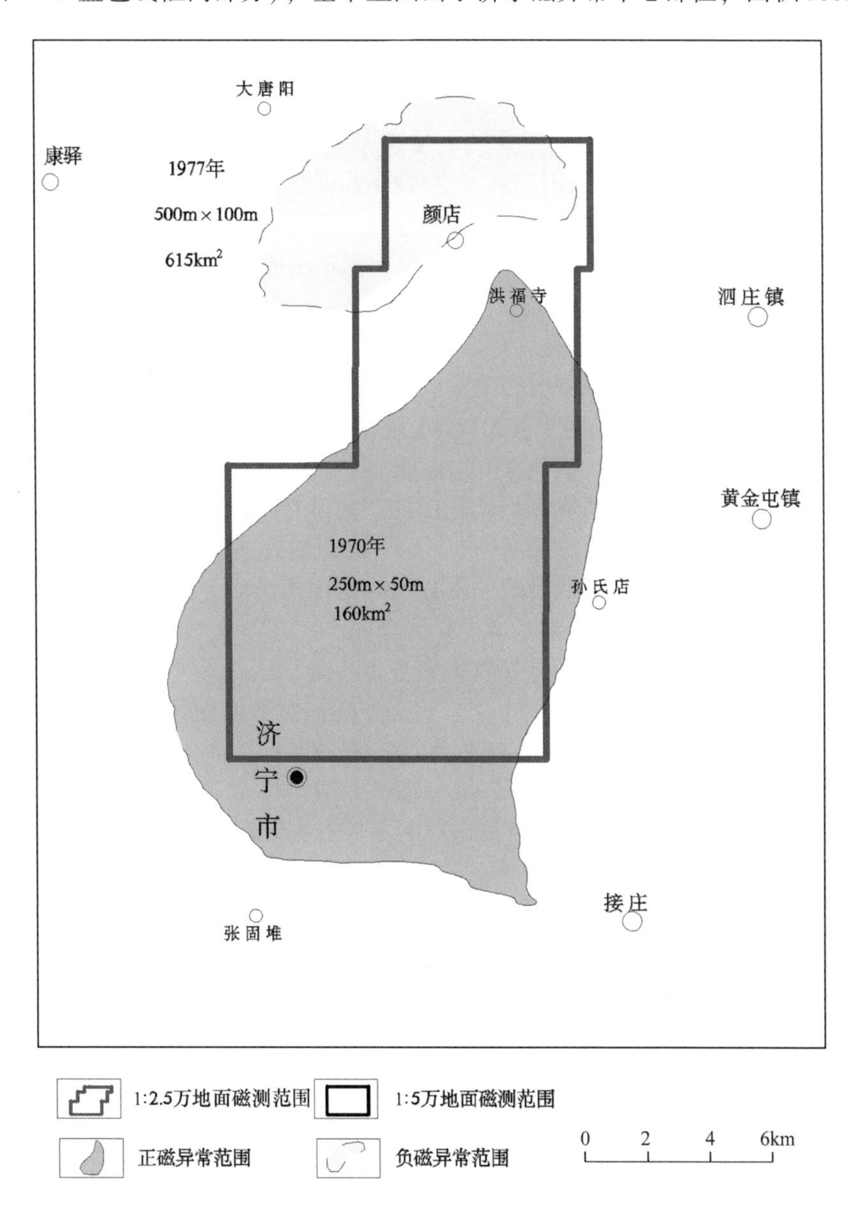


图1－3　济宁磁异常区1∶2.5万、1∶5万（外围）地面磁测范围示意图

为查清磁异常源，1970年由山东省地质矿产局第二地质队施工$ZK_3$孔，位于$ZK_2$孔北800m磁异常中心部位北侧（东经116°40′10.93″，北纬35°30′56.78″），孔深1200.19m，于1133～1142m见9m厚的含铁硅质岩和硅质铁质岩。其顶板为含铁质硅质绢云母千枚岩，底板为硅质绿泥板岩。钻孔岩心磁参数测定结果表明，除底部的含铁硅质岩有微弱磁性外，其他岩性均无磁性。井中磁测$\Delta Z$曲线表明：曲线由浅至深磁场逐渐升高，0～300m升高1300nT，300～940m升高2250nT，940～1200m磁场开始缓慢下降，说明引起异常的磁性体在井旁侧的深部。

1976年10月至1977年5月，山东省地质矿产局第二地质队又施工$ZK_4$孔，位于异常北端翟村北西 1km 处（东经 116°40′06.36″，北纬 35°33′11.80″），孔深 1076.89m，于 1036.15m 见济宁群变质岩，其中 1047.57 ~ 1076.89m 为条带状赤铁石英岩（为前寒武纪古风化壳，经岩矿鉴定，赤铁矿核心尚有氧化残余的磁铁矿，是磁铁石英岩氧化产物），其顶板为含铁绢云千枚岩。

1977 年，山东省地质矿产局第二地质队又相继施工了 $ZK_5$、$ZK_6$、$ZK_7$ 孔，其中 $ZK_7$ 孔最深，位于 $ZK_4$ 孔北 400m 处，终孔深度 1044.62m，于 1013.07m 处仅见济宁群绢云千枚岩等变质岩，未见赤（磁）铁矿层。

为了完整地圈定地面济宁磁异常的全貌，1978 年山东省物探队又在 1968 ~ 1969 年 1:2.5 万地面磁测区的外围进行了 1:5 万地面磁测，从而详细地用地面磁测圈出了完整的磁异常（图 1 – 3 蓝色线框外围部分）。

自 1958 年济宁航磁异常被发现到 1978 年，前后经历了 2 次航空磁测，3 次地面磁测检查，7 个钻孔的验证，均未见到能引起异常的磁性体。至此，济宁磁异常的验证告一段落，济宁磁异常成了山东地质界一个跨世纪之谜。

1983 ~ 1984 年，山东省地质矿产局物化探勘查大队在鲁西南进行了 1:20 万区域重力测量，在济宁磁异常区圈出了相对强度约 $5 \times 10^{-5} m/s^2$ 的椭圆形重力高异常，剩余重力异常圈出了两个局部异常，位置基本与两个磁异常峰值区相对应，强度分别为 $5 \times 10^{-5} m/s^2$ 和 $7 \times 10^{-5} m/s^2$，说明济宁重磁异常基本上是同源的。

2004 年以来，山东省物化探勘查院收集整理了本地区以往地质、物探、物性等资料，投入了高精度重力、磁法测量工作。进行了 1:5 万高精度重力面积测量 $400km^2$，高精度磁测剖面点 1604 个。录入了 1970 年、1977 年物探院测量的地面磁测数据 20420 个；对区内滋阳山附近的 130 个重力点进行了近区地形改正，对全区重力做了 166.7km 地形改正，编制了本区布格重力异常图。对重磁数据进行了常规数据处理，包括磁法化极、上延、下延、磁源重力、视磁化率及求取垂向一、二阶导数等，以及重力滑动平均、剩余重力异常、视密度等。对重、磁资料进行三维空间正反演计算，反演了不同深度层的磁化强度和密度差，建立了济宁磁异常区的重、磁三维空间地质模型体透视图（图 1 – 4）。

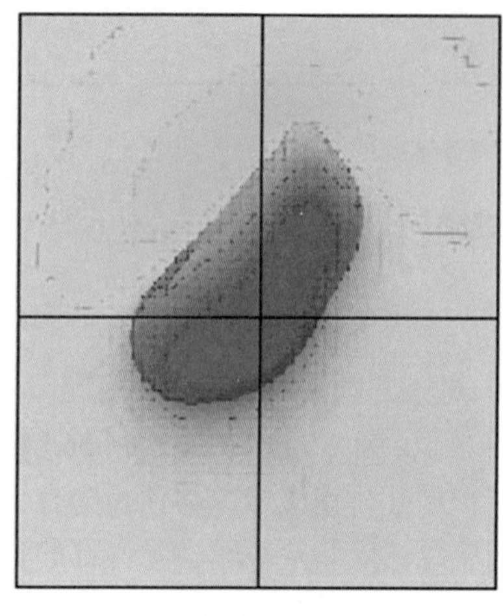

(a)磁法模型体俯视图

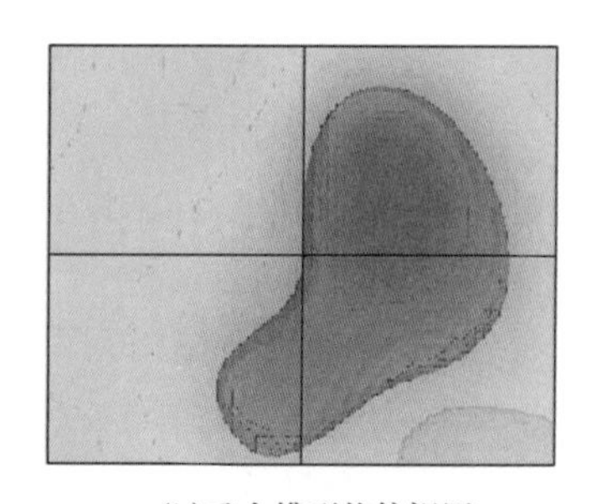

(b)重力模型体俯视图

图 1 – 4　重、磁异常及三维反演模型体俯视图

红色区域为重、磁异常分布；蓝色区域为模型体

## 二、济宁强磁异常的位置与规模

济宁强磁异常区位于山东省中西部，为济宁市的兖州区、任城区、汶上县三市、区（县）交界地带，行政区划隶属于兖州区颜店镇、任城区李营镇及汶上县康驿镇（图1－5）。

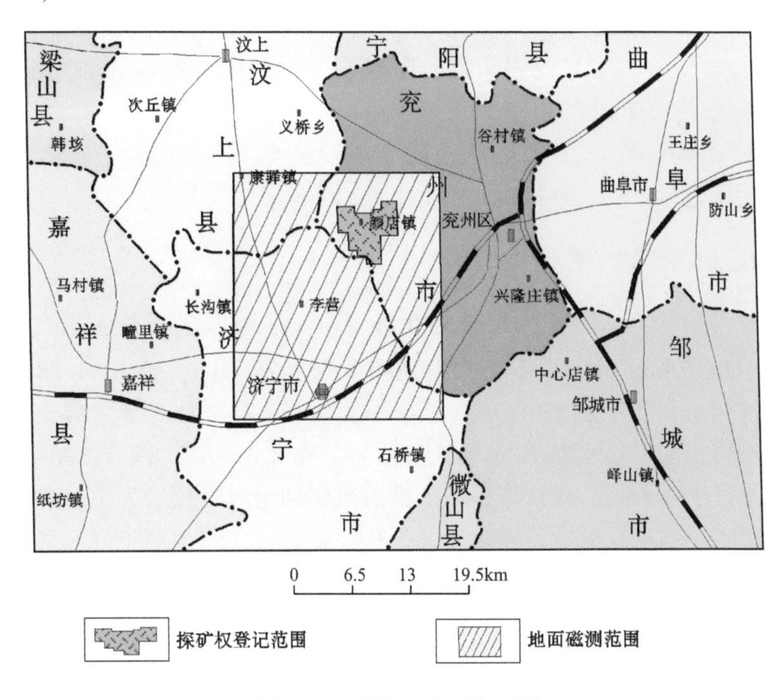


图1－5 研究区交通位置图

根据地面磁测结果，济宁强磁异常的规模特征（图1－3）为：磁异常表现为北负南正特点，在颜店—洪福寺一带正磁异常呈北东走向，向北凸出，负磁异常呈北东东走向。正负磁异常总体近南北向，异常的西边界为南张镇凤凰台，东界为颜店镇的王桥，南界为接庄镇的申庄，北界为颜店镇的李官。极值地理坐标范围为：东经116°31′17.11″～116°43′00.63″，北纬35°21′39.31″～35°36′12.35″。异常南北长约26km，东西宽16km，面积约360km²，其中正异常区面积220km²，负异常区面积140km²。正异常双峰，主峰值位于颜店镇屯头一带，磁异常高值3800nT，中心点坐标：东经116°40′08.22″，北纬35°30′28.79″；次峰值位于李营镇的柏行一带，磁异常高值2900nT，中心点坐标：东经116°38′16.24″，北纬35°27′22.20″。负异常峰值位于颜店镇张刘村一带，负磁异常低值－300nT，中心点坐标：东经116°38′32.27″，北纬35°34′25.58″。

# 第二节　济宁群及铁矿勘查研究历史

## 一、济宁磁异常铁矿勘查工作

### （一）2006年以前铁矿勘查

为查证济宁强磁异常，寻找铁矿资源，自1966～2006年共在该异常区施工钻孔7

个，为 $ZK_1$、$ZK_2$、$ZK_3$、$ZK_4$、$ZK_5$、$ZK_6$、$ZK_7$。其中 $ZK_1$、$ZK_2$、$ZK_5$、$ZK_6$ 钻孔孔深 227.50～501.04m，没有发现铁矿体，揭露盖层为石炭纪—二叠纪、奥陶纪、寒武纪地层。超过千米的钻孔 3 个，为 $ZK_3$、$ZK_4$、$ZK_7$ 孔，孔深 1044.62～1200.19m，在盖层之下揭露到济宁群，为含铁质硅质绢云母千枚岩，最大厚度 102.2m。$ZK_3$ 孔 1133～1142m见到 9m 厚的含铁硅质岩和硅质铁质岩（矿层），其顶板为含铁质硅质绢云母千枚岩，底板为硅质绿泥板岩。$ZK_4$ 孔 1047.57～1076.89m 为条带状赤（磁）铁矿，其顶板为含铁绢云千枚岩。

受限于当时钻探技术，所揭露的赤（磁）矿规模小，不能引起济宁大异常，钻孔井中磁测分析认为引起异常的磁性体的埋深大于 1200m。

### （二）2006 年以来铁矿勘查工作

2006～2007 年，山东省物化探勘查院在济宁市颜店地区进行铁矿普查，施工了 $ZK_8$ 孔，终孔深度 1804.78m。其中揭露济宁群顶端埋深 1225.18m，至 1804.78m 终孔时尚未穿透该岩群，控制最大视厚度 579.6m，主要岩性为绢云千枚岩、绿泥绢云千枚岩、变火山岩夹磁铁石英岩，为一套低绿片岩相浅变质岩。在孔深 1612.89～1796.54m 发现了铁矿层，控制视厚度 183.65m，含铁岩系以磁铁石英岩和绢云千枚岩为主，矿体为条带状磁铁石英岩，呈层状、似层状赋存济宁群变质岩中，矿体产状与岩层产状一致。$ZK_8$ 孔揭示了引起济宁强磁异常的地质体是济宁群中的沉积变质型含铁建造，具有划时代的意义。

随着 $ZK_8$ 孔揭开济宁强磁异常之谜，针对济宁磁异常的铁矿找矿紧锣密鼓地展开。2007 年 11 月至 2009 年 10 月，山东省物化探勘查院开展了济宁铁矿颜店矿段普查－详查。颜店矿段位于济宁磁异常的北部，铁矿埋藏相对较浅，探矿权面积 19.04$km^2$，仅为济宁航磁异常的一小部分。2008 年 6 月完成颜店矿段铁矿普查，完成机械岩心钻探 7076.18m/4 孔，磁测井 5870m/4 孔。2009 年 10 月完成颜店矿段铁矿详查，完成机械岩心钻探 28689.10m/16 孔，水文地质钻探 1546.51m/2 孔，磁测井 27275m/16 孔，水文测井 1441.46m/1 孔。颜店矿段共圈出 11 个铁矿体，矿体埋深最浅 899m，最深 1584m。共求得铁矿石资源量 62237.4 $\times 10^4$t。工业矿 TFe 平均品位 28.99%，mFe 21.90%。

翟村矿段铁矿详查于 2010 年 12 月完成。翟村矿段位于颜店矿段以南，勘查面积为 24.12$km^2$。详查完成机械岩心钻探 65372m（40 个钻孔），水文地质钻探 1500.7m（1 个钻孔），共圈定铁矿体 44 个，其中 20、4、38、19 号矿体为主矿体，主矿体铁矿石资源量占全矿床铁矿石资源量的 72.79%。主矿体埋深最浅 1073m，最深 1631m，较颜店矿段埋藏深度大。单工程控制矿体最大厚度 198.39m，工业矿 TFe 平均品位 31.09%，mFe 22.44%，较颜店矿段矿体厚度大，品位高。共提交铁矿石资源量 121241.8 $\times 10^4$t。

## 二、有关济宁群的研究工作

20 世纪 80 年代前后，李森乔和李评（1979）、南京地质矿产研究所铁矿组（1979）和亓润章（1984）对济宁群地层划分、形成时代进行了研究，并将鲁西地区的这套全隐伏的浅变质地层称之为济宁群。

20 世纪 90 年代，山东省地质矿产局对其地层划分进行了重新厘定，称之为济宁岩群

（宋志勇等，1994；曹国权，1996；张增奇，刘明渭，1996）。

曹国权等（1995）对山东西部早前寒武纪区域地质进行了总结，著有《鲁西早前寒武纪地质》。将在济宁磁异常北段施工的 $ZK_3$、$ZK_4$、$ZK_7$ 钻孔揭露的100余米厚的浅变质岩系称之为济宁岩群，对这套含铁建造进行了初步研究。分析了济宁磁异常特征，提出引起磁异常的磁铁石英岩层尚未见到，厚大磁铁石英岩层应分布在 $ZK_3$、$ZK_4$ 孔之间。讨论了济宁岩群与上下地层的接触关系，推断济宁岩群与泰山岩群为角度不整合接触。通过分析对比鲁西早前寒武纪条带状含铁建造，认为鲁西早前寒武纪条带状含铁建造有一定的层位，存在由东向西其形成时代由早到晚和产出层位逐渐抬升的规律，提出济宁铁矿的成因类型为陆源沉积变质型铁矿床。

全国地层清理时，山东省地质矿产局编写的《山东省岩石地层》（张增奇，刘明渭，1996），根据济宁地区的部分钻孔资料对岩石地层进行了划分对比，建立了济宁（岩）群，将其定义为：鲁西地层分区济宁北东至滋阳山一带被覆于千米盖层之下，由板岩、千枚岩、变英安玢岩及赤（磁）铁矿层组成的岩石地层单位，与上覆寒武纪长清群呈不整合接触，与下伏泰山岩群未见直接接触，推测为不整合接触，为低绿片岩相变质，时代属古元古代。建立的正层型剖面位于兖州区颜店镇嵫阳山（东经116°39′30″，北纬35°32′45″；据山东省地质矿产局第二地质队1977年钻探），层型剖面特征为：

**上覆地层** 长清群 灰岩为主，底部为厚约1m的砾岩层

～～～～～～ 角度不整合 ～～～～～～

| **济宁（岩）群** | 总厚度122m |
|---|---|
| 5. 暗紫色硅铁质板岩为主，夹灰色钙质千枚岩 | 7m |
| 4. 硅铁质千枚岩夹赤铁矿带 | 约4m |
| 3. 灰绿色薄层状绿泥石千枚岩、绢云母千枚岩、灰紫色薄层铁质千枚岩及厚约2m的条纹状假象赤铁矿层，节理裂隙中充填有石膏 | 约33m |
| 2. 硅铁质板岩夹赤铁矿条带 | 2～20m |
| 1. 灰绿色千枚岩为主，夹紫色硅铁质千枚岩，下部为变质火山岩夹赤铁矿层 | 约58m |

———— 未见底 ————

天津地质矿产研究所在对中国前寒武纪铁矿时空分布和演化特征研究中，对济宁铁矿的类型进行了划分，认为其属于前寒武纪沉积变质型铁矿床中的条带状铁建造铁矿床亚类型（沈保丰等，2005）。条带状铁建造是指全铁含量大于15%，由富铁矿物（磁铁矿、赤铁矿等）和脉石矿物（以石英为主）组成条带状（或条纹状）构造的、富铁化学沉积岩。当条带状铁建造的全铁含量达到工业品位时，就成为条带状铁建造铁矿床。条带状铁建造铁矿床包括阿尔戈马型和苏必利尔湖型两种类型。阿尔戈马型铁矿床的形成与海底火山作用关系密切，在含铁岩系中广泛分布火山岩，特别是中、基性火山岩，鲁西的东平、韩旺铁矿属于此种类型。苏必利尔湖型铁矿床形成于大陆架浅海环境，含铁岩系中石英岩、白云岩和黑色页岩发育，矿床成因与火山作用关系不明确，济宁铁矿可能属于此种类型。苏必利尔湖型条带状铁建造铁矿床在中国分布不多，主要见于山西吕梁和山东济宁地区，多

形成于古元古代。

2006～2010年，山东省物化探勘查院对济宁市颜店－翟村矿区开展了铁矿普查、详查，施工钻孔63个，完成钻探工作量10万余米，最深钻孔深度达2100.8m，获取了大量新的地质资料，为重新认识这套浅变质岩层和开展相关研究提供了有利条件。部分研究者对济宁群的地层划分、形成时代、地球化学特征及相关的铁矿床特征进行了研究（宋明春等，2008，2011；韩玉珍等，2008；李培远等，2010；张成基等，2010；王伟等，2010；万渝生等，2012），济宁群成为找矿突破带动基础地质研究的典型实例。

# 第三节　研究概况

## 一、课题设置

济宁航磁异常以规模大、幅值高、重磁异常吻合为特点，受到世人关注。自1958年首次发现至2008年$ZK_8$孔证实了引起济宁磁异常的地质体是济宁群中赋存的含铁岩系，历经半个世纪。但由于济宁群为隐伏地层，受缺少野外露头、钻孔岩心不易获得、地质资料难以收集等因素制约，对济宁群及其成矿作用尚缺乏全面系统的研究与认识，亟待开展深入研究。

2009年，山东省地质矿产勘查开发局以鲁地字〔2009〕17号《关于下达2009年矿产勘查项目任务书的通知》下达了“济宁铁矿成矿规律和成矿预测研究”项目任务书，任务书要求：结合济宁铁矿颜店、翟村勘查成果，研究济宁群岩石组合、层序、变质变形、构造环境等成矿地质背景特征；研究区内沉积变质岩型铁矿矿床特征、矿床成因及成矿规律；进一步研究确定引起济宁重磁异常的地质体的空间形态；采用基于GIS的多元信息集成技术，进行济宁磁异常区铁矿资源潜力预测。

在课题进行过程中，我们认识到，要研究济宁铁矿成矿规律，首先要认识济宁群沉积变质地层及其沉积变质含铁建造。2010年将课题研究内容重点放在了研究济宁群地质特征上，即载矿母体的研究，将研究课题更名为“山东省济宁群及其成矿作用研究”。

## 二、研究主要内容

本次研究针对主要科学问题，以野外观察和分析测试为基础，开展地层学、岩石学、构造地质学、矿床学和地球化学等综合研究，重点对济宁群的地层层序、成岩环境及其中的铁矿成矿规律进行研究。主要研究内容包括：

1）济宁群岩石地层划分。依据岩石组合特征和含矿性的差异，进行岩石地层层序划分，建立岩石地层单位。研究各组层型剖面、地质特征及区域变化、岩石组合、基本层序、产状和原岩建造、划分标志和接触关系、横向变化等。

2）地层形成时代和区域对比。采用锆石U－Pb同位素测试、微古植物鉴定等方法，研究地层形成时代，进行多重地层划分。与华北克拉通和山东省前寒武纪地层进行区域对比，大致确定相似时代、相似岩性组合的地层单位。

3）成岩环境研究。研究济宁群变质岩和变质作用特征、地球化学特征，恢复原岩和成岩环境，确定原岩沉积建造和变质建造。

4）构造变形研究。研究济宁群中褶皱、韧性剪切带等构造变形特征。

5）成矿作用研究。总结矿床特征和成矿规律，进行成矿物质来源、成矿物理化学条件、成矿构造背景、矿床成因和成矿时代等研究。

## 三、完成的主要实物工作量

本次研究选择济宁铁矿颜店矿段代表性的第3、4、12勘探线，对$ZK_{402}$、$ZK_{403}$、$ZK_{404}$、$ZK_{405}$、$ZK_{1203}$、$ZK_{1201}$、$ZK_{1202}$、$ZK_{301}$、$ZK_{303}$共9个钻孔、钻探进尺7000m的岩矿心进行了系统编录和取样工作。采集岩矿鉴定样品153件，由山东省地质科学实验研究院岩矿所进行了鉴定。采集分析测试样品60件（其中磁铁矿石9件，赤铁矿石3件，岩石样品48件），分别做了全岩硅酸盐分析、岩石光谱定量全分析、稀土元素分析，分析测试单位为山东省地质科学实验研究院分析测试中心。物相分析样品13件，分析测试单位为山东省地质科学实验研究院分析测试中心。取自不同铁矿体的8件铁矿石样品，挑选磁铁矿单矿物进行硅酸岩、微量元素全分析，测试工作由北京核工业分析测试中心承担。稳定同位素样品14件，进行了O、C、Si分析，测试单位为北京核工业分析测试中心。全岩X光衍射分析样品29件，测试单位为北京核工业分析测试中心。微古鉴定样品30件，由南京地质古生物研究所卢辉楠鉴定。锆石同位素测年样品1件，由中国地质科学院万渝生测试。完成主要实物工作量如表1－1所示。

**表1－1　完成实物工作量一览表**

| 序号 | 项目 | 单位 | 数量 | 备注 |
| --- | --- | --- | --- | --- |
| 1 | 资料收集 | | | 济宁地区物探资料，颜店、翟村勘查报告，早前寒武纪地层、铁矿研究的论文、专著等 |
| 2 | 钻孔编录 | 孔 | 9 | 颜店矿段$ZK_{402}$、$ZK_{403}$、$ZK_{404}$、$ZK_{405}$、$ZK_{1203}$、$ZK_{1201}$、$ZK_{1202}$、$ZK_{301}$、$ZK_{303}$钻孔，7000m钻探进尺的岩矿心 |
| 3 | 岩矿鉴定样品 | 件 | 153 | |
| 4 | 全岩硅酸盐分析样品（其中矿石11件） | 件 | 60 | 分析项目：$SiO_2$、$TiO_2$、$Al_2O_3$、$Fe_2O_3$、FeO、MnO、CaO、MgO、$K_2O$、$Na_2O$、$CO_2$、$P_2O_5$、$H_2O^+$、S、固定碳、总量（介于99.50%～100.50%） |
| 5 | 岩石光谱定量全分析样品 | 件 | 60 | 分析项目：Ti、V、Cr、Co、Ni、Cu、Pb、Zn、Au、Ag、W、Sn、Bi、Mo、As、Sb、Se、Cd、In、Te、Ir、Os、Re、Pt、Hg、I、Br、Rb、Ba、Th、U、K、Nb、La、Ce、Sr、Hd、Hf、Zr、Sm、Tb、Y、Li、Be、Cs、Ti、F共47项 |
| 6 | 稀土元素分析样品 | 件 | 60 | 分析项目：La、Ce、Pr、Nd、Sm、Eu、Gd、Tb、Dy、Ho、Er、Tm、Yb、Lu、Y |
| 7 | 物相分析样品 | 件 | 13 | 分析矿石的全铁、磁铁矿、硅酸铁、碳酸铁、硫化铁、赤（褐）铁 |

续表

| 序号 | 项目 | 单位 | 数量 | 备注 |
|---|---|---|---|---|
| 8 | 磁铁矿硅酸盐分析样品 | 件 | 8 | 分析项目：$SiO_2$、$TiO_2$、$Al_2O_3$、$Fe_2O_3$、FeO、MnO、CaO、MgO、$K_2O$、$Na_2O$、$P_2O_5$、$V_2O_5$、$Cr_2O_3$、NiO、CoO、Ge、Ga、总量（介于99.50%～100.50%），计17项。从粉碎的铁矿石中挑选出磁铁矿做上述项目 |
| 9 | 磁铁矿微量元素分析 | 件 | 8 | |
| 10 | 稳定同位素分析样品 | 件 | 14 | 分析项目：O、C、Si |
| 11 | 全岩X光衍射分析样品 | 件 | 29 | |
| 12 | 微古鉴定样品 | 件 | 30 | |
| 13 | 锆石SHRIMP法U－Pb同位素年龄样品 | 件 | 1 | |
| 14 | 各类样品合计 | 件 | 445 | |

## 四、研究过程

济宁群的研究工作是与该区的铁矿详查工作基本同步进行的。2009年课题组收集了济宁铁矿勘查资料以及国内外关于早前寒武纪地层以及铁矿的研究资料，编写了济宁铁矿成矿规律和成矿预测设计。2010年张成基、焦秀美等对济宁铁矿颜店矿段部分钻孔的岩矿心进行了编录和系统取样工作。

本书由焦秀美、宋明春、伊丕厚、胡树庭、张成基、马兆同、李培远、李世勇、李哲、宋英昕、李凯月、韩玉珍等为主完成，参与研究和相关勘查工作的工程技术人员20余人。本书编写人员分工为：焦秀美为负责人，负责本书的编写工作，具体负责区域地质背景研究，济宁群地层序列及特征研究，成矿作用研究；宋明春为总技术指导，进行了岩石地层研究、稳定同位素研究、岩石地球化学研究、区域地层对比研究；伊丕厚负责组织策划协调、编审等；胡树庭负责变质岩与变质作用研究；马兆同负责地球物理研究；李培远负责铁矿矿床特征研究；李世勇对地球化学进行了研究；李哲研究了铁矿成矿规律；张成基负责指导钻孔岩矿心系统编录、采样工作和地层的划分。韩玉珍参与地球物理、构造变形研究；宋英昕、李凯月参与地球化学与成矿物质来源研究；刘鹏瑞等做了岩矿鉴定工作，李宁、付东叶参加了地层研究，姜素芝、王维一、周京芳绘制了图件。

山东省地质矿产勘查开发局徐军祥研究员，在本书出版过程中给予了大力支持；莱芜钢铁集团莱芜矿业有限公司李传华高级工程师在钻孔岩心编录方面给予了支持帮助；山东省地质科学实验研究院张增奇研究员、吕振生所长在岩矿测试工作中给予了指导支持；中国地质科学院万渝生研究员进行了锆石定年研究；在北京大学陈衍景教授指导下，中国科学院地球化学研究所汤好书、北京大学博士生李凯月协助处理了部分实验测试样品。在此深表感谢！

# 第二章 区域地质背景

## 第一节 鲁西南大地构造单元及地质构造演化

山东省大地构造位置隶属于华北克拉通。华北克拉通与塔里木克拉通，共同组成我国巨大的横亘东西的稳定区，它在中国构造格架中，起着骨干作用。这个稳定区出露大量前寒武纪结晶基底岩系。鲁西就是众多的古老结晶基底裸露区之一，它的北部为阴山－燕山变质区，西侧为五台－太行山变质区，南侧为嵩山－霍邱变质区，东侧为胶北变质区和苏鲁超高压变质区。

### 一、鲁西南大地构造单元

宋明春等（2009）根据特定大地构造环境和特定构造部位以及所形成的特定的岩石－构造组合划分了山东省大地构造单元（表2－1；图2－1）。

根据该划分方案，鲁西南大地构造单元一级分区属中朝陆块（也常称华北板块、中朝板块、华北克拉通和塔里木－华北板块等）。基底构造单元二级分区为渤鲁微陆块，三级分区为泰山花岗－绿岩带，四级分区包括济宁裂陷盆地和沂沭前陆盆地。上叠构造单元二级分区分别按照古生代和中生代以来地质构造背景划分为华北板块陆表海盆地和滨太平洋前陆坳陷带、滨太平洋构造岩浆活动带，后者叠加于前者之上，三级分区为济宁坳陷、蒙阴盆地群，与上一级构造单元有交叉或横跨现象，这一级构造单元既是上叠二级构造单元的次级单元，又与基底二级构造单元有明显的继承和包容关系；四级、五级分区是中新生代的凸、凹构造，叠加在上一级构造单元之上或被上一级构造单元所包容或被晚期构造单元所覆盖（兼并），规模一般比上一级构造单元小，与上一级构造单元之间没有交叉现象，被晚期构造单元覆盖的凸、凹构造称为潜凸或潜凹；五级构造单元包括9个，分别为：汶上－宁阳潜凹、菏泽潜凸、巨野－成武潜凹、嘉祥潜凸、济宁潜凹、兖州潜凸、鱼台潜凹、青崮集潜凸、滕州潜凹。

### 二、区域地质构造演化

山东陆块是在长期地质演化过程中，由不同时代、不同性质、不同构造层次的地质块体互相拼贴组合而成的。其复杂的地质构造现象不仅记录了微陆块型古板块演化旋回的完整历史，也叠加了古亚洲构造域的扬子板块与华北板块的挤压拼接和滨太平洋构造域的太平洋板块向欧亚板块俯冲两种动力学背景。多重地球动力学背景，导致了山东省大地构造演化的复杂历程，大致划分为早前寒武纪、中—新元古代、青白口纪—古生代和中—新生代4个阶段。鲁西南经历了与山东陆块一致的地质构造演化历史，其演化过程如下：

**表 2－1　山东省大地构造单元划分一览表**

| Ⅰ | 基底构造单元 | | | 上叠构造单元 | | | | | |
|---|---|---|---|---|---|---|---|---|---|
| | Ⅱ | Ⅲ | Ⅳ | Ⅱ | | Ⅲ | | Ⅳ | Ⅴ |
| 中朝陆块（华北板块） | 1 | | 2 | 华北板块陆表海盆地 | 滨太平洋前陆坳陷带 | 渤海湾盆地 | 3 | 临清潜陷 | 高唐潜凸、德州潜凹、东明潜凹、莘县潜凹、老城潜凸 |
| | 渤鲁微陆块 | 傲徕山岩浆活动带 | 鲁西地块 | | | | 4 | 埕子－宁津潜隆 | 宁津潜凸、埕子口潜凸、长官潜凹、无棣潜凸 |
| | | | | | | | | 沾化－车镇潜陷 | 车镇潜凹、义和庄潜凸、沾化潜凹、孤岛潜凸、陈家庄－青驼子潜凸、滨城潜凸 |
| | | | | | | | | 东营潜陷 | 东营潜凹、广饶潜凸、双河潜凸、博兴潜凹、牛头潜凹、寿光潜凸 |
| | | | | | | | | 惠民潜陷 | 高青潜凸、惠民潜凸、临邑潜凸 |
| | | 泰山花岗－绿岩带 | | | | 鲁中隆起 | | 泰山－沂山隆起 | 东阿－齐河潜凸、邹平－周村凹陷、泰山凸起、鲁山凸起，鲁山凸起、沂山凸起、昌乐凹陷 |
| | | | | | | | | 新甫山隆起 | 布山凸起、新甫山凸起、孟良崮凸起、马牧池穹断 |
| | | | | | | | | 东平－蒙山隆起 | 东平凸起、蒙山凸起 |
| | | | | | | | | 尼山隆起 | 尼山凸起、临沂穹断 |
| | | | | | | | | 枣庄隆褶带 | 枣庄凹陷、峄城凸起、韩庄凹陷、河头集断褶带 |
| | | | | | | 蒙阴盆地群 | | 肥城－沂源盆地 | 肥城凹陷、泰莱凹陷、沂源凹陷 |
| | | | | | | | | 汶口－蒙阴盆地 | 大汶口盆地、汶东（新泰）凹陷、蒙阴凹陷 |
| | | | | | | | | 泗水－平邑盆地 | 泗水凹陷、平邑凹陷 |
| | | | 5 | | | 济宁坳陷 | | | 汶上－宁阳潜凹、菏泽潜凸、巨野－成武潜凹、嘉祥潜凸、济宁潜凹、兖州潜凸、鱼台潜凹、青崮集潜凸、滕州潜凹 |
| | | | 6 | | 滨太平洋构造岩浆活动带 | 沂沭裂谷 | | 潍坊潜陷 | 下营潜凸、昌邑潜凹、寒亭潜凸 |
| | | | | | | | | 马站－苏村地堑 | |
| | | | | | | | | 郯城断陷 | |
| | | 7 | | | | | | 汞丹山地垒 | |
| | 胶辽微陆块 | 8 | 胶北地块 | 10 | | | | 安丘－莒县地堑 | |
| | | 9 | | | | 胶北隆起 | | | 胶北凸起、龙口凹陷、臧家庄凹陷 |
| 中央造山区 | 苏鲁碰撞造山带 | 胶东裂陷 | 11 | 大别苏鲁裂谷 | | 胶莱盆地 | | | 海阳凹陷、莱阳凹陷、大野头凸起、平度－夏格庄凹陷、李党家－马山凸起、高蜜－胶州凹陷、柴沟凸起、诸城凹陷、五莲凸起 |
| | | | | | | 14 | | 威海隆起 | 俚岛凹陷 |
| | | 苏鲁裂谷 | 12 | | | | | 胶南隆起 | 中楼凹陷、莒南凹陷、临沭凹陷 |
| | | | 13 | | | 15 | | | |

（据宋明春等，2009）

注：1—迁淮微陆块；2—德州地块；3—濮阳坳陷；4—济阳坳陷；5—济宁裂陷盆地；6—沂沭前陆盆地；7—沂水陆核；8—栖霞花岗－绿岩带；9—唐家庄陆核；10—华北板块（鲁东）被动大陆边缘；11—蓬莱震旦纪后继盆地；12—威海－日照岩浆活动带；13—石桥震旦纪上叠盆地；14—鲁东折返带（超高压带）；15—苏北折返带（高压带）。

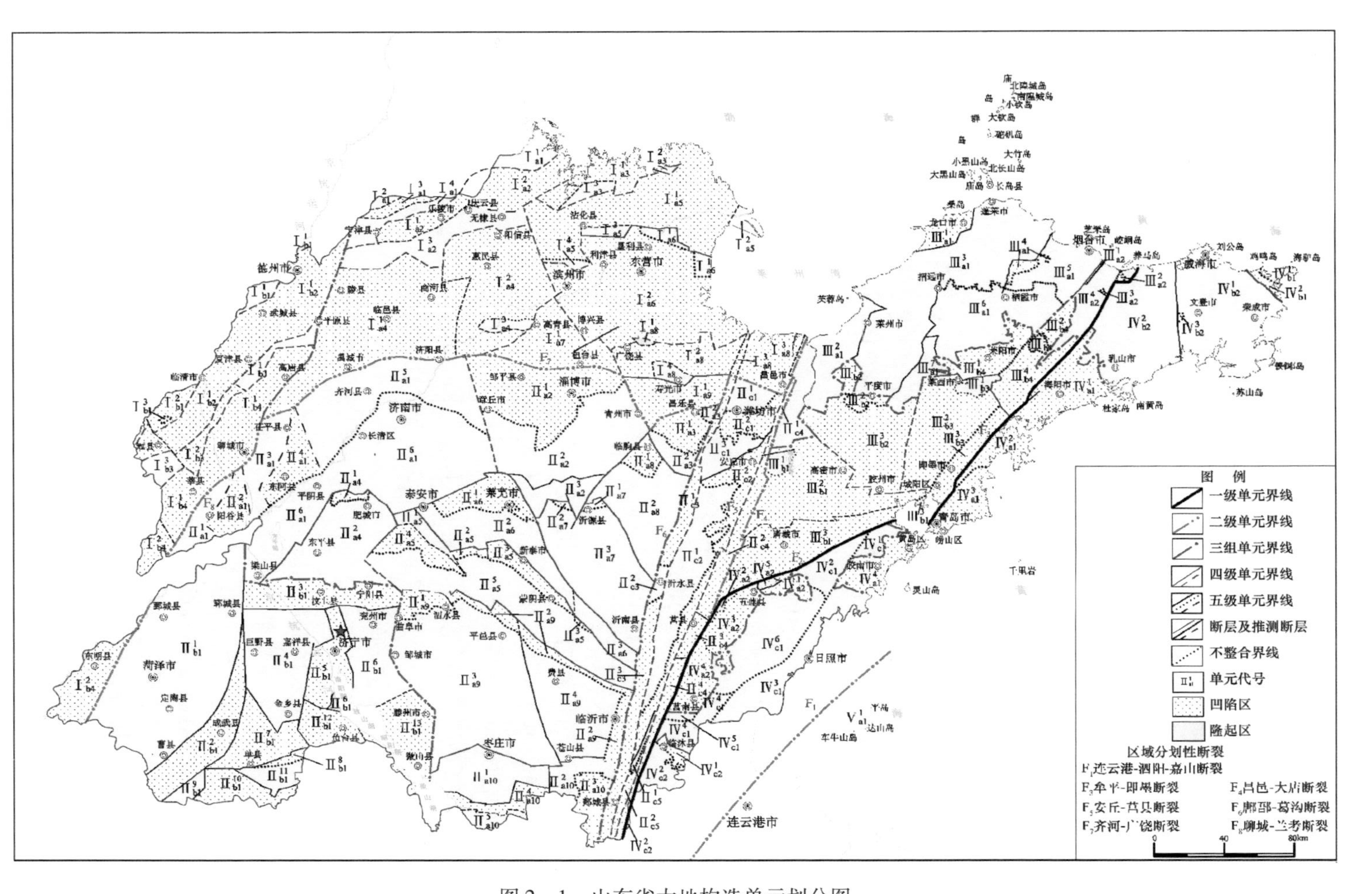


图 2－1　山东省大地构造单元划分图

（红色五角星标记为济宁铁矿所在位置）

## （一）早前寒武纪——不成熟陆壳向成熟陆壳转化和陆块碰撞拼合

山东省早前寒武纪结晶基底属华北克拉通基底的组成部分，由胶辽微陆块、渤鲁微陆块和迁淮微鲁块三部分组成，三者大致由南向北依次排列，鲁西南位于渤鲁微陆块。该阶段地壳演化的主要特点是，由不成熟陆壳向成熟陆壳转化及各微陆块之间的碰撞拼合，基底固结并逐渐克拉通化。

山东省早前寒武纪结晶基底构造格架显示了东西分异特点：大致以现在的沂沭断裂为界，东西两侧早前寒武纪变质岩系既有一定的相似性，又有显著的差异。中太古代出现以麻粒岩伴有大面积的紫苏花岗岩，东部则没有分布。新太古代东、西部虽然均存在大面积的 TTG 花岗岩系，但西部出现以科马提岩为代表的典型的绿岩带建造，东部的绿岩建造中却没有典型的海相超镁铁质火山岩。古元古代西部出现大量花岗岩类侵入岩，东部则分布有大面积陆缘海相沉积建造。

中太古代时（>2.8Ga），山东存在沂水和唐家庄 2 个古陆核。地壳初始发展阶段，原始地壳拉张，形成沂水岩群和唐家庄岩群火山沉积岩，其中有较多的富集大离子亲石元素的富铁拉斑玄武岩质基性火山岩，指示当时的大地构造环境类似于现代岛弧环境。中太古代末发生弧－弧或弧－陆碰撞，形成 $T_1T_2$ 型钠质花岗岩，从而在本区形成一个非均匀的古老基底地壳，表现为不成熟的过渡型地壳，大地构造环境转化为大陆边缘环境。

新太古代是重要的地壳增生期。新太古代初（2.8～2.7Ga）地壳拉张减薄，地幔物质上涌，形成科马提岩和枕状玄武岩，使地壳横向增生。泰山岩群下部保留的完好的具鬣刺构造的科马提岩和广泛的具有枕状构造的玄武岩，指示新太古代初鲁西地区处于与地幔柱相关的大洋高原构造环境。新太古代中后期（2.7～2.56Ga），随着洋盆的消减，发生大规模的（部分）熔融作用，大量 TTG（奥长花岗岩、英云闪长岩、花岗闪长岩）花岗岩类侵位，使地壳大幅度垂向增生。新太古代中期，出现洋内岛弧，形成山东境内最早期的 TTG 花岗岩系——蒙山片麻岩套和栖霞片麻岩套。新太古代晚期，转化为大陆岛弧，在泰山—蒙山西南地区形成第二期 TTG 花岗岩系（峄山花岗岩）。新太古代晚期的泰山岩群中上部岩石组合和胶东群也均显示了岛弧环境特点。说明新太古代经历了由大洋向岛弧的演化过程。新太古代末发生了强烈的变质变形作用，形成了高角闪岩相变质的基底岩系——花岗－绿岩地体，完成了山东陆块基底第一次克拉通化。

TTG 花岗岩是新太古代分布最为广泛的基底变质岩系，其形成和演化与太古宙构造环境的演化密切相关。山东新太古代 TTG 花岗岩均为 $T_1T_1G_1$[1]组合，但鲁西第二期 TTG 花岗岩系 $G_1$[1]更加发育，且古元古代早期在泰山—蒙山东北地区演化出大面积的二长花岗岩组合（$G_2$，傲徕山花岗岩），指示新太古代早期为初始的不成熟陆壳组成，新太古代晚期开始向成熟陆壳转化，为半成熟陆壳组成。鲁西两期 TTG 岩系显示了从不成熟洋内岛弧向半成熟的大陆化岛弧转化的特点，代表了从初始的玄武质地壳转化为半成熟的大陆化地壳的演化过程。

古元古代时，鲁西地区与鲁东地区地质组成明显不同，前者以花岗岩类侵入体为主，后者以地层为主，二者形成的构造背景和演化过程也不相同。

鲁西古元古代的主要特点是发育了大量代表活动构造环境的大陆边缘花岗岩。古元古

---

[1] 英云闪长岩（$T_1$）、奥长花岗岩（$T_2$）、花岗闪长岩（$G_1$）、花岗岩（$G_2$）。

代初（2.56～2.4Ga），鲁西岛弧与西侧陆块发生拼贴、碰撞，太古宙基底褶皱变形，大量同碰撞陆壳重熔型花岗岩侵位，为 $G_1G_2$ 型花岗岩类（傲徕山花岗岩、红门闪长岩），代表成熟陆壳形成。稍后（2.4～2.1Ga），具 $A_2$ 型花岗岩特点的四海山花岗岩出现于造山期后环境，岩浆沿地壳张裂带侵位。陆块碰撞后的剪切作用和旋转运动，产生大量韧性剪切变形带。古元古代鲁西陆壳经历了一个碰撞挤压—伸展裂解的演化过程，完成了山东陆块基底第二次克拉通化。

### （二）中—新元古代——大陆裂解与聚合

中—新元古代时，山东陆块北（鲁西和鲁东北地区）属华北克拉通、南（鲁东南地区）为大别－苏鲁造山带，构造单元展布呈现南北分异特点，地壳经历了与罗迪尼亚超大陆演化有联系的裂解与聚合过程。

中元古代时，山东陆块出现两次裂解事件，第一次裂解事件发生于中元古代初期（1.84～1.72Ga），主要标志是济宁裂谷和鲁西第一期基性岩墙群的形成，基性岩墙与济宁群中的酸性火山岩显示了双峰式岩浆岩特点；第二次裂解事件发生于中元古代晚期（1.20～1.05Ga），主要标志是海阳所序列幔源岩浆杂岩和鲁西第二期基性岩墙群的形成。济宁群是一套形成于活动大陆边缘环境的浅变质火山－沉积建造；鲁西基性岩墙属亚碱性玄武岩和玄武安山岩系列，具弧火山和 MORB 双重地球化学属性，是古元古代弧－陆碰撞后伸展作用的结果。

### （三）青白口纪—古生代——海陆变迁

青白口纪—古生代是中国现代意义板块构造形成和剧烈演化期，新元古代形成的中国大陆——古中国地台于中寒武世初发生大规模裂解，形成华北、扬子、塔里木 3 个小板块，和一系列更小的陆块以及昆仑－祁连－秦岭－大别、天山、北山等洋盆，从而使古亚洲洋向古中国地台扩展。寒武纪—志留纪等小克拉通，实际上已演化为广阔古亚洲洋中的 3 个浅海台地。山东陆块鲁西地区属华北板块偏北的浅海台地，鲁东北地区为华北板块偏南的被动大陆边缘，最南侧（鲁东南地区）为与秦岭－大别洋沟通的三叉裂谷（大别－苏鲁裂谷）。构造单元呈现南北展布特点，地壳经历了受板块对接碰撞影响的海陆变迁演化。

早古生代，突出特征是全域同步缓慢沉降，有小幅度差异升降。鲁西寒武系及中、下奥陶统总体以台地相及潮坪、潟湖相碳酸盐岩为主，早中寒武世有较多潮坪泥砂质沉积及少量滨海砂砾岩沉积，晚寒武世出现较多风暴沉积；早奥陶世早期地壳抬升，遭受剥蚀，形成马家沟组与三山子组之间的平行不整合，稍后，幔源岩浆侵入形成金伯利岩；中、下奥陶统为典型地台型沉积，马家沟组沉积期区内沉积相稳定，泥质极少，远离陆源区。怀远运动和地幔岩浆活动，可能与秦岭－大别洋壳向华北板块之下俯冲作用有关。早古生代晚期—晚古生代早期，受板块汇聚俯冲作用的影响，华北板块整体抬升剥蚀，表现为鲁西地区缺失晚奥陶世—泥盆纪沉积，形成加里东运动不整合面。

晚古生代，受板块碰撞影响华北板块逐渐抬升，海水退出，转化为陆相沉积。鲁西地区的晚古生代沉积始于晚石炭世，为一套准碳酸盐台地和三角洲－潮坪潟湖相的暗色砂泥岩、灰岩和煤层。晚石炭世华北板块与西伯利亚板块对接、碰撞，华北板块北部地区隆升，古地势北高南低，海水从东南方向入侵。早二叠世随着板块持续碰撞挤压，陆壳抬升，海水向北西退出，沉积了三角洲相砂、泥岩建造夹煤层，沉积厚度由晚石炭世的南厚北薄转化为北厚南薄。从中二叠世开始，板块挤压力加强，华北板块整体抬升，海水完全退出，鲁西地区沉积了河湖相沉积建造。

鲁西地区的沉积－构造古地理分析表明：早古生代海水在沂沭断裂带附近最深，向西逐渐变浅，海侵方向主要为南东方向，沉积物等厚线明显被沂沭断裂截切；晚古生代，沉积沉降中心虽然逐渐离开沂沭断裂，但沉积物等厚线仍然被沂沭断裂截切。上述现象说明，古生代时，沂沭断裂以东地区同鲁西地区一样为广袤的海水覆盖，且海水深度明显深于鲁西地区。研究认为，从新元古代开始，扬子和华北板块之间形成秦岭－大别洋。

### （四）中—新生代——构造体制转折和岩石圈减薄

三叠纪以来华北板块和扬子板块结合，共同构成欧亚板块的组成部分，参与了欧亚板块与太平洋板块之间的相互作用，因此山东省中—新生代构造单元属欧亚板块的滨太平洋构造域，可划分为滨太平洋前陆坳陷带和滨太平洋构造岩浆活动带，其下构造单元为受伸展构造体制控制的隆起、盆地和凸起、凹陷。

山东中—新生代地壳演化，主要受控于古亚洲构造域的扬子板块与华北板块的挤压拼接和滨太平洋构造域的太平洋板块向欧亚板块俯冲两种动力学背景。中生代中晚期受太平洋板块向欧亚板块俯冲作用制约，构造体制转换为伸展为主；新生代为继承中生代构造格局的扩张断陷和沉降。

三叠纪是由古亚洲构造体系向滨太平洋构造体系转化的时期，地壳演化受扬子板块与华北板块间俯冲碰撞的影响，以整体挤压抬升为主。早中三叠世强烈的板块作用，造成陆壳加厚。晚三叠世，超高压变质岩折返过程中形成具后造山花岗岩特点的花岗岩类侵入岩。苏鲁造山带晚三叠世侵入岩同位素年龄介于227～195Ma之间，有三种不同成因类型，岩石化学成分属于高钾钙碱性系列和钾玄岩系列，相比而言，柳林庄闪长岩贫钾、硅，富镁、铁，文登花岗岩富硅，宁津所正长岩富钾。文登花岗岩具有S型花岗岩的特点，柳林庄闪长岩具有I型花岗岩的特点，宁津所正长岩具有$A_2$型花岗岩的特点。来源于富集岩石圈地幔源区的A型花岗岩的出现，指示晚三叠世苏鲁造山带已经开始了后造山拉张作用。早中三叠世受板块碰撞远程效应的影响，在鲁西地块北缘产生挤压性陆相盆地，沉积了河湖相碎屑岩组合。晚三叠世受造山带根部岩石折返抬升的影响，盆地隆升，早中三叠世沉积物绝大部分被剥蚀，形成了中生代地层与古生代地层之间重要的不整合界面。

侏罗纪时，鲁西地区局部发生沉降，周村盆地、济阳坳陷、坊子盆地、蒙阴盆地等凹陷盆地开始产生，同时，形成了一套与大陆的造陆抬升有关的高镁辉长岩、闪长岩。早侏罗世末，沂沭断裂开始产生并发生左行平移运动。侏罗纪侵入岩同位素年龄介于176.2～142Ma之间，垛崮山高锶花岗岩为钠质花岗岩，具有高铝低镁的岩石化学特点和埃达克岩地球化学性质，来源于加厚的镁铁质下地壳；玲珑高锶花岗岩为过铝质花岗岩和钾质花岗岩，以具较明显的负铕异常和铝含量较低区别于埃达克岩，是陆壳重熔型花岗岩。鲁西高镁辉长岩、闪长岩的基性单元地球化学特点与原始玄武岩浆相似，其源区为EMI型富集地幔。

白垩纪是中国东部构造体制转折的重要时期，表现为强烈的岩石圈减薄，构造岩浆活动非常活跃。在山东省则发育了与岩石圈减薄有关的大规模岩浆火山和侵入作用、大范围盆地断陷、高强度金矿成矿爆发、高速度地壳隆升、多期次幔源岩浆活动和多式样脆性断裂切割等地质构造事件。由于太平洋板块对欧亚板块由 SSE 向 NNW 俯冲，导致郯庐断裂发生大幅度左行平移，使原位于华北板块东南缘的鲁东地区与位于华北板块内部的鲁西地块并置，沂沭断裂两侧伴生形成大量次级断裂，形成羽状断裂系统、棋盘格状断裂系统和多层次拆离滑脱构造系统；同时，产生大量断陷盆地，构成隆起与坳陷相间分布的盆地耦合格局。中晚白垩世时沂沭断裂发生强烈张裂活动，形成二堑夹一垒格局。在 120Ma 左右胶东地区发生了大规模金矿成矿作用，形成的金矿床具有区域集中、规模大、富集强度高和成矿期短的特点。

白垩纪形成具有与古太平洋板块俯冲有关的弧后拉张性质活动大陆边缘特点的火成岩组合，侵入岩同位素年龄为 139 ~96Ma 和 73. 2 ~68Ma。早白垩世岩浆活动广泛而强烈，是山东境内最为强烈的岩浆活动期，且鲁西与鲁东岩浆活动的特点有明显差异。鲁东侵入岩少量来源于新生亏损岩石圈地幔的碱性玄武岩。鲁东早白垩世花岗岩类规模大，按照地球化学特点可分为两类：具 I 型花岗岩类为壳幔混合源成因，岩石化学成分属钾玄岩系列，郭家岭花岗岩具埃达克岩地球化学特点，但 $K_2O$ 明显偏高，$Al_3O_2$ 和 MgO 偏低，且郭家岭花岗岩 $\delta^{18}O$ 值高于伟德山花岗岩，反映前者地幔组分高于后者；富碱质花岗岩，具有贫钙、富碱、负铕异常显著和 Ba、Sr 含量低的特点，早期为铝质 $A_2$ 型，晚期为强碱性的 $A_1$ 型花岗岩。山东早白垩世 A 型花岗岩规模大，出现强碱性的 $A_1$ 型花岗岩。除发生广泛的岩浆侵位外，还出现强烈的火山喷发，说明早白垩世岩石圈的拉张减薄达到峰期，同位素地球化学显示当时的地幔为富集岩石圈地幔。鲁西早白垩世侵入岩有：具 I 型花岗岩特点的高 Mg 闪长岩类、具 S 型花岗岩特点的高钾钙碱性花岗岩类和幔源碳酸岩。高 Mg 闪长岩类具富铝、镁贫硅、碱和高场强元素明显亏损的地球化学特征，原始岩浆来源于富集岩石圈地幔源区；高钾钙碱性花岗岩类是壳源侵入岩类；幔源碳酸岩具有稀土元素总量极高和不相容元素强烈富集特征，是富集岩石圈地幔极低程度部分熔融产物，显示了 EM Ⅱ型富集地幔特征。

早白垩世火山岩总体为高钾碱钙性岩系，化学成分表现出一定的区域差异，自鲁东区至鲁西区，火山岩平均化学成分基性程度增加，$K_2O$ 含量降低。晚白垩世玄武岩属高钛碱性玄武岩系列，具大陆板内玄武岩特征，岩浆来源于亏损的地幔源区。岩浆岩的元素 - 同位素综合示踪指示，由侏罗纪—白垩纪晚期地幔具有由 EMⅠ 型富集地幔向 EMⅡ型富集地幔演变和由富集向亏损或由岩石圈向软流圈演变的趋势。中生代地幔的富集应与古太平洋板块俯冲引起的岩石圈大规模拆沉有关，古老地壳物质被拆沉而重循环进入地幔，导致地幔成分发生改变形成富集地幔。

中生代盆地的展布方向与主要控盆断裂方向一致，盆地中沉积了大量河湖相磨拉石建造和火山喷发 - 沉积建造，鲁西地区盆内地层具有由北向南逐层上叠和北断南超特点，鲁东地区盆地与之相反。盆地可划分为泛裂陷型、狭窄型裂陷、菱形裂陷 3 种类型。盆地演化经历了三叠纪—早中侏罗世挤压盆地、晚侏罗世—早白垩世断陷盆地、早白垩世裂谷盆地和晚白垩世裂陷盆地等阶段。

新生代构造格局具有明显的继承性和新生代双重特点，构造特征和动力学演化继承中生代构造特点。主要的地质事件是受断裂控制的新生代盆地和玄武岩喷发。

新生代盆地发展具有明显的阶段性，一般可分为古近纪、新近纪和第四纪 3 个演化阶段。在强烈坳陷区、斜坡及山间盆地等不同构造位置中发育不同的沉积序列：坳陷盆地内以细碎屑为主，发育济阳群；山间盆地中沉积含粗砾屑较多的堆积物，发育官庄群；而在斜坡地区则发育五图群。受陆相沉积环境影响，盆地中地层相变非常大，自盆地外部往内部碎屑岩粒度逐渐变细。含膏盐、岩盐沉积是新生代盆地的共同特点，在裂谷坳陷中还发育丰富的油气资源。新生代以来，太平洋板块由早期的 NNW 向转为向西俯冲于欧亚板块之下，所产生的弧后拉张效应使渤海湾地区产生巨大的拉张应力场，同时郯庐断裂中段产生强烈拉张，这些共同的作用导致了渤海湾大型断陷盆地的形成。济阳坳陷新生代盆地继承中生代断陷盆地发育，古近纪，伸展断陷作用形成半地堑盆地；新近纪，盆地以区域性坳陷沉积为主，原来的生长断层不再活动；第四纪，在继承性断陷的基础上山东整体处于截凸填坳的均一化过程，局部有缓慢的隆升，伴随着泰山的隆起，济阳坳陷和济宁坳陷成为统一的第四纪坳陷盆地。

新生代玄武岩属钠质碱性玄武岩类，岩浆来源于亏损的软流圈地幔，并有部分岩石圈地幔的混染，形成于强烈的伸展拉张构造环境。

第四纪地壳以差异性升降运动为主，新构造运动塑造了山东省现代地形地貌和水系特征。活断层主要表现对早期构造继承性改造，单条断裂整体活动性差，活断层主要集中分布在沂沭断裂带、兰考－聊城断裂带、牟平－即墨断裂带附近。

# 第二节　区域地质概况

## 一、区域地层

鲁西地区是山东省地层发育齐全的一个分区。早前寒武纪变质地层发育有沂水岩群、泰山岩群及济宁群（图 2－2）。盖层古生界、中生界、新生界均有发育。

### 1. 早前寒武纪变质地层

沂水岩群是鲁西地区最古老的变质地层。出露在沂水县城东沂沭断裂带内，北起汞丹山—高桥一带，南至张家哨一带，为一套麻粒岩相变质的表壳岩系。受构造运动、岩浆侵入及变质作用等影响，岩层连续性差，多呈岛状、透镜状、条带状等各种包体形式残存于新太古代及古元古代变质花岗质侵入岩体中，是一套经历了麻粒岩相—高角闪岩相的麻粒岩、含紫苏辉石斜长角闪岩、紫苏变粒岩和紫苏磁铁石英岩等岩石组合。原岩为超镁铁质—镁铁质熔岩、凝灰岩及泥质或中性凝灰质泥质砂岩夹硅铁质岩石。总出露面约 $50km^2$。自下而上划分为石山官庄岩组和林家官庄岩组。该岩群总厚 1729m。

泰山岩群是分布于鲁西地块上的新太古代变质地层单位，是一套著名和重要的太古宙绿岩带变质火山－沉积岩系，沂源韩旺、苍峄、东平等变质沉积型铁矿床发育在这套变质沉积岩系中。泰山岩群主要分布在鲁西的 5 个地区，自东向西依次为：安丘常家岭、韩旺—东虎崖、西麦腰—雁翎关—盘车沟、界首—冯家峪、东平—枣庄。泰山岩群被寒武系或青白口纪—震旦纪土门群不整合覆盖，与沂水岩群、济宁群之间没有见到直接接触关系。其主要岩性为斜长角闪岩、黑云变粒岩、透闪阳起片岩、变质砾岩、石榴石英岩等。泰山岩群的变质程度为角闪岩相，地层自下而上划分为孟家屯岩组、雁翎关组、山草峪组、柳杭组，总厚度 2886～4886m。泰山岩群雁翎关组和山草峪组是鲁西地区变质沉积型

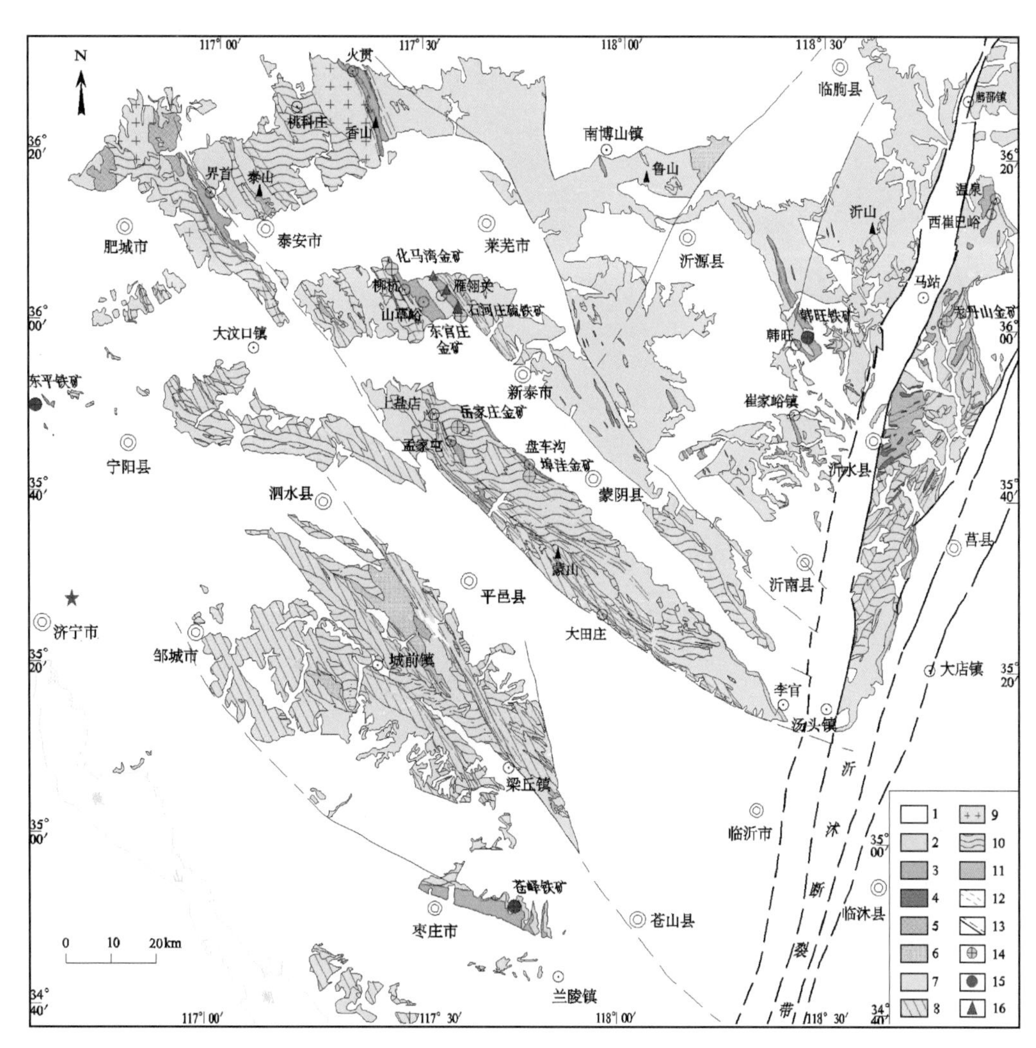


图2－2　鲁西前寒武纪地质图

（据王继广，2013）

（红色五角星标记为济宁铁矿所在位置）

1—寒武系—第四系；2—青白口系—震旦系土门群；3—新太古代泰山岩群（绿岩带）；4—中太古代沂水岩群；5—古元古代红门岩套闪长岩；6—古元古代四海山岩套正长花岗岩；7—古元古代傲徕山岩套二长花岗岩；8—新太古代TTG岩系花岗闪长岩；9—新太古代TTG岩系奥长花岗岩；10—新太古代TTG岩系英云闪长岩；11—中太古代沂水岩套紫苏花岗岩；12—韧性剪切带；13—断层；14—金矿床点；15—铁矿床；16—硫铁矿矿床点

条带状磁铁石英岩贫铁矿的含矿层位；柳杭组内发育有动力变质热液型金矿（化马湾）。

济宁群局限地分布在济宁至兖州之间滋阳山一带的千米盖层之下。其主要岩性为钙质、硅质、铁质成分的灰绿色绿泥千枚岩、绢云千枚岩、碳质千枚岩、磁铁石英岩、变质碎屑岩、变质火山碎屑岩、变英安岩等，为本次研究的对象。

**2. 古生代地层**

古生代地层在华北地层区发育比较齐全和比较典型。早古生代有寒武纪和奥陶纪地层，晚古生代有石炭纪和二叠纪地层。

寒武纪、奥陶纪地层，主要分布在沂沭断裂带以西的鲁西地区，属于鲁西地层分区内（图2-3）。这套地层主要由一套1800余米厚的海相碳酸盐岩系组成，其岩石地层可划分为2群8组21段。

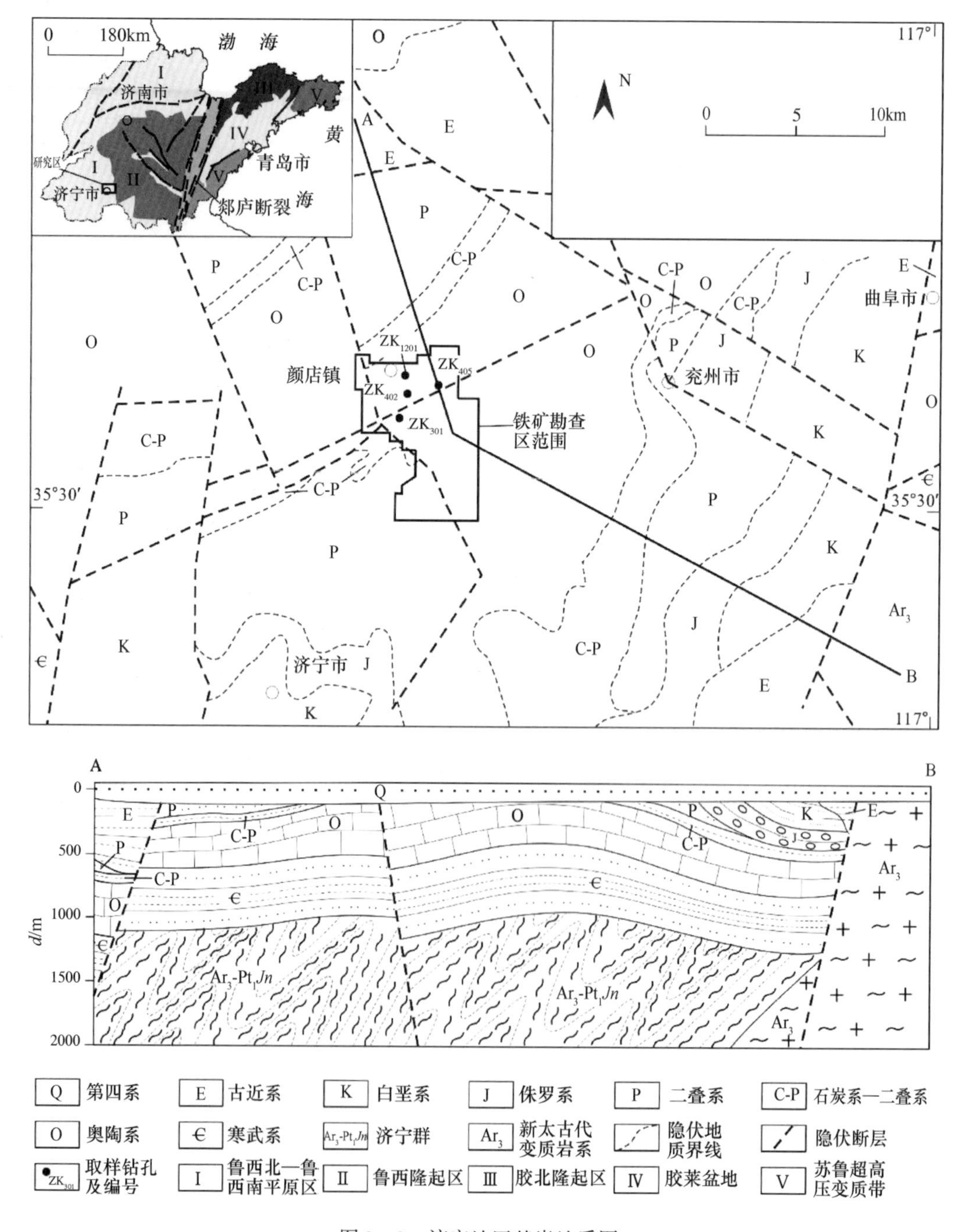


图2-3 济宁地区基岩地质图

早—中寒武世长清群。长清群处于寒武系下部，属陆表海碎屑岩-碳酸盐岩沉积岩系，依其岩石组合特征由下而上划分为李官组、朱砂洞组及馒头组。总厚433~731m。该群中发育有玻璃用石英砂岩、石膏等非金属矿产。

早中寒武世—早奥陶世九龙群。九龙群是跨世的岩石地层单位，年代地层属中上寒武统—下奥陶统。主要由碳酸盐岩组成，地层厚度一般在600m左右。九龙群由下而上划分为张夏组、崮山组、炒米店组及三山子组。

中—晚奥陶世马家沟群，该群由相间分布的白云岩、灰岩组成，其由下而上划分为东黄山（白云岩）组、北庵庄（石灰岩）组、土峪（白云岩）组、五阳山（石灰岩）组、阁庄（白云岩）组、八陡（石灰岩）组等6个组。总厚561～1267m。马家沟群是山东省石灰岩矿的重要产出层位，局部白云岩段中发育石膏矿层。

石炭纪—二叠纪地层，由早到晚划分为月门沟群和石盒子组。晚石炭世—早二叠世月门沟群为一套海陆交互相的含煤岩系，自下而上划分为本溪组、太原组和山西组。月门沟群岩性以铝土岩、泥岩、粉砂岩、细砂岩、石灰岩及煤层为主，发育煤层是该套地层的主要特征。该群厚度245～380m。其中并发育有铝土矿、耐火黏土、高岭土矿。二叠纪石盒子组，整体上为一套陆相沉积的由黄绿色、灰绿色砂岩，紫红、灰紫色泥岩夹铝土岩，灰黑色页岩组成的岩石，自下而上划分为黑山砂岩段、万山泥岩段、奎山砂岩段和孝妇河泥岩段4个段。总厚155～713m。石盒子组是玻璃硅质原料、耐火黏土矿产出层位。

**3. 中生代地层**

有侏罗纪和白垩纪地层。侏罗纪地层为淄博群，该群主要发育于鲁西北地区，在济阳坳陷区发育较好，厚度也较大。该群为内陆浅湖及河流相沉积，下部为含煤建造，称坊子组，含可采煤层及耐火黏土层；上部为红色砂岩建造，称三台组。该群总厚367～1429m。

白垩纪地层为莱阳群、青山群。莱阳群为一套浅灰、灰棕色砂砾岩、砂岩夹少量深灰色泥岩、粉砂岩，仅见于蒙阴、南麻等几个断陷盆地内。自下而上划分为止凤庄组、水南组、城山后组、马连坡组。总厚度大于6263.71m。

白垩纪青山群为一套中基性火山熔岩、火山碎屑岩组合，不整合于莱阳群之上，分为八亩地组和方戈庄组，八亩地组厚度在4000m以上，方戈庄组厚220～260m（张增奇，1994）。

**4. 新生代地层**

古近纪官庄群，发育在鲁西山地丘陵区内的一些近EW—NW向展布的中新生代盆地中，为一套含膏盐的红色、灰色山麓洪积－河湖相碎屑岩系，主要有固城组、卞桥组、常路组、朱家沟组、大汶口组。官庄群发育有石膏、石盐、钾盐、油页岩、自然硫等矿产。

第四纪地层有单县组、巨野组、鱼台组、陈坡组、郓城组、平原组、羊栏河组、大站组、黑土湖组、临沂组、沂河组、黄河组、山前组等，主要岩性为黄灰色、土黄色、褐色、灰褐色黏土、含砂黏土；灰褐、灰红色黏质砂土夹条带状高岭土；黄褐、土黄色黏土、黏质砂土夹砾砂。底部见灰黄、橘黄色细砂、黏质细砂及砾石。厚23.9～166.22m。

## 二、区域构造

研究区位于鲁西地块的鲁西南潜隆断块的东北部，横跨兖州潜凸和济宁潜凹，西邻嘉祥潜凸，北临汶上宁阳潜凹。研究区主体为两个潜凸之间的潜凹区，区内多为第四纪、新近纪沉积所覆盖，断裂构造发育（图2－1）。

## 三、岩浆岩及变质作用

早前寒武纪岩浆岩是鲁西地区岩浆活动的主体。济宁地区及周边的岩浆岩主要出露于东部邹城市和北部汶上县东部一带。岩石类型主要为中、酸性岩类。呈岩基状、岩株状产出，其形成于新太古代、古元古代和中生代。

新太古代侵入岩分布有五台期峄山序列巩家山单元细粒含角闪黑云闪长岩、窝铺单元中粒黑云英云闪长岩、宁子洞单元斑状中细粒含黑云花岗闪长岩和望子山单元斑状粗粒花岗闪长岩。

古元古代傲徕山序列条花峪单元弱片麻状中粒含黑云（角闪）二长花岗岩，主要分布在区内东南角滨湖镇的北部，呈北东向条带状展布。

中生代侵入岩见有白垩纪卧福山序列兴隆庄单元晶洞粗粒二长花岗岩、水牛山单元晶洞中粒二长花岗岩、刘鲁庄单元晶洞细粒二长花岗岩。

鲁西地区的区域变质作用主要发育于太古宙，中太古代的沂水岩群及稍晚时代的沂水岩套侵入岩体受到中太古代迁西期麻粒岩相区域热流变质作用。阜平期又使新太古代早期形成的泰山岩群及稍晚时代的侵入岩体发生了角闪岩相区域动力热流变质作用；五台早期侵入岩体发生了低角闪岩相区域变质，其后期局部有角闪岩相、绿片岩相动力变质。鲁西地区在元古宙变质作用主要是因韧性剪切变形作用产生的带状绿片岩相动力变质。

# 第三节　地球物理特征

## 一、地球物理重磁参数

### （一）区域重磁参数分析

**1. 沉积地层的密度与磁性**

表2－2为山东省济宁磁异常及周边地区重磁参数统计简表。济宁地区沉积地层的密度变化范围为（1.71～2.82）$\times 10^3 kg/m^3$，由新到老逐渐增大。按由老到新的顺序正常地层序列，可构成3个密度层，即①下古生界至新太古界密度层（2.72 $\times 10^3 kg/m^3$）；②中生界至上古生界密度层（2.54 $\times 10^3 kg/m^3$）；③新生界密度层（2.2 $\times 10^3 kg/m^3$）。三密度层之间可构成2个明显的密度差界面，分别为0.18 $\times 10^3 kg/m^3$和0.34 $\times 10^3 kg/m^3$。济宁滋阳山一带缺少中生界至上古生界密度层。

所有沉积岩的磁性都十分微弱，在磁异常解释中可视为无磁性层。

**2. 变质岩类的密度与磁性**

变质岩指新太古代—古元古代济宁群和新太古代泰山岩群、TTG岩系等，总体上具有密度高、磁性强，变化范围大的特征。济宁群中的条带状磁（赤）铁矿石英岩（铁矿古风化壳）密度大（3.46 $\times 10^3 kg/m^3$），磁性中强（由于风化，磁性相对弱一些），

磁化率 $\kappa = 6800 \times 10^{-5}$ SI，剩余磁化强度 $J_r = 8400 \times 10^{-3}$ A/m。其他硅质、钙质、泥质千枚岩等密度较低、磁性较弱，磁化率 $\kappa =$（80～200）$\times 10^{-5}$ SI，剩余磁化强度 $J_r =$（5～70）$\times 10^{-3}$ A/m。

泰山岩群、TTG 岩系中各类岩石磁性变化较大，斜长角闪岩磁性较强，变粒岩类、片麻岩类、片岩类密度较大（$2.82 \times 10^3$ kg/m$^3$）、磁性相对较弱，平均磁化率 $\kappa = 1110 \times 10^{-5}$ SI，剩余磁化强度 $J_r = 1755 \times 10^{-3}$ A/m。泰山岩群中的条带状磁铁角闪石英岩（铁矿）密度大和磁性强，且随着铁质、磁铁质成分的增加密度增大、磁性增强。其密度 $\rho = 3.86 \times 10^3$ kg/m$^3$，磁化率 $\kappa = 87400 \times 10^{-5}$ SI，剩余磁化强度 $J_r = 34600 \times 10^{-3}$ A/m。

**表 2－2　山东省济宁磁异常及周边地区重磁参数统计简表**

| 地层 | | 代号 | 主要岩性 | 密度 $\rho$ / $10^3$ kg·m$^{-3}$ | 磁参数 | | 备注 |
|---|---|---|---|---|---|---|---|
| | | | | | 磁化率 $\kappa$ / $10^{-5}$ SI | 剩余磁化强度 $J_r$ / $10^{-3}$ A·m$^{-1}$ | |
| 沉积岩 | 第四系 | Q | 砂土、黏土、中粗砂 | 2.2 | 微 | 微 | |
| | 侏罗系 | J | 长石砂岩 | 2.51 | 微 | 微 | |
| | 二叠系 | P | 砂岩、页岩 | 2.61 | 微 | 微 | |
| | 石炭系 | C | 页岩、砂岩、灰岩 | 2.63 | 微 | 微 | |
| | 奥陶系 | O | 石灰岩 | 2.72 | 微 | 微 | |
| | 寒武系 | $\epsilon$ | 页岩、泥质灰岩 | 2.70 | 微 | 微 | |
| | | | 深灰色石灰岩 | | 100 | 30 | $ZK_4$ |
| 变质岩 | 济宁群 | $Ar_3-Pt_1$ | 条带状磁（赤）铁矿石英岩 | 3.46 | 6800 | 8400 | $ZK_4$（铁矿古风化壳） |
| | | | 千枚岩类 | | 80～200 | 5～70 | $ZK_4$ |
| | 泰山岩群和 TTG 岩系 | $Ar_3$ | 黑云变粒岩、斜长角闪岩、片麻岩类 | 2.82 | 1110 | 1755 | |
| | | | 磁铁角闪石英岩 | 3.86 | 87400 | 34600 | |
| 岩浆岩 | 酸性岩类 | $\eta\gamma_5^3$ | 二长花岗岩 | 2.63 | 470 | 118 | |
| | | $\eta\gamma_2^1$ | 二长花岗岩 | 2.65 | 183 | 33 | |
| | | $\gamma\delta_5^3$ | 花岗闪长岩 | 2.68 | 486 | 200 | |
| | | $\gamma o_1$ | 斜长花岗岩 | 2.65 | 101 | 33 | |
| | 中性岩类 | $\delta\mu_5^3$ | 闪长玢岩 | 2.78 | 496 | 88 | |
| | | $\delta_5^3$ | 闪长岩 | 2.78 | 2324 | 1049 | |
| | | $\nu\delta_5^3$ | 辉石闪长岩 | 2.81 | 2816 | 582 | |
| | 基性岩类 | $\nu_5^3$ | 辉长岩 | 2.91 | 4390 | 4300 | |
| | | $\beta\mu_2$ | 辉绿玢岩 | | 1992 | 985 | |
| | | $\nu^2$ | 角闪辉长岩 | | 3630 | 290 | |
| | 喷出岩类 | $\alpha$ | 安山岩 | 2.65 | 2119 | 1756 | |
| | | $\beta$ | 玄武岩 | 2.86 | 3409 | 3534 | |

### 3. 岩浆岩的密度与磁性

济宁磁异常区岩浆岩较少，仅在济宁断裂以西钻孔中见辉长岩类，岩浆岩中辉长岩、辉绿玢岩、辉石闪长岩等基性岩的密度大、磁性强，并且随辉石等铁镁质成分的增多密度增大、磁性增强，基性岩密度 $\rho = 2.91 \times 10^3 kg/m^3$，磁化率 $\kappa =$ （1992 ~4390） $\times 10^{-5}$ SI，剩余磁化强度 $J_r =$ （290 ~4300） $\times 10^{-3}$ A/m。闪长玢岩、闪长岩、辉石闪长岩等中性、中基性岩石的密度稍高、磁性稍强，并随角闪石等铁质成分的增多磁性增强，中性岩密度 $\rho =$ （2.78 ~2.81） $\times 10^3 kg/m^3$，磁化率 $\kappa =$ （496 ~2816） $\times 10^{-5}$ SI，剩余磁化强度 $J_r =$ （88 ~1049） $\times 10^{-3}$ A/m。二长花岗岩、花岗闪长岩、斜长花岗岩等酸性、中酸性岩石的密度较低、磁性较弱，并且随时代的变新密度有所减小，磁性有所增大。燕山期二长花岗岩密度 $\rho = 2.63 \times 10^3 kg/m^3$，磁化率 $\kappa = 470 \times 10^{-5}$ SI，剩余磁化强度 $J_r = 118 \times 10^{-3}$ A/m；元古宙二长花岗岩的密度 $\rho = 2.65 \times 10^3 kg/m^3$，磁化率 $\kappa = 183 \times 10^{-5}$ SI，剩余磁化强度 $J_r = 33 \times 10^{-3}$ A/m。安山岩、玄武岩等喷出岩具有相对低密度、强磁性的特征，玄武岩密度 $\rho = 2.86 \times 10^3 kg/m^3$，磁化率 $\kappa = 3409 \times 10^{-5}$ SI，剩余磁化强度 $J_r = 3534 \times 10^{-3}$ A/m；安山岩密度 $\rho = 2.65 \times 10^3 kg/m^3$，磁化率 $\kappa = 2119 \times 10^{-5}$ SI，剩余磁化强度 $J_r = 1756 \times 10^{-3}$ A/m，并且剩磁大于感磁。

## （二）济宁强磁异常区岩（矿）石的物性参数分析

表2－3为颜店矿区 $ZK_8$ 孔岩（矿）石物性参数统计表。钻孔中地层主要为济宁群浅变质岩系和寒武系—奥陶系及第四系沉积盖层。由表中可以看出以下物性特征：

磁性参数：济宁群浅变质岩系，深1225.18 ~1804.76m，厚579.58m，主要岩性为磁铁石英岩、绿泥千枚岩、绢云千枚岩、凝灰质绢云千枚岩等，都具有一定的磁性，其中磁铁石英岩层磁性最强，磁化率变化范围（37588 ~ 93854） $\times 10^{-5}$ SI，平均值 $\kappa = 65721 \times 10^{-5}$ SI。千枚岩类岩石为弱磁性岩石，磁化率变化范围（30 ~356） $\times 10^{-5}$ SI，平均值 $\kappa = 192 \times 10^{-5}$ SI，并且由上到下磁性有所增强，表明火山喷出物质成分有所增加。

寒武系—奥陶系、第四系等沉积盖层为无磁性地层，仅在第四系底部堆积物磁化率 $\kappa = 72 \times 10^{-5}$ SI。济宁群顶部的寒武系褐铁矿底砾岩，磁化率 $\kappa = 348 \times 10^{-5}$ SI。

密度：由表2－3中 $ZK_8$ 钻孔岩（矿）石密度统计结果可知：磁铁石英岩层为高密度矿石，密度值 $3.435 \times 10^3 kg/m^3$，变化范围（3.326 ~3.544） $\times 10^3 kg/m^3$；济宁群浅变质岩系千枚岩类为高密度岩石，密度值 $2.826 \times 10^3 kg/m^3$，变化范围（2.756 ~2.9） $\times 10^3 kg/m^3$。寒武系—奥陶系灰岩层，深116.66 ~1225.18m，厚1108.52m，密度相对较高，一般密度值（2.71 ~2.72） $\times 10^3 kg/m^3$，其中的奥陶系中下部的石膏层为高密度层，密度值 $2.815 \times 10^3 kg/m^3$，变化范围（2.62 ~3.01） $\times 10^3 kg/m^3$。第四系黏土、砂土类，厚0 ~116.66m，为表层低密度层，密度值（1.95 ~2.12） $\times 10^3 kg/m^3$。

由以上重磁参数分析可知：寒武系—奥陶系灰岩、济宁群浅变质岩系为高密度地层，石炭系—二叠系、侏罗系、第四系等为低密度层。重力值的高低反映奥陶系顶界面的起伏。兖州一带，奥陶系及其下伏济宁群等高密度地层上隆，表现为凸起，引起一定程度的重力高。济宁一带，分布石炭系—二叠系、侏罗系等低密度层，表现为断凹，引起一定程度重力低。济宁浅变质岩系中的磁铁石英岩，为该区最高密度层，无论分布在凸起区，还是凹陷区，只要有一定的规模，就能引起一定程度的重力高。从磁参数看，寒武系—奥陶系及其以上盖层为微弱磁性层，可视为无磁性层，引起兖州凸起北部平稳的区域磁力低。济宁群为弱磁性层，分布局限，引起济宁磁异常周边低值磁异常背景。济宁群中磁铁石英岩为强磁性层，引起了济宁磁异常。综合重磁参数分析，只有济宁群中的磁铁石英岩具有高密度、强磁性的特性，是引起济宁强磁异常、重力高的原因。或者说是济宁铁矿重磁同原的根本原因。

赋存于济宁群中的磁铁石英岩矿相对于围岩具有强磁、高密度的特征，具备磁法、重力勘探的地球物理前提。

**表 2－3　济宁磁异常区 $ZK_8$ 孔岩（矿）石物性参数统计表**

| 地层 | 深度/m | 块数 | 名称 | 磁化率 $\kappa$ / $10^{-5}$ SI |  | 密度 $\rho$/（$10^3$ kg · $m^{-3}$） |  | 备注 |
|---|---|---|---|---|---|---|---|---|
|  |  |  |  | 变化范围 | 平均值 | 变化范围 | 平均值 |  |
| 第四系 | 0～80.3 | 9 | 含砂黏土、黏土 |  | 0 |  | 1.95 |  |
|  |  |  | 黏质砂土、黏土夹砂砾石 |  |  |  | 2.05 |  |
|  | 80.3～116.66 | 16 | 褐红色黏土（奥灰风化壳） |  | 72 |  | 2.12 |  |
| 奥陶系 | 116.66～162.43 | 12 | 云斑灰岩、白云岩 |  | 0 |  | 2.72 |  |
|  | 162.43～166.20 | 6 | 角砾状白云岩 |  | 7 |  | 2.72 |  |
|  | 166.20～407.14 | 11 | 灰岩、泥晶灰岩、白云岩 |  | 0 |  | 2.72 |  |
|  | 407.14～458.51 | 19 | 石膏矿 |  | 0 | 2.62～3.01 | 2.815 |  |
|  | 458.51～648.8 | 5 | 微晶灰岩 |  | 0 |  | 2.71 |  |
|  |  |  | 含燧石条带白云岩 |  |  |  | 2.71 |  |
| 寒武系 | 648.8～990.19 | 12 | 鲕状灰岩、灰岩 |  | 0 |  | 2.71 |  |
|  |  |  | 碎屑灰岩 |  |  |  | 2.71 |  |
|  | 990.19～1097.50 | 12 | 页岩、砂质页岩夹灰岩 |  | 17 |  | 2.71 |  |
|  | 1097.50～1184.57 | 13 | 粉砂岩 |  | 23 |  | 2.71 |  |
|  | 1184.57～1222.93 | 12 | 白云岩夹页岩 |  | 67 |  | 2.71 |  |
|  | 1222.93～1225.18 | 18 | 角砾状褐铁矿石英岩（底砾岩） |  | 348 |  | 2.71 |  |
| 济宁群 | 1225.18～1603.70 | 117 | 绿泥千枚岩、绢云千枚岩 | 30～356 | 192 | 2.756～2.9 | 2.826 |  |
|  | 1603.70～1798.16 | 104 | 磁铁石英岩 | 37588～93854 | 65721 | 3.326～3.544 | 3.435 |  |
|  | 1802.43～1804.76 | 6 | 凝灰质绢云千枚岩 |  | 410 |  |  |  |

## 二、区域地球物理信息特征

### (一) 区域重力异常特征

济宁及周边地区区域重力异常（图2－4）特征为“格子”状相间排列的重力低、重力高。分布于南站镇—新驿镇的近东西向的重力低异常区为汶上－宁阳凹陷，分布于嘉祥县—纸坊镇的近南北向的重力高异常区为嘉祥凸起，分布于长沟镇—唐口镇的重力低异常区为济宁凹陷，分布于兖州市陵城—唐村镇的重力低异常区为陵城－唐村凹陷。济宁市东部的北北西向重力高异常区反映了兖州凸起，异常区内分布南北两个局部重力高异常，分别位于洪福寺、接庄镇附近，其重力异常达到 $4.5\times10^{-5}m/s^2$、$4.0\times10^{-5}m/s^2$，反映了兖州凸起上两个次级凸起。通过勘查，洪福寺附近的局部重力高异常为变质沉积型铁矿高密度体引起。

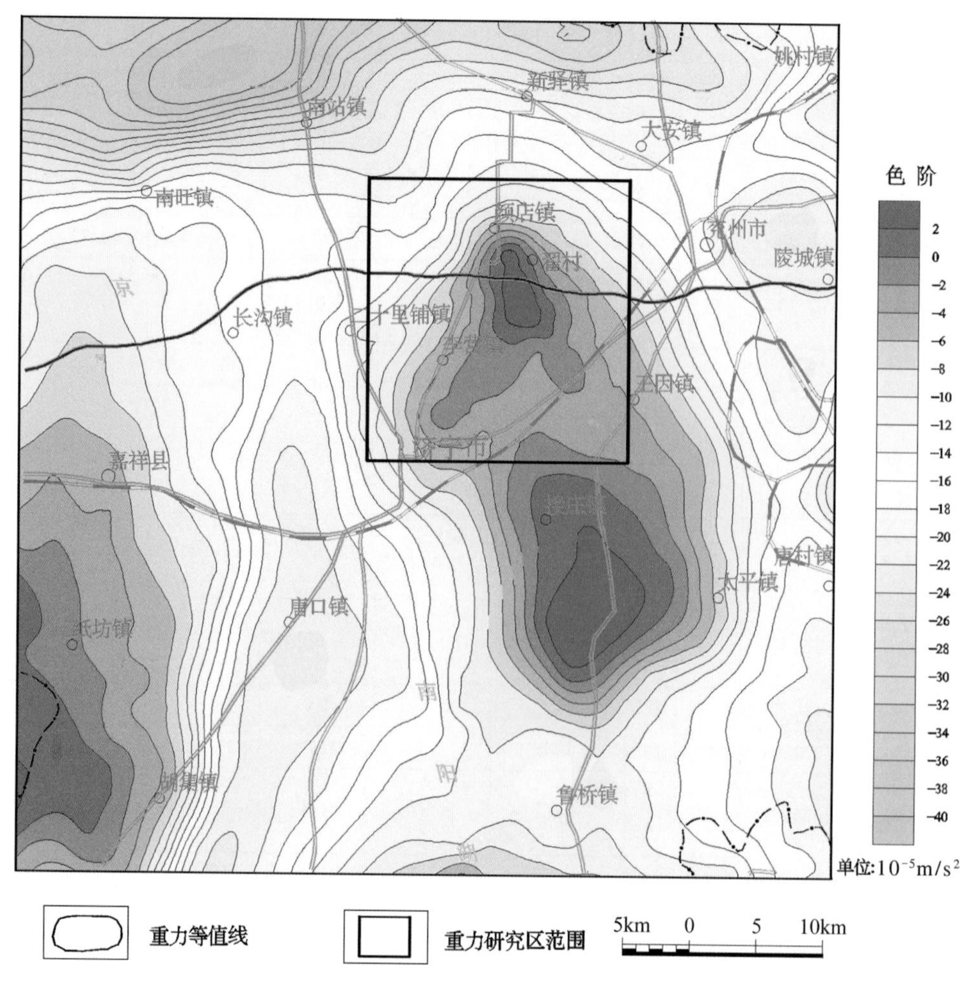


图2－4 济宁地区区域重力异常图

（资料来源：1986～1990年山东省地质矿产局地球物理地球化学勘查大队鲁西南地区1:20万区域重力测量）

## （二）区域磁异常特征

济宁及周围地区磁异常示意图如图2－5所示。东平—枣庄一带，分布一条总体走向北西向磁异常带，总体轮廓长约200km，宽10～20km，由数条北西向长条状磁异常错列、相互联结而成，大致可分为3个区段，即东平—汶上段、济宁—邹城段和枣庄—兰陵段，每段长30～40km，段间距20～30km；由西北向东南宽度逐渐变窄，东平—汶上段宽约20km，济宁—邹城段宽约15km，枣庄—兰陵段宽约10km。每段内部都是由数个主体北西向、个别北东向的小磁异常组成，磁异常强度中间济宁—邹城段最强，磁异常幅值达600～1000nT，向两端磁异常强度渐弱，磁异常幅值400～200nT。由区域地质分布和铁矿勘查成果认为该磁异常带是由前寒武纪变质岩系中沉积变质型铁矿引起的。东平—汶上段、枣庄—兰陵段是已知铁矿引起，都是沉积变质型铁矿。济宁—邹城段，分布着十分醒目的磁力高异常，磁异常强度高、规模大，磁性体埋藏深，反映铁磁性物质丰富程度高。

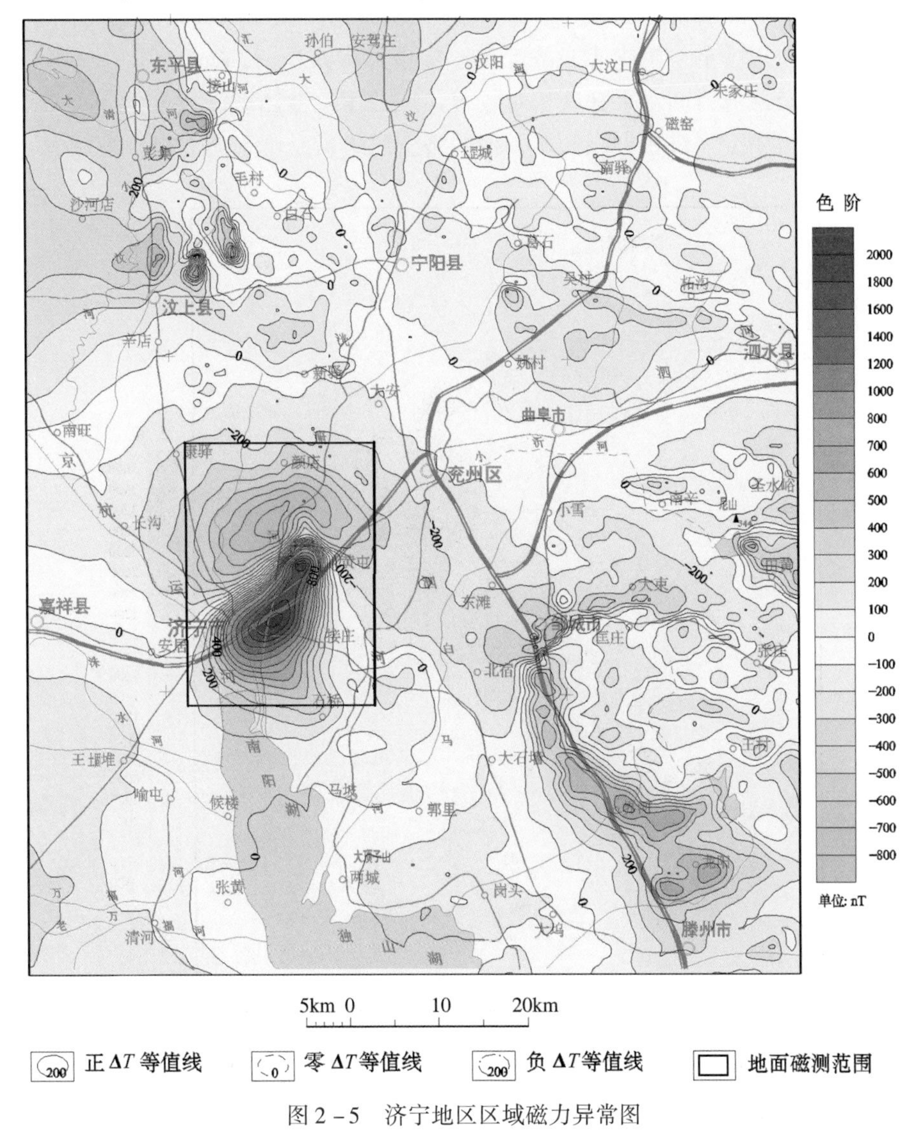


图2－5 济宁地区区域磁力异常图

通过勘查证实济宁大磁异常为济宁群中变质沉积型铁矿所引起。

济宁大磁异常为低负背景中的强磁异常，背景值－100～100nT，反映为无磁性的寒武系—奥陶系灰岩的分布。强磁异常部分呈“点”状，双峰，峰值分别为2050nT、1900nT，北侧伴有负磁异常，最小负磁异常值为－800nT。反映了含铁磁性体的分布。

## 三、济宁地区地球物理信息特征

### （一）济宁地区磁异常特征

图2－6为济宁铁矿区1:2.5万（外围为1:5万）地面磁测垂直磁力异常立体图。由图2－6可见：以600nT圈定的济宁磁异常主体走向北东，长约15km，平均宽度8km，双峰，异常面积达120km²。北侧伴有负磁异常，负异常幅值达300nT。正异常内由南北两个局部异常组成，北异常峰值3800nT，走向北北西向；南峰值2900nT，走向北东向。反映了济宁铁矿有两个以上的富集中心。济宁磁异常负磁异常值－300nT，负幅值与正幅值相比较小，并且正负磁异常间水平梯度相对较缓，反映了磁性体埋深大、延深大。$ZK_8$孔在北峰值处见济宁群中变质沉积型磁铁矿，说明济宁磁异常是由走向北东、埋深大、规模大

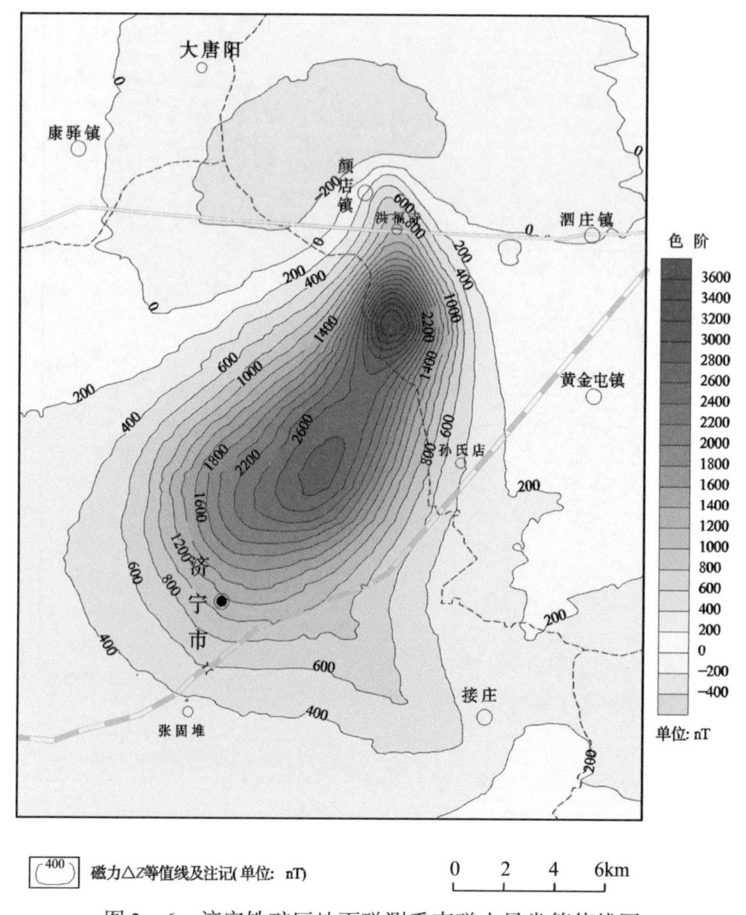


图2－6　济宁铁矿区地面磁测垂直磁力异常等值线图

的铁矿体引起的。

## （二）磁力垂向二阶导数

图2－7为济宁磁异常磁力垂向二阶导数图。二阶导数的零值线反映磁性地质体的边界，其范围大致圈定磁性体在地表的投影位置。从该图可见磁力垂向二阶导数异常为多峰，按峰值高低、面积大小依次有屯头、洪福寺、柏家行、李营、大务屯、黄桥等垂向导数异常组成。二阶导数对磁性体的走向有一定程度反映，屯头—洪福寺垂向二阶异常表征了铁矿层北北西向展布，黄桥—柏家行、李营—大务屯等垂向二阶异常表征了铁矿层北东向展布。反映了磁性地质体的分布具有一定的方向性和分段、分带性。磁力垂向二阶导数峰值区表征了磁性地质体埋藏相对较浅且铁磁性物质相对富集的区域，是铁矿勘查的首选地区。

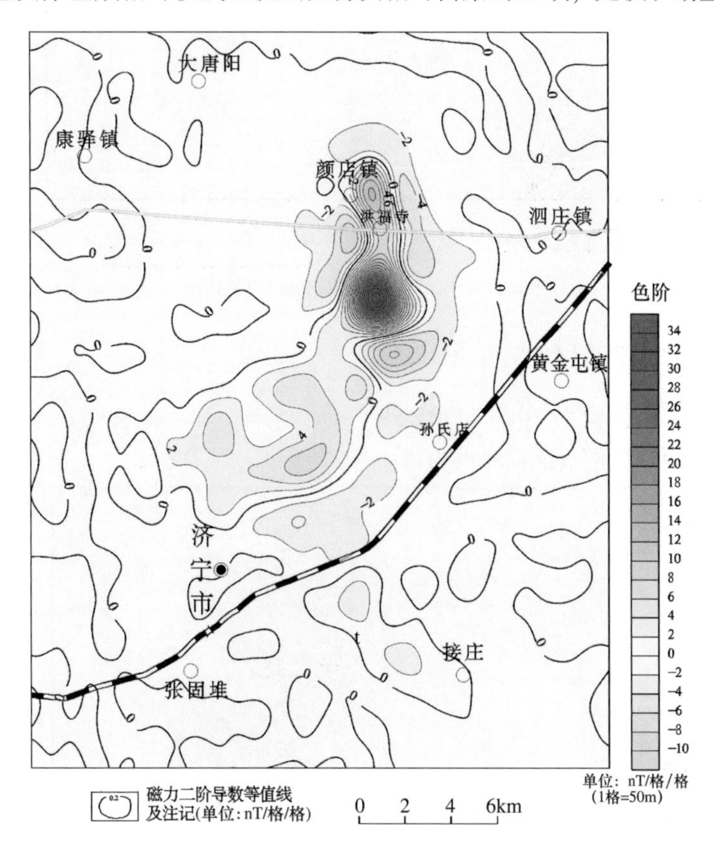


图2－7　磁力垂向二阶导数图

## （三）矿区1:5万布格重力异常

济宁地区1:5万布格重力异常如图2－8所示。布格重力异常表现为低背景中“入”字形重力高，重力幅值（5～7）$\times10^{-5}m/s^2$。屯头重力高为北东向与北西向重力高的交汇部位，异常形状似“入”字形，反映了深部相对高密度体的分布形态。北东部北西向重力异常，长约10km，宽约5km；南西部北东向重力异常，长约11km，宽约4km，两支重力异常组合面积约$100km^2$。与磁异常对比，二者位置对应，形态相似、面积大致相当。

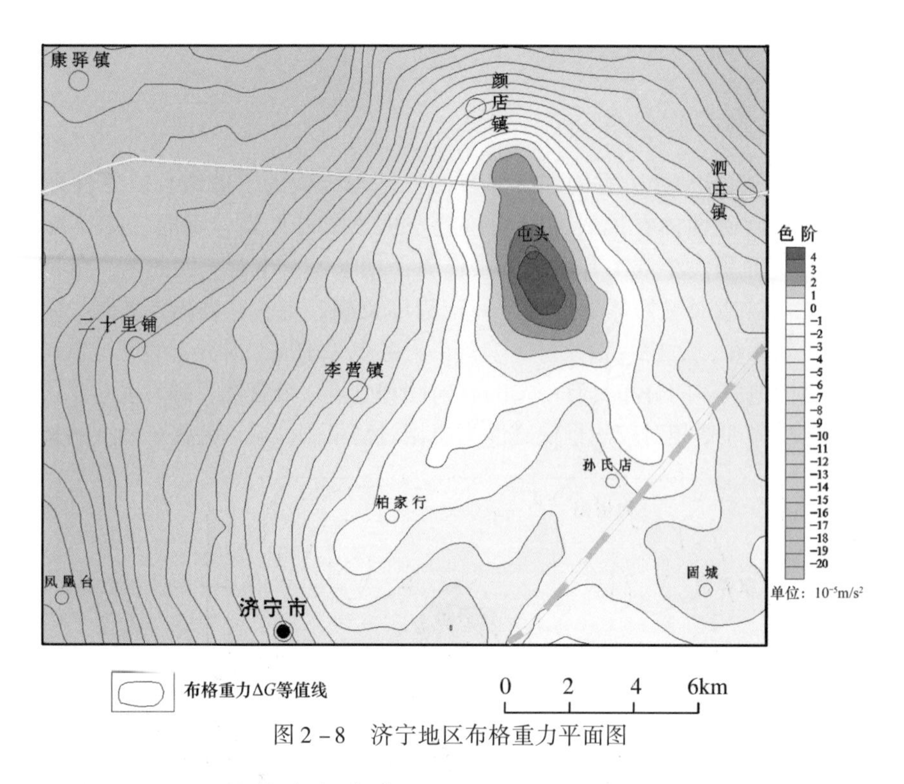


图2-8 济宁地区布格重力平面图

## （四）矿区1:5万剩余重力异常

图2-9为济宁矿区窗口20km×20km剩余重力异常图。剩余重力异常表现为北东向似矩形重力高背景的“锤”形局部重力高。似矩形重力高背景，（-2～1）$\times10^{-5}m/s^2$，

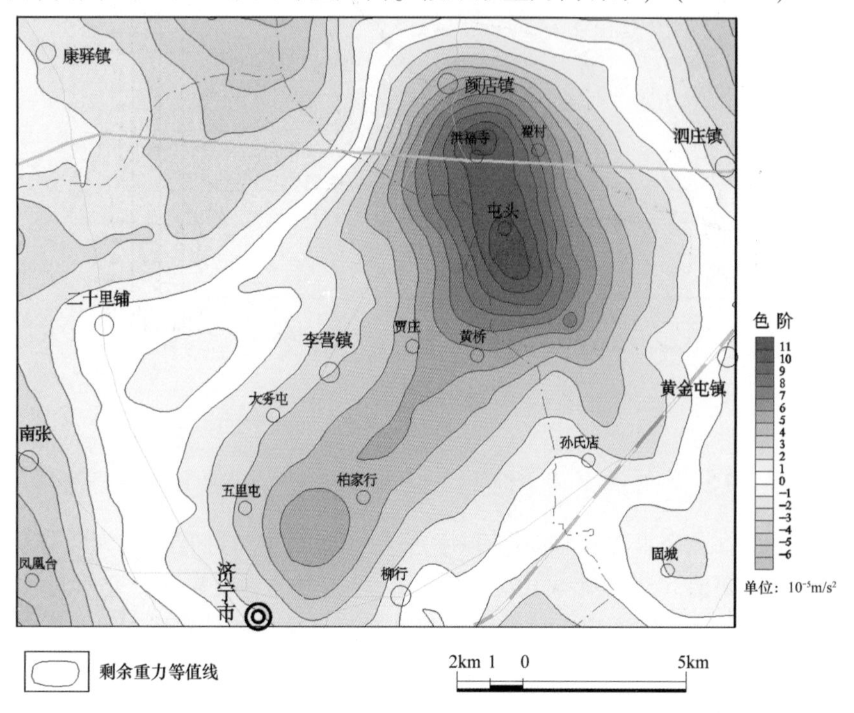


图2-9 济宁矿区剩余重力异常图

反映兖州凸起北部高密度寒武纪—奥陶纪灰岩局部上隆引起的，如二十里铺、济宁市区、孙氏店次级重力高区，皆为寒武纪—奥陶纪灰岩分布区。而“锤”形重力高，除浅部灰岩影响外，主要为深部含铁高密度体引起的。“锤头”位于屯头一带，表现为北东、北西向重力异常的叠加，重力升高幅值 $7\times10^{-5}m/s^2$，北西长 8km，宽 5km；“锤柄”位于贾庄—柏家行一线，重力升高幅值 $5\times10^{-5}m/s^2$，北东长 10km，宽 4～5km。北东向次级重力高分布于柏家行—李营一带，为济宁凹陷区，理应重力低，现实表现为重力高，推断深部赋存高密度地质体引起；北北西向重力高分布在颜店—屯头一带的兖州凸起上，它不仅有部分寒武系—奥陶系灰岩抬升产生的影响，而且还有深部铁矿高密度体的影响。钻探验证局部重力高是由深部济宁群中磁铁石英岩——高密度地质体引起的。由于后期的北北西向构造运动，错移并扭转了高密度体，形成北东，北北西向两走向叠合的“锤”形分布格局。

## 四、济宁地区地球物理信息反演结果

### （一）重、磁异常同源性

由区域重、磁异常图对比可知：重、磁异常的走向基本一致；重、磁异常位置大致吻合，重叠范围占绝大部分；重、磁异常均表现为主极值和次级极值；重、磁异常二阶导数具有多峰，且峰值位置大致吻合。推断重、磁异常具有同源性。

为了解重、磁异常的同源体，把三维反演的重、磁地质模型体的平面投影位置叠合，绘制了重、磁同源体叠合图（图 2－10），同源模型体为强磁性、高密度体的共同分布区，

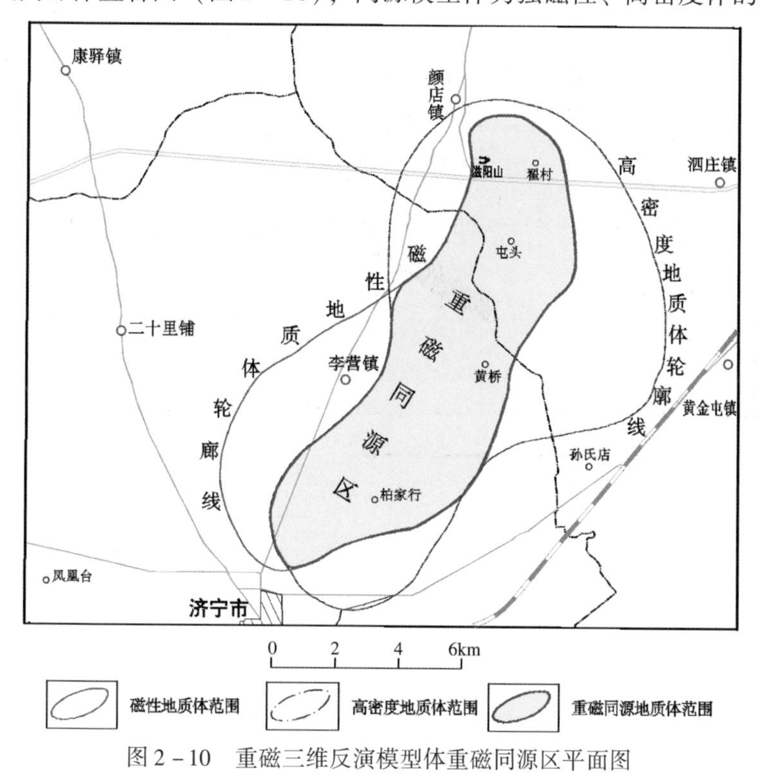


图 2－10　重磁三维反演模型体重磁同源区平面图

两模型体相比较，磁性地质体南西端多出的部分偏北；高密度模型体北东端多出的部分偏东，这主要是浅层密度分布不均匀所致。重、磁同源部分主体呈“豆荚”状，走向北东35°，北东长约15km，平均宽度约3.5km，面积约50km²。

### （二）济宁铁矿体的剖面形态

通过$ZK_8$号钻孔的验证，在1603.7～1796.54m处见沉积变质岩型铁矿，测得磁参数$65721\times10^{-5}$SI，在东西向、南北向剖面上模拟铁矿体的分布，为铁矿预测提供依据。

图2－11为110线$ZK_{402}$—$ZK_{404}$见矿孔磁法反演铁矿位置对比示意图，红色区为钻探见矿范围，黄色区为磁法反演铁矿分布范围，经对比，二者位置基本重合，实际见矿厚度与反演厚度大致相当，倾向西，实际倾角稍陡。

把该剖面见矿各孔展绘到磁垂向二阶导数图上，见矿孔都在密集等值线段之内，磁力垂向二阶导数异常反映了铁矿体的浅部位置。

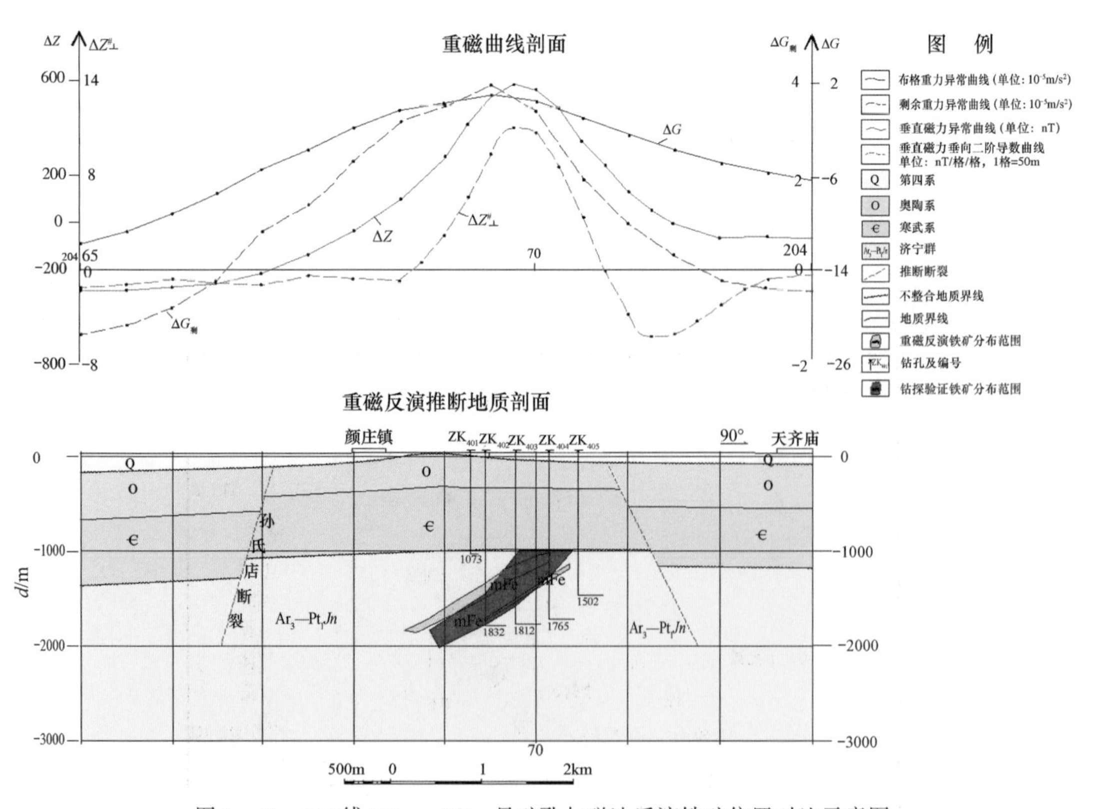


图2－11　110线$ZK_{402}$—$ZK_{404}$见矿孔与磁法反演铁矿位置对比示意图

### （三）第35勘探线重磁剖面反演与推断解释

图2－12为第35勘探线上重磁反演推断剖面。反演计算结果表明：济宁群顶板埋深在1050m左右，磁性铁矿体呈多层状斜列产出，倾向西。矿体浅部与重磁异常东侧梯级带相对应，并且由东向西，铁矿体倾斜度出现由陡变缓的趋势。与四勘线（110

线）相比，铁矿建造范围宽得多，是其宽度的 3 倍，推断该部位铁矿层由垂向折叠所致。

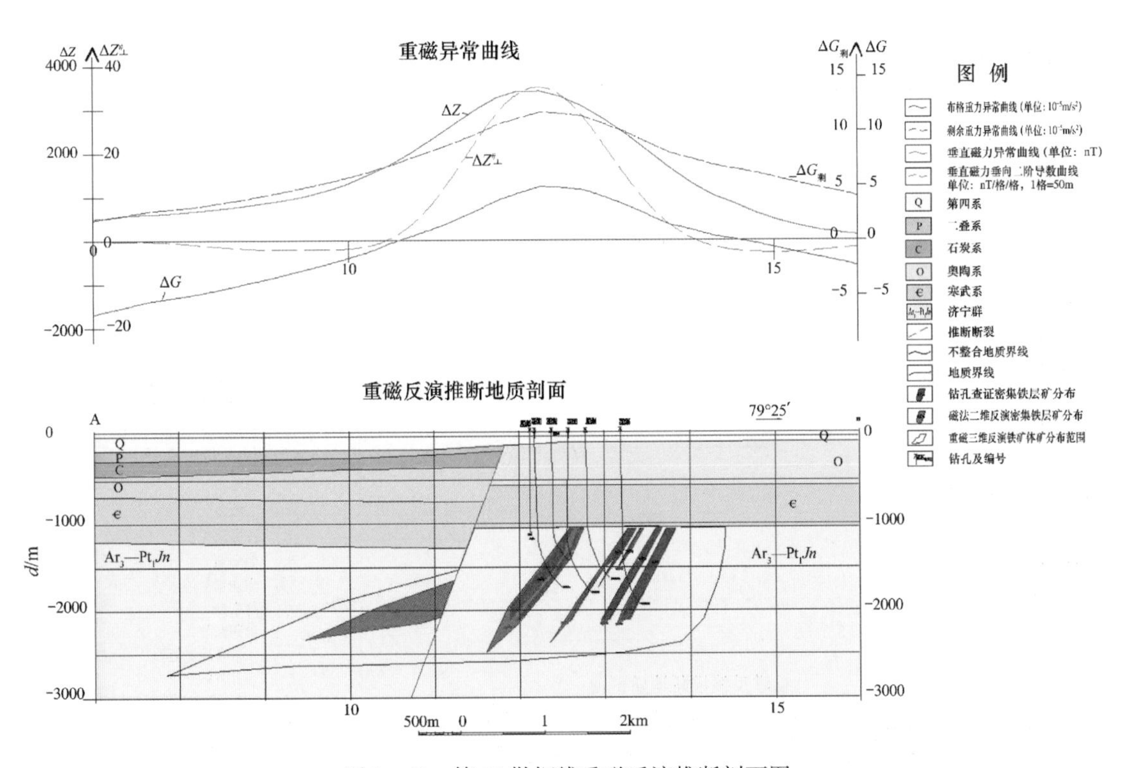


图 2－12　第 35 勘探线重磁反演推断剖面图

## （四）屯头—滋阳山重磁反演、推断地质剖面

### 1. 位置

位于屯头—滋阳山一线，南北向展布，大地坐标 $Y=20469.275\mathrm{km}$，$X=3921\sim3939.5\mathrm{km}$。经过 $ZK_8$ 号钻孔（图 2－13）。

### 2. 重、磁曲线特征

磁异常极大值位于 $x=3931\mathrm{km}$ 附近，异常宽缓，约 7km。南北两侧虽有次级极值，但不明显。垂向二阶导数极值异常位于 $\Delta Z$ 极值异常北侧 1km 处。即 $ZK_3$ 钻孔位置处。北翼 $x=3936\mathrm{km}$（$ZK_4$ 钻孔）处垂向二阶导数异常较为明显，垂向二阶导数两极值异常处反映磁铁矿层赋存深度相对较浅。

重力异常曲线相对平缓，在 $x_1=3932\mathrm{km}$，$x_2=3936\mathrm{km}$ 处，有不太明显的两个布格重力异常极值。异常范围 6～7km。剩余重力异常两异常比较明显，与磁异常的垂向二阶导数异常相对应。反映该两处磁铁矿层向上翘起。

### 3. 重磁反演推断结果

经重磁反演推断结果如图 2－13 所示：该磁铁矿层有折曲呈“箕形下凹”状。南翘起端位于屯头南1km处，$ZK_3$孔南500m处，埋藏深度1.25km左右。北翘起端位于滋阳山北1km处，埋藏深度1.1km左右。屯头—滋阳山之间，铁矿层呈缓下凹状，下凹幅度较小，该剖面中坐标3934km处，下凹深度最大，为1900m左右。从平面图上看，矿层为北北西向的一支，南、北两支在该剖面的东侧不足1km处相连接。主体呈箕状向南西西方向倾斜。南翘起部位铁矿层尖灭较快，可能是孙氏店断裂错移的结果。$ZK_8$孔可能位于西南支的北分带上没有钻透铁矿层，停钻于铁矿层的中下部。

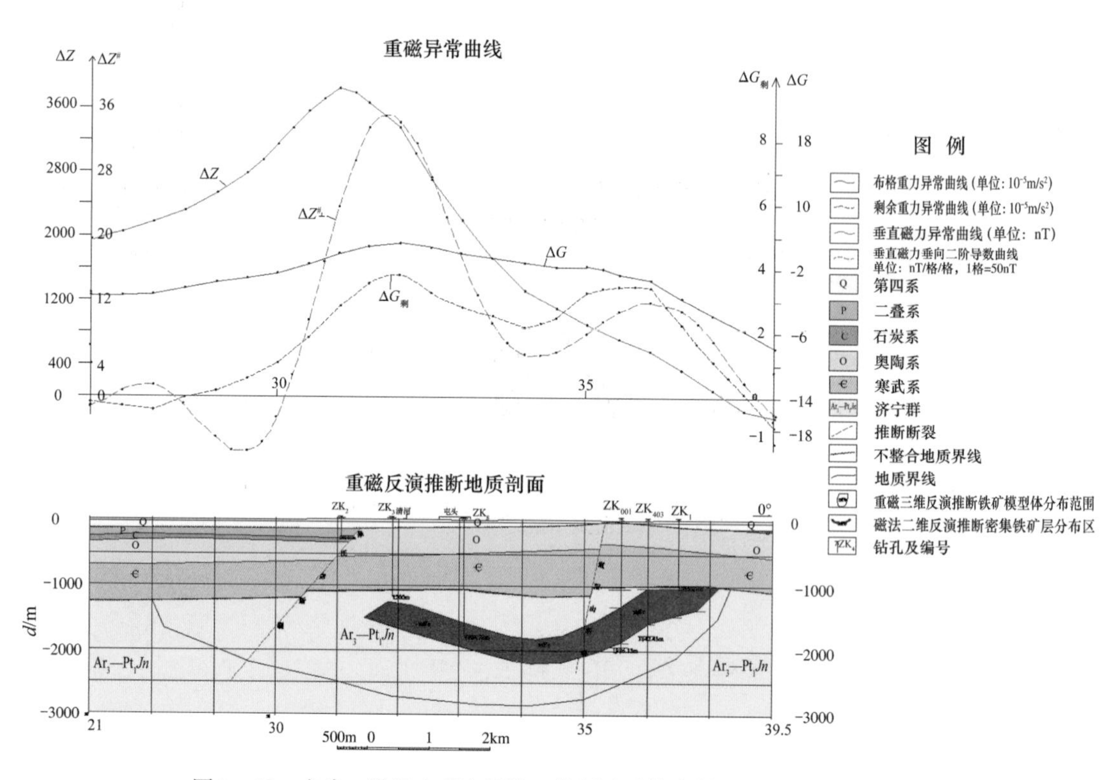


图2-13　屯头—滋阳山磁法反演、推断地质综合剖面图（20469.725km）

## （五）重磁同源区内铁矿体的分布

图2-14中红色区域为铁矿层分布集中的部位。铁矿层的主体在重磁同源区内，只是两端部北侧稍向外延出。铁矿体的主体可分为“两段三支”，颜店屯头段为北北西走向的一支，长约6.5km，主体呈箕状向南西西方向倾斜。埋深南北两端稍浅，中部稍深。李营—柏家行段为近平行的北东向的两支，该两支相互叠层，膨大与缩小部位互补。柏家行分支为济宁铁矿西南段南侧分支，北东向长7.5km，多层铁矿层集中分布宽1~1.5km，倾向北西。李营分支为北分支，与南分支走向、倾向一致，长11km，多层矿的集中分布区稍窄。李营、柏家行两分支之间，也有多层小铁矿时而膨大、时而尖灭。矿体单支累计长度约25km。

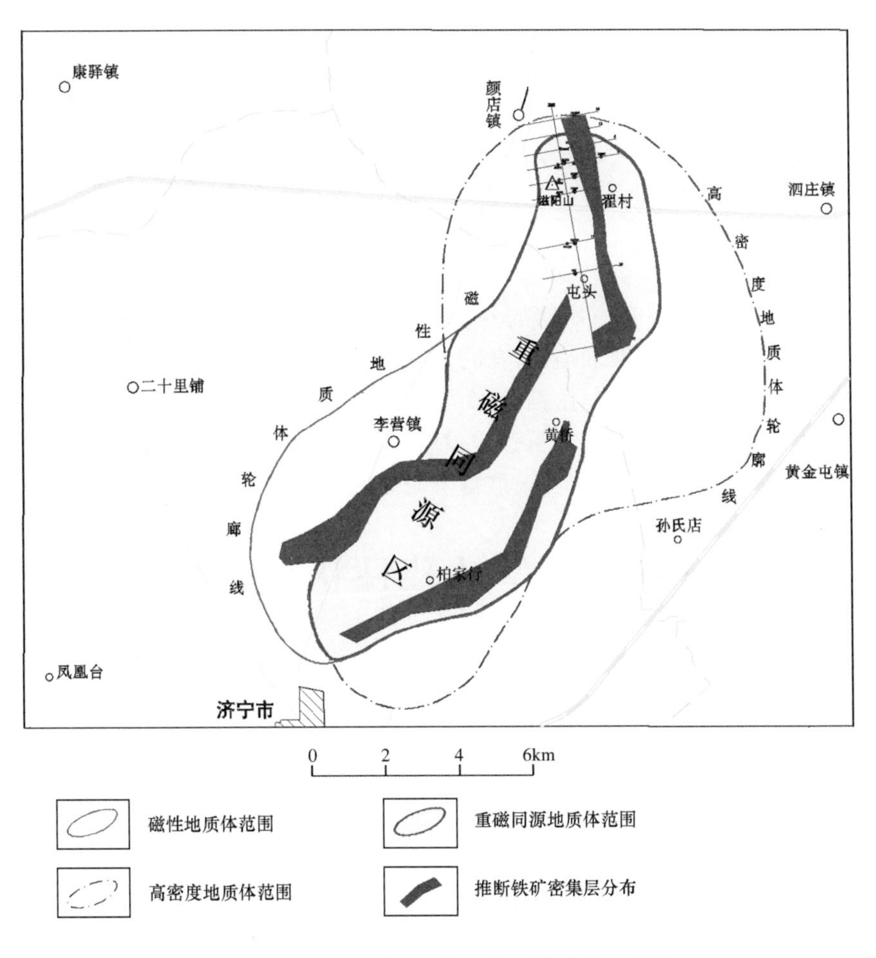


图2－14　重磁同源区内磁铁矿体分布示意图

# 第三章　济宁群地层序列及特征

济宁群分布于山东省济宁市所辖的兖州区颜店镇至任城区李营镇一带，是全隐伏地层，分布面积约100km²，其顶部距地表的最浅揭露深度为899.90m，最深揭露深度为1278.15m。目前，共有60个钻孔钻遇该群，单孔钻遇的最大垂直厚度为1016.83m（$ZK_{3902}$孔），所有钻孔均未钻穿济宁群，也没有控制到其平面位置的边界。

依据岩石组合和含矿性，本次将该群自下而上划分为翟村组、颜店组和洪福寺组。

## 第一节　典型钻孔柱状剖面特征

本次研究选择了钻遇地层比较完整的第4勘探线$ZK_{405}$、$ZK_{404}$、$ZK_{403}$、$ZK_{402}$（图3－1）和第12勘探线$ZK_{1202}$、$ZK_{1201}$、$ZK_{1203}$，以及第3勘探线$ZK_{301}$、$ZK_{303}$钻孔进行了系统的岩心编录，现将各钻孔柱状地层剖面描述如下。

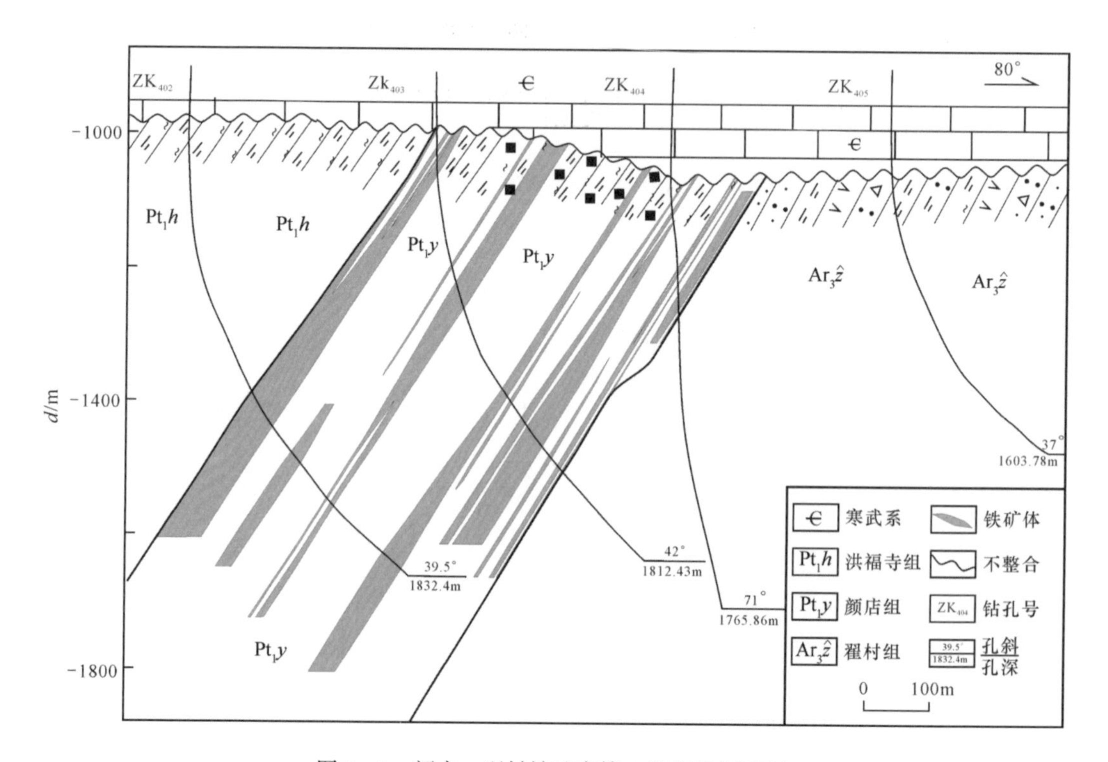


图3－1　颜店—翟村铁矿床第4勘探线剖面图

## 一、第4勘探线钻孔

### （一）$ZK_{405}$钻孔柱状剖面

**上覆地层** 寒武纪长清群朱砂洞组丁家庄白云岩段 白云岩夹页岩、砾屑灰岩、砂屑灰岩，与下伏济宁群呈角度不整合接触。底砾岩，暗紫红色－暗紫褐色，具褐铁矿化，角砾直径5～10cm，角砾成分为长英质，钙质胶结，局部裂隙发育，并充填碳酸盐细脉，自下而上砾径由粗变细

～～～～～～ 角度不整合 ～～～～～～

| **翟村组** | 厚度444.59m |
|---|---|
| 22. 千枚状变凝灰质粉砂岩夹千枚状变凝灰质细砂岩，偶见绿泥千枚岩条带。裂隙发育，充填方解石细脉 | 75.57m |
| 21. 千枚状变凝灰质细砂岩夹千枚状变凝灰质粉砂岩 | 7.73m |
| 20. 浅灰色变安山质凝灰岩，碎屑主要为斜长石晶屑及安山质岩屑。斜长石碎斑塑性变形成长条状，长径2～5mm，最大10mm | 20.59m |
| 19. 浅灰色变凝灰质粉砂岩，偶夹灰绿色绿泥千枚岩条带 | 2.65m |
| 18. 变安山质凝灰岩，岩石中晶屑、岩屑粒度有韵律性变化 | 35.73m |
| 17. 千枚状变凝灰质粉砂岩 | 4.04m |
| 16. 碳质硅质角砾岩（图版Ⅲ中103、113、114），黑色，染手，岩石破碎。含藻类化石 *Leiosphaeridia* sp.（光面球藻，未定种） | 0.98m |
| 15. 含少量长石晶屑的变凝灰质细砂岩夹变凝灰质粉砂岩，上部夹20cm隐晶质石墨岩，下部夹厚度约2m的碳酸盐化断层泥两处，局部破碎角砾化 | 22.86m |
| 14. 变安山质角砾凝灰岩夹凝灰质绢云绿泥千枚岩（图版Ⅲ中104、105）。角砾主要由安山质岩组成，其次为斜长石晶屑，晶屑和岩石角砾大小不等，一般0.5mm～1cm；填隙物多为绿泥石、方解石，裂隙间充填方解石 | 23.99m |
| 13. 千枚状变安山质凝灰岩夹变凝灰质粉砂岩，岩石呈灰绿色，变余凝灰结构，定向构造，颗粒塑性变形拉长，呈定向排列。具有韵律层理 | 36.87m |
| 12. 变安山质含角砾晶屑凝灰岩（图版Ⅲ中106）。岩石呈灰绿色，角砾呈暗红色和黑褐色，受剪切力作用，具眼球状结构 | 28.64m |
| 11. 变安山质含角砾凝灰岩（图版Ⅲ中104、107、111、112）。岩石呈灰绿色，角砾呈暗红色，受塑性变形作用，见眼球状构造。该层见4段破碎带（图版Ⅲ中115、116、117），上部有2.7m厚的岩石破碎，呈灰白色，具碳酸岩化；中部见厚10cm断层泥和2.7m、3.4m厚的碳酸盐化破碎带 | 117.72m |
| 10. 浅灰色变凝灰质粉砂岩，下部夹薄层状千枚岩 | 8.39m |
| 9. 变凝灰质细砂岩 | 3.56m |
| 8. 凝灰质绿泥绢云千枚岩 | 5.98m |
| 7. 变凝灰质细砂岩 | 7.32m |
| 6. 含碳质凝灰质千枚岩 | 1.58m |
| 5. 变凝灰质细砂岩 | 5.04m |

4. 含碳质绿泥绢云千枚岩（图版Ⅲ中108、109） 7.96m

3. 凝灰质绢云绿泥千枚岩 9.22m

2. 变安山质凝灰岩（图版Ⅲ中101、102、110、118） 10.07m

1. 变含火山角砾安山质凝灰岩，碎屑主要为斜长石晶屑，有少量安山岩质角砾，发生塑性变形呈透镜状 8.10m

———— 未见底 ————

## （二）$ZK_{404}$钻孔柱状剖面

**上覆地层** 寒武纪长清群朱砂洞组丁家庄白云岩段 白云岩夹页岩（图版Ⅲ中90）、砾屑灰岩、砂屑灰岩，与下伏济宁群呈角度不整合接触。底部有0.75m厚的底砾岩（图版Ⅲ中90、91），岩石呈暗紫红色，具褐铁矿化，砾石为次棱角—次圆状角砾，直径5～10cm，角砾成分为赤铁石英岩、变质砂岩等，钙泥质胶结，局部裂隙发育，并充填碳酸盐细脉，自下而上砾径由粗变细

~~~~~~ 角度不整合 ~~~~~~

**颜店组** 厚度124.73m

25. 紫红色条带状绢云母赤铁岩、石英赤铁岩夹含砂砾赤铁矿绿泥黑云千枚岩、赤铁绿泥千枚岩（铁矿层编号6）（图版Ⅲ中71、72、73、74） 19.82m

24. 条带状绿泥磁铁石英岩（铁矿层编号6）（图版Ⅲ中75、92） 2.14m

23. 含砂质黑云绿泥千枚岩夹条带状磁铁绿泥千枚岩（图版Ⅲ中76、77、95、96） 7.11m

22. 条带状含方解磁铁石英岩（铁矿层编号6）（图版Ⅲ中78） 4.66m

21. 黑云绿泥千枚岩（图版Ⅲ中79、97） 14.37m

20. 糜棱岩化变英安斑岩，上接触面韧性剪切作用弱，变形弱，下接触面韧性剪切作用强，变形强，接触面清晰 1.63m

19. 含角砾凝灰质黑云绿泥千枚岩（图版Ⅲ中80、99）。含黄色、白色石英砾，定向排列，长径2～10cm 31.8m

18. 糜棱岩化变英安斑岩 0.59m

17. 条带状凝灰质黑云磁铁绿泥千枚岩（图版Ⅲ中81）（铁矿层编号7），底部韵律层发育 18.30m

16. 绢云千枚岩夹千枚状变凝灰质粉砂岩和凝灰质绢云千枚岩，具韵律沉积特点 6.0m

15. 条带状凝灰质磁铁黑云千枚岩（铁矿层编号8）（图版Ⅲ中82） 14.37m

14. 糜棱岩化变英安斑岩，眼球状构造，自上向下韧性剪切作用加强，斑晶塑性变形随之增强 2.01m

13. 条带状凝灰质磁铁黑云千枚岩（铁矿层） 1.93m

———— 整　合 ————

**翟村组** 厚度295.29m

12. 变凝灰质粉砂岩夹变凝灰质细砂岩，上部和下部碎屑粒度相对较粗，中部碎屑粒度相对较细 3.64m
~~~~~~

| | |
|---|---|
| 11. 绢云千枚岩（图版Ⅲ中83、93），局部夹变凝灰质粉砂岩。绢云千枚岩千枚理异常发育，岩心呈片状，长英质细脉在片理面上发育。中间夹0.99m变凝灰质粉砂岩，长石、石英晶屑呈眼球状。下部见12cm断层泥 | 18.64m |
| 10. 千枚状变凝灰质细砂岩（图版Ⅲ中84、98） | 5.41m |
| 9. 绿泥绢云千枚岩夹变凝灰质细—粉砂岩 | 13.04m |
| 8. 变质粉砂岩、细砂岩互层，局部夹绿泥千枚岩 | 7.94m |
| 7. 糜棱岩化变英安斑岩 | 3.28m |
| 6. 变凝灰质细砂岩、粉砂岩和千枚岩。千枚岩呈条带状，常构成韵律层，厚8~10cm。中上部夹0.66m绿泥千枚岩，下部有0.79m含磁铁碳质绢云千枚岩（图版Ⅲ中85） | 58.5m |
| 5. 含方解变凝灰质粉砂岩（图版Ⅲ中86）与含方解变凝灰质细砂岩互层，局部夹黑色千枚岩条带。岩石呈灰白色，粒度有韵律变化，自下而上变凝灰质细砂岩厚度逐渐减小 | 60.5m |
| 4. 变凝灰质粗砂岩夹变凝灰质细砂岩。岩石呈灰绿色，方解石脉发育 | 23.35m |
| 3. 变凝灰质细砂岩夹变凝灰质粉砂岩，顶部含少量灰绿色碳质绿泥千枚岩 | 35.07m |
| 2. 变角闪安山质角砾凝灰岩（图版Ⅲ中88、94、100）。变余含角砾凝灰质砂状结构，块状构造，角砾为主，个别为集块砾石由安山质岩组成。砂粒主要为安山质岩屑和角闪石、斜长石晶屑等 | 53.11m |
| 1. 变质角闪安山岩（图版Ⅲ中89）。岩石呈灰绿色 变余斑状结构，块状构造，斑晶主要为斜长石、角闪石。1760m见断层泥 | 12.81m |

—————未见底—————

## （三）$ZK_{403}$钻孔柱状剖面

**上覆地层** 寒武纪长清群朱砂洞组丁家庄白云岩段

~~~~~~~~ 角度不整合 ~~~~~~~~

| **颜店组** | 厚度465.84m |
|---|---|
| 42. 红褐色条纹条带状绿泥赤铁石英岩，局部夹变质粉砂岩（图版Ⅲ中49） | 4.21m |
| 41. 红褐色变质中细粒凝灰质砂岩，中间夹2层0.6m的变英安质凝灰岩。碎屑粒径1~2mm | 17.79m |
| 40. 红褐色含磁铁凝灰质绢云千枚岩（图版Ⅲ中50），偶夹氧化铁条带 | 2.54m |
| 39. 条纹条带状赤铁石英岩夹绿泥千枚岩薄层 | 4.12m |
| 38. 条纹条带状方解磁铁石英岩（图版Ⅲ中52）（铁矿层编号2），夹2m方解二云片岩（图版Ⅲ中51） | 44.97m |
| 37. 黑云绿泥千枚岩（图版Ⅲ中53、54），局部夹薄层条纹条带状磁铁石英岩，层厚10~20cm | 74.16m |
| 36. 条纹条带状磁铁石英岩夹绿泥千枚岩条纹条带（品位达不到矿石） | 6.80m |
| 35. 绿泥千枚岩夹变质粉砂岩 | 6.86m |
| 34. 深灰色条纹条带状磁铁石英岩夹黑云绿泥千枚岩（铁矿层编号4） | 47.26m |
~~~~~~~~

| | |
|---|---|
| 33. 绿泥千枚岩，局部夹少量含碳质绿泥千枚岩薄层，下部偶夹磁铁石英岩条带 | 114.98m |
| 32. 条带状磁铁石英岩夹绿泥千枚岩条带（铁矿层编号6） | 15.52m |
| 31. 千枚状变凝灰岩（变质英安岩?）（图版Ⅲ中55） | 1.81m |
| 30. 条纹条带状黑云磁铁石英岩与绿泥千枚岩互层 | 3.86m |
| 29. 条纹条带状黑云磁铁石英岩夹绿泥千枚岩 | 5.25m |
| 28. 千枚状含砾变凝灰质砂岩（图版Ⅲ中56） | 24.55m |
| 27. 条纹条带状黑云磁铁石英岩夹绿泥千枚岩（铁矿层编号6） | 52.35m |
| 26. 条纹状黑云绿泥磁铁石英岩（铁矿层编号7）（图版Ⅲ中57） | 22.72m |
| 25. 绿泥绢云千枚岩夹变质凝灰质粉砂岩薄层，上部偶见磁铁石英岩条带 | 16.09m |

———— 整　合 ————

| | |
|---|---|
| **翟村组** | 厚度192.95m |
| 24. 糜棱岩化变黑云母英安斑岩（图版Ⅲ中58），局部为变英安质糜棱岩 | 5.56m |
| 23. 千枚状变质凝灰质粉细砂岩（图版Ⅲ中59），夹有千枚岩条带或薄层 | 35.79m |
| 22. 绿泥绢云千枚岩夹千枚状变质凝灰质粉砂岩 | 5.89m |
| 21. 千枚状变质凝灰细粉砂岩夹绿泥千枚岩条带 | 4.37m |
| 20. 变英安斑岩 | 2.89m |
| 19. 变凝灰质砂岩 | 1.80m |
| 18. 绢云千枚岩 | 1.98m |
| 17. 绢云千枚岩夹绢云碳质千枚岩（图版Ⅲ中60），碳质千枚岩中见黄铁矿条带 | 4.56m |
| 16. 绿泥绢云千枚岩夹变凝灰质粉砂岩 | 3.99m |
| 15. 变凝灰质粉砂岩 | 2.75m |
| 14. 方解绿泥千枚岩（图版Ⅲ中61） | 18.25m |
| 13. 千枚状阳起石岩（图版Ⅲ中62） | 6.14m |
| 12. 绿泥阳起千枚岩 | 30.37m |
| 11. 变角闪安山岩（图版Ⅲ中63、64） | 15.18m |
| 10. 变角闪石英安山岩，斑晶为角闪石、黑云母、长石和少量石英 | 2.09m |
| 9. 变安山质凝灰岩夹绿泥千枚岩薄层 | 10.44m |
| 8. 糜棱岩化变英安斑岩（图版Ⅲ中65） | 1.90m |
| 7. 变安山质角砾凝灰岩（图版Ⅲ中66） | 14.05m |
| 6. 方解绿泥绢云千枚岩（图版Ⅲ中67） | 12.50m |
| 5. 含方解绢云碳质千枚岩（图版Ⅲ中68） | 0.75m |
| 4. 千枚状变凝灰质粉砂岩 | 1.91m |
| 3. 变安山质凝灰岩（图版Ⅲ中69） | 1.11m |
| 2. 变凝灰质长石砂岩（图版Ⅲ中70） | 7.54m |
| 1. 变英安质糜棱岩 | 1.14m |

———— 未见底 ————

## （四）$ZK_{402}$钻孔柱状剖面

**上覆地层** 寒武纪长清群朱砂洞组丁家庄白云岩段 白云岩夹页岩、砾屑灰岩、砂屑灰岩，与下伏济宁群呈角度不整合接触。底部见有 0.75m 厚的底砾岩，岩石呈红褐色，具褐铁矿化，砾石为棱角—次棱角角砾，直径 5 ~ 10cm，角砾成分为灰绿色条带状千枚岩、变质砂岩，杂色泥钙质胶结，局部裂隙发育，并充填碳酸盐细脉，自下而上砾径由粗变细

~~~~~~~~~ 角度不整合 ~~~~~~~~~

| **洪福寺组** | 厚度 318.23m |
| --- | --- |
| 30. 绢云千枚岩。沿千枚理有红褐色铁染细条带。孔深 1034.94 ~ 1035.6m，1038.14 ~ 1040.14m，1050 ~ 1053m 处褐铁矿染细条带发育 | 14.45m |
| 29. 绿泥绢云千枚岩（图版Ⅲ中 25）。千枚理间的红褐色铁质染细条带从上而下逐渐减少。孔深 1079 ~ 1081m 裂隙发育，铁染细条带发育 | 11.61m |
| 28. 碳质绿泥绢云千枚岩（图版Ⅲ中 26）。纹层状、千枚状构造，含藻类化石 *Trachysphaeridium* sp.（皱面球藻，未定种） | 2.92m |
| 27. 绢云千枚岩（图版Ⅲ中 27）。孔深 1103.8 ~ 1104.4m 夹变质细砂岩，1139.4 ~ 1139.6m 夹变质粉砂岩，孔深 1129m 处含数厘米薄层碳质岩。含藻类化石 *Trachysphaeridium* sp.（皱面球藻，未定种），*Stictosphaeridium* sp.（线脊球藻，未定种），*Leiosphaeridia* spp.（光面球藻，多个未定种） | 28.18m |
| 26. 含碳质绢云千枚岩。片理发育，沿片理可见石英细脉 | 0.5m |
| 25. 灰绿色绿泥绢云千枚岩。裂隙发育，充填石英细脉。孔深 1152.43 ~ 1153.43m 片理发育 | 6.36m |
| 24. 浅灰色绢云千枚岩夹千枚状变质砂岩、变粉砂岩条带 | 23.22m |
| 23. 绿泥钙质千枚岩（图版Ⅲ中 28）与碳质千枚岩互层，单层厚 1 ~ 3cm | 4.14m |
| 22. 变质砂岩夹碳质千枚岩。碳质千枚岩层厚 1 ~ 3cm，最大 10cm | 8.84m |
| 21. 绿泥绢云千枚岩 | 4.33m |
| 20. 千枚状变质粉砂岩夹方解绿泥碳质千枚岩 | 7.94m |
| 19. 含绢云碳质千枚岩（图版Ⅲ中 30）夹变质粉砂岩 | 3.11m |
| 18. 变质中细粒绢云长石砂岩、变质粉砂岩（图版Ⅲ中 31、32）夹碳质千枚岩。碳质千枚岩夹层分布不均匀，夹层厚度随钻孔深度增加而减小。孔深 1304m 见断层泥、破碎带 | 51.31m |
| 17. 千枚状变质绿泥绢云细粉砂岩夹绢云千枚岩 | 36.86m |
| 16. 纹层状碳质绢云绿泥千枚岩。顶部夹 2m 左右变质砂岩，下部夹 70cm 绢云石英千枚岩（图版Ⅲ中 33） | 22.14m |
| 15. 纹层状绿泥绢云千枚岩夹碳质千枚岩（图版Ⅲ中 34、35），含化石 *Leiosphaeridia* spp.（光面球藻，未定种） | 44.26m |
| 14. 含砾绿泥绢云千枚岩（图版Ⅲ中 36）。发育石英细脉，细脉有顺层的和切层的，切层的石英细脉两端的层理被挤压弯曲 | 29.48m |
~~~~~~~~~

13. 绢云千枚岩（图版Ⅲ中37）。千枚状、纹层状构造，层厚1~7cm。含藻类化石 *Leiosphaeridia minutissima*（*naumova*），emend. Jankauakas，1989（微小光面球藻） 18.58m

——整　合——

**颜店组** 厚度326m

12. 条纹条带状含方解石英黑云磁铁岩（图版Ⅲ中38），夹条带状绿泥绢云千枚岩，为磁铁矿层（铁矿层编号为2）。矿层顶部夹70cm绿泥绢云千枚岩。偶见长石石英细脉，局部长英质脉厚大，20~30cm 56.05m
11. 绢云凝灰质千枚岩。上部为含方解绢云凝灰质千枚岩（图版Ⅲ中39、47），中下部为含石英砾绢云凝灰质千枚岩（图版Ⅲ中40）。石英质砾为灰色，形态呈眼球状 12.76m
10. 变质粉砂岩夹绢云千枚岩，下部夹千枚状变质砂岩 4.15m
9. 条带状磁铁石英岩夹黑云千枚岩（铁矿层编号为3），磁铁石英岩条带宽1~4cm 23.79m
8. 凝灰质绢云千枚岩夹磁铁石英岩条带，条带宽1~3cm，上部含条带状磁铁黑云千枚岩（图版Ⅲ中41） 4.95m
7. 含方解黑云千枚岩（图版Ⅲ中42），局部夹薄层状磁铁石英岩条带，1613~1614m、1632~1635m磁铁石英岩条带相对集中，1643.04~1644m见断层角砾岩。含藻类化石 *Leiosphaeridia* sp.（光面球藻，未定种） 53.21m
6. 条带状含黑云磁铁石英岩夹绿泥千枚岩薄层（图版Ⅲ中43）（铁矿层编号为4） 28.72m
5. 绿泥千枚岩夹黑云磁铁石英岩条带、千枚状绢云中细粒凝灰质砂岩（图版Ⅲ中44）。1688~1701.6m千枚理发育，变形强烈。1701.6~1701.8m为断层泥与断层角砾。1707~1710m千枚理发育，黑云磁铁石英岩条带向下逐渐减少。1741~1748.7m为变质砂岩夹千枚岩，局部夹含碳质千枚岩。1754~1757.5m千枚理发育，岩心破碎 57.5m
4. 黑云千枚岩（图版Ⅲ中45）夹变质粉砂岩，局部夹黑云磁铁石英岩条带（图版Ⅲ中46）。韵律层发育。每个韵律碎屑粒度由下到上逐渐变细，显示正韵律，韵律层厚一般10cm左右 38.97m
3. 条带状含石英磁铁岩（矿层编号6）夹少量条纹状绢云千枚岩。磁铁石英岩中揉皱发育，局部见鞘褶皱 35.36m
2. 变质绢云安山岩。斑晶为斜长石，少量石英，偶见黑云母，斑晶自下而上变形逐渐变强，顶部与矿层接触处塑性变形强烈 8.17m
1. 千枚状变凝灰质砂岩。顶部见断层角砾岩，角砾为千枚岩，硅质胶结，局部有小晶洞发育 2.37m

——未见底——

## 二、第12勘探线钻孔

### （一）$ZK_{1202}$钻孔柱状剖面

**上覆地层**　寒武纪长清群

~~~~~~~~ 角度不整合 ~~~~~~~~

**颜店组**

上部没有系统重新编录，从孔深1193.97m始编录

20. 1193.97～1218.02m，条纹条带状磁铁石英岩（铁矿层编号4）

| | |
|---|---|
| 19. 灰绿色变质凝灰质细砂岩，夹灰色含砂黑云绢云钠长千枚岩（图版Ⅲ中143、144、178） | 6.72m |
| 18. 条带状磁铁石英岩，夹绿泥绢云千枚岩，千枚岩条带与硅铁质条带互层。局部发育小褶皱（图版Ⅲ中176） | 1.97m |
| 17. 绢云方解钠长千糜岩，局部见残斑，塑性变形成透镜状条纹（图版Ⅲ中145） | 4.23m |
| 16. 黑云绿泥千枚岩夹条纹条带磁铁石英岩，磁铁石英岩分布不均一，局部见剑鞘状小褶皱（图版Ⅲ中146、160） | 10.08m |
| 15. 条纹条带状磁铁石英岩 | 3.29m |

———— 整　合 ————

**翟村组** 厚度221.48m

| | |
|---|---|
| 14. 糜棱岩化英安斑岩（图版Ⅲ中147）。自上而下糜棱岩化作用增强，下部为绿泥千糜岩（图版Ⅲ中148、177） | 17.59m |
| 13. 含砂方解钠长千枚岩（图版Ⅲ中149）。局部受强剪切力作用具残斑拉长现象 | 19.64m |
| 12. 绿泥千糜岩 | 1.2m |
| 11. 糜棱岩化变英安斑岩 | 16.43m |
| 10. 方解绢云千枚岩（图版Ⅲ中150） | 6.95m |
| 9. 绢云石英构造片岩。动力变质作用较强（图版Ⅲ中151） | 1.42m |
| 8. 英安质糜棱岩。中部夹1m绢云石英构造片岩 | 8.10m |
| 7. 绢云千枚片岩（图版Ⅲ中152）。面理发育，岩石较破碎，上部见2.6m断层泥 | 24.51m |
| 6. 英安质糜棱岩 | 24.31m |
| 5. 碳质钠长千枚岩（图版Ⅲ中153） | 2.53m |
| 4. 变英安斑岩 | 6.18m |
| 3. 绢云千枚岩夹变质粉砂岩 | 1.28m |
| 2. 变质凝灰质砂岩（图版Ⅲ中154） | 6.07m |
| 1. 变质安山质凝灰岩（图版Ⅲ中155、156、157、158、159） | 85.27m |

———— 未见底 ————

## （二）$ZK_{1201}$钻孔柱状剖面

**上覆地层**　寒武纪长清群　下部为底砾岩

~~~~~~~~ 角度不整合 ~~~~~~~~

**洪福寺组** 厚度153.67m

| 层序及岩性 | 厚度 |
| --- | --- |
| 21. 紫红色、灰绿色相间的绿泥绢云千枚岩 | 9.52m |
| 20. 千枚状变凝灰质砂岩 | 6.97m |
| 19. 灰绿色绿泥绢云千枚岩 | 10.83 |
| 18. 含碳质绿泥绢云千枚岩（图版Ⅲ中119）含藻类化石 *Leiosphaeridia minutissima*（*naumova*）emend. Jankauakas，1989（微小光面球藻） | 6.94m |
| 17. 千枚状变质中细砂岩（图版Ⅲ中120） | 4.51m |
| 16. 碳质绢云千枚岩。含藻类化石 *eiosphaeridia minutissima*（*naumova*）emend. Jankauakas，1989（微小光面球藻） | 17.46m |
| 15. 千枚状变质凝灰质砂岩，局部夹碳质绿泥绢云千枚岩。凝灰质砂岩粒度从上到下由粗变细，具韵律性构造 | 53.85m |
| 14. 变英安斑岩（图版Ⅲ中121、122、123），下部为英安质绢云千枚岩。斑晶塑性变形成条纹，千枚理面上矿物呈线状构造，与千枚理面倾向夹角5°。孔深1110～1114.5m塑性变形较强，1114.5～1115.7m塑性变形较弱，1115.5～1140.5m塑性变形较强 | 30.47m |
| 13. 绿泥千枚岩夹变凝灰质粉砂岩条带（图版Ⅲ中124） | 9.53m |
| 12. 含砂绿泥千枚岩（图版Ⅲ中125），局部有方解石细脉沿千枚理面发育 | 3.59m |

——————整　合——————

**颜店组** 厚度403.48m

| 层序及岩性 | 厚度 |
| --- | --- |
| 11. 条带状绢云石英磁铁岩、条带状含绢云绿泥石英磁铁岩、条带状含黑云方解石英磁铁岩（自上而下）（铁矿层1）（图版Ⅲ中126、127） | 48.05m |
| 10. 变凝灰质砂岩（图版Ⅲ中128） | 3.90m |
| 9. 千枚状变凝灰质细砂岩 | 20.87m |
| 8. 条带状含方解黑云磁铁石英岩（图版Ⅲ中129） | 19.36m |
| 7. 黑云绿泥千枚岩（图版Ⅲ中130）夹条带状变质粉砂岩，含疑源类化石 *Leiosphaeridia* sp.（光面球藻，未定种）、*Eosynechococcus* sp.（原始连球藻，未定种） | 64.71m |
| 6. 绿泥千枚岩夹磁铁石英岩条带或薄层（图版Ⅲ中130、131），含疑源类化石 *Leiosphaeridia* sp.（光面球藻，未定种） | 5.98m |
| 5. 灰绿色绿泥千枚岩夹变质粉砂岩，局部夹磁铁石英岩条带 | 23.54m |
| 4. 条带状磁铁石英岩夹少量暗绿色绿泥绢云千枚岩条带或薄层（图版Ⅲ中132）（铁矿层2）。裂隙间见碳酸盐脉 | 36.39m |
| 3. 上部方解绢云千枚岩（图版Ⅲ中133）、绿泥黑云千枚岩夹磁铁石英岩薄层，下部含砂绢云千枚岩夹含磁铁黑云千枚岩和磁铁石英岩条带（图版Ⅲ中134、135、136、141）。上部磁铁石英岩夹层厚2～3cm，最厚10cm。下部磁铁石英岩夹层变为条带状 | 115.30m |
| 2. 条纹条带状磁铁石英岩（图版Ⅲ中137）（铁矿层6），局部见长石伟晶岩脉 | 43.82m |
| 1. 条带状绢云千枚岩为主，夹条带状黑云磁铁石英岩（图版Ⅲ中138、139、140），局部夹黑云千枚岩。局部见方解石脉。所夹条带状黑云磁铁石英岩条带或薄层，厚1～15cm，最大厚度25cm，下部为绢云千糜岩，糜棱面理发育。剪切作用强 | 21.56m |

——————整　合——————

**翟村组** 厚度47.34m

变英安质糜棱岩（图版Ⅲ中142）。中下部长石、石英斑晶受动力作用发生塑性变形，随深度增加逐渐增强 7.34m

———— 未见底————

## （三）$ZK_{1203}$钻孔柱状剖面

**上覆地层** 寒武纪长清群 底部有0.62m厚的紫红色底砾岩

~~~~~~~~ 角度不整合 ~~~~~~~~

**洪福寺组** 厚度557.35m

63. 紫红色绢云千枚岩，含赤铁铁染条带，向下颜色由紫色逐渐变为浅灰色 6.97m
62. 变质粉砂岩、变质细砂岩 2.9m
61. 绢云千枚岩夹薄层变质粉砂岩，局部夹铁质条带 8.72m
60. 含碳质绿泥绢云千枚岩，上部含紫红色氧化铁染条纹，偶见方解石细脉穿插层理，上部0.5m岩心破碎（图版Ⅲ中175） 23.57m
59. 碳质绢云千枚岩、含碳质绢云千枚岩，局部夹石英细脉，中部夹20~40cm不等的碳质千枚岩条带（图版Ⅲ中161） 5.59m
58. 含碳质绢云千枚岩夹条带状含碳质千枚岩与变质砂岩互层 9.27m
57. 碳质千枚岩夹变质粉砂岩条带 2.94m
56. 含碳质千枚岩夹变质粉砂岩薄层 9.49m
55. 含碳质千枚岩夹含碳质变质粉砂岩薄层 3.25m
54. 含碳质千枚岩夹变质粉砂岩薄层，下部碳质条纹或薄层较集中 6.98m
53. 绿泥绢云千枚岩夹变质粉砂岩 12.94m
52. 碳质千枚岩夹变质粉砂岩，局部夹薄层状隐晶质石墨岩 19.37m
51. 变质砾岩，砾石成分主要为石英，呈拉长状定向排列，砾径大者长大于7.5cm，宽1~2cm，小砾石拉长呈线状（图版Ⅲ中162、164、174） 4.41m
50. 碳质千枚岩夹变质砾岩薄层，下部夹变质砂岩薄层、隐晶质石墨岩薄层 6.59m
49. 变质粉砂岩夹变质细砂岩、隐晶质石墨条带（图版Ⅲ中163） 4.59m
48. 含碳质千枚岩夹变质粉砂岩条带、薄层，向下变质砂岩厚度增大，颗粒变粗 7.03m
47. 变质细砂岩 3.1m
46. 含碳质千枚岩夹变质粗砂岩 7.69m
45. 含砂千枚岩夹碳质千枚岩，碳质千枚岩厚度40~50cm 3.72m
44. 变质细砂岩夹含碳质千枚岩条带或薄层 2.91m
43. 碳质千枚岩 13.93m
42. 变质细砂岩夹碳质千枚岩条带或薄层。变质砂岩的粒度从上到下变细 79.51m
41. 变质中粒长石砂岩（图版Ⅲ中165） 6.50m
40. 变质中细粒长石砂岩，局部夹绿泥绢云千枚岩（图版Ⅲ中166） 19.24m
39. 变质含砾粗砂岩，砾石直径3~4mm 6.19m
38. 变质粗砂岩夹变质细砂岩 11.32m
~~~~~~~~

| | |
|---|---|
| 37. 变质细砂岩夹薄层状变质粉砂岩 | 20.47m |
| 36. 碳质千枚岩 | 10.08m |
| 35. 变质粉砂岩、细砂岩夹碳质千枚岩薄层 | 12.11m |
| 34. 变质粉砂岩、细砂岩与含碳质千枚岩互层，具韵律层 | 37.35m |
| 33. 变质粉砂岩夹含碳质变质粉砂岩 | 6.31m |
| 32. 碳质千枚岩 | 9.93m |
| 31. 变质粉砂岩夹含碳质变质粉砂岩薄层 | 4.24m |
| 30. 绢云千枚岩 | 5.94m |
| 29. 变质含砾粗砂岩夹变质砾岩 | 1.7m |
| 28. 变质安山质凝灰角砾岩（图版Ⅲ中167） | 9.34m |
| 27. 变质粉砂岩、细砂岩夹变质砾岩，1530～1530.8m 夹绢云母化、碳酸盐化角闪安山斑岩（图版Ⅲ中168） | 30.55m |
| 26. 变质细砂岩夹变质砾岩 | 63.59m |
| 25. 变质粉砂岩夹绢云千枚岩。变质粉砂岩与千枚岩呈渐变关系 | 12.39m |
| 24. 绢云千枚岩夹变质粉砂岩、含碳质千枚岩，局部夹隐晶质石墨岩 | 21.72m |
| 23. 浅灰绿色含铁白云石绢云千枚岩（图版Ⅲ中169、170） | 11.69m |
| 22. 含碳质千枚岩夹碳质千枚岩。偶见石英脉 | 11.22m |

——————整　合——————

| | |
|---|---|
| **颜店组** | 厚度 272.69m |
| 21. 条带状磁铁石英岩夹绿泥千枚岩 | 1.90m |
| 20. 变质粉砂岩夹千枚状变质砂岩，偶见薄层变质砾岩 | 16.07m |
| 19. 条带状磁铁石英岩，局部夹绿泥千枚岩条带，条带宽1～2cm（铁矿层） | 13.61m |
| 18. 变质细粒凝灰质砂岩夹绿泥千枚岩、磁铁石英岩条带（图版Ⅲ中171） | 8.92m |
| 17. 变质粉砂岩夹绢云千枚岩条带 | 4.38m |
| 16. 条带状磁铁石英岩夹绿泥千枚岩条带（铁矿层） | 27.57m |
| 15. 绿泥绢云千枚岩夹千枚状变质砂岩。中间夹1.6m和0.6m辉绿玢岩脉（图版Ⅲ中172） | 13.89m |
| 14. 绿泥千枚岩夹磁铁石英岩条带 | 4.73m |
| 13. 条带状磁铁石英岩（铁矿层） | 20.66m |
| 12. 绿泥千枚岩夹磁铁石英岩条带，中部磁铁石英岩条带较集中，厚度约20cm | 45.78m |
| 11. 条带状绿泥千枚岩夹磁铁石英岩薄层 | 1.79m |
| 10. 绿泥千枚岩夹磁铁石英岩条带 | 11.68m |
| 9. 变质粉砂岩夹千枚岩条带 | 7.74m |
| 8. 绿泥千枚岩夹磁铁石英岩条带 | 12.01m |
| 7. 绢云千枚岩夹变质粉砂岩，下部变质粉砂岩含量增多 | 8.45m |
| 6. 条带状磁铁石英岩夹绿泥千枚岩条带（铁矿层） | 38.14m |
| 5. 绿泥千枚岩夹变质细砂岩，小揉皱特别发育 | 4.87m |
| 4. 条带状磁铁石英岩夹绿泥千枚岩条带 | 9.96m |
| 3. 变质粉砂岩夹变质细砂岩 | 5.35m |
| 2. 绿泥绢云千枚岩（图版Ⅲ中173） | 10.82m |
| 1. 变质细砂岩夹变质砾岩 | 4.37m |

——————未见底——————

## 三、第 3 勘探线钻孔

### (一) $ZK_{301}$ 钻孔柱状剖面

**上覆地层** 寒武纪长清群

~~~~~~~~ 角度不整合 ~~~~~~~~

| **洪福寺组** | 厚度 542. 18m |
|---|---|
| 孔深 1000m 始编录 | |
| 32. 绿泥绢云千枚岩(图版Ⅲ中 1)夹赤铁石英岩条带 | 16. 82m |
| 31. 绿泥绢云千枚岩,局部夹变质粉砂岩。含疑源类化石。*Leiosphaeridia laminarita* (*Timofeev*) emend. Jankauskas, 1989 (薄膜光面球藻)、*Leiosphaeridia minutissima* (*naumova*) emend. Jankauakas, 1989 (微小光面球藻) | 13. 46m |
| 30. 碳质绢云千枚岩(图版Ⅲ中 2),局部夹薄层变质细砂岩 | 24. 61m |
| 29. 含碳质绢云千枚岩,偶夹薄层变质粉砂岩 | 13. 51m |
| 28. 绢云千枚岩(图版Ⅲ中 14),偶夹碳质千枚岩条带和薄层变质细粉砂岩 | 25. 29m |
| 27. 含碳质绢云千枚岩,偶夹变质细(粉)砂岩和碳质千枚岩薄层,下部夹一层厚 3. 73m 变质细砂岩。顶部夹 20cm 断层泥 | 72. 44m |
| 26. 绿泥绢云千枚岩夹变质细砂岩,中下部有厚 2. 5m 范围内见夹磁铁石英岩条带 | 18. 92m |
| 25. 含碳质绢云千枚岩夹变质细(粉)砂岩 | 19. 8m |
| 24. 变质粉细砂岩夹含碳质绢云千枚岩 | 21. 56m |
| 23. 绢云千枚岩夹含碳质绢云千枚岩,局部夹薄层变质粉砂岩,中部局部含碳质千枚岩夹层较集中,下部夹绿泥绢云千枚岩 | 130. 75m |
| 22. 含碳质绿泥绢云千枚岩夹变质粉细砂岩,中部夹 20cm 隐晶质石墨岩 | 33. 93m |
| 21. 碳质绢云千枚岩 | 6. 40m |
| 20. 含碳质千枚岩 | 4. 85m |
| 19. 碳质千枚岩。下部夹 2m 隐晶质石墨岩,岩心破碎,石墨有少量残留 | 13. 44m |
| 18. 含碳质变粉砂岩夹含碳质绢云千枚岩 | 11. 92m |
| 17. 千枚状绢云变质砾岩(图版Ⅲ中 3、5、13)夹变质粗砂岩 | 23. 64m |
| 16. 变质细砂岩夹变质粉砂岩与绢云千枚岩条带 | 4. 96m |
| 15. 变质粉砂岩夹绢云千枚岩。中部绢云千枚岩渐多,与变质粉砂岩互层 | 40. 32m |
| 14. 变质含砾砂岩 | 1. 27m |
| 13. 变质粉砂岩夹绿泥绢云千枚岩 | 4. 27m |
| 12. 含碳质千枚岩夹变质粉砂岩 | 17. 94m |
| 11. 千枚状变质粉细砂岩夹条带状砂质含绿泥绢云千枚岩 | 22. 08m |

———— 整　　合 ————

| **颜店组** | 厚度 158. 87m |
|---|---|
| 10. 条纹条带状磁铁石英岩(图版Ⅲ中 8、9、10、11、12)(铁矿层) | 2. 17m |
| 9. 千枚状砂质含绿泥绢云千枚岩 | 10. 14m |
~~~~~~~~

8. 变安山质凝灰岩、含角砾凝灰岩（图版Ⅲ中4、6、7）。自孔深1811.5m起含角砾，角砾直径1～3cm　42.93m

7. 变质细砂岩夹变质粉砂岩　12.52m

6. 变质粉砂岩夹变质细砂岩　2.5m

5. 磁铁石英岩夹变质砂岩（铁矿层2）　41.12m

4. 绿泥千枚岩夹变质粉砂岩，偶夹磁铁石英岩条带　15.58m

3. 磁铁石英岩（铁矿层）　1.91m

2. 绿泥千枚岩夹磁铁石英岩条带　19.84m

1. 绿泥绢云千枚岩　10.16m

——————未见底——————

## （二）$ZK_{303}$钻孔柱状剖面

**上覆地层**　寒武纪长清群

~~~~~~~~ 角度不整合 ~~~~~~~~

**洪福寺组**　厚度261.63m

孔深1094.88m始编录

43. 绿泥绢云千枚岩夹赤铁石英岩条带，局部夹变质粉砂岩薄层，底部夹碳质千枚岩条带（图版Ⅲ中23）　31.82m

42. 绿泥碳质绢云千枚岩（图版Ⅲ中19）　42.28m

41. 绢云千枚岩夹碳质千枚岩　25.21m

40. 含砂砾黑云千枚岩　3.55m

39. 绿泥绢云千枚岩，局部夹变质粉砂岩条带　9.66m

38. 含砂砾黑云千枚岩（图版Ⅲ中20、21）。矿物塑性变形呈细条纹状　0.53m

37. 含砂砾黑云石英千枚岩，夹2层变质细（粉）砂岩　124.32m

36. 变凝灰质细砂岩　12.01m

35. 含碳质绢云千枚岩夹变质细砂岩　9.71m

34. 含碳质千枚岩，局部夹变质砂岩条带　2.54m

——————整　合——————

**颜店组**　厚度417.54m

33. 条纹条带状磁铁石英岩夹变质砂岩条带（铁矿层编号2）　7.3m

32. 含碳质绢云千枚岩夹磁铁石英岩条带　4.32m

31. 条带状磁铁石英岩夹含磁铁石英岩条带的绢云千枚岩（铁矿层编号2）　16.54m

30. 变质砂岩夹绢云千枚岩，下部夹含碳质千枚岩，绢云千枚岩与碳质千枚岩互层，中间夹30cm含砂砾黑云千枚岩　14.55m

29. 碳质千枚岩夹绿泥千枚岩　7.03m

28. 绿泥千枚岩夹磁铁石英岩条带　7.00m

27. 条带状磁铁石英岩夹绿泥千枚岩　3.77m

26. 绿泥千枚岩夹条带状磁铁石英岩　5.06m

25. 条纹条带状磁铁石英岩（铁矿层编号4）　66.03m
~~~~~~~~

| | |
|---|---|
| 24. 黑云方解千枚岩 | 1.51m |
| 23. 绿泥千枚岩，局部夹磁铁石英岩条带和变质细砂岩，下部夹碳质千枚岩小薄层 | 52.49m |
| 22. 绿泥千枚岩、碳质千枚岩互层 | 10.07m |
| 21. 绿泥千枚岩夹碳质千枚岩、变质粉砂岩，中间见10cm变英安质糜棱岩 | 19.20m |
| 20. 绿泥千枚岩夹条带状磁铁石英岩薄层 | 14.02m |
| 19. 绿泥千枚岩夹含碳质千枚岩、变质粉砂岩 | 11.47m |
| 18. 绿泥绢云千枚岩夹条带状磁铁石英岩 | 9.66m |
| 17. 绿泥千枚岩夹碳质千枚岩 | 11.42m |
| 16. 绿泥千枚岩夹磁铁石英岩条带 | 11.11m |
| 15. 糜棱岩化英安斑岩 | 5.42m |
| 14. 绿泥千枚岩夹磁铁石英岩条带 | 5.31m |
| 13. 条带状磁铁石英岩夹绿泥千枚岩薄层或条带（铁矿层编号6） | 32.15m |
| 12. 绿泥千枚岩夹磁铁石英岩条带 | 14.62m |
| 11. 绿泥千枚岩夹碳质千枚岩，局部夹薄层变质粉砂岩 | 2.65m |
| 10. 含安山质角砾凝灰绢云绿泥千枚岩（图版Ⅲ中16） | 5.01m |
| 9. 绿泥绢云千枚岩夹碳质千枚岩、变质粉砂岩 | 7.35m |
| 8. 磁铁石英岩夹绿泥千枚岩 | 6.14m |
| 7. 变质粉－细砂岩 | 1.54m |
| 6. 绿泥千枚岩夹变质粉砂岩、磁铁石英岩条带 | 23.49m |
| 5. 条带状磁铁石英岩夹绿泥千枚岩薄层（铁矿层编号7） | 15.31m |
| 4. 绿泥千枚岩夹磁铁石英岩条带 | 10.14m |
| 3. 条带状磁铁石英岩（铁矿层编号8） | 15.86m |

——————整　合——————

| | |
|---|---|
| **翟村组** | 厚度66.57m |
| 2. 糜棱岩化变黑云母英安玢岩 | 23.51m |
| 1. 糜棱岩化变黑云母英安斑岩 | 43.06m |

——————未见底——————

# 第二节　岩石地层单位划分及主要特征

## 一、概述

### （一）地层划分沿革

南京地质矿产研究所铁矿组（亓润章等）1979年5月在《蚌埠、济宁两地区早元古代地层中与铁矿有关的变质火山岩》一文中首次使用济宁群。原始定义为：岩石组合为板岩－绢云绿泥千枚岩－变流纹岩－变英安岩－条带状假象赤铁矿、赤铁石英岩型含铁建造。变质程度不超出绿片岩相范围或更低，同位素年龄为1700Ma。是不整合在新太古代泰山岩群之上的元古宙浅变质含铁（硅质）沉积－火山岩系。

早在1970年山东省地质局807队五分队在钻探验证济宁磁异常时，于$ZK_3$孔千米盖层之下发现了千枚岩夹赤（磁）铁矿层，将其划为震旦纪土门组。山东省地质局第二地质队（1977）、李评（1980）、亓润章（1979，1983）先后进行过研究，对济宁群的建立提出不同意见。曹国权（1996）鉴于这套浅变质含铁岩系目前的研究程度较低，其分布状况、与下伏地层的关系尚待解决，层序也存在一定问题，改称为济宁岩群。

1996年张增奇、刘明渭等为主完成的《山东省岩石地层》将这套地层称为济宁（岩）群。将其定义为：鲁西地层分区济宁北东至滋阳山一带被覆于千米盖层之下，由板岩、千枚岩、变英安玢岩及赤（磁）铁矿层组成的岩石地层单位。与上覆寒武纪长清群不整合接触，与下伏泰山岩群未见直接接触。低绿片岩相变质。属古元古代。正层型剖面位于兖州市颜店镇滋阳山（东经116°39′30″，北纬35°32′45″；山东省地质局第二地质队1977年完成的$ZK_3$孔）。

张成基等（2010）沿用济宁岩群名称，但根据岩石组合和含矿性特点，将其自下而上划分为翟村组、颜店组和洪福寺组3个组级岩石地层单位。

目前，该套地层虽然尚未见底，但鉴于其构造变形相对简单、变质程度较浅、岩石地层单位间的界面主要为正常叠置关系的岩性分界面、地层层序清楚，因此将前人划分的构造岩石地层单位——济宁岩群重新确定为岩石地层单位——济宁群。

### （二）济宁群地质特征

济宁群是山东省内全隐伏地层，仅分布于济宁市所辖的兖州区颜店至任城区李营一带，其他地区尚未见到，由钻孔揭露控制，顶部埋深899.90～1278.15m。

济宁群为一套低级变质的海相火山－沉积岩系，主要岩石类型为：绿泥绢云千枚岩、变凝灰质砂岩、千枚状粉砂岩、变长石砂岩、碳质（绿泥）绢云千枚岩、方解绢云千枚岩、石英绢云凝灰质千枚岩、方解磁铁石英岩、千枚状变质砂岩、变英安岩等。主要变质矿物组合为绢云母＋绿泥石＋（石英）＋（钠长石）＋（方解石）＋磁铁矿，变质程度属低绿片岩相。变质作用类型属区域动力变质。

根据岩石组合和含矿性特点，将济宁群划分为三部分：下部为变火山碎屑岩系，以出现变火山碎屑岩（含熔岩）和粒度相对粗的正常碎屑岩为特点，称为翟村组；中部为含铁岩系，以出现较多的磁铁石英岩为特点，称为颜店组；上部为千枚岩系，以夹火山－正常细碎屑岩和碳质含量不等的千枚岩为特点，称为洪福寺组。翟村组、颜店组和洪福寺组的地层序列及主要岩石组合特征见济宁群综合柱状图（图3－2）。

济宁群地层走向近南北向，总体倾向西，岩层倾角54°～70°，多在58°～65°之间。在目前分布范围内，自东向西、由南向北岩层倾角呈变缓趋势。地层中的层间褶皱较发育，沿火山熔岩或潜火山岩与火山－碎屑岩的层面附近及千枚岩内常发育韧性剪切带。

目前没有揭露出完整的济宁群，其顶、底边界均未控制。因此，济宁群的厚度、完整的地层序列、与下伏地质体的接触关系、分布范围等尚不清楚。

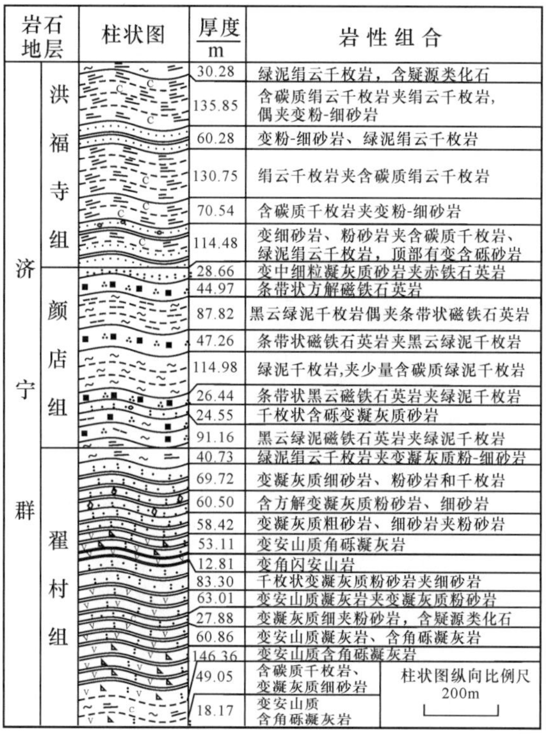

| 岩石地层 | | 柱状图 | 厚度 m | 岩性组合 |
|---|---|---|---|---|
| 济宁群 | 洪福寺组 | | 30.28 | 绿泥绢云千枚岩，含疑源类化石 |
| | | | 135.85 | 含碳质绢云千枚岩夹绢云千枚岩，偶夹变粉-细砂岩 |
| | | | 60.28 | 变粉-细砂岩、绿泥绢云千枚岩 |
| | | | 130.75 | 绢云千枚岩夹含碳质绢云千枚岩 |
| | | | 70.54 | 含碳质千枚岩夹变粉-细砂岩 |
| | | | 114.48 | 变细砂岩、粉砂岩夹含碳质千枚岩、绿泥绢云千枚岩，顶部有变含砾砂岩 |
| | 颜店组 | | 28.66 | 变中细粒凝灰质砂岩夹赤铁石英岩 |
| | | | 44.97 | 条带状方解磁铁石英岩 |
| | | | 87.82 | 黑云绿泥千枚岩偶夹条带状磁铁石英岩 |
| | | | 47.26 | 条带状磁铁石英岩夹黑云绿泥千枚岩 |
| | | | 114.98 | 绿泥千枚岩,夹少量含碳质绿泥千枚岩 |
| | | | 26.44 | 条带状黑云磁铁石英岩夹绿泥千枚岩 |
| | | | 24.55 | 千枚状含砾变凝灰质砂岩 |
| | | | 91.16 | 黑云绿泥磁铁石英岩夹绿泥千枚岩 |
| | 翟村组 | | 40.73 | 绿泥绢云千枚岩夹变凝灰质粉-细砂岩 |
| | | | 69.72 | 变凝灰质细砂岩、粉砂岩和千枚岩 |
| | | | 60.50 | 含方解变凝灰质粉砂岩、细砂岩 |
| | | | 58.42 | 变凝灰质粗砂岩、细砂岩夹粉砂岩 |
| | | | 53.11 | 变安山质角砾凝灰岩 |
| | | | 12.81 | 变角闪安山岩 |
| | | | 83.30 | 千枚状变凝灰质粉砂岩夹细砂岩 |
| | | | 63.01 | 变安山质凝灰岩夹变凝灰质粉砂岩 |
| | | | 27.88 | 变凝灰质细夹粉砂岩，含疑源类化石 |
| | | | 60.86 | 变安山质凝灰岩、含角砾凝灰岩 |
| | | | 146.36 | 变安山质含角砾凝灰岩 |
| | | | 49.05 | 含碳质千枚岩、变凝灰质细砂岩 |
| | | | 18.17 | 变安山质含角砾凝灰岩 |

柱状图纵向比例尺 200m

图 3-2　济宁群综合柱状图

## 二、各组地质特征

### （一）翟村组

**1. 定义**

为新建岩石地层单位，取名于兖州区颜店镇翟村。指鲁西南兖州颜店一带隐伏地层——济宁群底部的一套浅变质火山沉积岩系，以出现变火山碎屑岩、熔岩和粒度相对粗的碎屑岩为特点，主要由变安山质凝灰岩、变安山质含角砾凝灰岩、变凝灰质砂岩（细砂岩、粉砂岩）组成，夹变质砂岩（细砂岩、粉砂岩）、千枚岩，少量变安山岩、变英安斑岩。底部为变安山质含角砾凝灰岩、变安山质凝灰岩夹变凝灰质细砂岩和含碳质千枚岩；中部以变安山质凝灰岩、变安山质含角砾凝灰岩为主，夹变凝灰质砂岩（细砂岩、粉砂岩）、变安山岩；上部以变凝灰质砂岩（细砂岩、粉砂岩）为主，夹磁铁黑云（绿泥）千枚岩、变质砂岩、千枚岩。地层未见底，顶部以厚度变化较大的变英安斑岩与颜店组磁铁石英岩或含磁铁石英岩条带或薄层的千枚岩整合接触。

**2. 区域分布及层型剖面**

翟村组分布于兖州区翟村、屯头以东，见于 4 勘探线 $ZK_{403}$（孔深 1610～1812.43m 终孔）、$ZK_{404}$（孔深 1315.8～1765.86m 终孔）、$ZK_{405}$ 钻孔（孔深 1101.4～1603.78m 终孔），12 勘探线 $ZK_{1201}$（孔深 1617.69～1665.03m 终孔）、$ZK_{1202}$（孔深 1260.7～

1600.8m终孔)，3勘探线$ZK_{303}$（孔深1866.1～1933.94m终孔）等，已控制分布范围南北长约7000m，东西宽约1000m，在古生代地层角度不整合面之下剥露的面积大于$7km^2$（图3－3）。

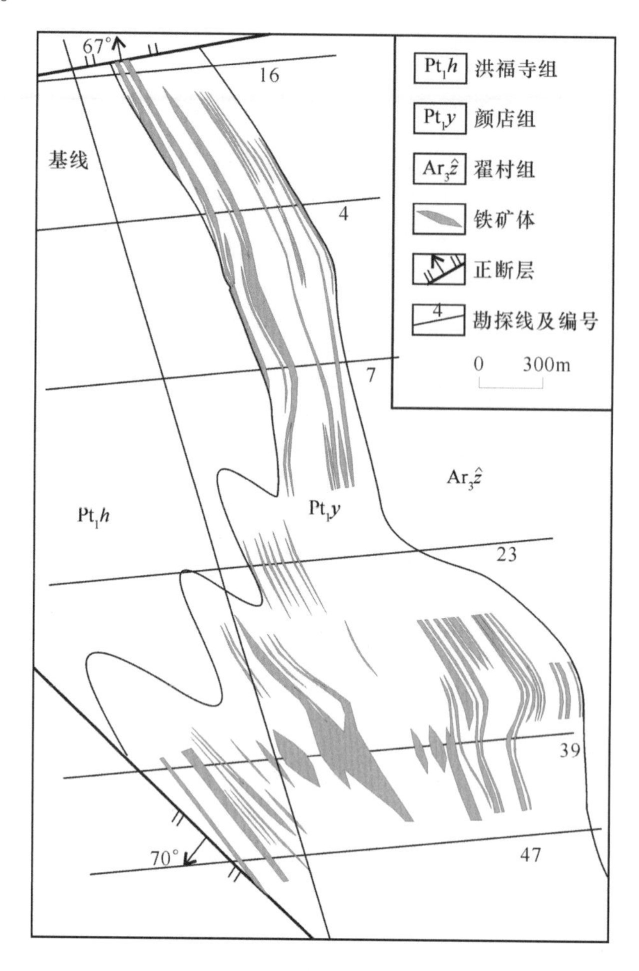


图3－3 济宁群剥露顶面地质图

层型剖面确定为济宁市颜店镇翟村西北方向400m的$ZK_{404}$孔和$ZK_{405}$孔。$ZK_{404}$孔孔位坐标：$X=3935990.00$，$Y=39470151.93$，$Z=43.59$，东经116°40′15″，北纬35°33′08″；$ZK_{405}$孔孔位坐标：$X=3936124.97$，$Y=39470469.98$，$Z=44.63$，东经116°40′28″，北纬35°33′13″。$ZK_{404}$孔的1～12层（孔深1315.8～1765.86m）为翟村组的上部层位，$ZK_{405}$孔的1～18层（孔深1241.05～1602.23m）为翟村组的下部层位（$ZK_{405}$孔的18层接于$ZK_{404}$孔的1层之下）。$ZK_{404}$孔为山东省物化探勘查院在实施颜店矿区洪福寺铁矿详查项目时委托山东省第三地质矿产勘查院303机台施工的钻孔，施工日期是2007年11月23日～2008年3月3日，勘查项目负责人是李培远，机台机长是王修晖，原钻孔编录人是王东平。2010年3月18～19日由焦秀美、张成基、李世勇、李哲4人对钻孔进行了重新详细编录，在获取大量岩矿鉴定资料基础上，重新编制了地层柱状剖面图，本书中所有的地层剖面描述以本次编录为准。$ZK_{405}$孔为山东省物化探勘查院在实施颜店矿区洪福寺铁矿详查项目时委托山东省第三地质矿产勘查院316机台施工的钻孔，施工日期是2008年6月

28 日 ~10 月 16 日，勘查项目负责人是李培远，机台机长是杨怀俊，原钻孔编录人是孙胜东。2010 年 3 月 19 日 ~20 日由焦秀美、张成基、李世勇、李哲 4 人对钻孔进行了重新详细编录，在获取大量岩矿鉴定资料基础上，重新编制了地层柱状剖面图。

### 3. 地质特征及区域变化

在层型剖面上，翟村组主要由变安山质凝灰岩、变安山质含角砾凝灰岩、变凝灰质砂岩（细砂岩、粉砂岩）组成，夹变质砂岩（细砂岩、粉砂岩）、千枚岩，少量安山岩、英安斑岩。底部为变安山质含角砾凝灰岩、变安山质凝灰岩夹变凝灰质细砂岩和凝灰质碳质千枚岩互层。中部以变安山质凝灰岩、变安山质含角砾凝灰岩为主，夹变凝灰质砂岩（细砂岩、粉砂岩）、变安山岩。上部以变凝灰质砂岩（细砂岩、粉砂岩）为主，夹变质砂岩、千枚岩。顶部有一层变英安斑岩。

翟村组总厚度大于 631. 85m，未见底。12 勘探线揭露地层厚度 221. 48m，3 勘探线揭露厚度仅 66. 57m。3 勘探线上，翟村组为糜棱岩化变黑云母英安斑岩。12 勘探线上，翟村组上部为糜棱岩化变英安斑岩，其下依次为含砂方解钠长千枚岩—糜棱岩化变英安斑岩—方解绢云千枚岩—英安质糜棱岩—绢云千枚片岩—英安质糜棱岩—碳质钠长千枚岩—变英安斑岩—变凝灰质砂岩。由此可见，4 勘探线（层型剖面所在线）揭露的翟村组厚度最大，层序最完整，为一套以火山碎屑岩为主的火山 - 沉积变质岩；向北 12 勘探线也是一套火山 - 沉积变质岩，但变火山熔岩增多；向南到 3 勘探线仅揭露了顶部的变火山熔岩。

翟村组地层走向北北西（近南北），倾向西，倾角 58° ~65°。其原岩主要为凝灰岩、凝灰质砂岩、泥岩、英安（斑）岩、安山岩，为火山沉积建造。变质程度为绿片岩相。

### 4. 划分标志及接触关系

翟村组最显著的标志是出现大量变火山碎屑岩、变安山岩（英安岩），火山碎屑岩具韵律层。该组未见磁铁石英岩铁矿层。翟村组上覆为颜店组，二者层理产状完全一致，为整合接触关系，以磁铁石英岩出现为翟村组结束和颜店组开始的界线。该组未见底。推测其下伏新太古代泰山岩群或花岗岩类侵入岩呈韧性剪切滑脱构造接触。

### 5. 基本层序

本次勘查施工的钻孔均未穿透翟村组地层，因此翟村组的基本层序是不完整的。目前，从施工的 $ZK_{403}$、$ZK_{404}$、$ZK_{405}$钻孔中可以看出，翟村组至少有 8 种基本层序类型组成（图 3 -4），其中，以 $ZK_{404}$、$ZK_{405}$两个钻孔中基本层序类型最多。

$ZK_{404}$钻孔中基本层序类型以“细砂岩 - 粉砂岩 - 千枚岩”三单元式为主，总体反映水体向上逐渐变深，能量相对较低，以加积 - 进积型或加积 - 退积型沉积为主，处于翟村组的中上部层位，构成基本层序地层厚度由几厘米—几十厘米到几米—几十米者均有，基本层序个数达数百个之多，约占揭露地层厚度的 67% 以上。尽管基本层序类型是一样的，但构成基本层序的地层厚度在纵向上呈现规律性的变化，即由下而上基本层序的地层厚度具有由厚变薄，再由薄变厚的变化趋势，完成了一个由进积向退积的沉积演变过程。$ZK_{404}$钻孔中最下部的一个基本层序类型是“含砾砂岩 - 细砂岩 - 粉砂岩 - 千枚岩”，地层厚度约 85m；向上基本层序类型转变为数十个“粗砂岩 - 细砂岩 - 粉砂岩 - 千枚岩”，每个基本层序地层厚度约 1m。综观 $ZK_{404}$钻孔翟村组由下而上：①每个基本层序地层厚度由厚变薄再变厚的变化趋势；②沉积作用由以侧向加积为主逐渐转变为垂向加积为主，千枚

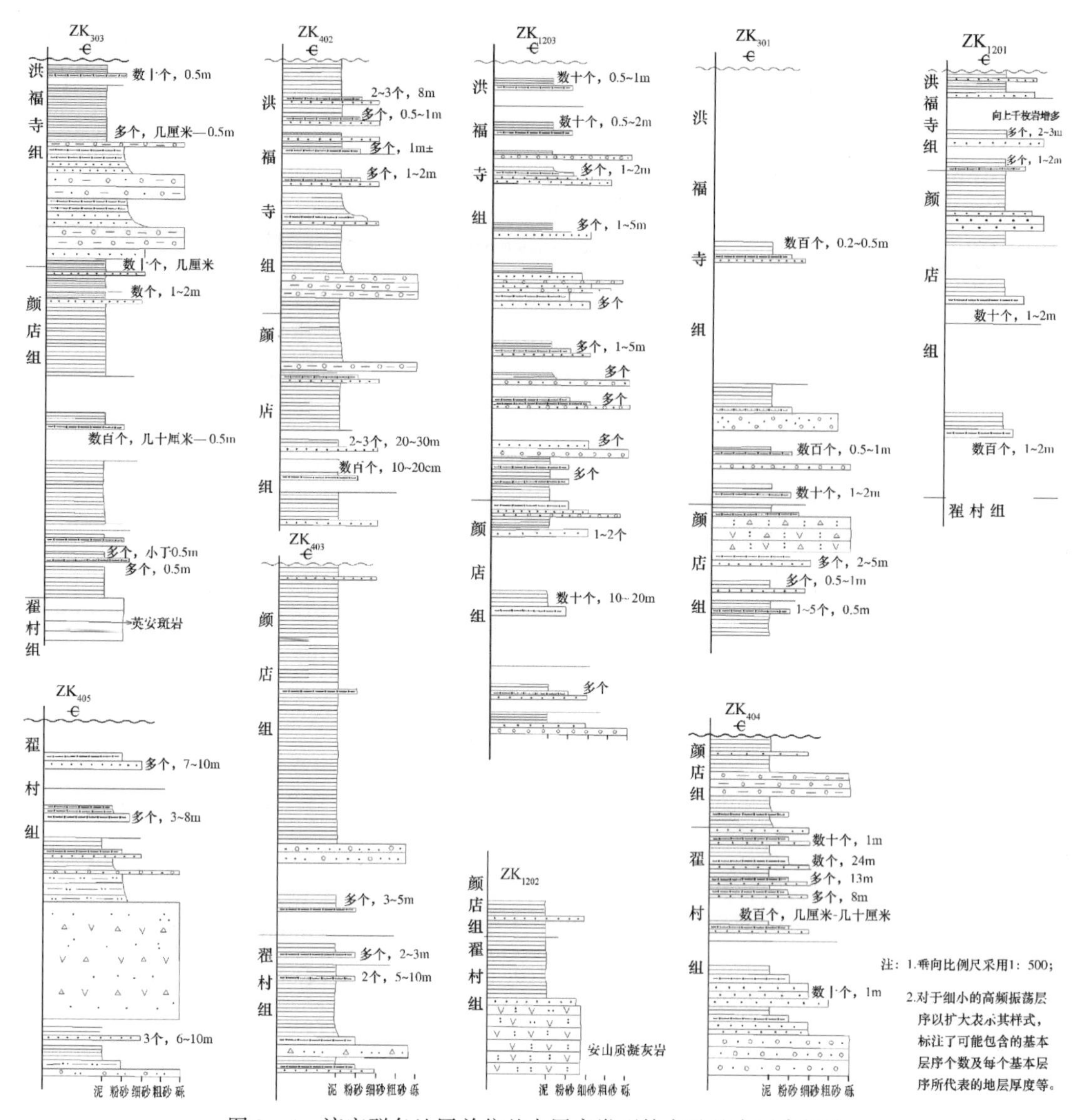


图3－4 济宁群各地层单位基本层序类型特点及基本层序划分

岩逐渐增多增厚；③水体能量由强变弱再变为增强的趋势；④总体显示水体具由浅变深再变浅的变化趋势；⑤总体反映出水体经历了一个完整的海进—最大高水位期—海退过程；⑥翟村组中上部基本层序是最大海侵时期的高频率沉积层段，沉积作用以垂向加积为主，基本层序厚度几厘米；⑦$ZK_{404}$钻孔所揭示的翟村组上部层位构成了一个三级层序。

$ZK_{405}$钻孔翟村组未见上部层位，由3个基本层序类型组成，其一为“含火山角砾安山质凝灰岩－安山质凝灰岩－千枚岩”，该类型的基本层序大约有2个，每个基本层序地层厚度30～50m不等；其二为“凝灰质细砂岩－凝灰质千枚岩”，该类型的基本层序大约有3个，每个基本层序地层厚度6～10m不等；第三为“凝灰质细砂岩－千枚状凝灰质粉砂岩”，该类型的基本层序有数十个之多，每个基本层序地层厚度3～10m不等。综观$ZK_{405}$钻孔基本层序特点：①沉积物粒度向上变细，反映水体能量逐渐减弱；②水体向上逐渐加深，反映其由以进积沉积作用为主向以退积沉积作用为主的转变；③本孔所揭露地层应处于 $ZK_{404}$ 钻孔所揭露地层之下，所揭露的两段地层大致为上下层位；④$ZK_{405}$ 钻孔所揭示的翟村组构成了一个三级层序，该三级层序位于 $ZK_{404}$ 钻孔所揭示的三级层序之下。

另外，$ZK_{403}$、$ZK_{1202}$ 钻孔也揭示了少量的翟村组上部地层。$ZK_{403}$ 钻孔可见数十个“千枚状凝灰质粉砂岩－千枚岩”的基本层序类型，地层厚度 2～3m，个别可达 10m 左右。

综上，翟村组总体反映为以火山碎屑物质沉积为主的地层单位，基本层序类型复杂多样，但基本层序类型主要反映为向上粒度变细，水体变深，水动力条件变弱等基本特征。$ZK_{404}$、$ZK_{405}$ 钻孔所揭示翟村组地层基本层序分别反映出一个相对较完整的“海进—海退”变化过程，分别代表了 1 个三级层序，其位置应将 $ZK_{405}$ 所揭示的三级层序置于 $ZK_{404}$ 钻孔之下。

### （二）颜店组

#### 1. 定义

为新建岩石地层单位，取名于兖州区颜店镇。指鲁西南兖州颜店一带隐伏地层——济宁群中部的一套浅变质含铁沉积岩系，以出现磁铁石英岩和千枚岩组合为特征，岩石中常含有碳酸盐岩矿物为特点，主要由方解绢云千枚岩、方解磁铁石英岩组成，夹变质粉砂岩、变凝灰岩，局部夹有糜棱岩化变英安岩凸镜体和变含角砾凝灰岩，顶部靠近不整合面古风化壳氧化带处有赤铁石英岩。上与洪福寺组、下与翟村组均为整合接触关系。

#### 2. 区域分布及层型剖面位置

颜店组分布于兖州区颜店镇颜家村—屯头，见于 4 勘探线 $ZK_{402}$（孔深 1488.0～1832.4m 终孔）、$ZK_{403}$（孔深 1034.52～1610m）、$ZK_{404}$ 钻孔（孔深 1103.29～1315.8m），3 勘探线 $ZK_{301}$（孔深 1862.19～1941m 终孔）、$ZK_{303}$（孔深 1424.85～1866.1m），12 勘探线 $ZK_{1201}$（孔深 1160.47～1617.69m）、$ZK_{1202}$（孔深 1193.97～1266.8m）、$ZK_{1203}$（孔深 1678.5～1947.31m）钻孔等，已控制分布范围南北长约 7500m，东西宽最大约 2000m，古生代地层不整合面之下剥露的面积约 10km$^2$（图 3－3）。

层型剖面确定为济宁市颜店镇颜家村东南方向 600～800m $ZK_{402}$、$ZK_{403}$、$ZK_{404}$ 钻孔。$ZK_{402}$ 孔孔位坐标：$X$ = 3935951.25，$Y$ = 39469434.96，$Z$ = 43.29，东经 116°39′46″，北纬 35°33′07″；$ZK_{403}$ 孔孔位坐标：$X$ = 3935990.14，$Y$ = 39469782.04，$Z$ = 44.24，东经 116°40′00″，北纬 35°33′08″；$ZK_{404}$ 孔孔位坐标：$X$ = 3935990.00，$Y$ = 39470151.93，$Z$ = 43.59，东经 116°40′15″，北纬 35°33′08″。$ZK_{402}$ 孔的 3～12 层（孔深 1488.0～1816.73m）为颜店组的上部层位，$ZK_{403}$ 孔的 26～31 层（孔深 1472.37～1593.91m）为颜店组的中部层位（$ZK_{403}$ 孔的 31 层接于 $ZK_{402}$ 孔的 3 层之下），$ZK_{404}$ 孔的 13～16 层（孔深 1275.07～1315.8m）为颜店组的下部层位（$ZK_{404}$ 孔的 16 层接于 $ZK_{403}$ 孔的 26 层之下）。$ZK_{402}$ 孔为山东省物化探勘查院在实施颜店矿区洪福寺铁矿详查项目时委托山东省第四地质矿产勘查院 403 机台施工的钻孔，施工日期是 2007 年 12 月 15 日～2008 年 6 月 11 日，勘查项目负责人是李培远，机台机长是刘炳发，原钻孔编录人是万其振。$ZK_{403}$ 孔为山东省物化探勘查院在实施颜店矿区洪福寺铁矿详查项目时委托山东省第三地质矿产勘查院 306 机台施工的钻孔，施工日期是 2007 年 11 月 13 日～2008 年 4 月 7 日，勘查项目负责人是李培远，机台机长是刘峰，原钻孔编录人是王东平。2010 年 3 月下旬由焦秀美、张成基、李世勇、李哲4人对$ZK_{402}$、$ZK_{403}$、$ZK_{404}$钻孔进行了重新详细编录，在获取大量岩矿鉴定资料基础上，重新编制了地层柱状剖面图。

**3. 地质特征及区域变化**

在层型剖面上，颜店组主要由方解绢云千枚岩、（方解）磁铁石英岩组成，夹变质粉砂岩、变凝灰岩，出现较多黑云母雏晶和碳酸盐沉积条带，顶部靠近不整合面古风化壳氧化带处有赤铁石英岩。下部主要为凝灰质千枚岩、黑云磁铁石英岩夹千枚岩、凝灰质砂岩、变英安斑岩；上部主要为千枚岩夹黑云磁铁石英岩、变质砂岩、磁铁石英岩、凝灰质千枚岩。

横向上厚度比较稳定，3勘探线厚度417.54m，4勘探线厚度450.58m，12勘探线厚度403.48m。

12勘探线$ZK_{1201}$孔颜店组揭露较全，从上到下依次为石英磁铁岩—变凝灰质砂岩—绿泥绢云千枚岩—黑云磁铁石英岩—（黑云）绿泥千枚岩—变质砂岩—磁铁石英岩—方解绢云千枚岩、绿泥黑云千枚岩—磁铁石英岩。主要有4层厚度较大的磁铁石英岩（上部为石英磁铁岩）。

3勘探线颜店组从上到下依次为：磁铁石英岩夹碳质绢云千枚岩—变质砂岩—碳质千枚岩、绿泥千枚岩—磁铁石英岩（夹绿泥千枚岩）—绿泥千枚岩、碳质千枚岩—磁铁石英岩—绿泥千枚岩夹碳质千枚岩、变质砂岩—磁铁石英岩—绿泥千枚岩夹变质砂岩—磁铁石英岩—绿泥千枚岩—磁铁石英岩。主要有6层厚度较大的磁铁石英岩。磁铁石英岩与绿泥千枚岩之间界限不是截然，有时呈条带状互层过渡或夹层，分层主要依据以何种岩性为主。从岩石成分上看，3勘探线碳质成分增多。

4勘探线颜店组从上到下依次为：含方解石英黑云磁铁岩—绢云凝灰质千枚岩夹变质砂岩—磁铁黑云千枚岩—含方解黑云千枚岩—含石英黑云磁铁岩夹绿泥千枚岩—绿泥千枚岩夹黑云磁铁岩—黑云千枚岩夹变质砂岩—含石英磁铁岩—黑云磁铁岩夹绿泥千枚岩—含砾变凝灰质砂岩—黑云（绿泥）磁铁岩夹绿泥千枚岩—绢云千枚岩夹变质砂岩—凝灰质磁铁黑云千枚岩。主要有6层厚度较大含磁铁岩石，有石英磁铁岩、黑云磁铁岩、黑云绿泥磁铁岩、磁铁黑云千枚岩、含方解石英黑云磁铁岩等岩性。

颜店组地层走向北北西（近南北），倾向西，倾角58°~65°。原岩主要为含钙泥质岩、含铁泥质岩、含钙硅铁质岩、凝灰岩、凝灰质砂岩，为海相沉积-火山硅铁质建造。变质程度为绿片岩相。

**4. 划分标志及接触关系**

颜店组的主要特征是出现大量磁铁石英岩（黑云磁铁岩）和沉积碳酸盐薄层（条带），变质矿物以出现黑云母为特征。上部与洪福寺组为整合接触关系，以磁铁石英岩消失为颜店组结束和洪福寺组开始。

**5. 基本层序**

颜店组是济宁群中铁矿赋存层位，在本次研究重点编录的钻孔中有$ZK_{1201}$、$ZK_{303}$两个钻孔分别控制了颜店组的顶底界线，$ZK_{1203}$、$ZK_{402}$、$ZK_{301}$等钻孔控制了颜店组的顶界。经统计颜店组基本层序类型大约有5种（图3-4）。

$ZK_{1201}$钻孔：该钻孔控制了颜店组的顶底界线。基本层序类型有2种，其一为“千枚状粉砂岩－千枚岩”，也是该组中分布最广泛的基本层序类型之一，大约有数百个之多，每个基本层序所包含的地层厚度1～2m，主要见于颜店组中—下部层位。该类型的基本层序属于高频振荡性基本层序，沉积物粒度变化不明显，沉积物基本上以加积沉积作用为主，水体相对较深，水体能量较弱，应处于沉积盆地中心位置，大致代表了最大海泛期沉积产物。其二为“细砂岩－千枚岩”，位于该钻孔中翟村组上部层位，仅有1个，地层厚度达70余米，该基本层序的本身可能构成1个三级层序。

$ZK_{303}$钻孔：$ZK_{303}$钻孔与$ZK_{1201}$钻孔一样同为控制颜店组顶底界线的钻孔，而且基本层序类型、基本层序组成方式和分布位置相同，所不同的是“千枚状粉砂岩－千枚岩”基本层序类型个数达数百个之多，而且每个基本层序所包含的地层厚度为数厘米到0.5m，地层厚度明显变薄不少，基本层序的个数可能也有所增多。“细砂岩－千枚岩”基本层序类型同样分布于颜店组的上部，而且有数十个之多，每个基本层序所包含的地层厚度为几厘米到2m不等。

另外，$ZK_{1203}$、$ZK_{402}$、$ZK_{301}$等钻孔未揭露到颜店组底界，但所反映的颜店组中上部岩性组合特点大致相同，基本层序类型基本相同，只不过是部分钻孔中出现了“细砂岩－千枚状粉砂岩－千枚岩”及“含砾砂岩－细砂岩－千枚岩”等基本层序类型，这种“三组分”结构类型的基本层序数量较少，是海水局部震荡频繁的具体表现，对整个大的三级层序划分影响不大。

综上，颜店组主体以沉积物颗粒细小为特征，基本层序类型尽管较多但起主导作用的仅有2个，基本层序个数达数百个之多，是典型的高频振荡沉积类型，代表着该组基本沉积特点。颜店组以悬浮（加积型）化学沉积为主，是最大海泛期沉积的产物，由下而上至少有2个三级层序组成，代表的沉积时限也相对较长。

### （三）洪福寺组

#### 1. 定义

为新建岩石地层单位，取名于兖州区颜店镇洪福寺村。指鲁西南兖州颜店一带隐伏地层——济宁群上部的一套浅变质细碎屑沉积岩系，以出现大量各种千枚岩为特点，岩石组合主要为绿泥绢云千枚岩、绢云千枚岩夹碳质绢云千枚岩、碳质千枚岩、变质中细粒长石砂岩、变粉砂岩、变质砾岩、绿泥钙质千枚岩。该组顶部被寒武系不整合覆盖。

#### 2. 区域分布及层型剖面

洪福寺组分布于兖州区洪福寺村一带，见于4勘探线$ZK_{402}$钻孔（孔深1027.24～1489.13m），12勘探线$ZK_{1203}$（孔深910.89～1678.57m）、$ZK_{1201}$（孔深896.7～1160.47m）、$ZK_{1202}$（孔深937.47～1147.95m）钻孔，3勘探线$ZK_{301}$（孔深1085.17～1861.29m）、$ZK_{303}$（孔深1094.83～1424.95m）钻孔等，已控制分布范围南北长7000m，东西宽1100m，在古生代地层底不整合面之下剥露的面积大于$7km^2$。

层型剖面确定为济宁市颜店镇颜家村东南方向600m $ZK_{402}$钻孔和洪福寺村东南方向约300m处的$ZK_{301}$钻孔。钻孔坐标位置分别为：东经116°39′46″，北纬35°33′07″；东经116°39′42″，北纬35°32′40″。$ZK_{402}$孔为山东省物化探勘查院在实施颜店矿区洪福寺铁矿详查项目时委托山东省第四地质矿产勘查院403机台施工的钻孔，施工日期是2007年12月15日～

2008年6月11日，勘查项目负责人是李培远，机台机长是刘炳发，原钻孔编录人是万其振。2010年3月下旬由焦秀美、张成基、李世勇、李哲4人对钻孔进行了重新详细编录，在获取大量岩矿鉴定资料基础上，重新编制了地层柱状剖面图。

**3. 地质特征及区域变化**

在层型剖面上，洪福寺组主要为绿泥绢云千枚岩、绢云千枚岩夹碳质绢云千枚岩、碳质千枚岩、变质中细粒长石砂岩、变粉砂岩、变质砾岩、绿泥钙质千枚岩。碳质千枚岩中局部夹薄层隐晶质石墨岩。该组下部夹稳定的厚80~120m的变质细砂岩、变质粉砂岩，该层沿走向向南及北出现变含火山角砾的凝灰质碎屑岩夹层，局部夹变英安岩凸镜体；中部向北相变夹有变细砂岩、变粉砂岩楔状体（最大厚度约105m），楔状体下部夹变含火山角砾的凝灰质粗砂岩；上部千枚岩中局部夹磁铁石英岩薄凸镜体。该组在变碎屑岩与千枚岩过渡地段，韵律层发育。钻孔揭露厚度4勘探线318.23m、12勘探线557.35m、3勘探线542.18m。

从目前揭露情况看，3勘探线、12勘探线揭露厚度较大。4勘探线以绢云千枚岩为主夹变质砂岩。12勘探线上部碳质成分增多，主要为含碳质千枚岩、碳质千枚岩、含碳质绢云千枚岩、含碳质绿泥绢云千枚岩，岩石颜色呈灰黑色，随着碳质含量的增多，岩石颜色加深，其次为绢云千枚岩、变质中细粒砂岩、长石砂岩；下部以变质砂岩为主，有变质粗砂岩、变质细砂岩、变质粉砂岩、变质砾岩、变质安山质凝灰角砾岩，夹绢云千枚岩、含碳质千枚岩。3勘探线上部以千枚岩为主，有绿泥绢云千枚岩、（含）碳质绢云千枚岩；中部为绢云千枚岩、（含）碳质千枚岩、碳质绢云千枚岩夹变质砂岩；下部以变质砂岩为主，夹千枚岩，变质砂岩有千枚状变质砾岩、变质粗砂岩、变质细砂岩、变质粉砂岩。4勘探线以千枚岩为主，夹变质砂岩，变质砂岩的粒度不及12勘探线、3勘探线粗。

洪福寺组地层走向近南北向（北北西），倾向西，倾角58°~65°。原岩主要为泥质岩、粉砂岩和砂岩，偶有凝灰岩、英安岩、砾岩，为细碎屑沉积岩建造。变质程度为绿片岩相。

**4. 划分标志及接触关系**

洪福寺组以大量千枚岩出现为标志。该组下部与颜店组为整合接触关系，上部被寒武纪长清群朱砂洞组不整合覆盖。

**5. 基本层序**

洪福寺组是济宁群最上部的一个岩石地层单位，其上被寒武纪地层角度不整合覆盖，未见到洪福寺组顶部层位。对洪福寺组控制相对比较完整的研究钻孔主要为$ZK_{301}$、$ZK_{1203}$，其他钻孔如$ZK_{303}$、$ZK_{402}$、$ZK_{1201}$等对洪福寺组地层揭露的相对较少。经统计洪福寺组有7~9种基本层序类型（图3-4）。

$ZK_{1203}$钻孔：该钻孔控制洪福寺组地层厚约573m，共有7~8个基本层序类型组成（图3-4）。①“千枚状粉砂岩-千枚岩”基本层序类型主要分布在该组下部和上部，有数十个之多，每个基本层序所包含的地层厚度从0.5m到数米不等，分别代表着该层段最大海平面时期沉积；②“细砾岩或含砾砂岩-细砂岩”基本层序类型主要集中分布于中下部，有多个基本层序组成，每个基本层序厚15~20m，构成另一个三级层序的海侵体系域；③“砾岩或含砾砂岩-千枚状细砂岩-千枚状粉砂岩或千枚岩”基本层序类型处于该组的中下部，由数十个这样的基本层序组成，每个基本层序地层厚10~15m，构成向上变细、水体变深、能量减弱的沉积特点，整体构成了一个海侵体系域；④“细砂岩－千枚状粉砂岩－千枚岩”基本层序类型处于该组的中部，由多个厚1～5m的基本层序组成，反映出沉积物颗粒相对较细小，沉积速率明显减缓，逐渐向加积沉积作用为主过渡；⑤“细砂岩－千枚状粉砂岩”基本层序类型有多个，细砂岩、千枚状粉砂岩等岩层明显变厚，每个基本层序厚1～5m不等，可能代表着以退积为主的高水位体系域的沉积；⑥“细砂岩－千枚岩”基本层序类型有多个，每个基本层序地层厚1～5m不等，而且向上逐渐变细、变深，是另一个三级层序海侵体系域的沉积，反映出以进积为主的沉积特点；⑦“粗砂岩－细砂岩－千枚状粉砂岩－千枚岩”基本层序类型有数十个组成，每个基本层序地层厚1～2m，千枚岩在基本层序中所占比例逐渐减少，总体显示出是以退积为主的沉积特点，构成三级层序的高水位体系域。

$ZK_{301}$钻孔：该钻孔控制洪福寺组地层约614m，共有3个基本层序类型组成（图3－4），基本层序类型相对较简单。①“千枚状粉砂岩－千枚岩”基本层序类型主要分布于该组的下部，有数百个基本层序组成，每个基本层序地层厚0.5～1m；②“细砂岩－千枚状粉砂岩－千枚岩”基本层序类型主要集中分布在中上部，有数百个之多，每个基本层序地层厚0.2～0.5m，该类型的基本层序占据了该钻孔所钻遇洪福寺组绝大部分地层；③“含砾砂岩－千枚状粉砂岩－千枚岩”基本层序类型仅1个，地层厚约55m，处于该组的中下部。

其他钻孔所揭示的洪福寺组基本层序类型见图3－4，基本层序类型变化不大。

综上，①洪福寺组为济宁群最上部层位，被寒武纪地层不整合覆盖，地层出露不完全；②洪福寺组基本层序类型相对较多，基本层序数量也较多，沉积韵律明显；③$ZK_{1203}$钻孔揭示洪福寺组至少可划分出3个三级层序，各层序间海平面变化及转换较清晰截然；④岩石地层与层序地层界线二者不是完全对应的。

## 三、地层产状及区域变化

济宁群地层走向近南北向，总体倾向西，岩层倾角54°～70°，多在58°～65°之间。在目前控制的分布范围内，自东向西、由南向北岩层倾角呈变缓趋势。沿走向由北向南地层和矿体埋深变深（图3－5）。

根据目前钻孔控制情况，4勘探线揭露济宁群较全，控制厚度1400.66m，3勘探线钻孔控制厚度1026.29m，12勘探线钻孔控制厚度1182.31m。济宁群的岩石组合和地层厚度沿走向变化较大（图3－3）。

翟村组在4勘探线的厚度最大，层序最完整，为一套以火山碎屑岩为主的火山－沉积变质岩；向北至12勘探线也是一套火山－沉积变质岩，但变火山熔岩增多；向南到3勘探线仅揭露了顶部的变火山熔岩。

颜店组在4勘探线上有6层厚度较大铁矿层，包括磁铁石英岩、黑云磁铁岩、黑云绿泥磁铁岩、磁铁黑云千枚岩、含方解黑云磁铁石英岩等岩性。12勘探线主要有4层厚度较大的磁铁石英岩。3勘探线有6层厚度较大的磁铁石英岩，而且碳质成分增多。南部39勘探线地层厚度最大，铁矿层最多（图3－3）。

洪福寺组在4勘探线以千枚岩为主，夹变质砂岩。12勘探线上部碳质成分增多，主要为含碳质千枚岩、碳质千枚岩、含碳质绢云千枚岩、含碳质绿泥绢云千枚岩，随着碳质含量的增多，岩石颜色加深，其次为绢云千枚岩、变质中细粒砂岩、长石砂岩；下部以变质砂岩为主，

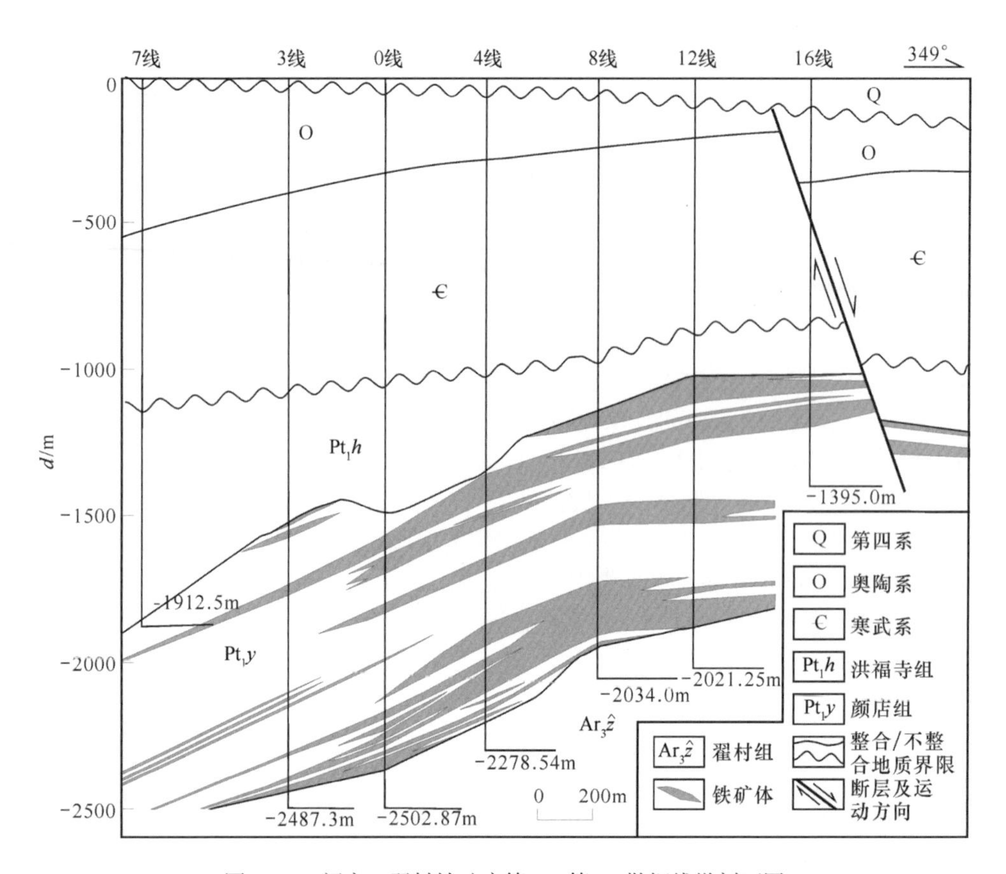


图 3－5　颜店—翟村铁矿床第 7—第 16 勘探线纵剖面图

有变质粗砂岩、变质细砂岩、变质粉砂岩、变质砾岩、变质安山质凝灰角砾岩，夹绢云千枚岩、含碳质千枚岩。3 勘探线上部以千枚岩为主，有绿泥绢云千枚岩、（含）碳质绢云千枚岩；中部为绢云千枚岩、（含）碳质千枚岩、碳质绢云千枚岩夹变质砂岩；下部以变质砂岩为主，夹千枚岩，变质砂岩有千枚状变质砾岩、变质粗砂岩、变质细砂岩、变质粉砂岩。

## 第三节　区域地层对比

地层对比包括岩石地层对比、年代地层对比等，由于前寒武纪地层形成时代的准确厘定比较复杂，本书只进行岩石地层对比。通过岩石地层对比，为讨论地层形成时代、形成的地质背景等提供依据。岩石地层对比实际是在区域上比较、寻找相似的或一致的地层结构，延伸具有相似的或一致的岩石地层结构的岩石地层单位。由于相似的或一致的岩石地层结构，可以由同一沉积作用、沉积环境和地质过程形成，也可以由不同的沉积作用、沉积环境和地质过程形成。因此，建立在岩石地层结构类似性或一致性基础上的岩石地层对比有三种可能：等特征对比，等特征、等相和等时对比，等特征、等相、不等时对比。本书主要进行等特征对比。

### 一、济宁群与山东省内的前寒武纪地层对比

山东省最古老的地层形成于中太古代，为出露于鲁西地层分区的沂水岩群和出露于鲁

东地层分区的唐家庄岩群，是遭受麻粒岩相变质的火山－沉积岩系，呈面积较小的岛状、透镜状、不规则条带状包体产于早前寒武纪花岗岩中。

新太古代地层有出露于鲁西地层分区的泰山岩群和鲁东地层分区的胶东岩群，为遭受角闪岩相变质的火山－沉积岩系。地层出露大都不连续，在太古宙 TTG 质花岗岩中呈包体出现。

古元古代地层地表主要分布于鲁东地层分区和祁连－北秦岭地层分区，为荆山群、粉子山群、胶南表壳岩组合和芝罘群。荆山群、粉子山群和胶南表壳岩组合岩性组合特征相似，均以高铝片岩、含石墨岩系和碳酸盐岩为特点，具孔兹岩系特点，三者所处构造位置、变质程度和变形特征有明显差别。

新元古代地层包括土门群、蓬莱群及朋河石岩组。土门群分布于鲁西地层分区靠近沂沭断裂带一侧，为一套浅海相砂岩、页岩和灰岩建造。蓬莱群分布于鲁东地层分区蓬莱一带，主要岩性为千枚岩、板岩、石英岩、结晶灰岩及大理岩等，下部千枚岩较多，经历了低温动力变质作用。朋河石岩组零星分布于祁连－北秦岭地层分区苏鲁造山带中，为经历了低绿片岩相变质的千枚岩、变质石英砂岩、变质砂砾岩建造。

济宁群与中太古代地层在岩石组合、变质程度、形成环境等方面显然不同。济宁群与新太古代地层的相似之处为二者均富铁，可形成贫铁矿，但二者也有明显的差别：泰山岩群、胶东岩群均含有较多基性火山岩系，为绿岩带组合，经历了角闪岩相变质，济宁群未见基性火山岩，变质程度很低。二者的含铁岩系特征和铁矿物特征也不同，泰山岩群含铁岩系为典型的 BIF 硅铁建造，铁矿物为粒度较粗的磁铁矿；济宁群含铁岩系包括方解磁铁石英岩、铁质千枚岩等，铁矿物粒度较细，除磁铁矿外，还有赤铁矿、菱铁矿等。

济宁群与新元古代地层的相似之处是，均为含有较多细碎屑（泥质）的海相沉积，也有碳酸盐沉积，变质程度与蓬莱群、朋河石岩组一致。但济宁群以含较多火山物质而区别于其他新元古代地层。

可见，在山东省境内没有与济宁群特征完全相似的岩石地层。就变质程度而言，济宁群与新元古代地层一致。从岩石组合特征分析，济宁群应该位于古元古代地层之上，山东省岩石地层从中太古代至新元古代经历了基性火山岩逐渐减少，中酸性火山岩和沉积岩增多的过程。

## 二、济宁群与华北克拉通前寒武纪地层对比

华北克拉通古—中太古代地层为角闪岩－麻粒岩相变质表壳岩系，其原岩为火山沉积岩系（陈晋镳等，1997），含较多基性火山岩，有条带状铁建造（BIF）。济宁群显然与之没有可比性。

华北新太古代地层广泛发育，根据其物质来源、原岩建造和岩浆活动等特征，大致可划分为沉积型和火山－岩浆型（马杏垣等，1987；伍家善等，1991）。沉积型地壳原岩以富含铝质、碳质和钙质的沉积岩组合为主体，中酸性为主的岩浆活动微弱；火山－岩浆型原岩建造以火山岩、火山碎屑岩为主，常具“双峰式特征”，上部沉积岩逐渐增多，显示绿岩带的组合特点，酸性岩浆活动强烈（陈晋镳等，1997）。地层中多含 BIF，变质程度主要为角闪岩－麻粒岩相。济宁群以不含基性火山岩、变质程度低、含铁岩系不同于 BIF 等特征与华北新太古代岩石地层形成明显差异。

古元古代地层主要分布于华北克拉通北缘、东缘、南缘和中南部，西端仅零星出露。出

露于北缘内蒙古大青山、河北承德—张北一带的古元古代地层称二道洼群；出露于冀东地区的称双山子群、朱杖子群；出露于东缘辽宁、吉南和山东的分别称为辽河群－榆树砬子群、集安群－老岭群和荆山群－粉子山群；分布于南缘秦岭－大别山地区西段和东段的分别称秦岭（岩）群和红安（岩）群；分布于中南部吕梁山区、五台山区、太行山区、中条山区和嵩山地区的分别称为吕梁群、岚河群－野鸡山群－黑茶山群、滹沱群、中条群－担山石群和嵩山群（陈晋镳等，1997）。古元古代地层形成的构造环境差异明显，导致他们在原岩建造、变质作用和变质程度、岩浆活动和构造变形等方面产生较大的差异。尽管如此，仍可大致归纳为两大类：一类为沉积型，发育在克拉通内部，以形成于晋豫裂陷带的滹沱群为代表；另一类为火山－沉积型，发育在克拉通周边，以辽宁的辽河群为代表（陈晋镳等，1997）。滹沱群原岩以粗碎屑岩、泥质岩和碳酸盐岩为主体，夹少量基性火山岩，变质程度为低绿片岩相。该群下部为变质砾岩、石英岩和石英岩夹千枚岩；中部以千枚岩、板岩为主，夹石英岩、大理岩和轻微变质的中基性火山岩；上部以富含叠层石的白云质大理岩为主，夹少量千枚岩。辽河群下部由角闪岩相变质的变粒岩、浅粒岩、斜长角闪岩、钙镁硅酸盐类等岩石组成，为变质火山－沉积岩系；上部主要岩石组合为绿片岩相－角闪岩相的片岩、片麻岩、千枚岩、石英岩及大理岩，为变质碎屑岩－碳酸盐岩系组合。可见，济宁群在变质程度及含较多泥质变质岩（千枚岩）方面与滹沱群相似，但以不含基性火山岩和粗碎屑岩及碳酸盐岩较少与之区别。辽河群与山东的粉子山群可以对比，济宁群无论是岩石组合还是变质程度均与辽河群有明显差异。在含有较多千枚岩及铁矿特征方面，济宁群与山西吕梁群中部袁家村组和吉林老岭群顶部大栗子组相似，吕梁群下部以片麻岩、变粒岩、片岩为主夹斜长角闪岩、大理岩、石英岩、透闪岩，中部主要为千枚岩、变质砂岩、石英岩，上部以变质流纹岩为主夹黑云片岩，袁家村组主要由铁英岩、绿泥千枚岩、阳起片岩和千枚岩组成，所含铁矿为沉积变质型微细粒嵌布磁赤混合铁矿；老岭群变质程度为绿片岩相至低角闪岩相，以白云质大理岩、片岩（十字石片岩和石英片岩等）、石英岩及千枚岩为主，见有碳质板岩，顶部的大栗子组主要为青灰色千枚岩夹大理岩和褐色千枚岩，赋存于大栗子组中的铁矿可分为赤铁矿、磁铁矿、菱铁矿及混合矿。

华北中—新元古代地层形成于克拉通内部及其边缘性质不同的沉陷带内，主要充填了海相碎屑岩－碳酸盐岩建造，下部含有富碱的火山岩。前人多把这套岩系作为中朝陆块最古老的盖层，也有人认为这套岩系实际上形成于裂谷或拗拉槽及大陆边缘地区（和政军等，1994；洪作民，1997；李锦轶，1998；周洪瑞等，1999），属于中朝陆块所属古超大陆分裂及分裂以后构造发展的地质记录（李锦轶，2004）。中—新元古代主要地层单位有：燕辽、山西地层分区的长城群、蓟县群、青白口群，豫陕、华北南缘地层分区的熊耳群、汝阳群、高山河群、官道口群、栾川群，辽东地层分区的细河群、五行山群、金县群，鲁西、鲁东地层分区的土门群、蓬莱群，徐淮地层分区的淮南群、徐淮群，鄂尔多斯地层分区的汉高山群，阴山和华北北缘地层分区的渣尔泰山群、什那干群，华北西缘地层分区的黄旗口组、王全口组、正目观组。济宁群以富铁、有较多中酸性火山岩、碳酸盐岩不发育而区别于上述大部分岩石地层单位，但在富含中酸性火山岩及整体高钾、富铁、低铝、少钙等方面与华北南缘的熊耳群相似，在以浅变质碎屑岩为主及含碳质方面与栾川群相似，在以碎屑岩为主、含碳质、变质程度等方面与华北北缘的渣尔泰山群接近（表3－1）。另外，济宁群在含较多细碎屑岩、含铁质及含火山物质等方面与华北克拉通内部的长城群相似，不同之处是后者含有较多碳酸盐岩及所含铁矿主要为赤铁矿。

**表 3-1　济宁群与中元古代相似地层对比**

| 岩石地层单位 | 济宁群 | 熊耳群 | 栾川群 | 渣尔泰山群 |
|---|---|---|---|---|
| 岩石组合特征 | 低级变质的海相火山-沉积岩系，主要岩石组合为：千枚岩、变凝灰质砂岩、千枚状粉砂岩、变长石砂岩、含碳质千枚岩、方解磁铁石英岩、变安山岩 | 陆相-海相中性为主的火山熔岩及少量碎屑岩。主要岩石组合为：安山岩、玄武安山岩夹流纹岩及火山碎屑岩、砂砾岩、砂岩、页岩、灰岩等 | 碎屑岩-碳酸盐岩建造。主要岩石组合为：千枚岩、石英岩、大理岩、片岩，夹碳质千枚岩、变粒岩、石煤层 | 陆相-浅海相碎屑岩-碳酸盐岩建造。主要岩石组合由向上变细再变粗的碎屑岩（砾岩-含砾砂岩-石英砂岩-粉砂岩-泥岩）、页岩、碳酸盐岩组成。中上部含碳质 |
| 变质程度 | 低绿片岩相 | 浅变质—未变质 | 浅变质 | 低绿片岩相 |
| 形成时代 | | 中元古代 | 新元古代 | 中元古代 |
| 与济宁群对比标志 | | 中酸性火山岩，高钾、富铁、低铝、少钙 | 以浅变质碎屑岩为主，含碳质 | 低绿片岩相变质碎屑岩，含碳质 |

总之，济宁群岩石组合特征及变质程度与华北古—中元古代地层的相似程度高于与太古宙地层单位的相似程度，尤其是在变质程度、所含火山物质性质、碳质和铁质特征等方面与吕梁群袁家村组、老岭群大栗子组、熊耳群、栾川群、渣尔泰山群等地层单位有明显相似性，岩石组合特征、变质程度及微古植物特征与华北中元古代地层特征更为接近。济宁群中的铁矿石自然类型为绿泥绢云母型条纹条带状磁铁矿石和石英型条纹条带状磁铁矿石，前者赋矿岩石为千枚岩，后者为（方解）磁铁石英岩（常含方解石条带），矿石特征及地层特征不同于华北新太古代—古元古代 BIF 硅铁建造；矿石中所含铁矿物主要为细粒磁铁矿，另外有少量赤铁矿、菱铁矿，济宁群上部赤铁矿含量增多，铁矿物特征介于新太古代—古元古代 BIF 硅铁建造较粗粒度磁铁矿和中元古代鲕状赤铁矿之间。

# 第四节　地层多重划分

## 一、层序地层

济宁群层序地层的划分靠有限的几个钻孔资料是远远不够的，少量的钻孔中很难发现层序地层划分的宏观标志，而且济宁群的顶底界面还没有控制，因此目前对济宁群层序地层学的研究仅是概略性的、一般性地了解。通过对 $ZK_{301}$、$ZK_{303}$、$ZK_{402}$、$ZK_{403}$、$ZK_{404}$、$ZK_{405}$、$ZK_{1201}$、$ZK_{1203}$等 3 条勘探线 8 个钻孔资料的对接和基本层序的研究，初步将济宁群三级层序划分为 8 个（图 3-6）。

### （一）翟村组

钻孔未控制到翟村组地层底界，因此，对该组层序的划分是不完全的。依据 $ZK_{404}$、

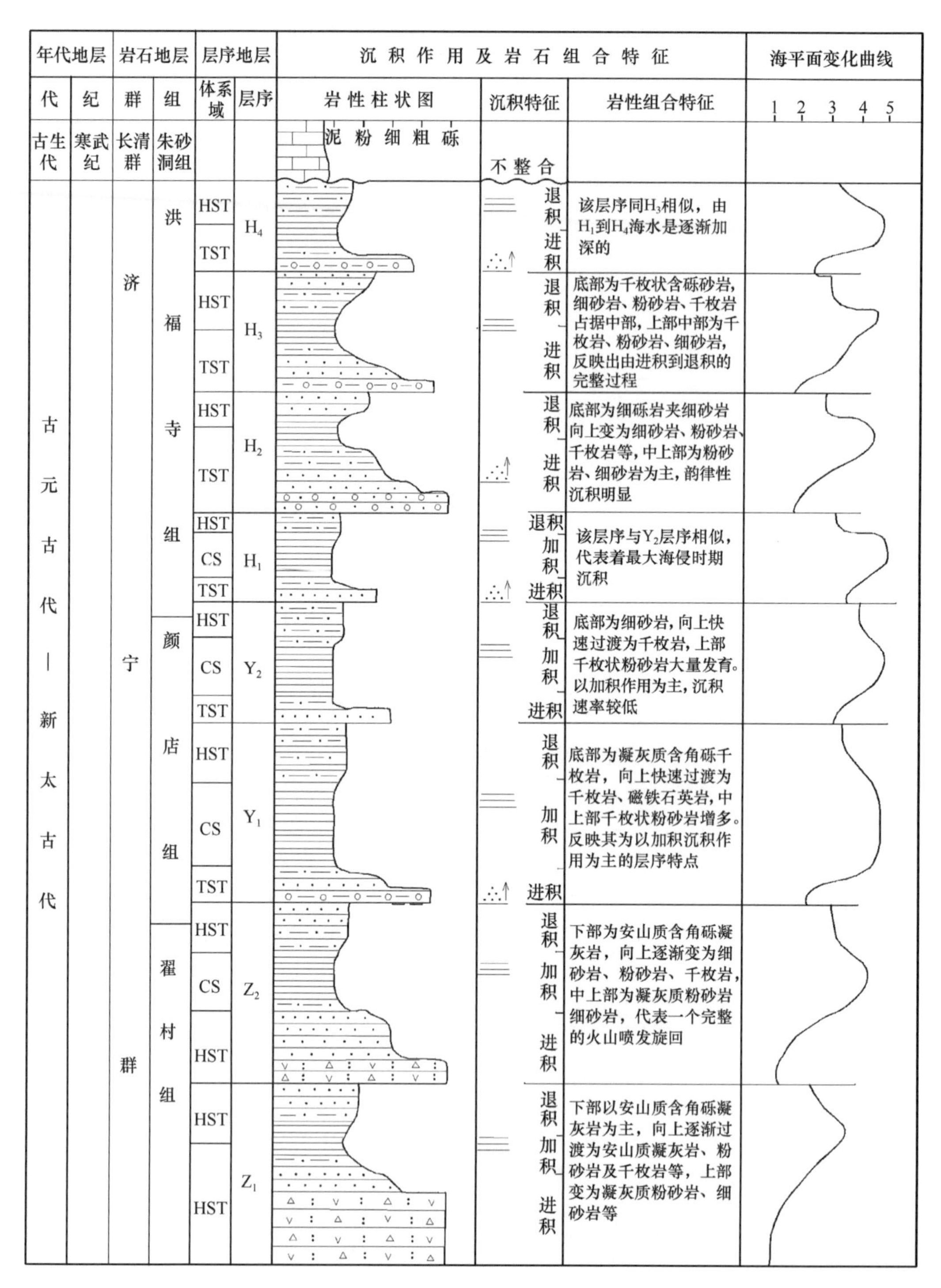


图 3－6　济宁群层序地层划分及基本特点

（据 $ZK_{403}$、$ZK_{1201}$、$ZK_{1203}$ 钻孔综合）

$ZK_{405}$ 钻孔所揭露地层岩性，通过基本层序的划分和对比，翟村组由下而上划分为两个（层序编号为 $Z_1$、$Z_2$）三级层序，三级层序的实际数量肯定会多于这个数的。

$Z_1$ 层序：该层序是一个慢进快退型的层序，同时也对应于一个较完整的火山喷发沉积旋回。底部由厚层安山质含火山角砾（少量集块）凝灰岩构成，向上逐渐过渡为千枚状凝灰质粉砂岩与千枚岩互层，局部夹少量的含砾凝灰质砂岩等，“粉砂岩（或凝灰质含砾细砂岩）－千枚岩”构成的基本层序韵律性沉积作用十分明显，每个基本层序或沉积韵律地层厚3～8m不等，并且厚度由下而上由厚变薄；上部基本层序类型逐渐变为“凝灰质细砂岩－千枚状凝灰质粉砂岩”，地层厚度也逐渐增厚到7～10m。该层序指示海水是一个逐渐加深的过程。

$Z_2$ 层序：该层序与 $Z_1$ 层序类型和特征基本相似。海侵体系域与海退体系域大致相当，二者之间可以明确地划分出最大海泛时期“饥饿性”沉积层段。“饥饿性”沉积层段由几厘米—几十厘米厚“凝灰质薄层细砂岩－千枚状凝灰质粉砂岩－千枚岩”的基本层序组成，数量达数百个之多，韵律性沉积作用突出；由“饥饿性”沉积层段向上、向下基本层序组成厚度明显变厚，沉积物颗粒逐渐变粗，水动力条件逐渐增强。该层序是一个相对较对称的层序，中部代表最高海平面时期，以悬浮沉积作用为主的加积型沉积，地层相对较厚，沉积速率较低，沉积时间相对较长。

由图3－6可见，$Z_1$、$Z_2$ 层序构成了一个海平面逐渐上升的过程，海水逐渐加深，沉积物逐渐变细，水动力条件逐渐减弱，构成了更高级别层序的海侵体系域。另外，三级层序与岩石地层单位“组”之间界面不是完全对应的，这是由二者划分的原则不同所决定的。

### （二）颜店组

钻孔对颜店组的顶底进行了完全揭露，构成了两个快进－快退的三级层序（编号为 $Y_1$、$Y_2$），而且这两个层序与 $Z_1$、$Z_2$ 相比其沉积时限要长得多。

$Y_1$ 层序：底部为凝灰质含角砾千枚岩，向上快速过渡为千枚岩、条纹条带状磁铁石英岩，上部夹大量的千枚状粉砂岩，反映其为以加积沉积作用为主的层序，进积、退积作用不明显，沉积速率相对较缓慢，代表的沉积时限相对较长。该层序反映出海水具有快进慢退的特点，最大海平面时期沉积的“饥饿段（CS）”占据的空间较大，水动力条件相对较弱。基本层序为“千枚状粉砂岩－千枚岩”，地层厚1～2m，基本层序个数达数百个之多，平行层理极其发育，向上基本层序厚度逐渐加厚，而且千枚状粉砂岩有增多的趋势。

$Y_2$ 层序：底部为细砂岩，向上快速过渡为千枚岩、条纹条带状磁铁石英岩，上部千枚状粉砂岩大量发育。该层序与 $Y_1$ 层序基本一致，同样是一个相对最大海平面时期沉积产物。在该层序中代表“饥饿段（CS）”沉积的岩性几乎全为千枚岩或磁铁石英岩，粉砂岩薄层或条带很少见到，因此，该处应是更高级别层序的最大海泛时期。

颜店组划分 $Y_1$、$Y_2$ 两个三级层序，沉积物颗粒细小，以发育平行层理为特征，海进、海退的时限大致相当，“饥饿段”沉积占据了较大空间范围，说明该时期海平面相对较高，沉积作用以化学沉积为主，沉积速率缓慢，因此，$Y_1$、$Y_2$ 层序所代表的沉积时限可能较长。

### （三）洪福寺组

该组由于被寒武纪地层不整合覆盖，顶界不清晰，故本次所划分的层序也是不完全的。洪福寺组由下而上划分为$H_1$、$H_2$、$H_3$、$H_4$等4个层序，其中$H_1$层序与$Y_1$、$Y_2$层序相当，而$H_2$、$H_3$、$H_4$层序为向上逐渐加深过程，与颜店组层序特点截然不同。

$H_1$层序：该层序大致延续了颜店组的层序特征，属于快进、快退的层序类型，沉积物颗粒普遍偏细，"饥饿段"沉积占据了大部分空间，说明该时期海平面相对较高，沉积作用以化学沉积为主，沉积速率缓慢。

$H_2$层序：该层序不同于前述的$H_1$层序。该层序底部为细砾岩夹细砂岩，向上变为细砂岩、粉砂岩、千枚岩等，中上部以粉砂岩、细砂岩为主，韵律性沉积作用较明显。基本层序类型一般为"细砾岩－细砂岩"或"细砾岩－千枚状粉砂岩（细砂岩）－千枚岩"等，每个基本层序厚1～5m，基本层序个数达数十个之多，靠近上部，基本层序类型逐渐变为"细砂岩－千枚状粉砂岩－千枚岩"，厚度增加，是一个明显的海退沉积过程。

$H_3$层序：该层序基本等同于$H_2$层序。底部为千枚状含砾砂岩、细砂岩、粉砂岩，千枚岩占据中部，上部逐渐为千枚状粉砂岩、细砂岩，反映出一个由进积到退积的演化过程。海侵体系域与海退体系域基本上对称分布。

$H_4$层序：该层序基本上等同于$H_2$、$H_3$层序。

洪福寺组$H_2$—$H_4$层序是一个向上逐渐加深的过程，细碎屑颗粒物逐渐减少，代表高水位时期以加积沉积作用为主的千枚岩等大量增加。

总之，就目前资料而言济宁群可以大致划分出8个三级层序；层序与岩石地层间的界线不是完全对应的，这是由于二者划分的标准和依据有较大区别所致。另外，颜店组仅划分出2个三级层序可能有漏划现象，该层序所代表的沉积时限可能相对较长。从图3－6可以看出，三级层序$Z_1$—$H_1$可能属于同一个二级层序的范畴，由下而上水体是逐渐加深的，沉积物也表现出由粗到细的变化特点；$H_2$—$H_4$可以归属于另一个二级层序范畴，也反映是一个水体逐渐变深，沉积物逐渐变细的演化过程。

## 二、生物组合

前人在济宁群中发现了数种微古植物化石，有 *Leiomnucula lophominuscula* sp.，*Margomi－nuscla* sp.，*Leiopsophos Phaera densa* sp. 等，全部为球型藻类，以小于10μm的光面球藻、厚缘小球藻及瘤面小球藻为主的超微体最多（张增奇和刘明渭等，1996）。

本次工作，我们在济宁群选取了30件岩石样品（$ZK_{1201}$孔6件，$ZK_{1203}$孔1件，$ZK_{301}$孔2件，$ZK_{303}$孔1件，$ZK_{402}$孔14件，$ZK_{403}$孔1件，$ZK_{404}$孔3件，$ZK_{405}$孔2件），送至南京古生物研究所鉴定，其中11件样品发现疑源类化石（图版Ⅰ）。经卢辉楠鉴定，各样品所含化石为：

$ZK_{301}$－W001（1136m）：*Leiosphaeridia laminarita*（Timofeev）emend. Jankauskas，1989。*Leiosphaeridia minutissima*（naumova）emend. Jankauskas，1989。

$ZK_{402}$－W002（1091m）：*Trachysphaeridium* sp.。

$ZK_{402}$－W003（116.2m）：*Trachysphaeridium* sp.。*Stictosphaeridium* sp.。*Leiosphaeridia* spp.。

$ZK_{402}$－W011（1400m）：*Leiosphaeridia* spp.。

$ZK_{402}$－W013（1483m）：*Leiosphaeridia minutissima*（naumova）emend. Jankauskas，1989。

$ZK_{402}$－W019（1598m）：*Leiosphaeridia* sp.。

$ZK_{405}$ – W003（1288.53 – 1289.7m）：*Leiosphaeridia* sp.。

$ZK_{1201}$ – W002（965m）：*Leiosphaeridia minutissima*（naumova）emend. Jankauskas，1989。

$ZK_{1201}$ – W004（995m）：*Leiosphaeridia minutissima*（naumova）emend. Jankauskas，1989。

$ZK_{1201}$ – W016（1305 – 1307m）：*Leiosphaeridia* sp.。*Eosynechococcus* sp.。

$ZK_{1201}$ – W018（1360 – 1367m）：*Leiosphaeridia* spp.。

以上11件样品所获微古化石数量不多，且为类型分异度不高的疑源类化石组合，以简单球形的疑源类为主，如光面球藻（*Leiosphaeridia*）、皱面球藻（*Trachysphaeridium*）、线脊球藻（*Stictosphaeridium*）。

## 三、形成时代

### （一）同位素年龄

前人对济宁群同位素年龄做过一些测试。20世纪70年代在$ZK_3$钻孔中采集了2个同位素年龄样品，其中亓润章（1977）对采集的变英安玢岩用全岩K – Ar法测定，获得年龄值为1709.5Ma；李评采集灰绿色千枚岩和紫色千枚岩，获得全岩Rb – Sr等时线年龄为1753.5Ma（李森乔、李评，1979；亓润章，1984）。这2个年龄被认为是济宁群的变质年龄，据此，山东省岩石地层清理时将济宁群确定为古元古代（张增奇、刘明渭等，1996）。

王伟等（2010）在$ZK_{301}$孔采集了2个同位素年龄样品，其中在钻孔深度1679m，取样岩性为含砾绿泥绢云千枚岩（S0844 – 1），碎屑锆石SHRIMP U – Pb年龄主要集中在2700Ma左右，可靠的最年轻碎屑锆石年龄为（2609 ± 13）Ma；在孔深1757m，取样岩性为变质长英质火山岩（也有可能为糜棱岩化奥长花岗岩）（S0844 – 2），岩浆结晶锆石SHRIMP U – Pb年龄为（2561 ± 15）Ma。因此，提出济宁群形成于新太古代。

我们在$ZK_{402}$孔采集了同位素年龄样品，采样位置孔深1820m，岩性为变质绢云安山岩。锆石定年由万渝生在北京离子探针中心SHRIMP II上完成。分析流程与Williams（1998）的类似。一次离子流$O^{2-}$强度为6nA，束斑大小为约30μm。测年采用5组扫描。标准样TEM和待测样之比为1∶3。数据处理采用SQUID和ISOPLOT程序（Ludwig K R，2001）。单个数据误差为1σ，加权平均年龄误差为95%置信度。

锆石呈短柱状，个别呈柱状，晶棱晶面保留完好，但有溶蚀现象，阴极发光图像中锆石具密集平行环带（图3 – 8）。在15颗锆石上进行了16个数据点分析，除15.1外（$U = 76 \times 10^{-6}$，$Th = 1 \times 10^{-6}$，$Th/U = 0.01$），其余数据点U、Th含量和Th/U比值分别为122 ~ 328、47 ~ 120、0.28 ~ 0.79（表3 – 2），除6个数据点Th/U比值≥0.4显示岩浆锆石特征外，其他数据点Th/U比值介于岩浆锆石与变质锆石之间，说明锆石成因的复杂性。许多锆石存在强烈铅丢失，7个数据点构成不一致线的上交点年龄为（2522 ± 7）Ma（图3 – 7）（MSWD = 1.00）。部分锆石内部存在颜色浅的成分域，为残余核，其$^{207}Pb/^{206}Pb$年龄为（2666 ± 7）Ma，而其边部年龄为（2527 ± 13）Ma（图3 – 8a）。一个具有较好晶形和震荡环带且无明显铅丢失锆石的$^{207}Pb/^{206}Pb$年龄为（2553 ± 15）Ma（图3 – 8b）。（2522 ± 7）Ma指示了锆石的结晶年龄。

**表 3－2　济宁群变质绢云安山岩锆石 SHRIMP U－Pb 年龄分析结果**

| 点位 | $^{206}Pb_c$/% | U/$10^{-6}$ | Th/$10^{-6}$ | Th/U | $\frac{^{206}Pb^*}{10^{-6}}$ | $\frac{^{207}Pb^*}{^{206}Pb^*}$ | ±/% | $\frac{^{207}Pb^*}{^{235}U}$ | ±/% | $\frac{^{206}Pb^*}{^{238}U}$ | ±/% | 误差 | $^{206}Pb/^{238}U$ 年龄 | $^{207}Pb/^{206}Pb$ 年龄 | 不和谐度 % |
|---|---|---|---|---|---|---|---|---|---|---|---|---|---|---|---|
| $ZK_{402}$－1. 1 | 0. 05 | 171 | 47 | 0. 28 | 70. 4 | 0. 1696 | 0. 92 | 11. 19 | 3. 6 | 0. 479 | 3. 5 | 0. 967 | 2521 ±73 | 2553 ±15 | 1 |
| $ZK_{402}$－2. 1 | 0. 04 | 199 | 62 | 0. 32 | 83. 2 | 0. 16649 | 0. 46 | 11. 14 | 3. 4 | 0. 485 | 3. 3 | 0. 991 | 2550 ±70 | 2523 ±8 | －1 |
| $ZK_{402}$－3. 1 | 0. 21 | 190 | 69 | 0. 38 | 72. 1 | 0. 16577 | 0. 47 | 10. 05 | 3. 6 | 0. 440 | 3. 6 | 0. 991 | 2349 ±70 | 2515 ±8 | 7 |
| $ZK_{402}$－4. 1 | 0. 05 | 180 | 90 | 0. 52 | 78. 6 | 0. 18142 | 0. 41 | 12. 73 | 3. 4 | 0. 509 | 3. 3 | 0. 993 | 2653 ±73 | 2666 ±7 | 0 |
| $ZK_{402}$－4. 2 | 0. 13 | 199 | 68 | 0. 35 | 78. 7 | 0. 1669 | 0. 77 | 10. 60 | 3. 4 | 0. 461 | 3. 3 | 0. 974 | 2442 ±68 | 2527 ±13 | 3 |
| $ZK_{402}$－5. 1 | 0. 06 | 180 | 50 | 0. 29 | 71. 8 | 0. 16532 | 0. 48 | 10. 56 | 3. 4 | 0. 463 | 3. 4 | 0. 990 | 2455 ±69 | 2511 ±8 | 2 |
| $ZK_{402}$－6. 1 | 0. 08 | 157 | 120 | 0. 79 | 65. 3 | 0. 16597 | 0. 47 | 11. 09 | 3. 4 | 0. 485 | 3. 4 | 0. 990 | 2547 ±71 | 2517 ±8 | －1 |
| $ZK_{402}$－7. 1 | 0. 25 | 295 | 115 | 0. 40 | 95. 5 | 0. 16305 | 0. 44 | 8. 45 | 3. 4 | 0. 376 | 3. 3 | 0. 991 | 2057 ±59 | 2487 ±7 | 17 |
| $ZK_{402}$－8. 1 | 0. 08 | 217 | 91 | 0. 43 | 86. 6 | 0. 16773 | 0. 42 | 10. 73 | 3. 4 | 0. 464 | 3. 4 | 0. 992 | 2457 ±69 | 2535 ±7 | 3 |
| $ZK_{402}$－9. 1 | 0. 27 | 328 | 109 | 0. 34 | 72. 3 | 0. 16555 | 0. 50 | 5. 84 | 3. 4 | 0. 2558 | 3. 3 | 0. 989 | 1468 ±44 | 2513 ±8 | 42 |
| $ZK_{402}$－10. 1 | 0. 06 | 170 | 98 | 0. 59 | 60. 7 | 0. 1682 | 0. 79 | 9. 64 | 3. 5 | 0. 415 | 3. 4 | 0. 974 | 2240 ±64 | 2540 ±13 | 12 |
| $ZK_{402}$－11. 1 | 0. 05 | 122 | 63 | 0. 53 | 50. 3 | 0. 1743 | 0. 70 | 11. 52 | 3. 5 | 0. 479 | 3. 4 | 0. 980 | 2524 ±71 | 2599 ±12 | 3 |
| $ZK_{402}$－12. 1 | 0. 10 | 196 | 59 | 0. 31 | 79. 9 | 0. 1660 | 1. 2 | 10. 86 | 3. 7 | 0. 474 | 3. 5 | 0. 948 | 2502 ±73 | 2518 ±20 | 1 |
| $ZK_{402}$－13. 1 | 0. 22 | 227 | 82 | 0. 37 | 77. 3 | 0. 16547 | 0. 47 | 9. 02 | 3. 4 | 0. 396 | 3. 3 | 0. 990 | 2148 ±61 | 2512 ±8 | 14 |
| $ZK_{402}$－14. 1 | 0. 20 | 201 | 68 | 0. 35 | 72. 8 | 0. 16612 | 0. 45 | 9. 64 | 3. 4 | 0. 421 | 3. 3 | 0. 991 | 2265 ±64 | 2519 ±8 | 10 |
| $ZK_{402}$－15. 1 | 0. 10 | 76 | 1 | 0. 01 | 33. 7 | 0. 1661 | 0. 73 | 11. 71 | 3. 5 | 0. 511 | 3. 4 | 0. 978 | 2663 ±75 | 2518 ±12 | －6 |

注：$Pb_c$ 和 $Pb^*$ 分别表示普通铅和放射性成因铅。

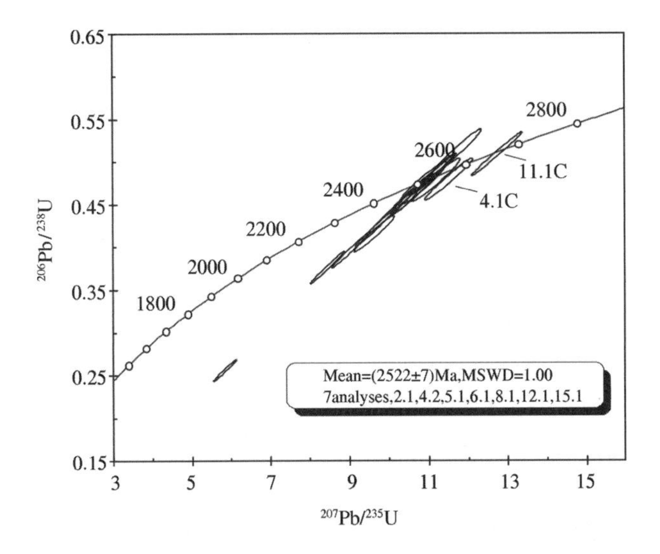


图 3－7　$ZK_{402}$孔 1820m 变质绢云安山岩年龄

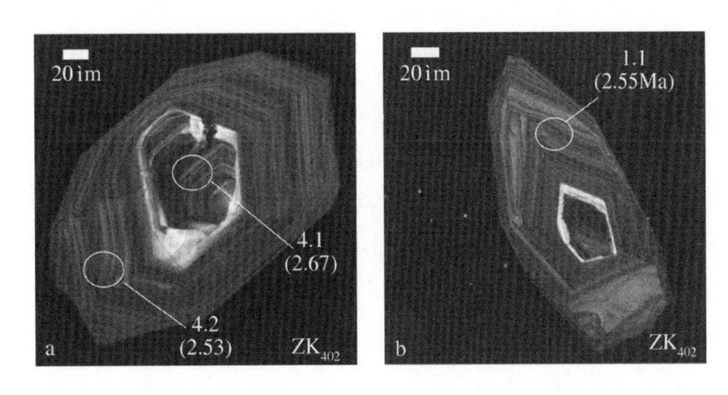


图 3－8　$ZK_{402}$孔 1820m 变质绢云安山岩的锆石阴极发光图像

### （二）微古植物对地层时代的指示意义

以往采集的微古植物化石，鉴定者认为组合面貌简单，种属较少，可与长城系的微古植物组合对比，但较长城系原始。

本次工作采集的微古植物化石，为简单球形疑源类，鉴定者认为常见于国内外元古宙乃至显生宙地层，地层时代意义不明显。但是从一些样品（如 $ZK_{301}$－W001，$ZK_{402}$－W013，$ZK_{1201}$－W002，$ZK_{1201}$－W004 等）出现最早见于俄罗斯地台下里菲（中元古代至新元古代早期）的薄膜光面球藻（*Leiosphaeridia laminarita*）和微小光面球藻（*Leiosphaeridia minutissima*），以及通常见于中元古代至新元古代早期地层的原始连球藻（*Eosynechococcus*），可推断样品采集地层应为中元古代至新元古代早期。另外与山东已知前寒武纪疑源类组合比较，更接近于蓬莱群底部的疑源类组合面貌，而早于土门群佟家庄组的疑源类组合。

### （三）形成时代讨论

鲁西地区前寒武纪变质基底主要由新太古代变质岩系组成，其中泰山岩群下部雁翎关组的同位素年龄为（2747±7）Ma，泰山岩群上部山草峪组和柳杭组的同位素年龄分别为

(2544±6) Ma 和 (2524±7) Ma (王世进等, 2013); 新太古代花岗岩类侵入岩大致分为2个形成时期: 形成于2700~2600Ma新太古代早、中期的泰山和新甫山TTG岩系, 形成于2550~2500Ma新太古代晚期的峄山TTG岩系和傲徕山、四海山GMS花岗岩类 (王世进等, 2008; 张增奇等, 2014)。济宁群的同位素年龄与泰山岩群上部和新太古代晚期花岗岩类一致。但是, 济宁群的地层特征、岩性岩相、含铁建造、变质变形明显不同于附近的泰山岩群。造成这种现象的原因可能有2个: 济宁群与泰山岩群形成于不同的构造位置, 由于后期的强烈构造运动将二者叠置在一起, 即济宁群为外来地体; 或者, 济宁群与泰山岩群形成于不同的构造层次和构造环境, 即二者不是同时形成的。济宁群地层走向近南北向, 总体倾向西, 济宁群下伏的鲁西前寒武纪基底岩系的走向为北西向, 二者构造线方向明显不同, 也指示二者可能为构造接触或不整合接触关系。通过上述详细的区域地层对比, 没有发现与济宁群完全相同的地层序列, 济宁群的特征与元古宙地层的相似度大于与太古宙地层的相似度, 济宁群的碎屑物质来源于鲁西早前寒武纪基底变质岩系。据此, 我们认为济宁群应当是原地的, 很可能其形成时代和构造环境不同于泰山岩群及新太古代花岗岩类, 与下伏新太古代基底岩系为角度不整合接触关系, 二者之间有显著的沉积间断。

王伟等 (2010) 测试的济宁群含砾绿泥绢云千枚岩中碎屑锆石年龄 (2700Ma左右和2609Ma±13Ma) 及本书测试的变质火山岩锆石核部年龄 (2666Ma±7Ma), 与泰山岩群下部及鲁西新太古代早、中期花岗岩类的同位素年龄一致, 所测锆石具岩浆成因特征, 说明其来源于新太古代早、中期花岗岩, 不能指示济宁群的形成年龄。本书和王伟等 (2010) 测试的变质火山岩中岩浆结晶锆石年龄 (2522Ma±7Ma, 2561Ma±15Ma), 与泰山岩群上部及鲁西新太古代晚期花岗岩类的同位素年龄一致, 这种惊人的相似性暗示它们存在一定的渊源关系。变质火山岩分布于济宁群下部的翟村组, 该组的成分成熟度很低, 存在大量来自于基底岩系的陆源碎屑沉积物, 其中的锆石也是来自于基底岩系的, 火山熔岩在沉积地层中的数量较少, 因此推测其中的绝大部分锆石是来自于基底岩系的继承锆石, 这些锆石很可能来自于鲁西新太古代晚期花岗岩类。火山岩中含有大年龄值继承锆石是较普遍的现象, 前人采自胶莱盆地莱阳群中火山岩夹层的样品, 从中挑出21粒锆石进行SHRIMP U-Pb测年, 其中的17粒锆石为来自于前寒武纪基底岩系的继承锆石 (张田和张岳桥, 2008)。采自于济宁群上部千枚岩的同位素年龄较老, 而采自于济宁群下部变质火山岩的同位素年龄较新, 这种上老下新的同位素年龄反序现象符合沉积地层的一般沉积规律, 沉积地层下部岩系来源于下伏基岩顶部最年轻的地质体, 沉积地层上部岩系则来源于下伏基岩下部较老的地质体。因此变质火山岩的锆石测年数据也不能代表济宁群真实的形成年龄。

以往在济宁群中采集的微古植物化石, 鉴定者认为组合面貌简单, 种属较少, 可与长城系的微古植物组合对比, 但较长城系原始 (张增奇等, 1996)。本次采集的微古植物化石, 鉴定者认为常见于国内外元古宙乃至显生宙地层, 地层时代意义不明显。但是从一些样品 (如 $ZK_{301}$-W001、$ZK_{402}$-W013、$ZK_{1201}$-W002、$ZK_{1201}$-W004等) 出现最早见于俄罗斯地台下里菲 (中元古代至新元古代早期) 的薄膜光面球藻 (*Leiosphaeridia laminarita*) 和微小光面球藻 (*Leiosphaeridia minutissima*), 以及通常见于中元古代至新元古代早期地层的原始连球藻 (*Eosynechococcus*), 可推断样品采集地层应为中元古代至新元古代早期。与山东已知前寒武纪疑源类组合比较，接近于蓬莱群底部的疑源类组合面貌，而早于土门群佟家庄组的疑源类组合。研究表明，太古宙地层中生物化石很少，山东境内的太古宙地层中尚未发现生物化石，在我国的太古宙鞍山群中，有以球状或其他形态的单细胞生物和极少丝状体，可能属于蓝藻门的分子；元古宙地层中出现较丰富的微古植物。济宁群中真核生物的存在，说明济宁群的形成时代不会早于古元古代。

国际上将条带状铁建造分为两类：即阿尔戈马（Algoma）型和苏必利尔（Superior）湖型（Gross，1980）。阿尔戈马型主要产于太古宙绿岩带中，与海底火山作用密切相关；苏必利尔湖型与正常沉积的细碎屑岩－碳酸盐岩共生，通常发育在被动大陆边缘或稳定克拉通盆地的浅海沉积环境，主要形成于古元古代。华北克拉通时代最古老的BIF形成于古太古代，峰期为新太古代晚期（2.52～2.56Ga），最年轻BIF形成于古元古代早期，华北的古元古代BIF铁矿如山西吕梁袁家村铁矿、吉林大栗子铁矿、山东昌邑赋存于古元古代粉子山群中的铁矿等（张连昌等，2012；蓝廷广等，2012）。袁家村BIF产于吕梁群袁家村组变沉积岩系的下部，含铁岩系主要由绿泥片岩、绢云绿泥千枚岩、磁铁石英岩、绢云石英片岩、含铁石英岩组成，具苏必利尔湖型BIF特征，形成时代为2.3～2.1Ga，变质程度主体为低绿片岩相，铁矿物相包括氧化物相（60%）、硅酸盐相（30%）和碳酸盐相（10%）（王长乐等，2015）。济宁群中的BIF与华北克拉通新太古代BIF相比具有明显差异，而与袁家村BIF在含铁岩系特征、变质程度、矿床类型和铁矿物相方面有很强的相似性。济宁群BIF中铁矿物相除磁铁矿外，还有赤铁矿、菱铁矿等。据矿床勘探中9件磁铁矿石样品物相分析结果，磁性铁（mFe）含量17.84%～27.35%，平均23.53%；氧化铁（OFe）含量2.59%～6.78%，平均4.262%；碳酸铁（CFe）含量0.92%～3.17%，平均1.854%；硅酸铁（SiFe）含量0.011%～0.022%，平均0.0134%；硫化铁（SFe）含量0.037%～0.825%，平均0.1577%。3件赤铁矿石样品物相分析结果为：磁性铁（mFe）含量0.22%～5.23%，平均1.91%；氧化铁（OFe）含量20.68%～27.35%，平均24.26%；碳酸铁（CFe）含量1.05%～1.76%，平均1.30%；硅酸铁（SiFe）含量0.011%，平均0.011%；硫化铁（SFe）含量0.305%～0.905%，平均0.692%。

区域地层对比表明，济宁群的地层特征与山东和华北克拉通元古宙地层接近。在含碳质、铁质、火山物质等方面相似于山东的古元古代荆山群、粉子山群、芝罘群和胶南表壳岩组合，在岩石组合特征、变质程度及微古植物特征与华北中元古代地层特征更为接近。因此，从地层对比角度分析，济宁群应当形成于古—中元古代。

李志红等（2010）研究发现，BIF沉积年龄不同，Eu正异常的大小不同，例如，中太古代 $Eu/Eu^*$ 平均值为3.65（$n=4$）、新太古代 $Eu/Eu^*$ 平均值为2.84（$n=8$）、古元古代 $Eu/Eu^*$ 平均值为2.01（$n=10$），表明从中太古代到古元古代BIF的Eu正异常逐渐减小。济宁群条带状磁铁石英岩 $Eu/Eu^*$ 为1.36～2.52（宋明春等，2011），平均为1.81（$n=9$），接近古元古代2.01的数值。

综上分析，我们认为济宁群中上部层位及富铁岩层的形成时代定为古元古代为宜，与吕梁群、粉子山群的形成时代相当。济宁群是新太古代—古元古代跨地质年代的岩石地层单位。

# 第四章　区域变质岩与变质作用

济宁群主要经历了区域低温动力变质作用，另外有动力变质作用。区域低温变质作用使济宁群普遍遭受了绿片岩相变质，形成的主要岩石类型有千枚岩类、磁铁石英岩类、变质碎屑岩类及变质火山岩类等，变质矿物组合为绿泥石+绢云母+石英、黑云母+石英+绢云母或阳起石+绿泥石+石英等。

## 第一节　区域变质岩

### 一、千枚岩类

千枚岩类是济宁群的主要变质岩石类型，主要分布于洪福寺组中，其次为颜店组的中部，翟村组中也有少量分布。千枚岩类原岩为各种泥岩、黏土岩等，颗粒细小，因其原岩中含有不同的泥质、钙质、碳质、铁质、硅质及火山物质等成分而形成不同的千枚岩（表4－1）。千枚岩类岩石的命名主要根据其中的片状、粒状矿物种类、含量变化等，命名的主要原则有：①当主要矿物石英、钠长石等粒状矿物含量小于50%时，粒状矿物不参加命名；②当石英、钠长石等粒状矿物含量大于50%时，石英、钠长石等粒状矿物参加命名；③当含有特征矿物或杂质时，依其含量参与命名，如石墨绢云千枚岩、方解绢云千枚岩等；④变质砂岩、变质粉砂岩及变质火山碎屑岩类岩石虽变质程度与板岩、千枚岩相当，其胶结物重结晶成绢云母、绿泥石或雏晶黑云母，但砂、粉砂等碎屑物变化不大，仍残留原岩的结构，此种岩石命名时，在原岩名称之前冠以“板状”或“千枚状”变质等字，如千枚状变质砂岩等。

#### （一）岩相学特征

济宁群千枚岩类因绿泥石、黑云母、绢云母、碳质、方解石、石英等矿物含量不同，而分为绿泥绢云千枚岩、黑云绿泥千枚岩、碳质绢云千枚岩、绢云千枚岩、黑云千枚岩、绿泥千枚岩、碳质千枚岩、碳质绿泥黑云千枚岩、黑云石英千枚岩、绿泥钙质千枚岩、黑云方解千枚岩、绿泥黑云千枚岩、绢云绿泥千枚岩及含磁铁黑云千枚岩、赤铁绿泥千枚岩等22个岩石种类。千枚岩进行X－衍射检测，其主要物相见表4－2。含有磁铁矿、赤铁矿、黑云母等特征矿物者主要分布于颜店组中，洪福寺组下部、翟村组上部的局部层位也见有少量分布。

**表 4－1　济宁群千枚岩类各类岩石基本特征一览表**

| 岩石名称（或岩类） | 矿物组成及含量（最低含量～最高含量/平均数）/% | | | | | | | | 样品数 | 矿物共生组合 |
|---|---|---|---|---|---|---|---|---|---|---|
| | 石英 | 钠长石 | 绿泥石 | 绢云母 | 方解石 | 黑云母 | 碳质 | 不透明矿物 | | |
| 石英千枚岩 | 35～75/55 | 0～20/10 | | 5～17/11 | 3～6/4.5 | 0～35/17.5 | | 2～2/2 | 2 | 石英＋绢云母＋方解石±钠长石±黑云母 |
| 钠长千枚岩 | 20～20/20 | 35～55/45 | 0～5/2.5 | 0～35/17.5 | 0～8/4 | | 0～16/8 | 2～3/2.5 | 2 | 石英＋钠长石±绿泥石±绢云母±方解石 |
| 绢云千枚岩 | 8～45/20 | 0～20/5.7 | 0～15/4.3 | 40～80/60.4 | 0～10/4.2 | 0～3/0.2 | 0～20/3.8 | 0～7/2.3 | 22 | 石英＋绢云母＋斜长石±绿泥石±方解石±黑云母±磁铁矿 |
| 绿泥千枚岩 | 5～30/13.75 | 0～10/4.1 | 30～90/58.6 | 0～20/3.9 | 0～40/5.4 | 0～25/8 | | 0～3/1.4 | 16 | 石英＋绿泥石＋斜长石±方解石±黑云母±绢云母 |
| 黑云千枚岩 | 2～40/17.2 | 0～8/4 | 0～20/4.9 | 0～7/0.7 | 0～10/4.3 | 35～87/59.4 | | 0～25/5.9 | 9 | 石英＋黑云母＋斜长石±绿泥石±方解石±绢云母±磁铁矿 |
| 绿泥白云石千枚岩 | 13 | 15 | 25 | | 45（白云石） | | | 2 | 1 | 石英＋斜长石＋绿泥石＋白云石 |
| 黑云方解千枚岩 | 24 | 4 | | | 40 | 30 | | 1 | 1 | 石英＋斜长石＋方解石＋黑云母 |
| 碳质千枚岩 | 3～40/22.7 | 0～10/5.6 | 0～10/5.0 | 0～10/6.6 | 3～10/7.6 | | 40～70/52 | 0～2/0.5 | 3 | 石英＋方解石±斜长石±绿泥石±绢云母 |

**表 4－2　济宁群千枚岩岩石主要物相**

| 样品编号 | 岩石名称 | X－衍射检测主要物相 |
| --- | --- | --- |
| $ZK_{1201}$－002 | 含碳质绿泥绢云千枚岩 | 石英、斜绿泥石、白云母、钠云母、钾长石 |
| $ZK_{1201}$－009 | 含砂绿泥千枚岩 | 石英、白云母、斜绿泥石、方解石 |
| $ZK_{1201}$－018 | 绿泥千枚岩 | 石英、磁铁矿、斜绿泥石、方解石、沸石、迪开石、白云石 |
| $ZK_{1202}$－002 | 含砂黑云绢云钠长千枚岩 | 石英、黑云母、钠长石、斜绿泥石 |
| $ZK_{1202}$－009 | 绢云千枚岩 | 石英、白云母、铁白云石、钠长石 |
| $ZK_{1203}$－001 | 碳质绢云千枚岩 | 石英、斜绿泥石、钠云母、白云母、斜长石 |
| $ZK_{1203}$－003 | 碳质千枚岩 | 石英、白云母、黄铁矿、铁白云石、高岭石 |
| $ZK_{1203}$－009 | 含铁白云石绢云千枚岩 | 石英、白云母、钠长石、铁白云石 |
| $ZK_{402}$－003 | 绢云千枚岩 | 石英、斜绿泥石、钠云母、白云母、钾长石、黄铁矿 |
| $ZK_{402}$－005 | 方解绿泥碳质千枚岩 | 石英、斜绿泥石、白云母、钛铁矿 |
| $ZK_{402}$－006 | 含绢云碳质千枚岩 | 石英、斜绿泥石、白云母、铁白云石、钠云母、钾长石 |
| $ZK_{402}$－009 | 绢云石英千枚岩 | 石英、白云母、斜绿泥石、铁白云石、黄铁矿 |
| $ZK_{402}$－010 | 纹层状碳质绢云绿泥千枚岩 | 石英、斜绿泥石、钠云母、铁白云石、白云母、方解石 |
| $ZK_{402}$－012 | 含砾绿泥绢云千枚岩 | 石英、斜长石、斜绿泥石、黑云母 |
| $ZK_{402}$－019 | 含方解黑云千枚岩 | 石英、斜绿泥石、蒙叶泥石、菱铁矿、黑云母 |
| $ZK_{402}$－023 | 黑云千枚岩 | 石英、斜绿泥石、斜长石、迪开石 |
| $ZK_{403}$－008 | 黑云绿泥千枚岩 | 石英、斜绿泥石、斜长石、迪开石 |
| $ZK_{403}$－B024 | 含方解绢云碳质千枚岩 | 石英、黄铁矿、斜绿泥石、白云母、白云石、方解石 |
| $ZK_{404}$－008 | 黑云绿泥千枚岩 | 石英、斜绿泥石、斜长石、黑云母、白云石 |
| $ZK_{404}$－017 | 含磁铁碳质绢云千枚岩 | 石英、斜绿泥石、钠云母、白云母、方解石、黄铁矿 |
| $ZK_{301}$－002 | 碳质绢云千枚岩 | 石英、斜绿泥石、钠云母、白云母、斜长石 |

分析测试单位：核工业北京地质研究院分析测试研究中心，检测方法和依据《矿物晶胞参数的测定》。

济宁群千枚岩类岩石一般呈灰色、灰绿色，粒状鳞片变晶结构，千枚状构造。洪福寺组千枚岩以灰色—浅灰色调为主（碳质千枚岩除外），而颜店组中的千枚岩则以灰绿色调占主导地位，翟村组中千枚岩颜色仍以灰色—浅灰色为主。岩石一般由片状矿物和粒状矿物组成，片状、柱粒状矿物定向排列分布形成千枚状构造。岩石中的片状矿物一般由绿泥石、绢云母、黑云母、碳质等组成，粒径一般为0.01～0.1mm；粒状矿物一般由石英、斜长石、方解石、磁铁矿等组成，粒径一般为0.03～0.15mm，多由原岩中的细碎屑物质构成。岩石中的主要矿物特征为：

绿泥石：显微鳞片状，浅绿色，多组成条纹－条带状集合体。

绢云母：显微鳞片状，多呈扁豆状、透镜状集合体，与绿泥石等相间分布。

黑云母：片状，浅绿色，多为雏晶黑云母，一般呈条纹状、条带状集合体定向分布。

碳质：呈不透明的粉末状，有时呈条纹－条带状，与绢云母、绿泥石等矿物一起定向分布，部分已变质成为石墨。

石英：不规则粒状，具波状消光，有的发生重结晶。单体石英多被拉长压扁为扁豆体，大多呈条带状、透镜状集合体定向分布。

斜长石：不规则粒状、柱粒状等，多为钠长石，多与石英一起呈透镜状、条带状集合体定向分布；斜长石颗粒表面及边部多见土化、绢云母化、碳酸盐化等。

方解石：不规则粒状，多沿其长轴方向或透镜状集合体，与石英、斜长石等矿物一起定向分布。

铁质矿物（赤铁矿、磁铁矿）：呈粒状、星散状分布，含量多时呈细条纹状集合体定向排列。

千枚岩中主要矿物共生组合为：石英＋斜长石＋绿泥石＋绢云母±黑云母±方解石±磁铁矿。

典型的千枚岩样品显微特征如下：

**1. 绢云千枚岩（样品编号：$ZK_{402}$－B003）**

岩石呈灰色，粒状鳞片变晶结构，千枚状构造，岩石主要由石英（8%±）、钠长石（2%±）、绢云母（80%±）、绿泥石（3%±）、方解石（5%±）及不透明矿物（2%±）等组成，构成岩石的主要矿物粒径一般为0.02～0.20mm，多呈鳞片状、粒状及条纹状、透镜状、条带状集合体定向分布，呈千枚状构造。

石英：不规则粒状，波状消光，有的发生重结晶，单体多呈拉长的扁豆状、透镜状集合体定向分布，有的沿裂隙充填呈脉状分布。

绢云母：鳞片状，多呈条纹状、条带状集合体定向分布。

钠长石：不规则粒状，有的发生土化、绢云母化。

方解石：不规则粒状，多呈透镜状集合体定向分布，有的沿裂隙充填呈脉状分布。

不透明矿物：黑色，不规则粒状，零星分布。

绢云千枚岩是济宁群千枚岩类的主要岩石类型，粒状矿物石英、钠长石等含量小于50%，片状矿物绢云母占绝对优势。该类岩石因含有其他特征矿物或保留的原岩结构构造而形成一系列过渡岩石类型，主要包括：（含）碳质绢云千枚岩、绿泥绢云千枚岩、含砾绢云千枚岩、碳质绿泥绢云千枚岩及含磁铁碳质绢云千枚岩等。

**2. 绿泥千枚岩（样品编号：$ZK_{402}$－B021）**

岩石呈灰色—灰绿色，鳞片变晶结构，千枚状构造，岩石主要由石英（5%±）、钠长石（2%±）、绿泥石（90%±）及不透明矿物（3%±）等组成，构成岩石的主要矿物粒径一般为0.01~0.10mm，多呈鳞片状及条纹状、条带状集合体定向分布，呈千枚状构造。

石英：不规则粒状，波状消光，有的发生重结晶，单体多呈拉长的扁豆状、条纹状、透镜状集合体定向分布。

绿泥石：浅绿色，鳞片状，多呈条纹状、条带状集合体定向分布。

钠长石：柱粒状，多沿其长轴方向定向分布。

不透明矿物：黑色，不规则粒状，有的呈条痕状集合体定向分布。

绿泥千枚岩为济宁群千枚岩类的主要岩石类型，粒状矿物石英、钠长石等含量小于50%，片状矿物绿泥石占绝对优势。该类岩石因含有其他特征矿物而形成一系列过渡岩石类型，主要包括：（含）碳质绢云绿泥千枚岩、绢云绿泥千枚岩、黑云绿泥千枚岩及方解绿泥千枚岩等。

**3. 黑云千枚岩（样品编号：$ZK_{402}$－B019）**

岩石呈灰色—灰绿色，鳞片变晶结构，千枚状构造，岩石主要由黑云母（87%±）、石英（2%±）、方解石（10%±）及不透明矿物（1%±）等组成，构成岩石的主要矿物粒径一般为0.01~0.10mm，多呈鳞片状，多沿其长轴方向呈条纹状、条带状集合体定向分布，呈千枚状构造。

石英：不规则粒状，波状消光，有的发生重结晶，多沿其长轴方向定向分布，有的沿裂隙充填呈脉状分布。

黑云母：绿色，片状，有的发生绿泥石化，多呈条纹状、条带状集合体定向分布。

方解石：不规则粒状，多呈透镜状、条带状集合体定向分布，有的沿裂隙充填呈脉状分布。

不透明矿物：黑色，不规则粒状，零星分布。

黑云千枚岩是济宁群千枚岩类的主要岩石类型之一，粒状矿物石英、钠长石等含量小于50%，片状矿物黑云母占绝对优势，主要分布于颜店组中。该类岩石因含有其他特征矿物而形成一系列过渡岩石类型，主要包括：（含）磁铁黑云千枚岩和绿泥黑云千枚岩等。

济宁群中还有一些以特征矿物方解石、碳质等为主的千枚岩，命名为碳质千枚岩、黑云方解千枚岩等。

**4. 绢云石英千枚岩（样品编号：$ZK_{402}$－B009）**

岩石呈灰色—浅灰绿色，鳞片粒状变晶结构，千枚状构造，岩石主要由石英（75%±）、绢云母（17%±）、方解石（6%±）及不透明矿物（2%±）等组成，构成岩石的主要矿物粒径一般为0.02~0.30mm，多呈粒状、鳞片状，多呈条纹状、透镜状、条带状集合体定向分布，呈千枚状构造。

石英：不规则粒状，波状消光，有的发生重结晶，多沿透镜状、条带状集合体定向分布，有的沿裂隙充填呈脉状分布。

绢云母：鳞片状，多呈条纹状、条带状集合体定向分布。

方解石：不规则粒状，多呈透镜状、条带状集合体定向分布，有的沿裂隙充填呈脉状分布。

不透明矿物：黑色，不规则粒状，零星分布。

石英千枚岩是济宁群千枚岩类的主要岩石类型之一，粒状矿物石英、钠长石等含量大于50%，粒状矿物石英占绝对优势，主要分布于洪福寺组中。该类岩石因含有其他特征矿物而形成一系列过渡岩石类型，主要包括：黑云石英千枚岩、绢云石英千枚岩和绿泥绢云石英千枚岩等。

**5. 碳质钠长千枚岩（样品编号：$ZK_{1202}$ – B011）**

岩石呈灰色—深灰色，粒状变晶结构，千枚状构造，岩石主要由钠长石（55% ±）、石英（20% ±）、绿泥石（5% ±）、碳质（16% ±）、方解石（1% ±）及不透明矿物（3% ±）等组成，构成岩石的主要矿物粒径一般为0.01～0.10mm，多为粒状，多呈条纹状、条带状集合体定向分布，呈千枚状构造。

钠长石：柱粒状，有的可见双晶，多呈条纹状、条带状集合体定向分布。

石英：不规则粒状，波状消光，有的发生重结晶，多与钠长石一起呈条纹状、条带状集合体定向分布。

绿泥石：鳞片状，多沿其长轴方向定向分布。

碳质物：灰黑色，隐晶状或土状，多呈条纹状、条带状集合体定向分布，有的呈分散状分布其矿物之间或之中。

方解石：不规则粒状，有的呈不规则状集合体，多沿裂隙充填呈脉状分布。

不透明矿物：黑色，不规则粒状，零星分布，有的沿裂隙充填呈脉状分布。

（斜长）钠长千枚岩是济宁群千枚岩类的主要岩石类型之一，粒状矿物石英、钠长石等含量大于50%，粒状矿物斜长石占绝对优势，主要分布于洪福寺组中。该类岩石因含有其他特征矿物而形成一系列过渡岩石类型，主要包括：碳质钠长千枚岩和绢云斜长千枚岩等。

部分千枚岩中保留较好的原岩成分或原岩结构构造，形成不同的千枚岩类型，如凝灰质千枚岩、含砾千枚岩等。

### （二）岩石化学特征

千枚岩类岩石主要分布于洪福寺组中，其次为颜店组，翟村组中也有少量分布。在采集的千枚岩类岩石30件硅酸盐分析样品（表4－3）中，洪福寺组16件，颜店组11件，翟村组3件。

千枚岩的岩石化学成分：$SiO_2$ 在41.94%～69.39%之间变化，平均为55.06%，低于世界黏土岩平均值（58.00%）；$TiO_2$ 在0.1346%～1.0193%之间变化，平均为0.54%，比世界黏土岩平均值（0.80%）稍低；$Al_2O_3$ 在2.90%～24.53%之间变化，平均为14.48%，比世界黏土岩平均值（17.30%）低；$Fe_2O_3$ 在0.69%～34.15%之间变化，平均为5.84%，高出世界黏土岩平均值（3.00%）近1倍；FeO在1.84%～24.69%之间变化，平均为8.92%，高出世界黏土岩平均值（4.40%）1倍多；CaO在0.162%～7.496%之间变化，平均为2.026%，稍高于世界黏土岩平均值（1.30%）；MgO在1.292%～3.763%之间变化，平均为2.189%，稍低于世界黏土岩平均值（2.60%）；$K_2O$ 在0.209%～4.401%之间变化，平均为2.219%，明显低于世界黏土岩平均值（3.70%）；$Na_2O$ 在0.119%～4.115%之间变化，平均为1.4589%，稍高于世界黏土岩平均值（1.20%）；$CO_2$ 在0.20%～13.84%之间变化，平均为2.80%，比世界黏土岩平均值（1.20%）高出近1倍。可见，济宁群千枚岩中 $Fe_2O_3$、FeO、CaO、$Na_2O$、$CO_2$ 等组分高于世界黏土岩平均值，另外，$P_2O_5$、MnO等组分比世界黏土岩平均值低近1倍多；而其他组分则均低于世界黏土岩平均值。

千枚岩类岩石化学的成熟度指数（$Al_2O_3/K_2O + Na_2O$）在1.54～12.99之间，平均为4.69，多集中在2～6之间，指示沉积物离物源区不远；千枚岩类岩石化学的镁铝比值 $m$

**表 4－3　济宁群千枚岩类岩石化学成分及特征值**

| 样号 | 岩石名称 | 岩石化学成分及含量/% | | | | | | | | | | | | | | | | 特征值 | |
|---|---|---|---|---|---|---|---|---|---|---|---|---|---|---|---|---|---|---|---|
| | | $SiO_2$ | $TiO_2$ | $Al_2O_3$ | $Fe_2O_3$ | MnO | FeO | CaO | MgO | $K_2O$ | $Na_2O$ | $P_2O_5$ | $H_2O^+$ | $CO_2$ | S | C | 总量 | $m$ | Mn/Ti |
| $ZK_{301}$－YQ2 | 碳质绢云千枚岩 | 54. 54 | 0. 9914 | 24. 53 | 1. 1 | 0. 0161 | 4. 38 | 0. 162 | 2. 21 | 3. 08 | 2. 096 | 0. 0513 | 4. 53 | 0. 5 | 0. 12 | 1. 6 | 99. 91 | 9. 01 | 0. 016 |
| $ZK_{303}$－YQ6 | 碳质绿泥绢云千枚岩 | 54. 12 | 0. 7759 | 22. 28 | 2. 91 | 0. 0312 | 6. 15 | 0. 593 | 2. 594 | 1. 862 | 1. 885 | 0. 0685 | 4. 63 | 0. 35 | 0. 024 | 1. 92 | 100. 19 | 11. 64 | 0. 040 |
| $ZK_{1201}$－YQ2 | 碳质千枚岩 | 54. 62 | 0. 7809 | 23. 13 | 0. 72 | 0. 0381 | 6. 09 | 0. 441 | 3. 302 | 2. 947 | 1. 477 | 0. 0382 | 4. 37 | 0. 45 | 0. 014 | 1. 05 | 99. 47 | 14. 28 | 0. 049 |
| $ZK_{1201}$－YQ4 | 碳质绢云千枚岩 | 56. 69 | 1. 0193 | 18. 29 | 1. 53 | 0. 0804 | 9. 5 | 0. 805 | 3. 763 | 1. 24 | 1. 0275 | 0. 0563 | 4. 73 | 0. 95 | 0. 295 | 0. 46 | 100. 44 | 20. 57 | 0. 079 |
| $ZK_{1203}$－YQ1 | 碳质绢云千枚岩 | 50. 42 | 0. 7165 | 21. 6 | 1. 57 | 0. 044 | 7. 52 | 0. 473 | 2. 417 | 2. 455 | 1. 737 | 0. 0496 | 4. 07 | 4. 39 | 0. 54 | 1. 79 | 99. 79 | 11. 19 | 0. 061 |
| $ZK_{1203}$－YQ3 | 碳质千枚岩 | 51. 92 | 0. 4647 | 17. 86 | 4. 56 | 0. 0302 | 4. 9 | 0. 523 | 1. 963 | 4. 401 | 0. 5058 | 0. 076 | 3. 47 | 4. 29 | 2. 99 | 2. 71 | 100. 66 | 10. 99 | 0. 065 |
| $ZK_{402}$－YQ5 | 含方解绿泥碳质千枚岩 | 60. 44 | 0. 6194 | 14. 08 | 1. 54 | 0. 0435 | 8. 98 | 1. 454 | 2. 586 | 1. 989 | 1. 331 | 0. 0825 | 3. 23 | 2. 66 | 0. 24 | 0. 55 | 99. 83 | 18. 37 | 0. 070 |
| $ZK_{402}$－YQ6 | 含绢云碳质千枚岩 | 52. 72 | 0. 9349 | 23. 63 | 1. 71 | 0. 0525 | 4. 21 | 1. 191 | 1. 962 | 3. 444 | 1. 744 | 0. 0482 | 4. 13 | 1. 63 | 0. 37 | 1. 53 | 99. 31 | 8. 30 | 0. 056 |
| $ZK_{402}$－YQ10 | 纹层状碳质绢云绿泥千枚岩 | 54. 62 | 0. 7007 | 17. 56 | 1. 6 | 0. 0725 | 7. 06 | 1. 2 | 3. 097 | 2. 136 | 1. 387 | 0. 0484 | 3. 45 | 5. 97 | 0. 63 | 1. 03 | 100. 56 | 17. 64 | 0. 103 |
| $ZK_{301}$－YQ1 | 绿泥绢云千枚岩 | 69. 39 | 0. 6308 | 14. 47 | 1. 86 | 0. 0143 | 4. 6 | 0. 338 | 1. 865 | 2. 135 | 0. 9455 | 0. 0476 | 3. 12 | 0. 33 | 0. 038 | 0. 14 | 99. 92 | 12. 89 | 0. 023 |
| $ZK_{1201}$－YQ7 | 英安质绢云千枚岩 | 55. 44 | 0. 4472 | 17. 12 | 0. 88 | 0. 0927 | 5. 2 | 5. 063 | 2. 781 | 2. 068 | 3. 072 | 0. 2254 | 3. 11 | 4. 21 | 0. 052 | 0. 21 | 99. 97 | 16. 24 | 0. 207 |
| $ZK_{1201}$－YQ9 | 含砂绿泥千枚岩 | 60. 32 | 0. 4958 | 18. 36 | 1. 58 | 0. 0323 | 5. 39 | 2. 04 | 1. 292 | 4. 203 | 0. 7586 | 0. 1113 | 3. 53 | 1. 65 | 0. 3 | 0. 22 | 100. 28 | 7. 04 | 0. 065 |
| $ZK_{1203}$－YQ9 | 含铁白云石绢云千枚岩 | 65. 16 | 0. 3575 | 15. 53 | 0. 72 | 0. 041 | 1. 84 | 3. 217 | 1. 313 | 3. 933 | 1. 362 | 0. 1102 | 2 | 4. 34 | 0. 22 | 0. 12 | 100. 26 | 8. 45 | 0. 115 |
| $ZK_{402}$－YQ3 | 绢云千枚岩 | 63. 63 | 0. 6952 | 19. 82 | 1. 07 | 0. 0216 | 3. 91 | 0. 395 | 1. 593 | 2. 483 | 1. 781 | 0. 0878 | 3. 67 | 0. 39 | 0. 245 | 0. 38 | 100. 17 | 8. 04 | 0. 031 |
| $ZK_{402}$－YQ9 | 绢云石英千枚岩 | 67. 36 | 0. 2241 | 11. 34 | 1. 27 | 0. 0535 | 3. 21 | 2. 875 | 2. 233 | 3. 019 | 0. 2965 | 0. 0564 | 2. 1 | 5. 47 | 0. 74 | 0. 16 | 100. 41 | 19. 69 | 0. 238 |
| $ZK_{402}$－YQ12 | 含砾绿泥绢云千枚岩 | 53. 66 | 0. 4892 | 17. 1 | 0. 69 | 0. 1047 | 5. 63 | 7. 496 | 2. 968 | 1. 142 | 0. 9719 | 0. 2281 | 3. 97 | 5. 06 | 0. 056 | 0. 15 | 99. 72 | 17. 36 | 0. 214 |

续表

| 样号 | 岩石名称 | 岩石化学成分及含量/% | | | | | | | | | | | | | | | | 特征值 | |
|---|---|---|---|---|---|---|---|---|---|---|---|---|---|---|---|---|---|---|---|
| | | $SiO_2$ | $TiO_2$ | $Al_2O_3$ | $Fe_2O_3$ | MnO | FeO | CaO | MgO | $K_2O$ | $Na_2O$ | $P_2O_5$ | $H_2O^+$ | $CO_2$ | S | C | 总量 | $m$ | Mn/Ti |
| $ZK_{402}$ - YQ18 | 磁铁黑云千枚岩 | 46.26 | 0.1386 | 3.41 | 22.75 | 0.0676 | 16.79 | 1.314 | 1.533 | 1.533 | 0.6844 | 0.0791 | 0.83 | 4.31 | 0.075 | 0.16 | 99.93 | 44.96 | 0.49 |
| $ZK_{404}$ - YQ4 | 赤铁绿泥千枚岩 | 49.78 | 0.1346 | 2.9 | 34.15 | 0.0246 | 5.01 | 1.824 | 1.616 | 0.283 | 0.1813 | 0.0995 | 1.83 | 2.06 | 0.014 | 0.12 | 100.03 | 55.72 | 0.18 |
| $ZK_{404}$ - YQ14 | 条带凝灰质磁铁黑云千枚岩 | 45.66 | 0.1508 | 3.18 | 24.86 | 0.0597 | 17 | 1.701 | 1.742 | 1.514 | 0.3477 | 0.1054 | 2 | 1.55 | 0.099 | 0.1 | 100.07 | 54.78 | 0.40 |
| $ZK_{1201}$ - YQ16 | 黑云绿泥千枚岩 | 41.94 | 0.2738 | 6.13 | 2.79 | 0.1695 | 24.69 | 4.342 | 2.143 | 0.353 | 0.119 | 0.1018 | 2.7 | 13.84 | 0.69 | 0.25 | 100.53 | 34.96 | 0.62 |
| $ZK_{1201}$ - YQ18 | 绿泥千枚岩 | 48.08 | 0.348 | 9.08 | 11.11 | 0.1073 | 19.16 | 1.509 | 2.2 | 1.943 | 0.4845 | 0.0759 | 3.67 | 2.16 | 0.25 | 0.15 | 100.33 | 24.23 | 0.31 |
| $ZK_{1201}$ - YQ19 | 绿泥千枚岩 | 54.34 | 0.419 | 10.53 | 2.9 | 0.3108 | 14.44 | 3.575 | 1.912 | 1.317 | 1.484 | 0.1032 | 3.53 | 4.26 | 0.93 | 0.41 | 100.46 | 18.16 | 0.74 |
| $ZK_{1202}$ - YQ2 | 含砂黑云绢云钠长千枚岩 | 56.46 | 0.4876 | 14.21 | 2.04 | 0.1212 | 10.31 | 3.483 | 2.723 | 2.555 | 2.959 | 0.1528 | 2.64 | 1.54 | 0.105 | 0.12 | 99.91 | 19.16 | 0.25 |
| $ZK_{402}$ - YQ19 | 含方解黑云千枚岩 | 57.02 | 0.7123 | 14.41 | 2.57 | 0.0269 | 13.84 | 0.197 | 1.981 | 2.661 | 1.069 | 0.0556 | 4.23 | 1.3 | 0.009 | 0.18 | 100.26 | 13.75 | 0.04 |
| $ZK_{402}$ - YQ23 | 黑云千枚岩 | 58.3 | 0.6296 | 12.35 | 2.76 | 0.0261 | 15.52 | 0.203 | 2.039 | 1.735 | 2.372 | 0.0575 | 3.7 | 0.2 | 0.014 | 0.12 | 100.03 | 16.51 | 0.04 |
| $ZK_{403}$ - YQ8 | 黑云绿泥千枚岩 | 58.42 | 0.5346 | 14.17 | 3.09 | 0.0155 | 12.36 | 0.277 | 1.513 | 2.589 | 4.072 | 0.0441 | 2.73 | 0.25 | 0.009 | 0.18 | 100.25 | 10.68 | 0.03 |
| $ZK_{404}$ - YQ8 | 黑云绿泥千枚岩 | 62.5 | 0.7838 | 14.71 | 2.2 | 0.0277 | 7.76 | 0.597 | 1.827 | 3.021 | 2.768 | 0.0482 | 2.85 | 0.81 | 0.073 | 0.1 | 100.08 | 12.42 | 0.04 |
| $ZK_{1202}$ - YQ7 | 含砂方解钠长千枚岩 | 53.1 | 0.8341 | 18.08 | 1.91 | 0.123 | 5.48 | 6.541 | 2.752 | 1.422 | 4.115 | 0.2434 | 2.77 | 1.91 | 0.028 | 0.11 | 99.42 | 15.22 | 0.15 |
| $ZK_{403}$ - YQ24 | 含方解绢云碳质千枚岩 | 46.82 | 0.2656 | 11.29 | 11.68 | 0.0857 | 4.05 | 4.065 | 1.801 | 2.907 | 0.4832 | 0.0883 | 2.07 | 5.07 | 7.63 | 2.03 | 100.34 | 15.95 | 0.32 |
| $ZK_{404}$ - YQ17 | 含磁铁碳质绢云千枚岩 | 48.16 | 0.1603 | 3.38 | 24.99 | 0.0294 | 12.57 | 2.876 | 1.939 | 0.209 | 0.251 | 0.168 | 2.3 | 2.16 | 1.19 | 0.13 | 100.51 | 57.37 | 0.18 |
| 千枚岩类 | 平均值（30 件样品） | 55.06 | 0.54 | 14.48 | 5.84 | 0.065 | 8.92 | 2.026 | 2.189 | 2.219 | 1.4589 | 0.0936 | 3.20 | 2.80 | 0.60 | 0.61 | | | |
| 世界 | 黏土岩（69 件样品） | 58.00 | 0.80 | 17.30 | 3.00 | 0.10 | 4.40 | 1.30 | 2.60 | 3.70 | 1.20 | 0.10 | 3.90 | 1.20 | | | | | |

注：$m$ 为镁铝比值。

（$m=100\times MgO/Al_2O_3$）在7.04～57.37之间，平均为20.94，$m$值处于1～10之间的样品有5件，占16.7%，$m$值处于10～500之间的样品有25件，占83.3%，由此说明千枚岩类岩石主体处于海水沉积环境中。$m$值在1～10之间的样品中多含有碳质、铁白云石等成分，可能指示其沉积环境中有少量的淡水的混入，这部分样品均采自洪福寺组中，说明洪福寺组部分层段或区间为海陆过渡性沉积环境；$MnO/TiO_2$比值在0.016～0.74之间，平均为0.187，仅2件样品$MnO/TiO_2$比值大于0.5外，其余样品$MnO/TiO_2$比值均小于0.5，大约有70%的样品比值小于0.2，说明千枚岩类岩石原始沉积物沉积在近岸浅海陆架上。

### （三）稀土元素特征

在30件千枚岩类稀土元素分析样品（表4－4）中，洪福寺组16件，颜店组11件，翟村组3件。

千枚岩类岩石稀土元素稀土总量$\sum REE$在$36.56\times10^{-6}$～$194.44\times10^{-6}$之间变化，数值区间变化较大，平均为$93.90\times10^{-6}$。稀土总量$\sum REE$小于$50\times10^{-6}$的样品有4件，占总数的13.3%，样品多采自颜店组中，岩石中大多含有数量不等的磁铁矿、赤铁矿等矿物；稀土总量$\sum REE$在$50\times10^{-6}$～$100\times10^{-6}$之间的样品有15件，占总数的50%，样品主要采自颜店组、翟村组中，岩石中大多含有数量不等的磁铁矿和火山物质；稀土总量$\sum REE$大于$100\times10^{-6}$的样品有11件，占总数的36.7%，样品主要采自洪福寺组中；稀土总量变化与岩石中磁铁矿、赤铁矿、火山碎屑物质的含量有关。轻稀土总量LREE在$32.14\times10^{-6}$～$178.59\times10^{-6}$之间变化，平均值为$83.02\times10^{-6}$，数值区间同样变化很大，变化规律同稀土总量变化规律一样；重稀土总量HREE在$3.874\times10^{-6}$～$18.36\times10^{-6}$之间变化，平均值为$10.94\times10^{-6}$，数值区间同样变化较大，数值差异及变化规律同稀土总量的变化规律。轻、重稀土比值（LREE/HREE）在4.17～13.80之间变化，平均值为7.745，尽管比值差别较大，但均能反映出济宁群千枚岩类岩石为轻稀土富集型。$\delta Ce$在0.93～1.06之间变化，平均值为0.969，$\delta Ce$值接近于1，无明显亏损与富集现象；$\delta Eu$在0.53～1.29之间变化，平均值为1.001，仅取自翟村组中的含砂黑云绢云钠长千枚岩（样品编号为$ZK_{1202}$－XT2）一件样品$\delta Eu$值较低为0.53，$\delta Eu$值大部分在1.00前后做小幅度震荡，同样无明显的Eu亏损。$La_N/Yb_N$比值在2.90～18.87之间变化，平均为7.019，反映千枚岩类岩石稀土元素具中等程度的富集和分馏；代表轻稀土元素富集和分馏程度的$La_N/Sm_N$比值在1.81～5.19之间变化，平均为3.28，为轻稀土元素相对较富集型，且富集和分馏程度相对较平稳；$Sm_N/Nd_N$比值在0.50～0.80之间变化，平均为0.60，说明中稀土元素是亏损的。

千枚岩类岩石稀土元素配分曲线（图4－1）为右倾型，轻稀土富集，除采自于洪福寺组中含铁白云石绢云千枚岩（$ZK_{1203}$－XT9）一件样品出现明显负铕异常外，其他样品均未出现明显的铕异常，在稀土元素Eu的上方，多出现一些幅度极小的正异常。采自于颜店组中含有磁铁矿的样品配分曲线整体处于下方，与采自于洪福寺组中的样品之间形成较明显的两个“集群”。从稀土元素La到Ho曲线倾斜度约为30°，其倾斜程度较大；稀土元素Ho到Lu曲线具有较明显的上翘趋势，上翘的趋势角在12°左右，说明重稀土也出现了较明显的富集和分馏作用。

济宁群千枚岩类岩石稀土元素配分曲线所表现的高度一致性说明该岩类具有大致相同的物质来源和成岩环境。

表 4-4 济宁群千枚岩类岩石稀土元素含量及特征参数值

| 样号 | 岩石名称 | 稀土元素含量/$10^{-6}$ | | | | | | | | | | | | | | 特征参数值 | | | | | | | | |
|---|---|---|---|---|---|---|---|---|---|---|---|---|---|---|---|---|---|---|---|---|---|---|---|---|
| | | La | Ce | Pr | Nd | Sm | Eu | Gd | Tb | Dy | Er | Ho | Tm | Yb | Lu | REE | LREE | HREE | LREE/HREE | δCe | δEu | $La_N/Yb_N$ | $La_N/Sm_N$ | $Sm_N/Nd_N$ |
| $ZK_{301}$-XT1 | 绿泥绢云千枚岩 | 14.08 | 30.3 | 3.96 | 16.1 | 3.3 | 0.963 | 2.745 | 0.445 | 2.68 | 1.885 | 0.569 | 0.304 | 2.024 | 0.33 | 79.685 | 68.703 | 10.982 | 6.26 | 0.96 | 0.95 | 4.69 | 2.68 | 0.63 |
| $ZK_{301}$-XT2 | 碳质绢云千枚岩 | 18.39 | 39.6 | 4.95 | 19.6 | 3.82 | 1.089 | 3.02 | 0.465 | 2.72 | 1.976 | 0.57 | 0.337 | 2.421 | 0.392 | 99.35 | 87.449 | 11.901 | 7.35 | 0.98 | 0.95 | 5.12 | 3.03 | 0.60 |
| $ZK_{303}$-XT6 | 碳质绿泥绢云千枚岩 | 18.92 | 37.3 | 4.47 | 16.9 | 3.58 | 1.201 | 3.437 | 0.606 | 3.868 | 2.674 | 0.813 | 0.45 | 3.213 | 0.503 | 97.935 | 82.371 | 15.564 | 5.29 | 0.95 | 1.03 | 3.97 | 3.32 | 0.65 |
| $ZK_{1201}$-XT2 | 碳质千枚岩 | 11.05 | 22 | 2.61 | 9.51 | 2.46 | 1.039 | 2.388 | 0.448 | 2.826 | 2.054 | 0.61 | 0.36 | 2.57 | 0.415 | 60.34 | 48.669 | 11.671 | 4.17 | 0.95 | 1.29 | 2.90 | 2.83 | 0.80 |
| $ZK_{1201}$-XT4 | 碳质绢云千枚岩 | 11.73 | 24.6 | 3.1 | 12.2 | 2.64 | 0.851 | 2.341 | 0.413 | 2.676 | 1.8 | 0.551 | 0.308 | 2.13 | 0.35 | 65.69 | 55.121 | 10.569 | 5.22 | 0.96 | 1.03 | 3.71 | 2.79 | 0.67 |
| $ZK_{1201}$-XT7 | 英安质绢云千枚岩 | 19.66 | 40.7 | 5.4 | 22.2 | 4.39 | 1.574 | 3.606 | 0.567 | 3.177 | 1.988 | 0.702 | 0.295 | 2.207 | 0.326 | 106.79 | 93.924 | 12.868 | 7.30 | 0.94 | 1.18 | 6.01 | 2.82 | 0.61 |
| $ZK_{1201}$-XT9 | 含砂绿泥千枚岩 | 25.58 | 50.1 | 6.2 | 23.5 | 4.22 | 1.374 | 3.808 | 0.573 | 3.184 | 1.962 | 0.635 | 0.288 | 1.846 | 0.286 | 123.56 | 110.97 | 12.582 | 8.82 | 0.93 | 1.03 | 9.34 | 3.81 | 0.55 |
| $ZK_{1203}$-XT1 | 碳质绢云千枚岩 | 20.78 | 46.3 | 5.66 | 22.1 | 4.56 | 1.302 | 3.811 | 0.582 | 3.464 | 2.351 | 0.68 | 0.396 | 2.702 | 0.455 | 115.14 | 100.70 | 14.441 | 6.97 | 1.01 | 0.93 | 5.18 | 2.87 | 0.63 |
| $ZK_{1203}$-XT3 | 碳质千枚岩 | 20.42 | 41.1 | 5.04 | 19.2 | 3.42 | 1.007 | 3.079 | 0.481 | 2.74 | 1.877 | 0.561 | 0.311 | 2.15 | 0.366 | 101.75 | 90.187 | 11.565 | 7.80 | 0.95 | 0.93 | 6.40 | 3.76 | 0.55 |
| $ZK_{1203}$-XT9 | 含铁白云石绢云千枚岩 | 43.54 | 83.5 | 9.62 | 34.8 | 5.6 | 1.53 | 5.109 | 0.684 | 3.545 | 2.3 | 0.71 | 0.391 | 2.676 | 0.432 | 194.44 | 178.59 | 15.847 | 11.3 | 0.94 | 0.86 | 10.97 | 4.89 | 0.50 |
| $ZK_{402}$-XT3 | 绢云千枚岩 | 26.17 | 54.5 | 6.79 | 25.8 | 4.81 | 1.766 | 4.25 | 0.657 | 3.846 | 2.667 | 0.785 | 0.426 | 2.865 | 0.452 | 135.78 | 119.84 | 15.948 | 7.51 | 0.96 | 1.17 | 6.16 | 3.42 | 0.57 |
| $ZK_{402}$-XT5 | 含方解绿泥碳质千枚岩 | 26.45 | 54.4 | 6.47 | 23.9 | 4.26 | 1.145 | 3.797 | 0.591 | 3.431 | 2.369 | 0.708 | 0.354 | 2.314 | 0.371 | 130.56 | 116.62 | 13.935 | 8.37 | 0.97 | 0.85 | 7.71 | 3.91 | 0.55 |
| $ZK_{402}$-XT6 | 含绢云碳质千枚岩 | 21.94 | 45 | 5.71 | 22.2 | 4.2 | 1.502 | 3.416 | 0.516 | 2.791 | 2.062 | 0.567 | 0.364 | 2.54 | 0.441 | 113.25 | 100.55 | 12.697 | 7.92 | 0.95 | 1.18 | 5.82 | 3.29 | 0.58 |
| $ZK_{402}$-XT9 | 绢云石英千枚岩 | 21.55 | 40.6 | 4.69 | 16.2 | 2.61 | 0.991 | 2.395 | 0.308 | 1.436 | 0.847 | 0.269 | 0.115 | 0.77 | 0.117 | 92.898 | 86.641 | 6.257 | 13.8 | 0.93 | 1.19 | 18.87 | 5.19 | 0.50 |
| $ZK_{402}$-XT10 | 纹层状碳质绢云绿泥千枚岩 | 12.81 | 27.5 | 3.39 | 13.1 | 2.67 | 0.851 | 2.287 | 0.364 | 2.144 | 1.522 | 0.444 | 0.267 | 1.944 | 0.321 | 69.614 | 60.321 | 9.293 | 6.49 | 0.98 | 1.03 | 4.44 | 3.02 | 0.63 |
| $ZK_{402}$-XT12 | 含砾绿泥绢云千枚岩 | 15.18 | 32.2 | 4.3 | 17.8 | 3.54 | 1.376 | 3.007 | 0.446 | 2.429 | 1.523 | 0.459 | 0.234 | 1.716 | 0.275 | 84.485 | 74.396 | 10.089 | 7.37 | 0.95 | 1.26 | 5.96 | 2.70 | 0.61 |
| $ZK_{402}$-XT18 | 磁铁黑云千枚岩 | 7.014 | 14.8 | 1.83 | 7.38 | 1.38 | 0.432 | 1.202 | 0.174 | 0.958 | 0.6 | 0.169 | 0.094 | 0.583 | 0.094 | 36.71 | 32.8 | 3.874 | 8.48 | 0.97 | 1.00 | 8.11 | 3.20 | 0.58 |
| $ZK_{404}$-XT4 | 赤铁绿泥千枚岩 | 6.989 | 17.5 | 2.22 | 8.94 | 1.7 | 0.487 | 1.534 | 0.244 | 1.381 | 0.917 | 0.28 | 0.145 | 0.811 | 0.136 | 43.28 | 37.84 | 5.448 | 6.94 | 1.06 | 0.91 | 5.81 | 2.59 | 0.59 |
| $ZK_{404}$-XT14 | 条带状凝灰质磁铁黑云千枚岩 | 7.269 | 14.5 | 1.79 | 6.88 | 1.27 | 0.429 | 1.191 | 0.181 | 1.112 | 0.766 | 0.227 | 0.127 | 0.708 | 0.11 | 36.56 | 32.14 | 4.422 | 7.27 | 0.94 | 1.05 | 6.92 | 3.60 | 0.57 |
| $ZK_{403}$-XT8 | 黑云绿泥千枚岩 | 19.84 | 41.9 | 5.07 | 19.7 | 3.46 | 0.942 | 2.904 | 0.378 | 1.878 | 1.504 | 0.361 | 0.211 | 1.445 | 0.226 | 99.82 | 90.91 | 8.907 | 10.21 | 0.98 | 0.89 | 9.26 | 3.61 | 0.54 |
| $ZK_{404}$-XT8 | 黑云绿泥千枚岩 | 18.7 | 37.7 | 4.67 | 17.7 | 3.27 | 1.278 | 2.935 | 0.48 | 2.942 | 1.974 | 0.606 | 0.322 | 2.152 | 0.335 | 95.06 | 83.32 | 11.75 | 7.09 | 0.95 | 1.24 | 5.86 | 3.60 | 0.57 |
| $ZK_{1201}$-XT16 | 黑云绿泥千枚岩 | 7.179 | 16.3 | 1.93 | 7.91 | 1.61 | 0.623 | 1.479 | 0.282 | 1.71 | 1.217 | 0.412 | 0.191 | 1.309 | 0.21 | 42.36 | 35.55 | 6.81 | 5.22 | 1.04 | 1.21 | 3.70 | 2.80 | 0.63 |
| $ZK_{1201}$-XT18 | 绿泥千枚岩 | 14.47 | 31.1 | 3.82 | 15.2 | 2.77 | 0.881 | 2.224 | 0.334 | 1.638 | 1.095 | 0.33 | 0.164 | 1.175 | 0.174 | 75.38 | 68.24 | 7.134 | 9.57 | 0.99 | 1.05 | 8.30 | 3.29 | 0.56 |
| $ZK_{1201}$-XT19 | 绿泥千枚岩 | 21.22 | 43 | 5.36 | 21.3 | 3.83 | 1.001 | 3.267 | 0.457 | 2.347 | 1.416 | 0.427 | 0.205 | 1.366 | 0.208 | 105.4 | 95.71 | 9.693 | 9.87 | 0.95 | 0.84 | 10.47 | 3.49 | 0.55 |
| $ZK_{1202}$-XT2 | 含砂黑云绢云钠长千枚岩 | 16.22 | 38.6 | 5.38 | 23 | 5.64 | 0.909 | 4.606 | 0.817 | 4.946 | 2.996 | 0.963 | 0.468 | 3.09 | 0.469 | 108.1 | 89.75 | 18.36 | 4.89 | 0.99 | 0.53 | 3.54 | 1.81 | 0.75 |
| $ZK_{402}$-XT19 | 含方解黑云千枚岩 | 16.64 | 35.1 | 4.37 | 16.5 | 3.05 | 0.858 | 2.653 | 0.398 | 2.172 | 1.48 | 0.434 | 0.238 | 1.639 | 0.26 | 85.79 | 76.52 | 9.274 | 8.25 | 0.97 | 0.90 | 6.84 | 3.43 | 0.57 |
| $ZK_{402}$-XT23 | 黑云千枚岩 | 16.49 | 33.5 | 4.13 | 15.7 | 2.9 | 0.731 | 2.479 | 0.339 | 1.759 | 1.176 | 0.346 | 0.195 | 1.39 | 0.218 | 81.35 | 73.45 | 7.902 | 9.30 | 0.95 | 0.81 | 8.00 | 3.58 | 0.57 |
| $ZK_{1202}$-XT7 | 含砂方解钠长千枚岩 | 15.72 | 36.1 | 4.74 | 20 | 4.3 | 1.497 | 3.777 | 0.649 | 4.164 | 2.714 | 0.868 | 0.393 | 2.276 | 0.331 | 97.53 | 82.36 | 15.17 | 5.43 | 1.0 | 1.11 | 4.66 | 2.30 | 0.66 |
| $ZK_{403}$-XT24 | 含方解绢云碳质千枚岩 | 21.22 | 44 | 5.49 | 21 | 3.63 | 1.205 | 3.226 | 0.458 | 2.42 | 1.539 | 0.485 | 0.231 | 1.553 | 0.249 | 106.7 | 96.55 | 10.16 | 9.50 | 0.96 | 1.06 | 9.21 | 3.68 | 0.53 |
| $ZK_{404}$-XT17 | 含磁铁碳质绢云千枚岩 | 15.51 | 33.4 | 4.32 | 17.7 | 3.49 | 1.22 | 3.229 | 0.547 | 3.48 | 2.046 | 0.667 | 0.337 | 2.133 | 0.339 | 88.42 | 75.64 | 12.78 | 5.92 | 0.97 | 1.09 | 4.90 | 2.80 | 0.61 |

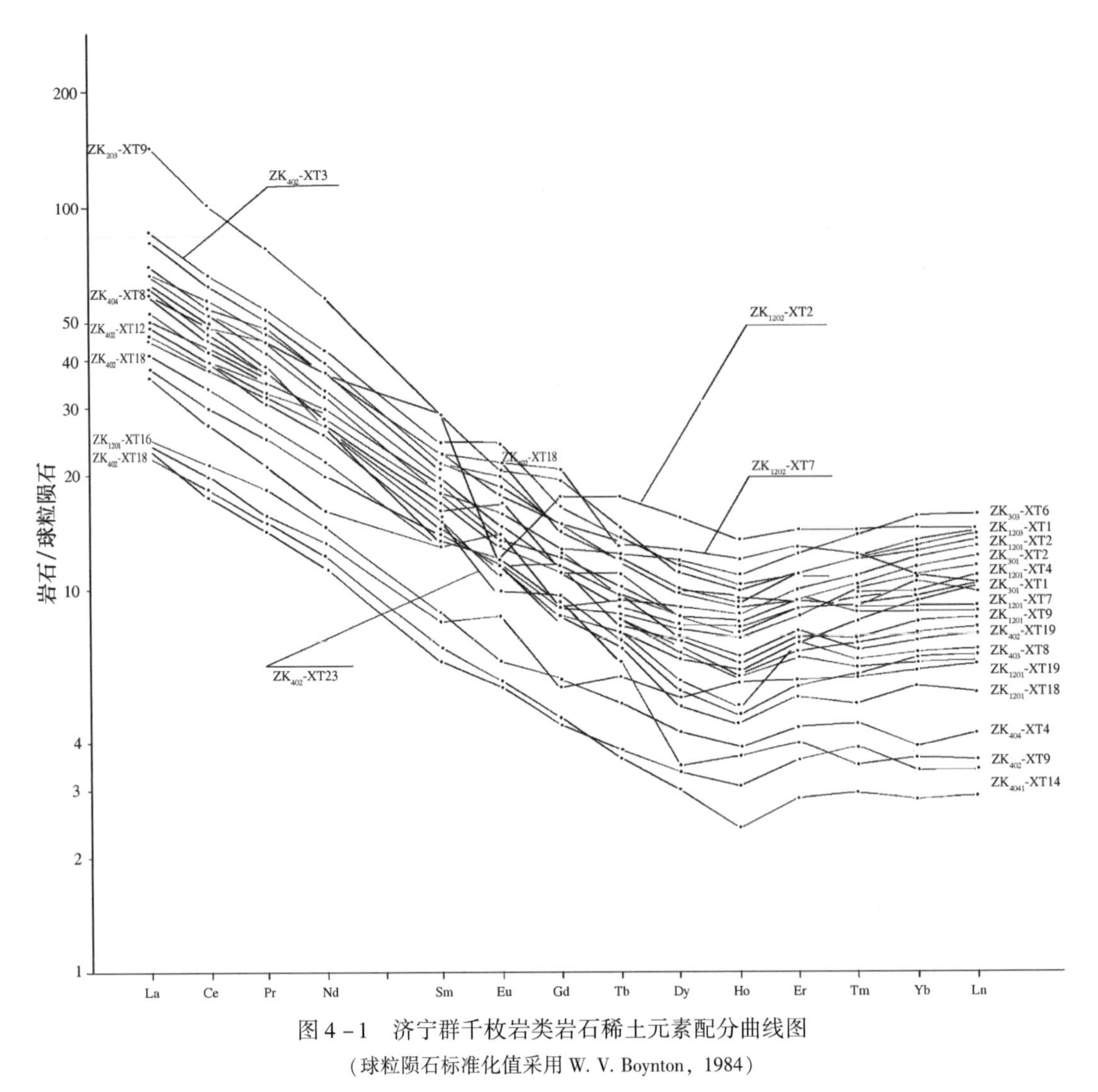


图4－1　济宁群千枚岩类岩石稀土元素配分曲线图

（球粒陨石标准化值采用 W. V. Boynton，1984）

### （四）微量元素特征

济宁群千枚岩类岩石微量元素分析样品29件（表4－5），样品主要采自洪福寺组（16件），其次为颜店组（11件）和翟村组（2件）。分析结果表明，大离子亲石元素中仅Li的平均值高于地壳丰度值，为相对较富集元素，而Ba、Rb等元素的平均值均低于地壳元素丰度值，特别是Rb元素比地壳丰度值低1倍多，在含量上属于低贫元素；高场强元素中，富集Cr而贫Nb、Ti元素；亲硫元素中，富集Zn、As、Sb、Mo、Cu、W等大多数金属元素，特别是As、W等平均值高出地壳丰度值1～2倍多。亲硫元素中相对低贫元素主要为Hg、Sn、Pb等元素，个别元素平均值比地壳丰度值甚至低1～3倍，亲硫元素中平均值与地壳丰度值大致一致的元素主要为Au。阴离子元素F、I、Br等平均值比地壳丰度值一般低1～2倍，为低贫元素。Co、Sc、Zr等元素较富集，Ga、Ni较低贫，指示在千枚岩沉积体系中有部分陆源碎屑物质加入。

济宁群千枚岩类岩石微量元素经原始地幔数据标准化后的蛛网图（图4－2）显示出：①各元素所表现出来的变化趋势是一致的，仅数值的大小和起伏变化的幅度有所差异。②尽管都是千

表 4-5　济宁群千枚岩类岩石微量元素含量表

| 样号 | 岩石名称 | 微量元素含量 | | | | | | | | | | | | | | | | | | |
|---|---|---|---|---|---|---|---|---|---|---|---|---|---|---|---|---|---|---|---|---|
| | | Au | Hg | I | Zn | As | Sb | Se | Bi | Ba | Cr | V | Re | Pd | Pt | F | Sn | Cs | Te | In |
| $ZK_{301}$-GP1 | 绿泥绢云千枚岩 | 5 | 6.94 | 0.25 | 105 | 9 | 1.12 | 0.21 | 0.16 | 253.7 | 245.1 | 158 | <0.005 | 0.014 | 0 | 516 | 1.59 | 4.113 | 0.02 | 0.054 |
| $ZK_{301}$-GP2 | 碳质绢云千枚岩 | 1 | 20.7 | 0.19 | 115 | 27.26 | 0.4 | 0.3 | 0.12 | 339.8 | 363.4 | 280.4 | <0.005 | 0.028 | 0 | 628 | 2.25 | 6.256 | 0.01 | 0.069 |
| $ZK_{303}$-GP6 | 碳质绿泥绢云千枚岩 | 2 | 13.7 | 0.25 | 163 | 32.45 | 2.18 | 0.1 | 0.11 | 244 | 289.7 | 232.1 | <0.005 | 0.008 | 0 | 601 | 2.41 | 5.324 | 0.02 | 0.091 |
| $ZK_{1201}$-GP2 | 碳质千枚岩 | 1 | 7.9 | 0.12 | 154 | 6.55 | 0.24 | 0.56 | 0.12 | 397.6 | 387.3 | 288.3 | <0.005 | 0.004 | 0 | 433 | 1.56 | 4.065 | 0.01 | 0.071 |
| $ZK_{1201}$-GP4 | 碳质绢云千枚岩 | 1.6 | 9.5 | 0.13 | 137 | 20.43 | 1 | 0.65 | 0.12 | 167.4 | 362.6 | 249 | <0.005 | 0.007 | 0 | 457 | 1.34 | 2.233 | 0.02 | 0.051 |
| $ZK_{1201}$-GP9 | 含砂绿泥千枚岩 | 0.8 | 5.34 | 0.11 | 61 | 8.64 | 0.38 | 0.12 | 0.6 | 480.1 | 42.05 | 84.62 | <0.005 | 0.012 | 0 | 472 | 1.44 | 2.149 | 0.09 | 0.049 |
| $ZK_{1203}$-GP1 | 碳质绢云千枚岩 | 2.2 | 9.18 | 0.06 | 124 | 32.6 | 0.34 | 0.83 | 0.17 | 297.9 | 292.2 | 226.8 | <0.005 | 0.002 | 0 | 493 | 2.13 | 6.16 | 0.03 | 0.071 |
| $ZK_{1203}$-GP3 | 碳质千枚岩 | 4.3 | 93 | 0.05 | 252 | 22.82 | 1.94 | 4.5 | 0.25 | 359.1 | 196.6 | 160.5 | <0.005 | 0.006 | 0 | 1101 | 3.41 | 9.684 | 0.07 | 0.122 |
| $ZK_{1203}$-GP9 | 含铁白云石绢云千枚岩 | 4.2 | 19.4 | 0.21 | 47 | 23.03 | 0.55 | 0.14 | 0.19 | 859 | 7.554 | 40.5 | <0.005 | 0.002 | 0 | 613 | 1.81 | 3.949 | 0.02 | 0.043 |
| $ZK_{402}$-GP3 | 绢云千枚岩 | 1.4 | 5.66 | 0.29 | 80 | 27.39 | 0.29 | 0.3 | 0.15 | 1339.1 | 243.9 | 154.7 | <0.005 | 0.005 | 0 | 641 | 1.95 | 3.489 | 0.03 | 0.059 |
| $ZK_{402}$-GP5 | 含方解绿泥碳质千枚岩 | 5.1 | 6.62 | 0.26 | 112 | 22.22 | 0.22 | 0.23 | 0.19 | 431.3 | 161.9 | 121.7 | <0.005 | 0.007 | 0 | 551 | 1.14 | 2.768 | 0.02 | 0.058 |
| $ZK_{402}$-GP6 | 含绢云碳质千枚岩 | 3.5 | 17.5 | 0.26 | 97 | 45.23 | 0.87 | 0.57 | 0.18 | 848 | 380.6 | 297 | <0.005 | 0.009 | 0.01 | 601 | 2.06 | 3.876 | 0.03 | 0.097 |
| $ZK_{402}$-GP9 | 绢云石英千枚岩 | 5.9 | 10.5 | 0.12 | 41 | 7.68 | 0.49 | 0.82 | 0.08 | 465.3 | 53.78 | 52.74 | <0.005 | 0.004 | 0 | 527 | 0.92 | 4.754 | 0.02 | 0.119 |
| $ZK_{402}$-GP10 | 纹层状碳质绢云绿泥千枚岩 | 17.5 | 11.7 | 0.13 | 110 | 35.68 | 0.81 | 1.04 | 0.26 | 266.7 | 247.6 | 204.4 | <0.005 | 0.004 | 0 | 559 | 1.4 | 3.972 | 0.03 | 0.051 |
| $ZK_{402}$-GP12 | 含砾绿泥绢云千枚岩 | 1.3 | 18.8 | 0.11 | 77 | 29.48 | 1.75 | 0.05 | 0.11 | 484.7 | 23.31 | 74.27 | <0.005 | 0.007 | 0 | 551 | 0.82 | 1.829 | 0.03 | 0.042 |
| $ZK_{1201}$-GP16 | 黑云绿泥千枚岩 | 1.4 | 7.26 | 0.05 | 61 | 0.97 | 0.57 | 0.36 | 0.12 | 56.27 | 72.17 | 61.53 | <0.005 | 0.006 | 0 | 365 | 0.66 | 1.927 | 0.01 | 0.043 |
| $ZK_{1201}$-GP18 | 绿泥千枚岩 | 1 | 7.9 | 0.06 | 60 | 1.33 | 0.43 | 0.25 | 0.11 | 259.5 | 55.35 | 63.42 | <0.005 | 0.003 | 0 | 472 | 0.76 | 8.316 | 0.01 | 0.041 |
| $ZK_{1201}$-GP19 | 绿泥千枚岩 | 3.2 | 7.9 | 0.05 | 71 | 3.8 | 0.7 | 0.57 | 0.26 | 202.7 | 81.05 | 78.58 | <0.005 | 0.001 | 0 | 415 | 0.91 | 3.178 | 0.03 | 0.04 |
| $ZK_{1202}$-GP2 | 含砂黑云绢云钠长千枚岩 | 2.6 | 8.54 | 0.12 | 90 | 3.19 | 0.35 | 0.08 | 0.13 | 314.8 | 26.04 | 76.84 | <0.005 | 0.011 | 0 | 675 | 2.03 | 6.003 | 0.01 | 0.051 |
| $ZK_{402}$-GP18 | 磁铁黑云千枚岩 | 1 | 7.26 | 0.08 | 35 | 2.3 | 0.35 | 0.1 | 0.17 | 168.3 | 22.74 | 32.9 | <0.005 | 0.014 | 0 | 341 | 1 | 5.319 | 0.01 | 0.011 |
| $ZK_{402}$-GP19 | 含方解黑云千枚岩 | 1 | 7.26 | 0.11 | 87 | 18.02 | 0.17 | 0.02 | 0.09 | 321.8 | 164.9 | 130.1 | <0.005 | 0.002 | 0 | 551 | 1.34 | 3.964 | 0.02 | 0.052 |
| $ZK_{402}$-GP23 | 黑云千枚岩 | 0.4 | 5.34 | 0.13 | 103 | 2.12 | 0.13 | 0.09 | 0.11 | 235.7 | 127.6 | 106.5 | <0.005 | 0.006 | 0 | 424 | 1.18 | 4.81 | 0.01 | 0.033 |
| $ZK_{403}$-GP8 | 黑云绿泥千枚岩 | 0.6 | 11.1 | 0.21 | 69 | 1.23 | 0.31 | 0.03 | 0.11 | 432.5 | 80.53 | 88.63 | <0.005 | 0.003 | 0 | 372 | 1 | 10.31 | 0.01 | 0.031 |
| $ZK_{404}$-GP4 | 赤铁绿泥千枚岩 | 0.4 | 12.4 | 0.09 | 35 | 22.56 | 1.04 | 0.47 | 0.14 | 58.5 | 24.29 | 39.95 | <0.005 | 0.004 | 0 | 312 | 1 | 1.675 | 0.01 | 0.019 |
| $ZK_{404}$-GP8 | 黑云绿泥千枚岩 | 1.3 | 6.94 | 0.14 | 171 | 41.24 | 0.45 | 0.12 | 0.18 | 1024.3 | 178 | 143.8 | <0.005 | 0.007 | 0 | 484 | 1.33 | 3.697 | 0.01 | 0.067 |
| $ZK_{404}$-GP14 | 条带状凝灰质磁铁黑云千枚岩 | 1.6 | 7.9 | 0.14 | 41 | 6.78 | 0.94 | 0.09 | 0.27 | 115.5 | 24.63 | 35.65 | <0.005 | 0.005 | 0 | 406 | 1 | 15.66 | 0.01 | 0.013 |
| $ZK_{1202}$-GP7 | 含砂方解钠长千枚岩 | 7.2 | 6.62 | 0.09 | 96 | 8.49 | 0.51 | 0.15 | 0.06 | 598.1 | 40.7 | 151.5 | <0.005 | 0.006 | 0 | 365 | 0.91 | 1.005 | 0.03 | 0.043 |
| $ZK_{403}$-GP24 | 含方解绢云碳质千枚岩 | 11.6 | 31 | 0.09 | 223 | 163.4 | 9.51 | 3.49 | 0.66 | 378 | 63.3 | 72.58 | <0.005 | 0.004 | 0 | 716 | 1.71 | 6.727 | 0.07 | 0.134 |
| $ZK_{404}$-GP17 | 含磁铁碳质绢云千枚岩 | 15.4 | 13.7 | 0.16 | 263 | 18.13 | 0.43 | 0.77 | 0.19 | 381.8 | 247.9 | 232.7 | <0.005 | 0.006 | 0 | 686 | 1.65 | 3.086 | 0.02 | 0.119 |
| | 平均值（29 件） | 3.64 | 13.71 | 0.14 | 106.2 | 22.21 | 0.98 | 0.586 | 0.187 | 406.25 | 155.41 | 135.9 | <0.005 | 0.0067 | 0.000 | 528.552 | 1.473 | 4.84 | 0.0245 | 0.0601 |
| | 地壳元素丰度值 | 4.3 | 83 | 0.4 | 83 | 1.7 | 0.5 | 0.05 | 0.009 | 650 | 83 | 90 | 0.00071 | 0.013 | — | 660 | 25 | 3.7 | 0.001 | 0.25 |

续表

| 样号 | 岩石名称 | 微量元素含量 | | | | | | | | | | | | | | | | | | | |
|---|---|---|---|---|---|---|---|---|---|---|---|---|---|---|---|---|---|---|---|---|---|
| | | Cd | Mo | Nb | Zr | Y | Rb | Ge | Ga | Cu | Ni | Co | Sc | Be | Li | Hf | Ta | W | Ti | Pb | Th | U | Br |
| $ZK_{301}$ - GP1 | 绿泥绢云千枚岩 | 0.04 | 0.462 | 3.85 | 210 | 16.41 | 84.4 | 1.76 | 20.13 | 28.38 | 57.68 | 7.464 | 19.61 | 0.78 | 65.9 | 5.964 | 0.337 | 1.102 | 0.69 | 4.69 | 2.76 | 0.9 | 0.5 |
| $ZK_{301}$ - GP2 | 碳质绢云千枚岩 | 0.003 | 1.265 | 5.45 | 242 | 15.74 | 115 | 1.77 | 33.55 | 70.66 | 98.41 | 19.18 | 39.37 | 1.43 | 106.3 | 7.178 | 0.544 | 1.085 | 0.92 | 6.36 | 3.81 | 1.1 | 1 |
| $ZK_{303}$ - GP6 | 碳质绿泥绢云千枚岩 | 0.023 | 1.388 | 4.55 | 228 | 22.2 | 66.5 | 2.08 | 29.68 | 43.93 | 128.6 | 25.97 | 33.02 | 1.604 | 130.2 | 6.826 | 0.457 | 2.125 | 0.7 | 8.41 | 4.06 | 1.4 | 1.1 |
| $ZK_{1201}$ - GP2 | 碳质千枚岩 | 0.006 | 1.187 | 4.23 | 213 | 16.78 | 77.8 | 1.52 | 30.7 | 41.34 | 136.9 | 39.2 | 38.65 | 1.001 | 134.2 | 6.444 | 0.416 | 1.541 | 0.59 | 3.78 | 3.15 | 1.1 | 1.1 |
| $ZK_{1201}$ - GP4 | 碳质绢云千枚岩 | 0.004 | 1.328 | 4.88 | 181 | 15.21 | 36.5 | 2.1 | 24.52 | 47.45 | 137.2 | 37.87 | 30.43 | 0.998 | 187.4 | 5.309 | 0.489 | 1.559 | 0.3 | 2.32 | 2.5 | 1 | 0.6 |
| $ZK_{1201}$ - GP9 | 含砂绿泥千枚岩 | 0.069 | 26.72 | 5.82 | 211 | 19.31 | 134 | 1.44 | 24.47 | 39.19 | 21.74 | 11 | 10.99 | 1.026 | 46.23 | 6.225 | 0.54 | 152.9 | 0.41 | 49 | 5.59 | 1.8 | 0.1 |
| $ZK_{1203}$ - GP1 | 碳质绢云千枚岩 | 0.015 | 2.311 | 4.92 | 230 | 19.86 | 88.7 | 2.11 | 29.33 | 82.68 | 102.5 | 37.95 | 32.76 | 1.21 | 152.7 | 6.756 | 0.484 | 3.754 | 0.84 | 5.35 | 3.74 | 1.2 | 1 |
| $ZK_{1203}$ - GP3 | 碳质千枚岩 | 0.499 | 2.836 | 3.24 | 207 | 16.42 | 175 | 2.17 | 26.61 | 143.8 | 109.6 | 45.54 | 24.53 | 1.618 | 115.9 | 5.968 | 0.346 | 4.608 | 2.07 | 14.4 | 3.98 | 1.3 | 1.9 |
| $ZK_{1203}$ - GP9 | 含铁白云石绢云千枚岩 | 0.102 | 1.562 | 7.78 | 247 | 22.53 | 123 | 1.07 | 20.84 | 38.06 | 10.2 | 7.579 | 6.3 | 1.949 | 13.59 | 7.575 | 0.801 | 1.304 | 0.7 | 5.11 | 9.26 | 2.3 | 0.7 |
| $ZK_{402}$ - GP3 | 绢云千枚岩 | 0.02 | 0.995 | 6.53 | 342 | 22.79 | 82 | 1.59 | 27.3 | 68.47 | 66.66 | 36.32 | 21.53 | 1.229 | 88.61 | 9.632 | 0.574 | 1.269 | 0.43 | 4.43 | 5.35 | 1.3 | 1.3 |
| $ZK_{402}$ - GP5 | 含方解绿泥碳质千枚岩 | 0.035 | 1.457 | 5.92 | 211 | 20.76 | 62.9 | 1.96 | 20.37 | 40.82 | 66.14 | 24.79 | 16.2 | 1.138 | 76.52 | 6.068 | 0.483 | 4.003 | 0.3 | 4.21 | 4.65 | 1.2 | 1 |
| $ZK_{402}$ - GP6 | 含绢云碳质千枚岩 | 0.036 | 1.686 | 5.25 | 234 | 15.6 | 105 | 1.78 | 33.43 | 89.97 | 135.9 | 43.74 | 41.96 | 1.744 | 129.3 | 6.806 | 0.589 | 2.247 | 0.84 | 10.2 | 3.65 | 1.1 | 1.7 |
| $ZK_{402}$ - GP9 | 绢云石英千枚岩 | 0.021 | 0.591 | 1.97 | 60.6 | 8.04 | 113 | 1.48 | 13.82 | 82.16 | 38.44 | 11.51 | 7.62 | 1.102 | 27.25 | 1.84 | 0.18 | 1.888 | 0.63 | 1.88 | 2.03 | 0.4 | 1.6 |
| $ZK_{402}$ - GP10 | 纹层状碳质绢云绿泥千枚岩 | 0.042 | 1.136 | 3.75 | 175 | 12.24 | 68.8 | 1.99 | 23.56 | 84.43 | 100.7 | 33.79 | 29.05 | 1.03 | 131.2 | 5.199 | 0.374 | 1.287 | 0.61 | 6.15 | 2.71 | 0.9 | 1.4 |
| $ZK_{402}$ - GP12 | 含砾绿泥绢云千枚岩 | 0.068 | 0.476 | 2.99 | 147 | 13.82 | 27.8 | 1.57 | 19.67 | 21.98 | 13.44 | 14.52 | 14.76 | 0.872 | 184.3 | 4.177 | 0.273 | 3.977 | 0.19 | 1.48 | 1.83 | 0.5 | 1 |
| $ZK_{1201}$ - GP16 | 黑云绿泥千枚岩 | 0.482 | 0.409 | 2.18 | 66.4 | 10.99 | 18.5 | 4.29 | 9.63 | 63.33 | 35.5 | 12.12 | 8.208 | 0.429 | 39.13 | 1.886 | 0.175 | 0.742 | 0.11 | 3.14 | 1.29 | 0.3 | 1 |
| $ZK_{1201}$ - GP18 | 绿泥千枚岩 | 0.102 | 0.546 | 3.39 | 95.8 | 10.33 | 94.9 | 4.43 | 11.93 | 30.47 | 30.14 | 10.19 | 8.93 | 1.07 | 46.92 | 2.847 | 0.311 | 0.642 | 0.27 | 1.06 | 2.64 | 0.5 | 0.1 |
| $ZK_{1201}$ - GP19 | 绿泥千枚岩 | 0.241 | 2.306 | 3.8 | 107 | 13.46 | 54.8 | 2.96 | 14.32 | 64.09 | 37.37 | 14.78 | 10.85 | 0.824 | 38.52 | 3.139 | 0.328 | 10.52 | 0.22 | 8.54 | 2.95 | 0.6 | 0.8 |
| $ZK_{1202}$ - GP2 | 含砂黑云绢云钠长千枚岩 | 0.034 | 0.527 | 12.8 | 172 | 29.5 | 101 | 2.28 | 20.7 | 43.05 | 16.03 | 13.03 | 10.09 | 1.823 | 48.65 | 7.007 | 1.063 | 1.465 | 0.36 | 2.55 | 8.53 | 2.1 | 1.1 |
| $ZK_{402}$ - GP18 | 磁铁黑云千枚岩 | 0.035 | 3.267 | 1.5 | 31.1 | 6.02 | 70.5 | 4.84 | 5.02 | 22.73 | 11.99 | 3.749 | 3.273 | 0.553 | 16.25 | 0.957 | 0.117 | 19.1 | 0.12 | 5.94 | 1.07 | 0.3 | 0.3 |
| $ZK_{402}$ - GP19 | 含方解黑云千枚岩 | 0.017 | 0.824 | 5.39 | 179 | 12.57 | 90.4 | 2.7 | 18.45 | 27.73 | 63.85 | 20.1 | 17.12 | 1.084 | 46.41 | 5.322 | 0.467 | 1.515 | 0.23 | 0.01 | 3.09 | 0.8 | 0.1 |
| $ZK_{402}$ - GP23 | 黑云千枚岩 | 0.009 | 0.351 | 4.88 | 169 | 9.95 | 78.9 | 2.72 | 16.88 | 14.02 | 47.82 | 16.71 | 13.56 | 0.889 | 38.46 | 4.957 | 0.401 | 0.548 | 0.33 | 2.37 | 2.96 | 0.7 | 0.4 |
| $ZK_{403}$ - GP8 | 黑云绿泥千枚岩 | 0.007 | 0.708 | 4.83 | 185 | 10.53 | 125 | 2.75 | 15.1 | 11.64 | 32.21 | 12.36 | 13.22 | 1.217 | 37.64 | 5.37 | 0.438 | 0.645 | 0.33 | 8.58 | 3.8 | 0.8 | 0.3 |
| $ZK_{404}$ - GP4 | 赤铁绿泥千枚岩 | 0.019 | 1.035 | 1.09 | 31.5 | 10.5 | 12.6 | 4.75 | 4.87 | 22.03 | 13.43 | 4.84 | 3.473 | 0.833 | 31.21 | 0.94 | 0.092 | 3.169 | 0.07 | 0.98 | 0.86 | 0.6 | 1.8 |
| $ZK_{404}$ - GP8 | 黑云绿泥千枚岩 | 0.597 | 1.164 | 5.89 | 208 | 17.57 | 76.4 | 2.14 | 20.72 | 38.75 | 78.05 | 25.84 | 18.59 | 1.615 | 37.09 | 6.056 | 0.506 | 3.793 | 0.19 | 0.45 | 3.42 | 1 | 0.8 |
| $ZK_{404}$ - GP14 | 条带状凝灰质磁铁黑云千枚岩 | 0.038 | 0.402 | 1.19 | 23 | 8.04 | 90.9 | 5.06 | 5.03 | 25.15 | 15.13 | 4.808 | 3.678 | 0.729 | 9.194 | 0.723 | 0.097 | 0.886 | 0.25 | 0 | 0.85 | 0.2 | 2.6 |
| $ZK_{1202}$ - GP7 | 含砂方解钠长千枚岩 | 0.163 | 0.534 | 4.29 | 110 | 26.03 | 39.3 | 1.84 | 23.42 | 119.3 | 25.49 | 21.36 | 16 | 0.977 | 32.11 | 3.169 | 0.484 | 1.155 | 0.14 | 2.73 | 1.67 | 0.4 | 1.8 |
| $ZK_{403}$ - GP24 | 含方解绢云碳质千枚岩 | 0.625 | 3.579 | 2.3 | 109 | 15.78 | 81.9 | 2.63 | 17.95 | 180.6 | 121.4 | 71.9 | 9.236 | 0.962 | 69.37 | 3.157 | 0.231 | 1.505 | 1.61 | 50 | 3.13 | 1.1 | 4 |
| $ZK_{404}$ - GP17 | 含磁铁碳质绢云千枚岩 | 0.844 | 1.552 | 3.63 | 123 | 18.43 | 63.8 | 2.04 | 24.51 | 114.3 | 116.5 | 47.25 | 33.58 | 0.871 | 82.94 | 3.702 | 0.336 | 1.254 | 0.47 | 10.3 | 2.42 | 0.9 | 3.4 |
| 平均值（29 件） | | 0.14 | 2.16 | 4.424 | 163.7 | 15.77 | 81.36 | 2.48 | 20.22 | 58.64 | 64.45 | 23.292 | 18.50 | 1.124 | 74.603 | 4.8689 | 0.411 | 7.986 | 0.514 | 7.74 | 3.37 | 1.0 | 1.19 |
| 地壳元素丰度值 | | 0.13 | 1.1 | 20 | 170 | 29 | 150 | 1.4 | 19 | 47 | 58 | 18 | 10 | 3.8 | 32 | 1 | 2.5 | 1.3 | 0.450 | 16 | 13 | 2.5 | 2.1 |

注：Au、Hg 单位为 $10^{-9}$，其他元素单位为 $10^{-6}$。

枚岩类岩石，但采自不同地层的样品在各元素含量变化和蛛网图趋势变化上均有所区别。洪福寺组中的样品各元素数据更趋于一致，颜店组和翟村组中的样品各元素数据也相对于各自集中。③各种迹象表明，济宁群3个组之间在其原岩的物质来源和成岩环境上存在较大的差异性。

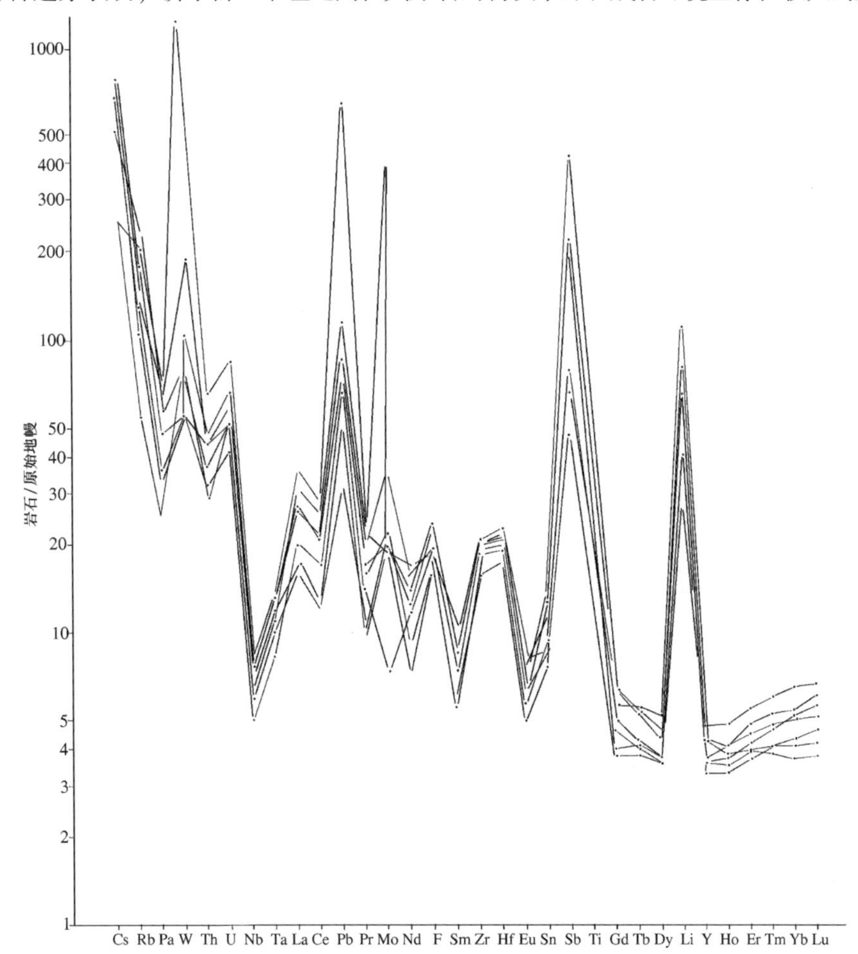


图4－2　济宁群千枚岩类岩石微量元素蛛网图

（标准化数据采用Sun and Donough，1989）

## 二、磁铁岩类

磁铁岩类岩石主要分布在颜店组含铁硅质建造中，是济宁群主要组成岩石之一，也是济宁铁矿的赋矿层位，一般与千枚岩类岩石呈韵律性共生。岩石主要分布于颜店组，多呈条纹条带状构造。

磁铁岩类的岩石命名以矿物成分与结构构造相结合为原则，如条纹条带状磁铁岩；磁铁矿含量在5%～10%时，称含磁铁矿石英岩；磁铁矿含量在10%～25%时，称磁铁矿石英岩；磁铁矿含量在25%～65%时，称石英磁铁岩；磁铁矿含量大于65%时，称石英磁铁矿。若含有不同的造岩矿物时，按伴生的造岩矿物命名，且含量少者在前多者在后。依照上述命名原则，济宁群磁铁岩类主要包含条纹条带状石英磁铁岩类、条纹条带状磁铁岩类、条纹条带状赤铁岩类（磁铁岩类氧化）和条纹条带状石英赤铁岩类（石英磁铁岩类氧化）及其进一步细分岩类（表4－6）。

**表 4-6　济宁群磁铁岩类各类岩石基本特征一览表**

| 岩石名称 | | 矿物组成及含量（最低含量～最高含量/平均数）/% | | | | | | | 样品数 | 矿物共生组合 |
|---|---|---|---|---|---|---|---|---|---|---|
| 岩类 | 分类岩石名称 | 磁（赤）铁矿 | 石英 | 绢云母 | 绿泥石 | 方解石 | 黑云母 | 钠长石 | | |
| 条纹条带状石英磁铁岩 | 含方解石绢云石英磁铁岩 | 35 | 43 | 15 | 2 | 5 | | | 1 | 磁铁矿 + 石英 + 绿泥石 + 绢云母 + 方解石 |
| | 含绢云母（黑云）绿泥石英磁铁岩 | 35～30/37.5 | 35～15/25 | 0～7/3.5 | 20～35/27.5 | 0～3/1.5 | 0～18/9 | | 2 | 磁铁矿 + 石英 + 绿泥石 ± 绢云母 ± 方解石 ± 黑云母 |
| | 含黑云母（绿泥石）方解石石英磁铁岩 | 35～40/36.3 | 50～55/52 | 0～3/0.7 | 0～5/1.25 | 5～10/7 | 0～7/2.8 | | 4 | 磁铁矿 + 石英 + 方解石 ± 黑云母 ± 绢云母 ± 绿泥石 |
| | 含方解石（钠长石绢云母绿泥石）黑云石英磁铁岩 | 35～57/43 | 10～48/27 | 0～6/1.5 | 0～5/2.25 | 2～10/5.8 | 15～20/18 | 0～5/2.5 | 4 | 磁铁矿 + 石英 + 黑云母 + 方解石 ± 绢云母 ± 绿泥石 ± 钠长石 |
| | 含黑云母方解石英磁铁岩 | 30 | 40 | | | 20 | 10 | | 1 | 磁铁矿 + 石英 + 方解石 + 黑云母 |
| 条纹条带状（黑云）绿泥磁铁岩 | | 50～60/55 | 5～5/5 | | 25～32/28.5 | 0～3/1.5 | 0～20/10 | | 2 | 磁铁矿 + 石英 + 绿泥石 ± 黑云母 ± 方解石 |
| 条纹条带状绢云赤铁岩 | | 60 | 2 | 38 | | | | | 1 | |
| 条纹条带状含绢云母绿泥石英赤铁岩 | | 33～33/33 | 50～65/58 | 0～5/2.5 | 0～10/5 | 2～2/2 | | | 2 | |

## （一）岩相学特征

磁铁岩类的主体为条纹条带状石英磁铁岩类，该岩石类型按照其中的绢云母、绿泥石、黑云母、方解石等相对含量变化进一步细划分为众多的过渡岩石类型。条纹条带状磁铁岩仅包含磁铁岩和黑云绿泥磁铁岩两种类型，石英磁铁岩、磁铁岩的氧化岩石分别对应于石英赤铁岩和赤铁岩。

济宁群磁铁岩类均分布于颜店组，是济宁铁矿主要矿石类型。条纹条带状磁铁岩类多与千枚岩、变质粉细砂岩等共同构成纹层状韵律性沉积（图版Ⅱ中7、10、11、12、13、27、28、29、30），纹层，一般3~6mm宽，一个韵律沉积一般几厘米宽。

岩石一般呈灰黑色、深灰色，鳞片粒状变晶结构，条纹条带状构造、块状构造等，条带一般宽0.2~1.5mm，浅色矿物组合与不透明矿物（磁铁矿）分别相对聚集形成条纹条带状构造。粒状矿物一般由石英、磁铁矿、长石、方解石等组成，片状矿物一般由绿泥石、黑云母、绢云母等组成。一般矿物粒径0.01~0.2mm。

对条带状磁铁石英岩之条带显微镜观察统计（表4-7）表明，条带的矿物组合较复杂，岩石一般由2~6条不同矿物组合的条带构成（图版Ⅱ中27、28、29、30），组成条带的主要矿物为磁铁矿、石英、碳酸盐矿物、绢云母、黑云母等。有时条带由单一的矿物构成，有时由多种矿物构成。岩石的主要组成矿物特征见表4-7。

**表4-7 济宁群条纹条带状磁铁岩类条带的主要矿物组成**

| 薄片编号 | 采样位置 | | 条带的矿物组成 | 岩石名称 |
|---|---|---|---|---|
| | 钻孔编号 | 孔深/m | | |
| $ZK_{402}$-B018 | $ZK_{402}$ | 1578 | 磁铁矿+石英条带；碳酸盐+石英条带；磁铁矿+碳酸盐+石英条带 | 条带状磁铁黑云千枚岩 |
| $ZK_{403}$-B006 | $ZK_{403}$ | 1136 | 石英+碳酸盐+绢云母条带；石英+磁铁矿+碳酸盐+绢云母条带；石英+磁铁矿+绢云母条带；磁铁矿条带 | 条带状方解石英磁铁岩 |
| $ZK_{1201}$-B015 | $ZK_{1201}$ | 1272 | 石英+磁铁矿+黑云母条带；石英+碳酸盐条带；石英+黑云母条带；以磁铁矿为主的条带；磁铁矿+黑云母条带；石英+磁铁矿+绢云母+黑云母条带 | 条带状含方解黑云石英磁铁岩 |
| $ZK_{1201}$-B025 | $ZK_{1201}$ | 1574 | 以石英为主的条带（浅色条带）；以磁铁矿为主的条带（深色条带） | 条带状含方解石石英磁铁岩 |

石英：他形粒状、不规则粒状，可见波状消光，有的发生重结晶，多呈条带状（图版Ⅱ中31）、透镜状集合体定向分布，有的沿裂隙充填呈脉状分布。

磁铁矿：他形-半自形粒状、不规则粒状，与石英、方解石等矿物镶嵌分布，有的呈条带状集合体（图版Ⅱ中31）定向分布。

方解石：在该类岩石中方解石是常见矿物，有时可达20%左右。他形粒状、不规则粒状，多与石英一起形成浅色细纹状集合体（图版Ⅱ中12），有时呈微粒状与黑云母等组成条纹状集合体，有的方解石沿裂隙充填呈脉状分布。

绿泥石：鳞片状，浅绿色，多呈条纹条带状集合体定向分布，有的沿裂隙充填呈脉状分布。

黑云母：显微鳞片状，浅黄色—茶绿色多色性，一般多聚集分布，以雏晶的形式出现而形成条纹－条带状集合体（图版Ⅱ中27、28、29、30）。

绢云母：鳞片状，有的发生绿泥石化，多呈条带状集合体定向分布。

济宁群磁铁岩类岩石矿物共生组合为：磁铁矿＋石英＋绿泥石＋绢云母±方解石±黑云母±钠长石。

典型的磁铁岩类样品显微特征如下：

**1. 条纹条带状含绢云母方解石黑云磁铁岩（样品编号：$ZK_{402}$－B014）**

岩石呈灰黑色，鳞片粒状变晶结构，条纹条带状构造。岩石主要由磁铁矿（45%）、黑云母（20%）、石英（10%）、方解石（10%）、绢云母（6%）、钠长石（5%）、绿泥石（4%）等组成，构成岩石的主要矿物粒径一般为0.01～0.10mm，多呈粒状、鳞片状，矿物集合体多呈条纹状、条带状定向分布，显示其定向构造。

磁铁矿：黑色，不规则粒状，多呈条纹状、条带状集合体定向分布。

石英：不规则粒状，波状消光，有的发生重结晶，多沿其长轴方向定向分布。

黑云母：绿色，片状，有的发生绿泥石化、绢云母化，多呈条纹状、条带状集合体定向分布。

绢云母：鳞片状，多与黑云母一起呈条纹状、条带状集合体定向分布。

绿泥石：浅绿色，鳞片状，多与黑云母一起呈条纹状、条带状集合体定向分布。

钠长石：柱粒状，多沿其长轴方向定向分布。

方解石：不规则粒状，多呈透镜状、条带状集合体定向分布。

该类岩石为矿石类型之一，在磁铁岩类岩石中所占比例相对较少。

**2. 条纹条带状含绿泥石方解石英磁铁岩（样品编号：$ZK_{404}$－B007）**

岩石呈灰色—深灰色，鳞片粒状变晶结构，条纹条带状构造。岩石主要由石英（50%）、磁铁矿（35%）、方解石（10%）及绿泥石（5%）等组成，构成岩石的主要矿物粒径一般为0.01～0.2mm，多为粒状、鳞片状，矿物集合体呈条纹条带状定向分布。

石英：不规则粒状，可见波状消光，有的发生重结晶，多呈条带状、透镜状集合体定向分布，有的沿裂隙充填呈脉状分布。

磁铁矿：黑色，不规则粒状，多呈条带状集合体定向分布。

绿泥石：浅绿色，鳞片状，多呈条纹状、条带状集合体定向分布，有的沿裂隙充填呈脉状分布。

方解石：不规则粒状，多呈透镜状、条带状集合体定向分布，有的沿裂隙充填呈脉状分布。

该岩石类型为济宁群硅铁沉积建造和铁矿床的主体，根据变质矿物成分可划分为若干岩石亚类，其中以绢云母、绿泥石、黑云母、方解石等主要矿物构成的岩石类型占主导地位。

**3. 条纹条带状含砂绢云母绿泥赤铁石英岩（样品编号：$ZK_{403}$－B002）**

岩石呈灰色—褐红色，细粒粒状变晶结构，条纹条带状构造。岩石主要由石英（50%）和赤铁矿（33%）组成，其次为绿泥石（10%）、绢云母（5%）和方解石

（2%）等。组成岩石的主要矿物在岩石中分布不均匀，由于矿物成分和粒度的差异，使岩石具条纹条带状构造。条带由石英砂屑构成的浅色条带和绢云母（长石）+磁（赤）铁矿构成暗色条带两部分组成。

石英：主要呈他形微粒状分别与赤铁矿、绿泥石等组成条纹条带状集合体，粒度一般小于0.03mm。局部呈扁粒状定向分布，粒度一般0.1～0.3mm，构成原岩的砂屑。

赤铁矿：有两种分布形式，其一为半自形粒状，粒度一般0.03～0.1mm；其二为粉末状，与微粒石英构成集合体状。

绿泥石：显微鳞片状集合体，多与石英、方解石等组成条纹条带状集合体，局部有聚集现象。

绢云母：显微鳞片状集合体，与绿泥石分布在一起，有的分布于赤铁矿和石英粒间。

方解石：他形粒状，零星分布于其他矿物粒间。

赤铁石英岩类岩石是磁铁石英岩类被氧化的产物，多分布于济宁群与上覆岩系的角度不整合接触带附近，分布相对较局限。

**4. 条纹条带状绢云赤铁岩（样品编号：$ZK_{404}$－B001）**

岩石呈褐红色、红褐色，鳞片粒状变晶结构，条纹条带状构造。岩石主要由赤铁矿（60%）、绢云母（38%）和石英（2%）等矿物组成，构成岩石的主要矿物粒径一般为0.02～0.1mm，多为粒状或鳞片状，多沿其长轴方向或透镜状、条纹状、条带状集合体定向分布，显示其定向构造特点。

赤铁矿：不规则粒状，多沿其长轴方向或条带状集合体定向分布。

绢云母：鳞片状，有的发生绿泥石化，多呈透镜状、条带状集合体定向分布。

石英：不规则粒状，波状消光，单体、集合体均有，呈零星状分布。

该岩石是磁铁岩类被氧化的产物，多分布于济宁群与上覆岩系的角度不整合接触带附近，分布相对较局限。

### （二）岩石化学特征

共采集磁铁岩类岩石硅酸盐分析样品11件（表4－8），均属颜店组。

岩石化学成分：$SiO_2$在41.60%～51.77%之间变化，平均为47.03%，低于世界黏土岩平均值（58.00%）；$TiO_2$在0.0652%～0.3042%之间变化，平均为0.1649%，比世界黏土岩平均值（0.80%）低；$Al_2O_3$在1.25%～7.23%之间变化，平均为4.07%，比世界黏土岩平均值（17.30%）低；$Fe_2O_3$在12.85%～38.80%之间变化，平均为24.06%，高出世界黏土岩平均值（3.00%）近8倍；FeO在2.92%～21.36%之间变化，平均为15.03%，高出世界黏土岩平均值（4.40%）3倍多；CaO在0.331%～2.876%之间变化，平均为1.41%，稍高于世界黏土岩平均值（1.30%）；MgO在0.943%～2.366%之间变化，平均为1.728%，稍低于世界黏土岩平均值（2.60%）；$K_2O$在0.209%～2.271%之间变化，平均为1.1306%，明显低于世界黏土岩平均值（3.70%）；$Na_2O$在0.0435%～1.856%之间变化，平均为0.4983%，低于世界黏土岩平均值（1.20%）；$CO_2$在1.53%～5.57%之间变化，平均为2.74%，比世界黏土岩平均值（1.20%）高出近1倍。另外，济宁群中磁铁岩的$P_2O_5$、MnO等组分平均值比世界黏土岩平均值低近1倍多。

**表 4－8　济宁群磁铁石英岩类岩石化学成分及特征值**

| 样号 | 岩石名称 | 岩石化学成分及含量/% | | | | | | | | | | | | | | | | 特征值 | |
|---|---|---|---|---|---|---|---|---|---|---|---|---|---|---|---|---|---|---|---|
| | | $SiO_2$ | $TiO_2$ | $Al_2O_3$ | $Fe_2O_3$ | MnO | FeO | CaO | MgO | $K_2O$ | $Na_2O$ | $P_2O_5$ | $H_2O^+$ | $CO_2$ | S | C | 总量 | $m$ | Mn/Ti |
| $ZK_{1201}$ － YQ10 | 条带状绢云磁铁石英岩 | 43.49 | 0.0652 | 1.31 | 25.43 | 0.0341 | 19.85 | 1.724 | 1.391 | 0.319 | 0.1221 | 0.1049 | 1.5 | 4.51 | 0.073 | 0.19 | 100.11 | 106.18 | 0.52 |
| $ZK_{1201}$ － YQ11 | 条带状含绢云绿泥磁铁石英岩 | 41.6 | 0.0799 | 1.5 | 23.74 | 0.0328 | 21.36 | 1.659 | 1.712 | 0.48 | 0.178 | 0.0752 | 1.82 | 5.57 | 0.25 | 0.38 | 100.44 | 114.13 | 0.41 |
| $ZK_{1201}$ － YQ15 | 条带状含方解黑云磁铁石英岩 | 48.64 | 0.2191 | 6.39 | 19 | 0.056 | 16.19 | 1.245 | 1.94 | 1.844 | 0.9109 | 0.0576 | 1.4 | 2.48 | 0.064 | 0.12 | 100.56 | 30.36 | 0.26 |
| $ZK_{1201}$ － YQ20 | 条带状磁铁石英岩 | 51.77 | 0.2719 | 8.16 | 12.85 | 0.1052 | 15.46 | 1.522 | 1.738 | 1.701 | 1.8565 | 0.0968 | 2.44 | 2.18 | 0.26 | 0.13 | 100.54 | 21.30 | 0.39 |
| $ZK_{1201}$ － YQ25 | 条带状磁铁石英岩 | 46.8 | 0.1535 | 4.25 | 22.86 | 0.0751 | 16.31 | 1.722 | 1.508 | 1.933 | 0.5157 | 0.0778 | 1.37 | 2.58 | 0.099 | 0.07 | 100.32 | 35.48 | 0.49 |
| $ZK_{402}$ － YQ14 | 条带状含方解黑云磁铁石英岩 | 43.69 | 0.0726 | 1.25 | 24.97 | 0.0338 | 19.87 | 1.557 | 1.553 | 0.386 | 0.162 | 0.1093 | 1.57 | 4.24 | 0.024 | 0.21 | 99.70 | 124.24 | 0.47 |
| $ZK_{402}$ － YQ24 | 条带状含黑云磁铁石英岩 | 49.49 | 0.253 | 7.23 | 16.8 | 0.0558 | 16.55 | 0.546 | 2.174 | 2.271 | 1.0241 | 0.06 | 2.08 | 1.81 | 0.155 | 0.13 | 100.63 | 30.07 | 0.22 |
| $ZK_{404}$ － YQ1 | 绢云母赤铁岩（古风化壳） | 46.9 | 0.3042 | 6.22 | 30.38 | 0.0313 | 7.21 | 0.331 | 2.366 | 1.197 | 0.0702 | 0.0757 | 2.9 | 1.53 | 0.04 | 0.14 | 99.70 | 38.04 | 0.10 |
| $ZK_{404}$ － YQ3 | 条带状赤铁石英岩（古风化壳） | 51.14 | 0.0829 | 1.86 | 38.8 | 0.0219 | 2.92 | 0.629 | 0.943 | 0.583 | 0.0435 | 0.0844 | 1.2 | 1.55 | 0.009 | 0.12 | 99.99 | 50.70 | 0.26 |
| $ZK_{404}$ － YQ5 | 条带状绿泥磁铁岩 | 48.16 | 0.1603 | 3.38 | 24.99 | 0.0294 | 12.57 | 2.876 | 1.939 | 0.209 | 0.251 | 0.168 | 2.3 | 2.16 | 1.19 | 0.13 | 100.51 | 57.37 | 0.18 |
| $ZK_{404}$ － YQ19 | 磁铁石英岩（Ⅷ） | 45.66 | 0.1508 | 3.18 | 24.86 | 0.0597 | 17 | 1.701 | 1.742 | 1.514 | 0.3477 | 0.1054 | 2 | 1.55 | 0.099 | 0.1 | 100.07 | 54.78 | 0.40 |
| 磁铁石英岩 | 平均值（11 件样品） | 47.03 | 0.1649 | 4.07 | 24.06 | 0.0486 | 15.03 | 1.41 | 1.728 | 1.1306 | 0.4983 | 0.0923 | 1.87 | 2.74 | 0.2057 | 0.16 | | | |
| 世界 | 黏土岩（69 件样品） | 58.00 | 0.80 | 17.30 | 3.00 | 0.10 | 4.40 | 1.30 | 2.60 | 3.70 | 1.20 | 0.10 | 3.90 | 1.20 | | | | | |

注：$m$ 为镁铝比值。

磁铁岩类岩石与世界黏土岩（69 件）平均值相比，$SiO_2$、$Al_2O_3$、$TiO_2$、$P_2O_5$、MnO、MgO、$K_2O$ 等均低，而 $Fe_2O_3$、FeO 等则远高出世界黏土岩平均值。作为亲陆元素（$Al_2O_3$、$Fe_2O_3$、$K_2O$）而言，$Al_2O_3$、$K_2O$ 等含量过低，而 $Fe_2O_3$ 较高，同时代表还原环境的 FeO 则明显高于世界黏土岩平均值，反映出该岩类沉积环境处于相对还原的环境中；代表岩石化学成熟度指数的 $Al_2O_3/(K_2O+Na_2O)$ 在 1.54～7.35 之间，绝大部分样品化学成熟度指数在 2～3 之间，指数值普遍不高，说明沉积物离物源区不远，多为火山喷发碎屑。镁铝比值 $[m=(100\times MgO/Al_2O_3)]$ $m$ 值均处于 10.68～124.24 之间，大部分样品在12～50之间，应为海水沉积环境。$MnO/TiO_2$ 比值在 0.1～0.52 之间，其中比值大于 0.5，代表在海沟至深海沉积范围内沉积的样品仅有 1 件；比值小于 0.5，代表在陆架和陆坡范围内沉积的样品为 8 件，约占总数的 73%；比值小于 0.2，代表在近岸浅海沉积环境中沉积的样品为 2 件。因此推定磁铁岩类岩石形成于陆架和陆坡范围之靠近近岸浅海陆架附近。

### （三）稀土元素地球化学特征

11 件条纹条带状磁铁岩类岩石稀土元素分析样品，其分析结果和特征数据见表 4－9。稀土总量 ∑REE 在 $20.81\times10^{-6}$～$197.1\times10^{-6}$之间变化，多在 $20.81\times10^{-6}$～$61.54\times10^{-6}$之间，仅 $ZK_{404}$－XT19 一件样品特别高，显示其与其他样品的不和谐性（这种现象还表现在轻稀土总量、重稀土总量、轻、重稀土比值及 La/Yb 比值等）。磁铁岩类稀土总量比千枚岩类岩石低许多。轻稀土元素总量在 $17.99\times10^{-6}$～$184.5\times10^{-6}$之间变化，平均为 $47.23\times10^{-6}$；重稀土元素总量在 $2.54\times10^{-6}$～$12.55\times10^{-6}$之间变化，平均为 $5.24\times10^{-6}$；轻重稀土比值在 4.82～14.70 之间变化，平均为 8.06，轻稀土总量远大于重稀土总量，为轻稀土富集型；δCe 在 0.84～1.02 之间变化，δCe 值接近于 1，无明显亏损与富集现象；δEu 在 0.88～1.50 之间变化，平均为 1.06，δEu 值大部分在 1.00 前后做小幅度震荡，无明显的 Eu 亏损。δEu 值为 1.50 的样品为 $ZK_{1201}$－XT20，岩性为条带状石英磁铁岩。$La_N/Yb_N$比值在 3.79～19.94 之间变化，平均为 7.72，反映磁铁岩类岩石稀土元素具中等程度的富集和分馏；代表轻稀土元素富集和分馏程度的 $La_N/Sm_N$比值在 2.03～4.43 之间变化，平均为 3.17，轻稀土元素为相对较富集型，且富集和分馏程度相对较平稳；$Sm_N/Nd_N$比值在 0.47～0.66 之间变化，说明中稀土元素是亏损的。

岩石稀土元素配分曲线（图 4－3）为右倾型，轻稀土富集，仅个别样品出现铕的正异常（$ZK_{1201}$－XT20），而且异常的幅度不是特别大。$ZK_{404}$－XT19 样品曲线总体处于上方位置，稀土总量明显偏高，而且表现出明显的负铕异常。从稀土元素 La 到 Ho 曲线倾斜度在 30°～32°之间变化；稀土元素 Ho 到 Lu 曲线具有明显的上翘趋势，上翘的趋势角在 6°～10°之间变化，说明重稀土出现了不同程度的富集和分馏作用。岩石稀土元素配分曲线尽管具明显的一致性，但曲线的分布范围比宽泛，可能指示其物质来源具多源性的特点。

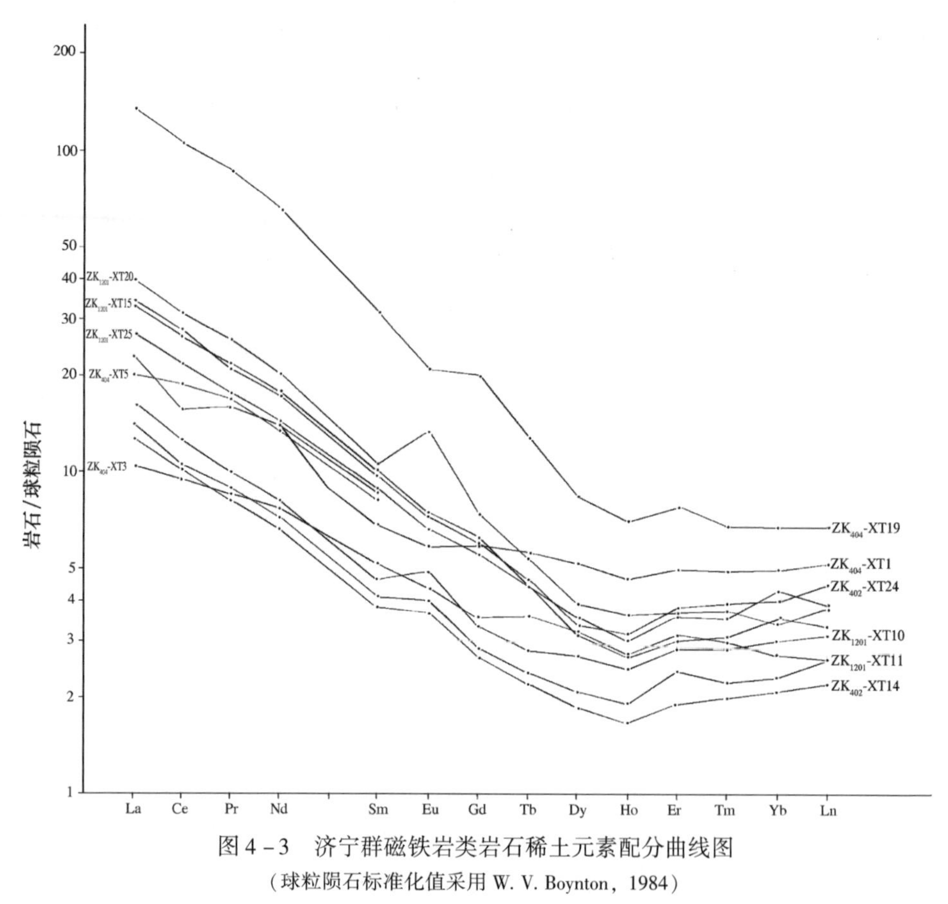


图4-3　济宁群磁铁岩类岩石稀土元素配分曲线图

（球粒陨石标准化值采用 W. V. Boynton，1984）

## （四）微量元素地球化学特征

11件微量元素分析样品分析结果（表4-10）表明，大离子亲石元素中Li、Ba、Rb等均低于地壳元素丰度值，特别是Ba、Rb比地壳丰度值低1倍多，在含量上属于低贫；高场强元素中Cr、Nb、Ti等都低于地壳元素丰度值，特别是Nb元素的平均值比地壳丰度值低近7倍，高场强元素属于低贫；亲硫元素中大多数金属元素为低贫的，如Hg、Au、Sb、Sn、Cu、Ni、Co、Pb等元素，个别元素平均值比地壳丰度值甚至低1~3倍。亲硫元素中相对于地壳丰度值偏富集的元素为As和W，亲硫元素中平均值与地壳丰度值大致一致的元素有Zn、Mo等。阴离子元素F、I、Br等平均值比地壳丰度值一般低2倍左右，为低贫元素。指示沉积物来源于陆地的代表性元素Ga、V、Zr、Ni、Co、Sc等平均值均比地壳丰度值低1~2倍，说明沉积过程中，陆源碎屑物质来源较少，物源大多是由沉积盆地自身火山喷发提供。

济宁群磁铁岩类岩石微量元素经原始地幔数据标准化后所做的蛛网图（图4-4）可以看出：①各元素所表现出来的变化趋势是一致的，仅数值的大小和起伏变化的幅度有所差异；②尽管都是磁铁岩类岩石，但Pb、Mo、Nd、Zr、Hf等元素在蛛网图上出现了极大的不协调性，甚至个别元素出现了反向的趋势变化特点，如Pb、Zr、Hf等元素；③有些元素如Cs、W、Nb、Sb、Li等尽管含量趋势变化一致，但变化幅度极大，个别元素的含量变化达数十倍，这种微量元素的数值变化在某种程度上可能反映其物质来源的微弱变化特点。

## 表 4-9 济宁群磁铁石英类岩石稀土元素含量及特征参数值

| 样号 | 岩石名称 | 稀土元素含量/$10^{-6}$ | | | | | | | | | | | | | | 特征参数值 | | | | | | | | |
|---|---|---|---|---|---|---|---|---|---|---|---|---|---|---|---|---|---|---|---|---|---|---|---|---|
| | | La | Ce | Pr | Nd | Sm | Eu | Gd | Tb | Dy | Er | Ho | Tm | Yb | Lu | REE | LREE | HREE | LREE/HREE | $\delta Ce$ | $\delta Eu$ | $La_N/Yb_N$ | $La_N/Sm_N$ | $Sm_N/Nd_N$ |
| $ZK_{1201}$-XT10 | 条带状绢云磁铁石英岩 | 5.04 | 10.3 | 1.22 | 4.91 | 0.91 | 0.361 | 0.861 | 0.135 | 0.864 | 0.596 | 0.177 | 0.091 | 0.634 | 0.102 | 26.20 | 22.74 | 3.46 | 6.57 | 0.97 | 1.23 | 5.36 | 3.48 | 0.57 |
| $ZK_{1201}$-XT11 | 条带状含绢云绿泥磁铁石英岩 | 4.35 | 8.55 | 1.08 | 4.37 | 0.81 | 0.295 | 0.741 | 0.114 | 0.704 | 0.513 | 0.139 | 0.073 | 0.496 | 0.084 | 22.32 | 19.46 | 2.864 | 6.79 | 0.92 | 1.14 | 5.91 | 3.38 | 0.57 |
| $ZK_{1201}$-XT15 | 条带状含方解黑云磁铁石英岩 | 10.26 | 21.7 | 2.68 | 10.7 | 1.97 | 0.558 | 1.612 | 0.216 | 1.045 | 0.645 | 0.195 | 0.101 | 0.742 | 0.109 | 52.53 | 47.87 | 4.665 | 10.26 | 0.98 | 0.93 | 9.32 | 3.28 | 0.57 |
| $ZK_{1201}$-XT20 | 条带状磁铁石英岩 | 12.34 | 25.4 | 3.14 | 12.1 | 2.11 | 1.003 | 1.914 | 0.26 | 1.264 | 0.769 | 0.26 | 0.122 | 0.731 | 0.128 | 61.54 | 56.09 | 5.448 | 10.30 | 0.96 | 1.50 | 11.38 | 3.68 | 0.54 |
| $ZK_{1201}$-XT25 | 条带状磁铁石英岩 | 8.387 | 17.3 | 2.17 | 8.79 | 1.75 | 0.495 | 1.468 | 0.217 | 1.133 | 0.774 | 0.217 | 0.115 | 0.899 | 0.123 | 43.84 | 38.89 | 4.946 | 7.86 | 0.95 | 0.92 | 6.29 | 3.01 | 0.61 |
| $ZK_{402}$-XT14 | 条带状含方解黑云磁铁石英岩 | 3.95 | 8.23 | 1 | 4.06 | 0.76 | 0.271 | 0.715 | 0.108 | 0.604 | 0.415 | 0.122 | 0.065 | 0.442 | 0.071 | 20.81 | 18.27 | 2.542 | 7.19 | 0.97 | 1.11 | 6.03 | 3.27 | 0.58 |
| $ZK_{402}$-XT24 | 条带状黑云磁铁石英岩 | 10.34 | 21.9 | 2.67 | 10.4 | 1.92 | 0.545 | 1.591 | 0.219 | 1.112 | 0.809 | 0.221 | 0.127 | 0.839 | 0.145 | 52.84 | 47.78 | 5.063 | 9.44 | 0.98 | 0.93 | 8.31 | 3.39 | 0.57 |
| $ZK_{404}$-XT1 | 绢云母赤铁岩（古风化壳） | 6.78 | 12.8 | 1.96 | 8.45 | 1.74 | 0.501 | 1.547 | 0.268 | 1.693 | 1.061 | 0.342 | 0.16 | 1.052 | 0.168 | 38.52 | 32.23 | 6.291 | 5.12 | 0.84 | 0.92 | 4.35 | 2.45 | 0.63 |
| $ZK_{404}$-XT3 | 条带状赤铁石英岩（古风化壳） | 3.229 | 7.68 | 1.06 | 4.69 | 1 | 0.327 | 0.92 | 0.174 | 1.031 | 0.658 | 0.195 | 0.094 | 0.574 | 0.085 | 21.72 | 17.99 | 3.731 | 4.82 | 1.00 | 1.03 | 3.79 | 2.03 | 0.66 |
| $ZK_{404}$-XT5 | 条带状绿泥磁铁石英岩 | 6.225 | 15.2 | 2.03 | 8.12 | 1.58 | 0.519 | 1.461 | 0.248 | 1.63 | 1.041 | 0.33 | 0.165 | 0.994 | 0.164 | 39.71 | 33.67 | 6.033 | 5.58 | 1.02 | 1.03 | 4.22 | 2.48 | 0.60 |
| $ZK_{404}$-XT19 | 磁铁石英岩（矿层Ⅷ） | 42.36 | 84.9 | 10.5 | 39.1 | 6.01 | 1.642 | 5.201 | 0.607 | 2.73 | 1.636 | 0.504 | 0.223 | 1.432 | 0.219 | 197.1 | 184.5 | 12.55 | 14.70 | 0.94 | 0.88 | 19.94 | 4.43 | 0.47 |

**表 4－10　济宁群磁铁石英岩类岩石微量元素含量表**

| 样号 | 岩石名称 | 微量元素含量 | | | | | | | | | | | | | | | | | | |
|---|---|---|---|---|---|---|---|---|---|---|---|---|---|---|---|---|---|---|---|---|
| | | Au | Hg | I | Zn | As | Sb | Se | Bi | Ba | Cr | V | Re | Pd | Pt | F | Sn | Cs | Te | In |
| $ZK_{1201}$ －GP10 | 条带状绢云磁铁石英岩 | 1.5 | 6.3 | 0.07 | 28 | 3.39 | 1.18 | 0.31 | 0.09 | 184.6 | 6.496 | 26.68 | <0.005 | 0.005 | 0 | 300 | 0.75 | 5.003 | 0 | 0.007 |
| $ZK_{1201}$ －GP11 | 条带状含绢云绿泥磁铁石英岩 | 13.6 | 13 | 0.1 | 34 | 5.29 | 1.32 | 0.29 | 0.06 | 106.9 | 11.93 | 23.53 | <0.005 | 0.003 | 0 | 272 | 0.49 | 6.595 | 0.03 | 0.009 |
| $ZK_{1201}$ －GP15 | 条带状含方解黑云磁铁石英岩 | 0.7 | 4.7 | 0.08 | 40 | 3.13 | 0.56 | 0.26 | 0.09 | 250.2 | 26.19 | 43.23 | <0.005 | 0.005 | 0 | 386 | 0.97 | 13.02 | 0.01 | 0.02 |
| $ZK_{1201}$ －GP20 | 条带状磁铁石英岩 | 1.1 | 8.22 | 0.07 | 41 | 4.14 | 0.26 | 0.27 | 0.12 | 377.4 | 46.69 | 54.11 | <0.005 | 0.008 | 0 | 310 | 0.83 | 9.48 | 0.01 | 0.027 |
| $ZK_{1201}$ －GP25 | 条带状磁铁石英岩 | 1.5 | 7.26 | 0.05 | 39 | 6.85 | 0.58 | 0.08 | 0.11 | 256.4 | 14.65 | 30.93 | <0.005 | 0.015 | 0 | 365 | 0.81 | 6.237 | 0.01 | 0.017 |
| $ZK_{402}$ －GP14 | 条纹条带状含方解黑云磁铁石英岩 | 1.4 | 6.3 | 0.11 | 30 | 5.27 | 1.18 | 0.03 | 0.08 | 24.9 | 10.3 | 28.29 | <0.005 | 0.009 | 0 | 290 | 1 | 5.702 | 0.01 | 0.01 |
| $ZK_{402}$ －GP24 | 条带状黑云磁铁石英岩 | 1.6 | 8.86 | 0.14 | 43 | 7.45 | 0.33 | 0.19 | 0.11 | 277 | 49.41 | 50.85 | <0.005 | 0.005 | 0 | 365 | 1 | 9.58 | 0.01 | 0.019 |
| $ZK_{404}$ －GP1 | 绢云母赤铁岩（古风化壳） | 1.5 | 14.3 | 0.08 | 63 | 17.7 | 1.64 | 0.05 | 0.12 | 37.5 | 84.14 | 76.57 | <0.005 | 0.005 | 0 | 461 | 2.39 | 10.88 | 0 | 0.027 |
| $ZK_{404}$ －GP3 | 条带状赤铁石英岩（古风化壳） | 6.8 | 22 | 0.06 | 31 | 18.25 | 1.87 | 0.04 | 0.13 | 28.28 | 20.4 | 31.73 | <0.005 | 0.003 | 0 | 341 | 1 | 5.076 | 0 | 0.013 |
| $ZK_{404}$ －GP5 | 条带状绿泥磁铁岩 | 4.6 | 14.3 | 0.11 | 38 | 9.42 | 0.68 | 0.75 | 0.64 | 106.3 | 27.66 | 37.87 | <0.005 | 0.007 | 0 | 326 | 1 | 1.481 | 0.05 | 0.015 |
| $ZK_{404}$ －GP19 | 磁铁石英岩（矿层Ⅷ） | 3.2 | 16.2 | 0.12 | 79 | 210.1 | 7.73 | 0.72 | 0.3 | 297.1 | 51.67 | 75.01 | <0.005 | 0.001 | 0 | 854 | 1.98 | 13.21 | 0.04 | 0.091 |
| 平均值（11 件） | | 3.409 | 11.04 | 0.09 | 42.36 | 26.45 | 1.575 | 0.27 | 0.168 | 176.96 | 31.78 | 43.527 | <0.005 | 0.006 | 0 | 388.18 | 1.1109 | 7.842 | 0.0155 | 0.0232 |
| 地壳元素丰度值 | | 4.3 | 83 | 0.4 | 83 | 1.7 | 0.5 | 0.05 | 0.009 | 650 | 83 | 90 | 0.00071 | 0.013 | — | 660 | 25 | 3.7 | 0.001 | 0.25 |

续表

| 样号 | 岩石名称 | 微量元素含量 | | | | | | | | | | | | | | | | | | | | | |
|---|---|---|---|---|---|---|---|---|---|---|---|---|---|---|---|---|---|---|---|---|---|---|---|
| | | Cd | Mo | Nb | Zr | Y | Rb | Ge | Ga | Cu | Ni | Co | Sc | Be | Li | Hf | Ta | W | Ti | Pb | Th | U | Br |
| $ZK_{1201}$ - GP10 | 条带状绢云磁铁石英岩 | 0. 012 | 0. 444 | 0. 79 | 17. 5 | 6. 4 | 24. 2 | 5. 28 | 2. 85 | 16. 81 | 5. 682 | 1. 614 | 1. 463 | 0. 614 | 3. 084 | 0. 433 | 0. 066 | 0. 916 | 0. 09 | 0. 2 | 0. 45 | 0. 1 | 0. 4 |
| $ZK_{1201}$ - GP11 | 条带状含绢云绿泥磁铁石英岩 | 0. 004 | 0. 778 | 0. 65 | 16. 4 | 5. 18 | 34. 5 | 5. 49 | 2. 63 | 35. 8 | 6. 978 | 2. 355 | 1. 935 | 0. 553 | 5. 219 | 0. 456 | 0. 042 | 1. 662 | 0. 1 | 1. 07 | 0. 43 | 0. 1 | 0. 3 |
| $ZK_{1201}$ - GP15 | 条带状含方解黑云磁铁石英岩 | 0. 036 | 0. 533 | 2. 21 | 52. 8 | 6. 2 | 101 | 4. 51 | 6. 94 | 21. 24 | 14. 73 | 5. 611 | 5. 496 | 0. 953 | 33. 4 | 1. 517 | 0. 177 | 0. 664 | 0. 18 | 0. 01 | 1. 59 | 0. 3 | 0. 3 |
| $ZK_{1201}$ - GP20 | 条带状磁铁石英岩 | 0. 091 | 0. 499 | 2. 27 | 61. 6 | 7. 68 | 90. 4 | 3. 8 | 10. 52 | 42. 75 | 24. 49 | 9. 002 | 6. 615 | 0. 839 | 21. 06 | 1. 763 | 0. 214 | 0. 823 | 0. 21 | 1. 99 | 1. 74 | 0. 4 | 0. 3 |
| $ZK_{1201}$ - GP25 | 条带状磁铁石英岩 | 0. 05 | 0. 546 | 2. 25 | 43 | 7. 25 | 96. 7 | 5. 23 | 6. 45 | 20. 37 | 11. 42 | 3. 961 | 3. 523 | 0. 948 | 15. 88 | 1. 323 | 0. 169 | 1. 288 | 0. 19 | 0. 2 | 1. 56 | 0. 4 | 1 |
| $ZK_{402}$ - GP14 | 条纹条带状含方解黑云磁铁石英岩 | 0. 038 | 0. 476 | 0. 58 | 10. 3 | 4. 47 | 26. 1 | 5. 1 | 2. 39 | 34. 17 | 7. 06 | 1. 926 | 1. 682 | 0. 404 | 3. 62 | 0. 308 | 0. 042 | 0. 7 | 0. 06 | 0. 04 | 0. 35 | 0. 1 | 0. 3 |
| $ZK_{402}$ - GP24 | 条带状黑云磁铁石英岩 | 0. 071 | 0. 354 | 2. 05 | 79. 2 | 6. 99 | 132 | 4. 18 | 7. 94 | 33. 77 | 20. 21 | 8. 662 | 6. 859 | 0. 924 | 20. 19 | 2. 223 | 0. 17 | 0. 918 | 0. 2 | 0. 27 | 1. 73 | 0. 4 | 0. 3 |
| $ZK_{404}$ - GP1 | 绢云母赤铁岩（古风化壳） | 0. 051 | 2. 391 | 2. 13 | 76. 7 | 10. 77 | 52. 6 | 4. 44 | 9. 09 | 13. 05 | 32. 06 | 10. 59 | 6. 765 | 0. 985 | 66. 44 | 2. 278 | 0. 179 | 4. 152 | 0. 17 | 0. 83 | 1. 42 | 0. 6 | 1. 7 |
| $ZK_{404}$ - GP3 | 条带状赤铁石英岩（古风化壳） | 0. 009 | 1. 723 | 0. 8 | 22. 3 | 6. 69 | 25. 2 | 4. 92 | 3. 57 | 17. 71 | 10. 72 | 3. 178 | 2. 307 | 0. 83 | 23. 85 | 0. 666 | 0. 102 | 5. 747 | 0. 1 | 1. 14 | 0. 58 | 0. 4 | 1. 2 |
| $ZK_{404}$ - GP5 | 条带状绿泥磁铁岩 | 0. 017 | 1. 474 | 1. 32 | 38. 1 | 12. 63 | 9. 63 | 4. 72 | 5. 53 | 29. 96 | 15. 76 | 9. 445 | 3. 776 | 0. 646 | 27. 58 | 1. 172 | 0. 115 | 12. 22 | 0. 07 | 3. 01 | 1. 02 | 0. 4 | 1. 6 |
| $ZK_{404}$ - GP19 | 磁铁石英岩（矿层Ⅷ） | 0. 248 | 8. 771 | 3. 77 | 152 | 15. 64 | 156 | 1. 76 | 26. 88 | 67. 84 | 51. 69 | 26. 67 | 10. 14 | 1. 659 | 40. 73 | 4. 662 | 0. 368 | 1. 359 | 1. 39 | 19. 1 | 6. 24 | 1. 7 | 2. 5 |
| 平均值（11 件） | | 0. 057 | 1. 64 | 1. 71 | 51. 8 | 8. 17 | 68. 03 | 4. 494 | 7. 71 | 30. 32 | 18. 25 | 7. 55 | 4. 596 | 0. 85 | 23. 7 | 1. 53 | 0. 15 | 2. 77 | 0. 251 | 2. 53 | 1. 56 | 0. 5 | 0. 9 |
| 地壳元素丰度值 | | 0. 13 | 1. 1 | 20 | 170 | 29 | 150 | 1. 4 | 19 | 47 | 58 | 18 | 10 | 3. 8 | 32 | 1 | 2. 5 | 1. 3 | 0. 450 | 16 | 13 | 2. 5 | 2. 1 |

注：Au、Hg 单位为 $10^{-9}$，其他元素单位为 $10^{-6}$。

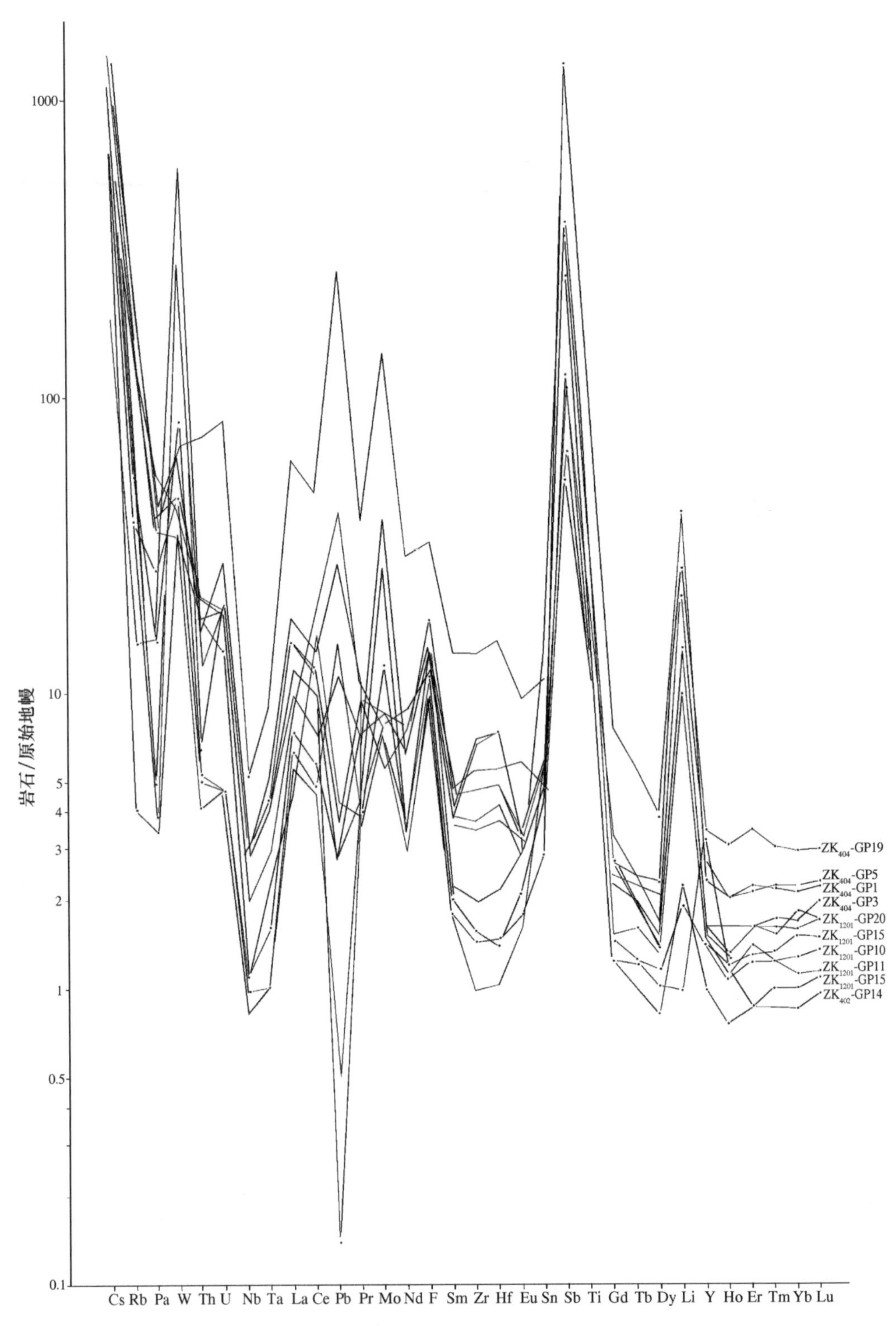


图 4 – 4　济宁群磁铁岩类岩石微量元素蛛网图

（标准化数据采用 Sun and Donough，1989）

## 三、变质碎屑岩类

该类岩石主要分布于洪福寺组，其次为翟村组和颜店组，是济宁群主要岩石组成之一。济宁群中变质碎屑岩类岩石变质程度较轻，原岩的结构、构造和沉积标志等清晰明了。济宁群变质碎屑岩类岩石按照是否含有火山物质而进一步划分为变质正常沉积碎屑岩类和变质火山沉积碎屑岩两个岩石系列。由正常碎屑物质沉积而成的，原岩中泥质成分含量较少的正常碎屑岩类，依原岩中所含碎屑粒度划分为变粉砂岩、变（细－中－粗粒）砂岩、变含砾砂岩及变砾岩等类型；由正常碎屑物质沉积而成的，原岩中含有较多泥质成分时，则依次划分为千枚状变质粉砂岩、千枚状变质（细－中－粗粒）砂岩、千枚状变质含砾砂岩及千枚状变质砾岩等。原岩中夹含有大量火山碎屑物质的变质碎屑岩类主要有变凝灰质粉砂岩、变凝灰质（细－中－粗粒）砂岩、变凝灰质含砾砂岩及变火山角砾岩等。

### （一）岩相学特征

济宁群变质碎屑岩类岩石分类及特征见表4－11。济宁群变碎屑岩进行X－衍射检测岩石主要物相见表4－12。该类岩石变质程度较浅，原岩结构构造保留相对较完整，岩石中因碎屑物质、填隙物等含量及其成分的变化不同而形成一系列的过渡岩石类型。

该类岩石尽管经历了低级区域变质作用的改造，但岩石的基本命名原则同沉积岩类。

岩石呈灰色、浅灰色及灰白色等，变余砂状结构（图版Ⅱ中5、14）、变余含砾结构（图版Ⅱ中4、20），块状构造、千枚状构造、定向构造及层状构造等，岩石一般由砂屑、砾屑和填隙物等部分组成。砂屑一般由石英、斜长石、黑云母、磁铁矿等矿物晶屑构成，很少看到岩屑的踪迹，岩屑一般出现在少量以砾状岩石为主的粗碎屑岩中。砂屑多呈棱角状、次棱角状，很少见到呈次圆状、浑圆状分布的砂屑，粒径一般0.06~1.0mm不等，以细砂－粉砂级占主导地位，一般分选和磨圆性较差，砂屑多沿长轴方向定向排列分布，胶结类型以基底式胶结为主。变质砂岩中的胶结物（或称填隙物）一般都发生了重结晶作用，胶结物多变成微细粒状的绢云母、绿泥石、石英及钠长石等。当砂屑与胶结物含量二者大致相当或胶结物略大于砂屑时，一般定名为千枚状岩石；反之，一般定名为变质砂岩。变质砂岩中砂屑含量一般大于胶结物，有时砂屑的含量可达到80%以上。由正常碎屑物质沉积的变碎屑岩类岩石多见于洪福寺组中；而砂屑中能明显的甄别出晶屑是由火山物质来源的则一般定名为变质凝灰质砂岩（图版Ⅱ中1、26、35），该类岩石一般多见于翟村组，部分见于颜店组中。岩石的主要组成矿物特征为：

石英：砂屑中的石英多呈棱角状、次棱角状，波状消光，大部分为单晶体，少量为多晶集合体，有的发生重结晶；部分石英砂屑被明显地溶蚀呈港湾状（图版Ⅱ中6、25）或本身就具有溶蚀结构，一般认为晶屑是来源于火山碎屑物质；填隙物中的石英呈微细粒状，一般与绢云母、绿泥石、钠长石等新生矿物构成集合体。

斜长石：砂屑中的斜长石多呈棱角状、次棱角状，有时可见呈棱角状分布的斜长石假象，有时可见清晰的聚片双晶，在绝大多数薄片中可见斜长石发生土化、绢云母化、碳酸盐化等；部分来源于火山晶屑的斜长石同样显示港湾状溶蚀边；填隙物中斜长石多呈微细粒钠长石状，与石英、绢云母、绿泥石等分布在一起。

**表 4-11　济宁群变碎屑岩类各类岩石基本特征一览表**

| 岩类 | | 岩石名称 | 碎屑成分及含量(最低含量~最高含量/平均数)/% | 胶结物成分及含量(最低含量~最高含量/平均数)/% | 样数 | 基本特征 |
|---|---|---|---|---|---|---|
| 变质正常碎屑岩类 | 千枚状岩类 | 千枚状变绿泥绢云细粉砂岩 | 砾屑（45）（石英45，长石5） | 胶结物（55）（绢云母45，碳酸盐10） | 1 | 砾屑、砂屑为长英质，棱角状。变余砾状结构，千枚状构造 |
| | | 千枚状变（绢云）中细粒砂岩 | 砂屑（50~25/37.5）（石英22~25/24，斜长石0~20/10，方解石0~3/1.5，不透明矿物2~3/2.5） | 胶结物（75~50/62.5）（石英40~15/27.5，钠长石15~5/10，绢云母20~28/24，绿泥石0~5/2.5） | 2 | 变余砂状结构，千枚状构造。X-衍射：钾长石、石英、斜绿泥石、白云母 |
| | | 千枚状变绢云砾岩 | 砾屑（50）（石英40，碳酸盐10） | 胶结物（50）（绢云母45，斜长石） | 1 | 变余砾状结构，千枚状构造。砾屑本身是由砂屑构成的 |
| | 变碎屑岩类 | 变中细粒（绢云）长石砂岩 | 砂屑（80~55/67.5）（石英35~30/32.5，斜长石15~50/32.5，方解石0~3/1.5，磁铁矿0~3/1.5） | 胶结物（45~20/32.5）（绢云母12~15/13.5，绿泥石3~5/4，长英质微粒25~5/15） | 2 | 变余砂状结构，块状构造。砂屑棱角-次棱角状，粒度0.1~0.3mm，部分可达2.0mm |
| | | 变中粒长石砂岩 | 砂屑（80）（石英30，斜长石50） | 胶结物（20）（绢云母10，绿泥石5，长英质微粒5） | 1 | 变余砂状结构，块状构造。砂屑棱角-次棱角状，粒度0.1~0.5mm |
| | | 变质砾岩 | 砾屑（55）（石英45，泥岩10） | 胶结物（45）（主要为绿泥石，绢云母，长英质微粒，方解石） | 1 | 变余砾状结构，块状构造。砾屑呈长条状平行于千枚理分布 |
| | | 碳质硅质角砾岩 | 碎屑（40） | 胶结物（60）（不透明矿物40，方解石10，绢云母10） | 1 | 变余碎屑-角砾状结构，斑杂状构造。是碳质高含量岩石经构造作用所致 |
| 变质火山碎屑岩类 | 千枚状岩类 | 千枚状变凝灰质绢云粉砂岩 | 砂屑（30）（主要为石英25，斜长石5） | 胶结物（70）（绢云母65，绿泥石5） | 1 | 变余凝灰粉砂结构，千枚状构造。粉砂屑为凝灰质构成，韵律沉积明显 |
| | | 千枚状变凝灰质粉细砂岩 | 砂屑（40）（主要为石英和斜长石），局部见岩屑 | 胶结物（60）（绢云母40，长英质微粒15，磁铁矿5） | 1 | 变余砂状结构，层理构造。砂屑由凝灰质构成，次棱角及扁圆状 |
| | | 千枚状变凝灰质细砂岩 | 砂屑（25~65/39）（石英22~43/30，斜长石0~20/7，磁铁矿1~3/2） | 胶结物（35~75/61）（石英15~30/21.6，钠长石5~20/11.6，绢云母7~35/17，方解石3~15/7） | 3 | 变余砂状结构，千枚状构造。砂屑次棱角-次圆状，0.1~1.5mm。部分砂屑被压扁拉长 |
| | | 千枚状含砾变凝灰质砂岩 | 砾屑少量，砂屑15。成分石英15 | 胶结物（85）（绢云母45，长英质微粒25，黑云母10，碳酸盐5） | 1 | 变余凝灰质砂屑结构，千枚状构造。砂屑次棱角状，部分为多晶体 |
| | 变火山碎屑岩类 | 含方解变凝灰质粉砂岩 | 砂屑（55）（石英20，斜长石35） | 胶结物（45）（绢云母35，方解石8，磁铁矿2） | 1 | 变余凝灰结构，千枚状构造。砂屑为晶屑，0.01~0.1mm |
| | | 变凝灰质细粒长石砂岩 | 砂屑（70）（斜长石60，石英10） | 胶结物（30）（长英质微粒10，绿泥石10，绢云母5，方解石5） | 1 | 变余砂状结构，块状构造。砂屑由凝灰质构成，砂屑棱角状-次棱角状，大小0.05~0.5mm不等 |
| | | 变凝灰质中细粒砂岩 | 砂屑（44）（石英10，斜长石30，方解石4） | 胶结物（56）（长英质微粒35，绢云母10，黑云母10，褐铁矿1） | 1 | 变余砂状结构，块状构造。砂屑为晶屑，0.1~0.5mm |
| | | 变含砾凝灰质砂岩 | 砾屑为长条板状，2~5mm。岩屑（30），砂屑（50）（石英20，斜长石30） | 胶结物（20）（长英质微粒10，绢云母10） | 1 | 变余砂砾状结构，块状构造。砾屑为次棱角-次圆状，主要为长石石英，其次为安山岩 |
| | | 变凝灰质砂岩 | 砂屑（25~44/32）（石英12~21/17.7，白云母0~1/0.5，磁铁矿0~3/1.7，斜长石0~30/11.6，钾长石0~2/1） | 胶结物（55~75/68）（石英10~40/22，钠长石15~35/28，绢云母10~20/13，钾长石0~5/1.5，磁铁矿0~3/1） | 3 | 变余砂状结构，块状构造。砂屑棱角状，分选性差，多为晶屑，粒径0.1~1mm |

**表 4－12 济宁群变碎屑岩岩石主要物相**

| 样品编号 | 岩石名称 | X－衍射检测主要物相 |
| --- | --- | --- |
| $ZK_{1201}$－001 | 千枚状变质凝灰质砂岩 | 石英、白云母、斜绿泥石、钾长石、赤铁矿、斜长石 |
| $ZK_{1201}$－003 | 千枚状变质中细砂岩 | 石英、斜绿泥石、白云母、钾长石 |
| $ZK_{1203}$－005 | 变质中粒长石砂岩 | 石英、斜长石、斜绿泥石、方解石、白云母 |
| $ZK_{402}$－007 | 变质中细粒长石砂岩 | 石英、斜长石、斜绿泥石、白云母、铁白云石 |
| $ZK_{402}$－008 | 千枚状变质绿泥绢云细粉砂岩 | 石英、斜绿泥石、钠云母、白云母、白云石、钾长石 |
| $ZK_{404}$－B018 | 含方解变凝灰质粉砂岩 | 石英、斜长石、方解石、斜绿泥石、白云母 |
| $ZK_{405}$－003 | 碳质硅质角砾岩 | 石英、白云母、白云石、黄铁矿、方解石 |
| $ZK_{405}$－011 | 变安山质含角砾凝灰岩 | 石英、斜长石、斜绿泥石、方解石、白云母、角闪石、白云石 |

分析测试单位：核工业北京地质研究院分析测试研究中心，检测方法和依据《矿物晶胞参数的测定》。

黑云母：呈砂屑分布的黑云母较少见，一般在其边部多见有因蚀变而形成的绢云母、绿泥石等，呈砂屑分布的黑云母多呈片状，褐黄色，长轴方向呈半定向－定向排列分布。黑云母作为变质矿物出现在岩石中的是黑云母雏晶，颗粒细小，这种黑云母一般分布于颜店组至翟村组上部附近，可作为黑云母变质带单独划分出来。

方解石：方解石出现在砂屑中较少见，如 $ZK_{402}$ – B007，方解石呈棱角状，有的发生重结晶，以集合体的方式展布为主。

典型的变质碎屑岩类样品显微特征如下：

**1. 千枚状变绢云中细粒砂岩（样品编号：$ZK_{1201}$ – B003）**

岩石呈灰色，变余砂状结构，千枚状构造。岩石由砂屑（25%）和胶结物（75%）两部分组成。砂屑主要由石英（22%）和不透明矿物（3%）构成，胶结物主要由石英（40%）、钠长石（15%）和绢云母（20%）构成。砂屑多呈次棱角状，并略显压扁、拉长状，粒径一般为0.1～0.8mm，多沿其长轴方向定向分布；胶结物已重结晶为微细粒状的石英、绢云母、钠长石等，多呈透镜状、条带状集合体定向分布，呈千枚状构造。

石英：多呈次棱角状，波状消光，有的发生重结晶；胶结物中的石英多呈微细粒状，透镜状、条带状集合体，有的沿裂隙充填呈脉状分布。

绢云母：主要分布于胶结物物中，鳞片状，是胶结物重结晶的产物，多呈透镜状、条带状集合体定向分布。

钠长石：多为胶结物变质重结晶的产物，他形粒状，与重结晶的石英、绢云母等一起呈透镜状、条带状集合体。

不透明矿物：黑色不规则粒状，零星分布。

该类岩石主要分布于洪福寺组中，颜店组、翟村组中少见。

**2. 变中粒长石砂岩（样品编号：$ZK_{1203}$ – B005）**

岩石呈灰色，变余砂状结构，块状构造。岩石由砂屑（80%）和胶结物（20%）两部分组成。砂屑主要由石英（30%）和斜长石（50%）晶屑组成；胶结物由绢云母（10%）、绿泥石（5%）及长英质微粒（5%）构成。砂屑呈棱角—次棱角状，粒径0.1～0.5mm不等，部分砂屑沿长轴方向定向分布，周边被已重结晶的胶结物围绕；胶结物已重结晶为绢云母、绿泥石、长英质微粒集合体分布于砂屑颗粒间。局部见有方解石脉充填。

石英：多为砂屑，棱角状—次棱角状，粒度一般0.1～0.5mm不等，波状消光发育。

斜长石：呈棱角状—次棱角状，粒度一般为0.1～0.3mm，可见聚片双晶，具绢云母化现象。

绢云母和绿泥石呈显微鳞片状，构成填隙物的主体，与长英质微粒一起分布于砂屑颗粒间。

该类岩石主要分布于洪福寺组中，颜店组、翟村组中少见。

**3. 变质砾岩（样品编号：$ZK_{1203}$ – B002）**

岩石呈灰色，变余砾状结构，块状构造，主要由砾屑（55%）和胶结物（45%）两部分构成。砾屑主要为石英单晶及多晶体，粒度一般2mm，个别可达1cm，也有少量泥岩砾屑，石英多具波状消光；泥岩砾屑（约10%）多呈扁豆状，已重结晶为绢云母等。胶结物主要包括砂屑和细碎屑物质两部分。砂屑与石英砾屑特征相似，粒径一般0.3～2mm，与绿泥石、绢云母等矿物一起分布于砾屑间；岩石中绿泥石、绢云母等呈鳞片状矿物与长英质微粒、方解石等一起分布于砾屑间，由原岩填隙物重结晶而成。

该类岩石主要分布于洪福寺组中，颜店组、翟村组中少见。

**4. 千枚状变凝灰质细砂岩（样品编号：$ZK_{404}$ – B016）**

岩石呈灰色—浅灰色，变余砂状结构，千枚状构造，岩石由砂屑（65%）和胶结物（35%）两部分构成。砂屑主要由石英（43%）、斜长石（20%）和少量磁铁矿（2%）晶屑组成，砂屑多呈棱角状、次棱角状，并略显压扁拉长状，粒径一般为0.1～1.5mm，多沿长轴方向定向分布，个别砂屑如石英、斜长石等显示其火山溶蚀的港湾状结构等，显示其变凝灰质结构特征；胶结物主要由已重结晶成微细粒状的石英（20%）、绢云母（7%）、方解石（3%）、钠长石（5%）等组成，多呈透镜状、条纹状、条带状集合体定向分布，呈千枚状构造。

石英（砂屑）：多呈棱角状、次棱角状，波状消光，有的发生重结晶，周边多被微细粒状长英质矿物及绢云母交代。

斜长石（砂屑）：多呈棱角状，多发生土化、绢云母化、碳酸盐化，多沿其长轴方向定向分布。

磁铁矿（砂屑）：棱角状，有的呈条纹状集合体定向分布。

胶结物：多已重结晶成微细粒状石英、绢云母、方解石、钠长石等，其中绢云母多呈条带状集合体围绕砂屑定向分布。

该类岩石主要分布于颜店组、翟村组中，洪福寺组中偶见。

**5. 变含细砾凝灰质砂岩（样品编号：$ZK_{1203}$ – B010）**

岩石呈灰色，变余不等粒砂状结构，块状构造，岩石由砾屑（30%）、砂屑（50%）和胶结物（20%）三部分组成。碎屑长轴略呈定向分布，分选和磨圆程度较低，含较多的火山岩岩屑，其原岩应为火山碎屑沉积岩。

砾屑：为安山岩岩屑，呈棱角状及扁平状，有的具安山结构，多绢云母化，粒度一般1～2mm，少量大于2mm。

砂屑：为石英（20%）、斜长石（30%）晶屑。石英砂屑呈棱角状—次棱角状，粒度0.1～2mm不等，波状消光；斜长石砂屑呈棱角状—次棱角状，粒度0.1～2mm不等，具绢云母化，个别呈碎裂状。

胶结物：为长英质微粒（10%）和绢云母（10%）。绢云母呈显微鳞片状，与长英质微粒一起分布于颗粒间。另有少量的不透明矿物呈他形粒状，零星分布。

该类岩石主要分布于颜店组、翟村组中，洪福寺组中偶见。

### （二）岩石化学特征

9件变质碎屑岩类岩石硅酸盐分析样品中，洪福寺组7件，颜店组1件，翟村组1件。岩石化学成分（表4－13）：$SiO_2$ 在62.50%～70.86%之间变化，平均为67.31%，略高于世界砂岩（杂砂岩）平均值（66.70%）；$TiO_2$ 在0.1475%～0.7838%之间变化，平均为0.4765%，比世界砂岩（杂砂岩）平均值（0.60%）稍低；$Al_2O_3$ 在7.41%～16.70%之间变化，平均为13.77%，与世界砂岩（杂砂岩）平均值（13.50%）基本相等；$Fe_2O_3$ 在0.78%～2.21%之间变化，平均为1.40%，略低于世界砂岩（杂砂岩）平均值（1.60%）；FeO在2.97%～7.76%之间变化，平均为4.91%，明显高出世界砂岩

**表 4－13 济宁群变质碎屑岩类、变质火山岩类及其他岩类岩石化学成分特征值**

| 岩石类型 | 样号 | 岩石名称 | 岩石化学成分及含量/% | | | | | | | | | | | | | | | | 特征值 | |
|---|---|---|---|---|---|---|---|---|---|---|---|---|---|---|---|---|---|---|---|---|
| | | | $SiO_2$ | $TiO_2$ | $Al_2O_3$ | $Fe_2O_3$ | MnO | FeO | CaO | MgO | $K_2O$ | $Na_2O$ | $P_2O_5$ | $H_2O^+$ | $CO_2$ | S | C | 总量 | *m* | Mn/Ti |
| 变质碎屑岩类 | $ZK_{1203}$－YQ2 | 变质砾岩 | 69. 54 | 0. 1475 | 7. 41 | 2. 21 | 0. 1836 | 6. 8 | 3. 087 | 1. 826 | 0. 944 | 0. 4884 | 0. 0965 | 2 | 4. 51 | 1. 17 | 0. 1 | 100. 51 | 24. 64 | 1. 245 |
| | $ZK_{1203}$－YQ5 | 变质中粒长石砂岩 | 66. 84 | 0. 4007 | 16. 7 | 0. 78 | 0. 0464 | 2. 99 | 0. 753 | 1. 754 | 2. 482 | 3. 478 | 0. 0401 | 2. 4 | 0. 78 | 0. 33 | 0. 25 | 100. 02 | 10. 50 | 0. 116 |
| | $ZK_{1203}$－YQ6 | 变质中细粒长石砂岩 | 70. 86 | 0. 3382 | 12. 98 | 1. 28 | 0. 0607 | 2. 97 | 1. 339 | 1. 845 | 1. 631 | 3. 354 | 0. 0472 | 1. 87 | 1. 33 | 0. 41 | 0. 16 | 100. 48 | 14. 21 | 0. 180 |
| | $ZK_{402}$－YQ7 | 变质中细粒绢云长石砂岩 | 70. 84 | 0. 3335 | 12. 99 | 0. 81 | 0. 0607 | 3. 04 | 1. 177 | 1. 84 | 1. 394 | 3. 6175 | 0. 0345 | 1. 82 | 1. 64 | 0. 305 | 0. 22 | 100. 12 | 14. 16 | 0. 182 |
| | $ZK_{402}$－YQ8 | 千枚状变质绿泥绢云细粉砂岩 | 65. 18 | 0. 5693 | 13. 52 | 1. 43 | 0. 0703 | 5. 82 | 1. 654 | 3. 227 | 1. 418 | 1. 034 | 0. 0358 | 3. 03 | 2. 26 | 0. 39 | 0. 22 | 99. 86 | 23. 87 | 0. 123 |
| | $ZK_{1201}$－YQ1 | 变质凝灰质砂岩 | 67. 33 | 0. 6867 | 15. 62 | 1. 83 | 0. 0253 | 5. 29 | 0. 32 | 2. 987 | 1. 629 | 1. 1005 | 0. 0476 | 3. 32 | 0. 34 | 0. 009 | 0. 16 | 100. 70 | 19. 12 | 0. 037 |
| | $ZK_{1201}$－YQ3 | 千枚状变质中细粒砂岩 | 65. 66 | 0. 6758 | 16. 15 | 1. 11 | 0. 052 | 5. 92 | 0. 415 | 3. 25 | 1. 313 | 1. 272 | 0. 0363 | 3. 22 | 0. 33 | 0. 061 | 0. 16 | 99. 63 | 20. 12 | 0. 077 |
| | $ZK_{1201}$－YQ13 | 变凝灰质砂岩 | 67. 08 | 0. 3532 | 13. 87 | 0. 95 | 0. 0629 | 3. 57 | 1. 737 | 0. 798 | 3. 735 | 2. 497 | 0. 0496 | 1. 53 | 2. 98 | 0. 34 | 0. 34 | 99. 89 | 5. 75 | 0. 18 |
| | $ZK_{404}$－YQ18 | 变凝灰质含方解粉砂岩 | 62. 5 | 0. 7838 | 14. 71 | 2. 2 | 0. 0277 | 7. 76 | 0. 597 | 1. 827 | 3. 021 | 2. 768 | 0. 0482 | 2. 85 | 0. 81 | 0. 073 | 0. 1 | 100. 08 | 12. 42 | 0. 04 |
| | 平均值（9 个样品） | | 67. 31 | 0. 4765 | 13. 77 | 1. 40 | 0. 0655 | 4. 91 | 1. 231 | 2. 15 | 1. 952 | 2. 179 | 0. 0484 | 2. 45 | 1. 66 | 0. 343 | 0. 19 | | | |
| | 世界（据 F. J. Pettijohn 等，1972） | 砂岩（杂砂岩） | 66. 70 | 0. 60 | 13. 50 | 1. 60 | 0. 10 | 3. 50 | 2. 50 | 2. 10 | 2. 00 | 2. 90 | 0. 20 | 2. 40 | 1. 20 | 0. 10 | 0. 10 | | | |
| 变质火山岩类 | $ZK_{405}$－YQ2 | 千枚状变安山质凝灰岩 | 50. 86 | 0. 4871 | 13. 43 | 1. 01 | 0. 1375 | 6. 13 | 9. 05 | 5. 091 | 0. 457 | 3. 83 | 0. 1262 | 3. 05 | 6. 43 | 0. 087 | 0. 2 | 100. 38 | 37. 91 | 0. 28 |
| | $ZK_{405}$－YQ11 | 变安山质含角砾凝灰岩 | 52. 36 | 0. 6047 | 16. 06 | 1. 54 | 0. 1148 | 4. 81 | 9. 357 | 4. 442 | 1. 444 | 3. 289 | 0. 1223 | 2. 57 | 3. 48 | 0. 11 | 0. 16 | 100. 46 | 27. 66 | 0. 19 |
| | $ZK_{1202}$－YQ15 | 变安山质凝灰岩 | 53. 52 | 0. 4162 | 14. 4 | 0. 74 | 0. 0788 | 4. 5 | 8. 334 | 3. 604 | 1. 615 | 3. 445 | 0. 0981 | 2. 87 | 6. 1 | 0. 12 | 0. 15 | 99. 99 | 25. 03 | 0. 19 |
| | $ZK_{402}$－YQ25 | 变绢云安山岩 | 56. 44 | 0. 4871 | 10. 11 | 3. 12 | 0. 0715 | 18. 94 | 0. 72 | 2. 113 | 1. 864 | 0. 5973 | 0. 0738 | 3. 93 | 1. 18 | 0. 066 | 0. 12 | 99. 83 | 20. 90 | 0. 15 |
| | $ZK_{303}$－YQ5 | 糜棱岩化变黑云英安玢岩 | 62. 7 | 0. 342 | 13. 98 | 1. 38 | 0. 0581 | 2. 73 | 4 | 2. 608 | 2. 493 | 5. 217 | 0. 1806 | 1. 19 | 2. 56 | 0. 455 | 0. 17 | 100. 06 | 18. 66 | 0. 17 |
| | $ZK_{1202}$－YQ9 | 绢云石英片岩（原岩为英安玢岩） | 64. 34 | 0. 3285 | 15. 62 | 1. 81 | 0. 0453 | 3. 45 | 2. 231 | 1. 123 | 3. 645 | 0. 9251 | 0. 0531 | 2. 27 | 3. 81 | 0. 19 | 0. 18 | 100. 02 | 7. 19 | 0. 14 |
| | 平均值（6 个样品） | | 56. 70 | 0. 4443 | 13. 93 | 1. 65 | 0. 0843 | 6. 76 | 5. 615 | 3. 164 | 1. 92 | 2. 88 | 0. 109 | 2. 65 | 3. 93 | 0. 171 | 0. 16 | | | |
| | 世界（据 Nockolds，S. R.，1954） | 火山岩（安山岩） | 54. 20 | 1. 30 | 17. 17 | 3. 48 | 0. 15 | 5. 49 | 7. 92 | 4. 36 | 1. 11 | 3. 67 | 0. 28 | 0. 86 | | | | | | |
| 其他 | $ZK_{405}$－YQ3 | 含变粉砂岩角砾隐晶质石墨岩 | 55. 28 | 0. 2676 | 14. 79 | 3. 51 | 0. 0898 | 1. 87 | 4. 458 | 2. 254 | 4. 041 | 0. 796 | 0. 1027 | 2. 47 | 5. 57 | 1. 99 | 2. 91 | 100. 40 | 15. 24 | 0. 34 |

（杂砂岩）平均值（3.50%）；CaO 在 0.32% ~3.0876% 之间变化，平均为 1.23%，明显低于世界砂岩（杂砂岩）平均值（2.50%）；MgO 在 0.789% ~3.25% 之间变化，平均为 2.15%，与世界砂岩（杂砂岩）平均值（2.10%）相当；$K_2O$ 在 0.944% ~3.735% 之间变化，平均为 1.952%，与世界砂岩（杂砂岩）平均值（2.00%）相当；$Na_2O$ 在 0.4884% ~3.6175% 之间变化，平均为 2.179%，明显低于世界砂岩（杂砂岩）平均值（2.90%）；$CO_2$ 在 0.33% ~4.51% 之间变化，平均为 1.66%，比世界砂岩（杂砂岩）平均值（1.20%）略高；$P_2O_5$、MnO 值比世界砂岩（杂砂岩）平均值低近 1.5 ~4.1 倍多。

济宁群变质碎屑岩类岩石硅酸盐分析结果平均值总体上与世界砂岩（杂砂岩）平均值差别不大。$SiO_2$、$Al_2O_3$、FeO 等氧化物平均值略高于世界砂岩（杂砂岩）平均值；$TiO_2$、$Fe_2O_3$、MgO、$K_2O$ 等与世界砂岩（杂砂岩）平均值大致相当；CaO、$Na_2O$ 等明显低于世界砂岩（杂砂岩）平均值。

变质碎屑岩类岩石中代表岩石化学成熟度指数的 $Al_2O_3$/（$K_2O + Na_2O$）在 2.22 ~6.25 之间，绝大部分样品化学成熟度指数在 2 ~3 之间，指数值普遍不高，说明沉积物离物源区不远，多为火山喷发碎屑。镁铝比值［$m$ =（100 × MgO/$Al_2O_3$）］$m$ 值均处于 5.75 ~24.64 之间，大部分样品在 10 ~25 之间，应为海水沉积环境。MnO/$TiO_2$ 比值在 0.037 ~1.245 之间，其中比值大于 0.5，代表在海沟至深海沉积范围内沉积的样品仅有 1 件；比值小于 0.2，代表在近岸浅海沉积环境中沉积的样品为 8 件，占 89%。由此推定变质碎屑岩类岩石形成于近岸浅海沉积环境中。

### （三）稀土元素地球化学特征

稀土元素分析结果和特征数据见表 4 – 14。稀土总量 ∑REE 在 $49.167 \times 10^{-6}$ ~ $204.9 \times 10^{-6}$ 之间变化，平均为 $105.53 \times 10^{-6}$，变化幅度较大，稀土总量最大、最小值分别为 $ZK_{404}$ – XT18（含方解变凝灰质粉砂岩）和 $ZK_{1203}$ – XT2（变质砾岩），显示了与其他样品的不和谐性（这种现象也表现在轻稀土总量、重稀土总量、轻、重稀土比值及 La/Yb 比值等），稀土总量的高离散性可能说明了成岩环境的差别和成岩物质来源的差异性。轻稀土元素总量在 $44.761 \times 10^{-6}$ ~ $192.8 \times 10^{-6}$ 之间变化，平均为 $96.83 \times 10^{-6}$；重稀土元素总量在 $4.406 \times 10^{-6}$ ~ $13.35 \times 10^{-6}$ 之间变化，平均为 $8.697 \times 10^{-6}$；轻重稀土总量比值在 6.65 ~15.86 之间变化，平均为 10.91，轻稀土总量远大于重稀土总量，为轻稀土富集型；$\delta$Ce 在 0.92 ~1.01 之间变化，$\delta$Ce 值接近于 1，无明显亏损与富集现象；$\delta$Eu 在 0.86 ~1.16 之间变化，平均为 0.98，$\delta$Eu 值大部分在 1.00 前后做小幅度震荡，同样无明显的 Eu 亏损。$La_N/Yb_N$ 比值在 5.70 ~24.44 之间变化，平均为 12.18，反映变质碎屑岩类岩石稀土元素具中等程度的富集和分馏；代表轻稀土元素富集和分馏程度的 $La_N/Sm_N$ 比值在 3.47 ~5.24 之间变化，平均为 4.38，轻稀土元素为相对较富集型，且富集和分馏程度相对较平稳；$Sm_N/Nd_N$ 比值在 0.46 ~0.60 之间变化，说明中稀土元素是亏损的。

稀土元素配分曲线（图 4 –5）为右倾型，轻稀土富集，无明显正负铕异常。$ZK_{404}$ – XT18 样品曲线总体处于上方位置，稀土总量明显偏高。从稀土元素 La 到 Ho 曲线倾斜度在 40°左右；稀土元素 Ho 到 Lu 曲线具有明显的上翘趋势，上翘的趋势角在 6° ~10°之间变化，说明重稀土也出现了不同程度的富集和分馏作用。变质碎屑岩类岩石稀土元素配分曲线尽管分配形式具明显的一致性，但曲线的分布范围比较宽泛，可能指示其物质来源具多源性的特点。

**表 4－14　济宁群变质碎屑岩类、变质火山岩类及其他岩类岩石稀土元素含量及特征参数值**

| 岩石类型 | 样号 | 岩石名称 | 稀土元素含量/$10^{-6}$ | | | | | | | | | | | | | | 特征参数值 | | | | | | | | |
|---|---|---|---|---|---|---|---|---|---|---|---|---|---|---|---|---|---|---|---|---|---|---|---|---|---|
| | | | La | Ce | Pr | Nd | Sm | Eu | Gd | Tb | Dy | Er | Ho | Tm | Yb | Lu | REE | LREE | HREE | LREE/HREE | δCe | δEu | $La_N/Yb_N$ | $La_N/Sm_N$ | $Sm_N/Nd_N$ |
| 变质碎屑岩类 | $ZK_{1201}$－XT1 | 变凝灰质砂岩 | 15.89 | 32.8 | 3.69 | 13.5 | 2.59 | 0.806 | 2.391 | 0.39 | 2.341 | 1.548 | 0.471 | 0.246 | 1.672 | 0.267 | 78.602 | 69.276 | 9.326 | 7.43 | 1.00 | 0.97 | 6.41 | 3.86 | 0.59 |
| | $ZK_{1201}$－XT3 | 千枚状变中细粒砂岩 | 15.51 | 31.9 | 3.8 | 13.5 | 2.39 | 0.81 | 2.448 | 0.411 | 2.685 | 1.74 | 0.528 | 0.269 | 1.834 | 0.299 | 78.124 | 67.91 | 10.214 | 6.65 | 0.97 | 1.02 | 5.70 | 4.08 | 0.54 |
| | $ZK_{1203}$－XT5 | 变中粒长石砂岩 | 18.96 | 36.8 | 4.38 | 15.6 | 2.55 | 0.943 | 2.336 | 0.325 | 1.692 | 1 | 0.301 | 0.166 | 1.1 | 0.185 | 86.338 | 79.233 | 7.105 | 11.2 | 0.94 | 1.16 | 11.62 | 4.68 | 0.50 |
| | $ZK_{1203}$－XT6 | 变中细粒长石砂岩 | 26.41 | 49.9 | 5.9 | 20.8 | 3.17 | 0.872 | 2.935 | 0.381 | 1.828 | 1.051 | 0.333 | 0.156 | 1.045 | 0.166 | 114.95 | 107.05 | 7.895 | 13.6 | 0.92 | 0.86 | 17.04 | 5.24 | 0.47 |
| | $ZK_{402}$－XT7 | 变中细粒绢云长石砂岩 | 22.63 | 44.5 | 5.16 | 18.1 | 2.81 | 0.821 | 2.677 | 0.322 | 1.565 | 0.98 | 0.288 | 0.149 | 0.964 | 0.156 | 101.12 | 94.021 | 7.101 | 13.2 | 0.96 | 0.90 | 15.83 | 5.07 | 0.48 |
| | $ZK_{402}$－XT8 | 千枚状变绿泥绢云细粉砂岩 | 11.48 | 24.1 | 2.85 | 10.7 | 2.08 | 0.731 | 1.895 | 0.278 | 1.444 | 1.083 | 0.308 | 0.19 | 1.303 | 0.215 | 58.657 | 51.941 | 6.716 | 7.73 | 0.99 | 1.11 | 5.94 | 3.47 | 0.60 |
| | $ZK_{1203}$－XT2 | 变质砾岩 | 10.03 | 21.2 | 2.35 | 9.06 | 1.64 | 0.481 | 1.461 | 0.193 | 0.947 | 0.698 | 0.175 | 0.098 | 0.703 | 0.131 | 49.167 | 44.761 | 4.406 | 10.2 | 1.01 | 0.93 | 9.62 | 3.85 | 0.56 |
| | $ZK_{1201}$－XT13 | 变凝灰质砂岩 | 39.8 | 77 | 8.98 | 32.2 | 5.02 | 1.504 | 4.489 | 0.588 | 2.974 | 2.009 | 0.59 | 0.306 | 2.054 | 0.338 | 177.9 | 164.5 | 13.35 | 12.32 | 0.94 | 0.95 | 13.06 | 4.99 | 0.48 |
| | $ZK_{404}$－XT18 | 含方解变凝灰质粉砂岩 | 42.59 | 88.1 | 11.3 | 42.5 | 6.41 | 1.859 | 5.608 | 0.609 | 2.463 | 1.493 | 0.44 | 0.186 | 1.175 | 0.182 | 204.9 | 192.8 | 12.16 | 15.86 | 0.95 | 0.93 | 24.44 | 4.18 | 0.46 |
| 变质火山岩类 | $ZK_{303}$－XT5 | 糜棱岩化变黑云英安玢岩 | 23.07 | 47.6 | 6.13 | 24.1 | 4.09 | 1.357 | 3.397 | 0.401 | 1.759 | 1.013 | 0.307 | 0.136 | 0.853 | 0.13 | 114.3 | 106.4 | 7.996 | 13.30 | 0.95 | 1.08 | 18.23 | 3.55 | 0.52 |
| | $ZK_{1202}$－XT15 | 变安山质凝灰岩 | 15.41 | 32.2 | 4.05 | 15.5 | 2.68 | 1.002 | 2.399 | 0.351 | 1.958 | 1.23 | 0.393 | 0.179 | 1.138 | 0.156 | 78.65 | 70.84 | 7.804 | 9.08 | 0.96 | 1.19 | 9.13 | 3.62 | 0.53 |
| | $ZK_{402}$－XT25 | 变绢云安山岩 | 13.83 | 28.1 | 3.49 | 13.7 | 2.56 | 0.653 | 2.141 | 0.296 | 1.437 | 0.988 | 0.278 | 0.231 | 1.09 | 0.183 | 68.98 | 62.33 | 6.644 | 9.38 | 0.95 | 0.83 | 8.55 | 3.40 | 0.57 |
| | $ZK_{405}$－XT2 | 千枚状变安山质凝灰岩 | 17.63 | 37.1 | 4.84 | 19.1 | 3.38 | 1.107 | 3.051 | 0.46 | 2.67 | 1.72 | 0.541 | 0.25 | 1.557 | 0.234 | 93.64 | 83.16 | 10.48 | 7.93 | 0.95 | 1.03 | 7.63 | 3.28 | 0.54 |
| | $ZK_{405}$－XT11 | 变安山质含角砾凝灰岩 | 17.61 | 37.1 | 4.84 | 19.7 | 3.44 | 1.159 | 3.18 | 0.501 | 2.942 | 1.909 | 0.575 | 0.268 | 1.717 | 0.224 | 95.16 | 83.85 | 11.32 | 7.41 | 0.95 | 1.05 | 6.91 | 3.22 | 0.54 |
| | $ZK_{1202}$－XT9 | 绢云石英片岩（原岩为英安玢岩） | 21.11 | 39.2 | 4.38 | 15.8 | 2.39 | 0.994 | 2.26 | 0.29 | 1.461 | 0.852 | 0.262 | 0.115 | 0.702 | 0.106 | 89.92 | 83.87 | 6.048 | 13.87 | 0.93 | 1.29 | 20.27 | 5.56 | 0.47 |
| 其他 | $ZK_{405}$－XT3 | 含变粉砂岩角砾隐晶质石墨岩 | 23.95 | 47.1 | 5.88 | 22.4 | 3.9 | 1.279 | 3.566 | 0.535 | 3.075 | 2.049 | 0.636 | 0.313 | 2.158 | 0.367 | 117.2 | 104.5 | 12.70 | 8.23 | 0.93 | 1.03 | 7.48 | 3.86 | 0.54 |

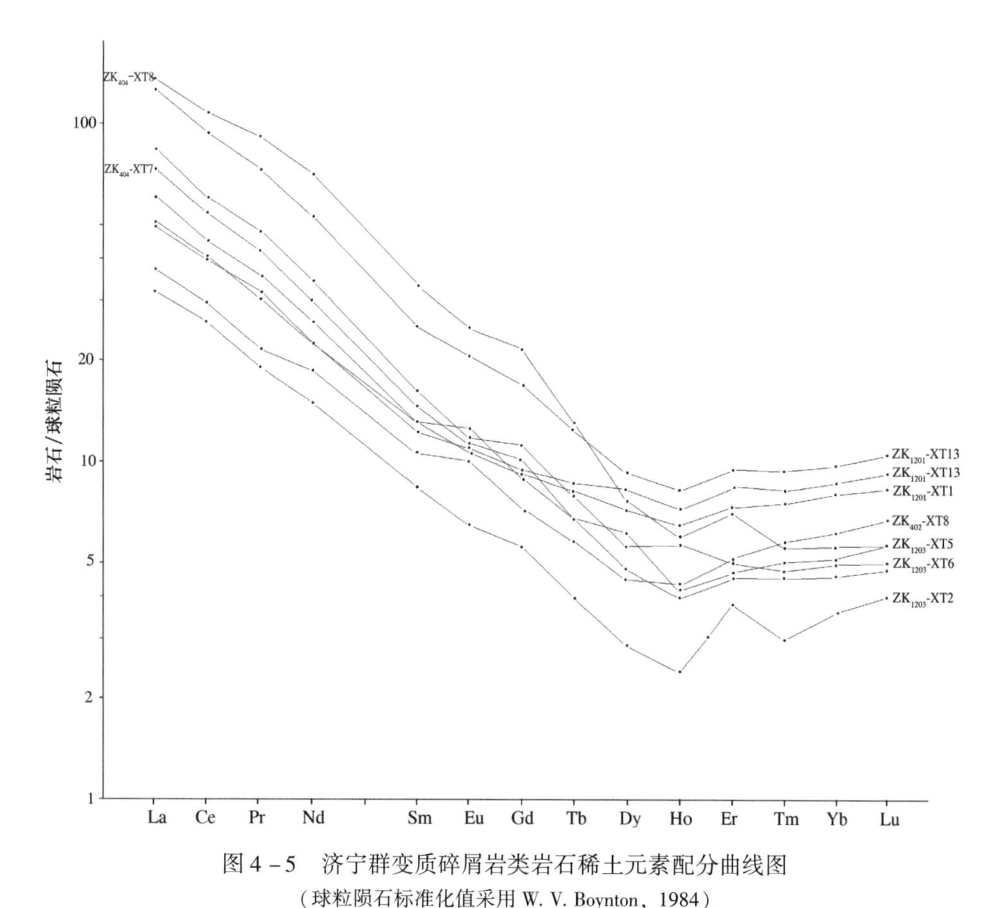


图 4-5 济宁群变质碎屑岩类岩石稀土元素配分曲线图
（球粒陨石标准化值采用 W. V. Boynton，1984）

## （四）微量元素地球化学特征

微量元素分析结果（表 4-15）表明，大离子亲石元素中 Ba、Rb 等低于地壳元素丰度值 3~4 倍，Li 元素高于地壳元素丰度值 1 倍多，在含量上属于低贫；高场强元素中 Nb、Ti 等都低于地壳元素丰度值 7~10 倍不等；Cr 元素平均值高于地壳元素丰度值 3 倍多，高场强元素属于低贫；亲硫元素中大多数金属元素为低贫的，如 Hg、Sn、Pb、Be 等元素，个别元素平均值比地壳丰度值甚至低 1~3 倍。亲硫元素中相对于地壳丰度值偏富集的元素为 As、Cu、Co、Zn、Hf 等，亲硫元素中平均值与地壳丰度值大致一致的元素有 Au、Sb、W、Mo 等。阴离子元素 F、I、Br 等平均值比地壳丰度值一般低 2 倍左右，为低贫元素。指示沉积物来源于陆地的代表性元素除 Ga、Zr 低于地壳丰度值外，V、Ni、Co、Sc 等平均值均高于地壳丰度值，指示在整个沉积体系中，物源有陆源和沉积盆地自身火山喷发两种，这种物源特点与洪福寺组沉积特征相似。

岩石微量元素经原始地幔数据标准化后所做的蛛网图（图 4-6）可以看出：①各元素所表现出来的变化趋势是一致的，仅数值的大小和起伏变化的幅度有所差异；②尽管都是变质碎屑岩类岩石，但 Ba、W、Mo、Nd、Zr、Hf 等元素在蛛网图上出现了相反的变化趋势，没有出现特别不协调的元素；③有些元素如 Cs、W、Nb、Pb、Eu、Dy、Ho 等尽管含量趋势变化一致，但变化幅度极大，个别元素的含量变化达数十倍，这种微量元素的数值变化在某种程度上可能反映其物质来源的差异性。

**表 4-15　济宁群变质碎屑岩类、变质火山岩类及其他岩类岩石微量元素含量表**

单位：$10^{-6}$

| 岩石类型 | 样号 | 岩石名称 | 微量元素含量 | | | | | | | | | | | | | | | | | | |
|---|---|---|---|---|---|---|---|---|---|---|---|---|---|---|---|---|---|---|---|---|---|
| | | | Au | Hg | I | Zn | As | Sb | Se | Bi | Ba | Cr | V | Re | Pd | Pt | F | Sn | Cs | Te | In |
| 变质碎屑岩类 | $ZK_{1201}$-GP1 | 变质凝灰质砂岩 | 0.8 | 8.54 | 0.16 | 104 | 5.29 | 0.9 | 0.48 | 0.15 | 234.5 | 325.9 | 192 | <0.005 | 0.005 | 0 | 477 | 1.16 | 2.079 | 0.01 | 0.042 |
| | $ZK_{1201}$-GP3 | 千枚状变质中细粒砂岩 | 1.3 | 9.82 | 0.13 | 121 | 6.47 | 0.36 | 1.41 | 0.14 | 230.5 | 366.9 | 202.5 | <0.005 | 0.002 | 0 | 415 | 1.3 | 1.908 | 0.02 | 0.041 |
| | $ZK_{1203}$-GP2 | 变质砾岩 | 18.1 | 13 | 0.02 | 210 | 32.08 | 0.8 | 0.15 | 0.16 | 148.1 | 789.1 | 93.91 | <0.005 | 0.006 | 0 | 322 | 1.6 | 1.339 | 0.01 | 0.035 |
| | $ZK_{1203}$-GP5 | 变质中粒长石砂岩 | 5 | 11.1 | 0.31 | 73 | 19.38 | 0.56 | 0.22 | 0.25 | 558.2 | 179 | 112.3 | <0.005 | 0 | 0 | 322 | 1.19 | 2.197 | 0.01 | 0.041 |
| | $ZK_{1203}$-GP6 | 变质中细粒长石砂岩 | 3.7 | 16.9 | 0.28 | 91 | 10.39 | 0.41 | 0.41 | 0.34 | 458.5 | 86.35 | 80 | <0.005 | 0.006 | 0 | 296 | 1.11 | 1.738 | 0.02 | 0.034 |
| | $ZK_{402}$-GP7 | 变质中细粒绢云长石砂岩 | 1.8 | 6.94 | 0.15 | 52 | 15.69 | 0.42 | 0.23 | 0.25 | 311.6 | 133.5 | 73.91 | <0.005 | 0.004 | 0.01 | 352 | 1.01 | 1.406 | 0.01 | 0.027 |
| | $ZK_{402}$-GP8 | 千枚状变质绿泥绢云细粉砂岩 | 1.2 | 7.26 | 0.14 | 199 | 17.75 | 0.67 | 0.54 | 0.11 | 252.3 | 307.8 | 178.7 | <0.005 | 0.005 | 0 | 527 | 1.18 | 1.769 | 0.01 | 0.081 |
| | $ZK_{1201}$-GP13 | 变凝灰质砂岩 | 3 | 16.2 | 0.09 | 554 | 29.24 | 1.28 | 0.14 | 0.14 | 996.3 | 24.42 | 37.83 | <0.005 | 0.005 | 0 | 515 | 1.31 | 3.704 | 0.02 | 0.032 |
| | $ZK_{404}$-GP18 | 含方解变凝灰质粉砂岩 | 2.1 | 7.9 | 0.17 | 139 | 13.28 | 0.48 | 0.32 | 0.18 | 1166 | 80.77 | 83.82 | <0.005 | 0.023 | 0 | 782 | 2.43 | 1.787 | 0.02 | 0.034 |
| | 平均值（9 件） | | 4.11 | 10.85 | 0.16 | 171.4 | 16.62 | 0.65 | 0.433 | 0.19 | 484 | 254.86 | 117.2 | <0.005 | 0.006 | 0.0011 | 445.3 | 1.366 | 1.992 | 0.014 | 0.041 |
| 变质火山岩类 | $ZK_{303}$-GP5 | 糜棱岩化变黑云英安玢岩 | 14.3 | 12.7 | 0.21 | 60 | 12.18 | 1.26 | 0.15 | 0.26 | 845.9 | 84.24 | 60.12 | <0.005 | 0.003 | 0 | 912 | 1.08 | 7.053 | 0.02 | 0.023 |
| | $ZK_{1202}$-GP15 | 变质安山质凝灰岩 | 5.4 | 8.86 | 0.1 | 63 | 8.76 | 0.85 | 0.09 | 0.11 | 411.6 | 122.2 | 103.7 | <0.005 | 0.005 | 0 | 287 | 0.9 | 1.688 | 0.03 | 0.033 |
| | $ZK_{402}$-GP25 | 变质绢云安山岩 | 0.7 | 8.54 | 0.19 | 79 | 1.35 | 0.32 | 0.09 | 0.12 | 191.7 | 96.97 | 89.95 | <0.005 | 0.005 | 0 | 356 | 1.87 | 7.038 | 0.01 | 0.029 |
| | $ZK_{405}$-GP2 | 千枚状变安山质凝灰岩 | 5 | 6.94 | 0.15 | 70 | 7.22 | 0.39 | 0.07 | 0.1 | 163.3 | 311.8 | 139.6 | <0.005 | 0.003 | 0 | 327 | 1 | 1.014 | 0.03 | 0.038 |
| | $ZK_{405}$-GP11 | 变安山质含角砾凝灰岩 | 3.6 | 13.7 | 0.19 | 74 | 5.97 | 0.27 | 0.07 | 0.09 | 431.7 | 185.4 | 142.7 | <0.005 | 0.006 | 0 | 388 | 1 | 2.865 | 0.03 | 0.039 |
| | $ZK_{1201}$-GP7 | 英安质绢云千糜岩 | 0.6 | 11.7 | 0.12 | 85 | 6.64 | 0.29 | 0.05 | 0.06 | 481.4 | 10.85 | 56.67 | <0.005 | 0.008 | 0 | 493 | 1.1 | 2.73 | 0.02 | 0.046 |
| | $ZK_{1202}$-GP9 | 绢云石英构造片岩（原岩为英安玢岩） | 2.1 | 11.1 | 0.03 | 17 | 38.65 | 1.01 | 0.25 | 0.12 | 613.1 | 56.71 | 51.65 | <0.005 | 0.002 | 0 | 433 | 0.8 | 3.728 | 0.01 | 0.018 |
| | 平均值（7 件） | | 4.53 | 10.51 | 0.141 | 64 | 11.54 | 0.627 | 0.11 | 0.123 | 448.39 | 124.02 | 92.06 | <0.005 | 0.0046 | 0 | 456.6 | 1.107 | 3.731 | 0.021 | 0.032 |
| 其他 | $ZK_{405}$-GP3 | 含变粉砂岩角砾隐晶质石墨岩 | 11.3 | 20.1 | 0.18 | 380 | 78.47 | 1.83 | 1.77 | 0.46 | 488.1 | 64.21 | 75.13 | <0.005 | 0.007 | 0 | 749 | 7.02 | 6.514 | 0.03 | 0.201 |
| 地壳元素丰度值 | | | 4.3 | 83 | 0.4 | 83 | 1.7 | 0.5 | 0.05 | 0.009 | 650 | 83 | 90 | 0.00071 | 0.013 | — | 660 | 25 | 3.7 | 0.001 | 0.25 |

续表

| 岩石类型 | 样号 | 岩石名称 | 微量元素含量 | | | | | | | | | | | | | | | | | | | | | |
|---|---|---|---|---|---|---|---|---|---|---|---|---|---|---|---|---|---|---|---|---|---|---|---|---|
| | | | Cd | Mo | Nb | Zr | Y | Rb | Ge | Ga | Cu | Ni | Co | Sc | Be | Li | Hf | Ta | W | Ti | Pb | Th | U | Br |
| 变质碎屑岩类 | $ZK_{1201}$ - GP1 | 变质凝灰质砂岩 | 0.018 | 1.12 | 3.19 | 155 | 12.77 | 43.7 | 1.64 | 19.8 | 29.33 | 98.53 | 19.73 | 22.82 | 0.569 | 100.4 | 4.402 | 0.295 | 1.219 | 0.34 | 1.16 | 2.15 | 0.8 | 0.9 |
| | $ZK_{1201}$ - GP3 | 千枚状变质中细粒砂岩 | 0.008 | 0.677 | 3.5 | 170 | 14.73 | 36.9 | 1.58 | 20.53 | 74.26 | 126 | 33.88 | 25.23 | 0.671 | 129.8 | 5.072 | 0.336 | 0.61 | 0.32 | 2 | 2.67 | 1 | 1.1 |
| | $ZK_{1203}$ - GP2 | 变质砾岩 | 0.754 | 1.188 | 0.84 | 50.2 | 5.17 | 37.7 | 1.95 | 9.11 | 64.89 | 230.8 | 34.58 | 15.77 | 0.449 | 51.16 | 1.557 | 0.099 | 1.008 | 0.48 | 4.98 | 1.33 | 0.4 | 1 |
| | $ZK_{1203}$ - GP5 | 变质中粒长石砂岩 | 0.074 | 1.827 | 2.89 | 121 | 8.86 | 63.2 | 1.27 | 22.51 | 50.02 | 60.03 | 25.43 | 15.03 | 0.958 | 45.52 | 3.773 | 0.346 | 0.632 | 0.49 | 4.93 | 3.36 | 1 | 1.3 |
| | $ZK_{1203}$ - GP6 | 变质中细粒长石砂岩 | 0.163 | 2.847 | 2.93 | 104 | 9.39 | 43.7 | 1.25 | 18.14 | 68.36 | 44.75 | 17.93 | 10.79 | 0.754 | 44.26 | 3.277 | 0.394 | 0.665 | 0.29 | 7.71 | 5.02 | 1.5 | 1.1 |
| | $ZK_{402}$ - GP7 | 变质中细粒绢云长石砂岩 | 0.051 | 2.209 | 2.64 | 106 | 8.31 | 35.8 | 1.32 | 17.5 | 73.55 | 54.02 | 18.87 | 10.55 | 0.514 | 46.82 | 3.296 | 0.307 | 0.625 | 0.26 | 4.61 | 4.22 | 1.2 | 2.5 |
| | $ZK_{402}$ - GP8 | 千枚状变质绿泥绢云细粉砂岩 | 0.244 | 1.19 | 2.69 | 131 | 8.56 | 35 | 1.47 | 18.27 | 77.32 | 104.8 | 29.26 | 21.04 | 0.49 | 95.35 | 3.887 | 0.245 | 0.735 | 0.24 | 1.35 | 2.13 | 0.7 | 1.2 |
| | $ZK_{1201}$ - GP13 | 变凝灰质砂岩 | 2.913 | 2.542 | 6.83 | 175 | 18.79 | 112 | 1.73 | 17.75 | 20.12 | 13.15 | 8.962 | 6.131 | 1.909 | 33.1 | 5.342 | 0.538 | 3.171 | 0.66 | 53.1 | 5.31 | 3.2 | 0.8 |
| | $ZK_{404}$ - GP18 | 含方解变凝灰质粉砂岩 | 0.112 | 1.633 | 2.89 | 123 | 13.46 | 71.5 | 1.54 | 20 | 34.32 | 44.6 | 15.92 | 10.12 | 1.038 | 32.92 | 3.546 | 0.223 | 1.24 | 0.54 | 6.86 | 4.8 | 1.3 | 4.7 |
| | 平均值（9件） | | 0.482 | 1.693 | 3.156 | 126.1 | 11.12 | 53.278 | 1.53 | 18.18 | 54.69 | 86.298 | 22.73 | 15.28 | 0.817 | 64.37 | 3.795 | 0.309 | 1.101 | 0.402 | 9.633 | 3.443 | 1.2 | 1.622 |
| 变质火山岩类 | $ZK_{303}$ - GP5 | 糜棱岩化变黑云英安玢岩 | 0.061 | 0.623 | 3.31 | 133 | 9.8 | 80.2 | 1.33 | 19.8 | 106.7 | 28.89 | 13.74 | 8.072 | 1.599 | 33.64 | 4.117 | 0.253 | 4.471 | 0.3 | 5.06 | 3.65 | 1.3 | 1.7 |
| | $ZK_{1202}$ - GP15 | 变质安山质凝灰岩 | 0.084 | 0.395 | 1.99 | 57.6 | 11.83 | 36.1 | 1.42 | 21.82 | 70.11 | 70.87 | 22 | 14.38 | 0.712 | 45.07 | 1.806 | 0.191 | 0.396 | 0.22 | 1.83 | 1.75 | 0.4 | 3.2 |
| | $ZK_{402}$ - GP25 | 变质绢云安山岩 | 0.089 | 0.421 | 3.69 | 132 | 7.87 | 88.9 | 3.29 | 12.92 | 29.07 | 40.36 | 13.69 | 11.16 | 0.871 | 37.05 | 3.655 | 0.311 | 0.403 | 0.36 | 0.74 | 2.33 | 0.6 | 0.5 |
| | $ZK_{405}$ - GP2 | 千枚状变安山质凝灰岩 | 0.03 | 0.454 | 1.9 | 83 | 16.53 | 13.2 | 1.47 | 16.91 | 49.31 | 101 | 33.81 | 21.43 | 0.512 | 45.8 | 2.371 | 0.162 | 1.372 | 0.08 | 0.65 | 1.75 | 0.4 | 4.6 |
| | $ZK_{405}$ - GP11 | 变安山质含角砾凝灰岩 | 0.073 | 0.349 | 2.75 | 63.4 | 18.5 | 36.4 | 1.35 | 19.92 | 47.32 | 93.85 | 28.91 | 20.09 | 0.783 | 26.61 | 2.241 | 0.196 | 0.217 | 0.18 | 1.49 | 1.91 | 0.5 | 2.8 |
| | $ZK_{1201}$ - GP7 | 英安质绢云千糜岩 | 0.06 | 1.262 | 3.31 | 178 | 18.56 | 54.7 | 1.34 | 20.29 | 36.04 | 13.96 | 11.34 | 13.45 | 0.909 | 67.55 | 4.767 | 0.29 | 1.129 | 0.25 | 0.79 | 2.25 | 0.6 | 0.9 |
| | $ZK_{1202}$ - GP9 | 绢云石英构造片岩（原岩为英安玢岩） | 0.017 | 0.806 | 2.48 | 70.7 | 8.57 | 105 | 1.67 | 20.13 | 23.62 | 26.81 | 11.26 | 6.992 | 1.027 | 28.11 | 2.004 | 0.252 | 0.972 | 0.49 | 2.37 | 2.55 | 0.6 | 1.6 |
| | 平均值（7件） | | 0.059 | 0.616 | 2.78 | 102.5 | 13.09 | 59.21 | 1.696 | 18.83 | 51.74 | 53.677 | 19.25 | 13.65 | 0.916 | 40.55 | 2.994 | 0.236 | 1.28 | 0.269 | 1.847 | 2.31 | 0.6 | 2.186 |
| 其他 | $ZK_{405}$ - GP3 | 含变粉砂岩角砾隐晶质石墨岩 | 1.025 | 3.953 | 2.48 | 153 | 19.92 | 125 | 1.48 | 23.74 | 84.69 | 65.24 | 31.94 | 10.94 | 2.022 | 42.05 | 4.6 | 0.253 | 2.61 | 1.53 | 25.6 | 3.96 | 2.2 | 12.7 |
| 地壳元素丰度值 | | | 0.13 | 1.1 | 20 | 170 | 29 | 150 | 1.4 | 19 | 47 | 58 | 18 | 10 | 3.8 | 32 | 1 | 2.5 | 1.3 | 4500 | 16 | 13 | 2.5 | 2.1 |

注：Au、Hg单位为$10^{-9}$。

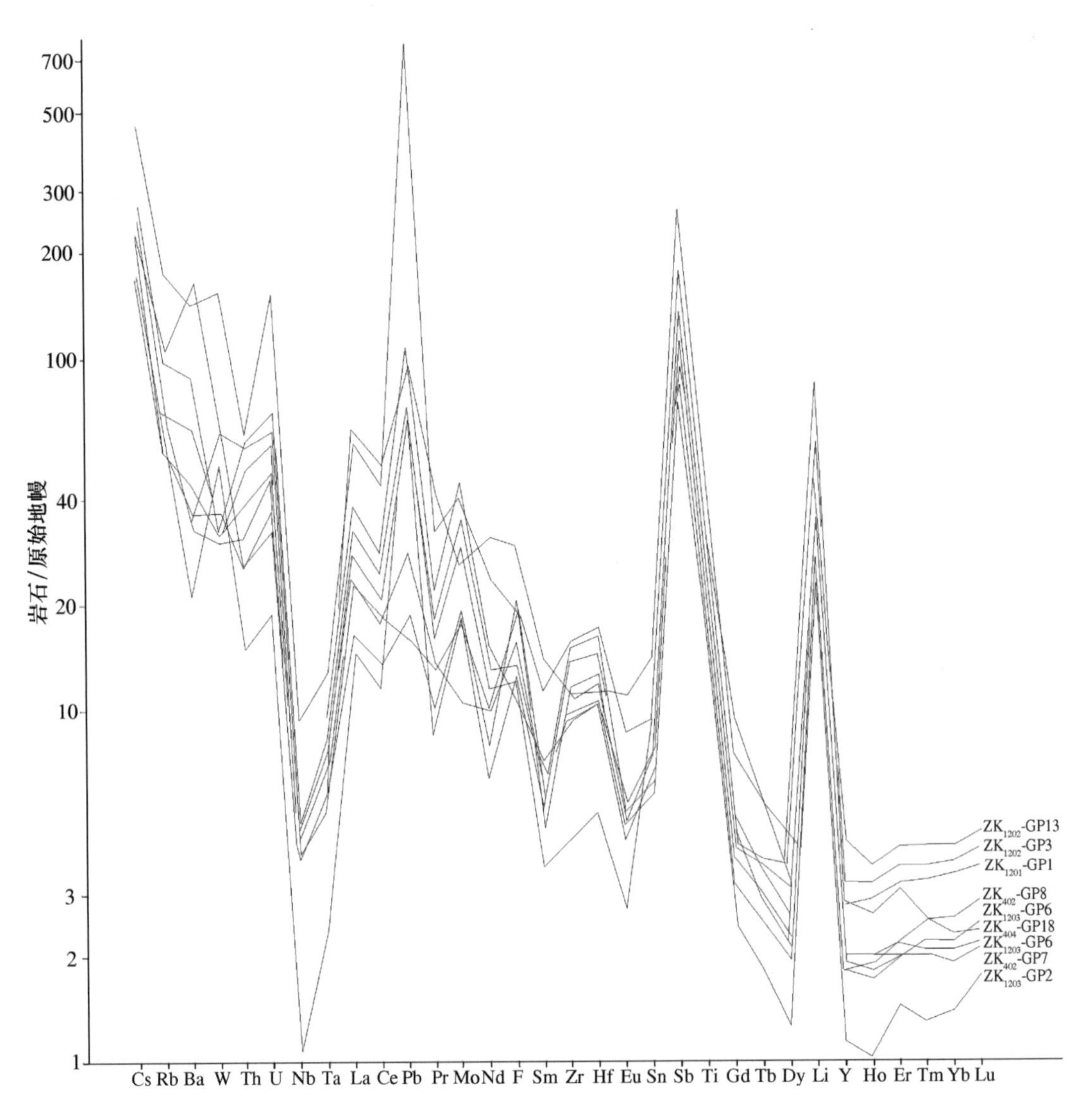


图4－6　济宁群变质碎屑岩类岩石微量元素蛛网图

（标准化数据采用 Sun and Donough，1989）

## 四、变质火山岩类

变质火山岩类主要分布于翟村组，在颜店组和洪福寺组中少见或偶见。可划分为变质火山熔岩类、变质火山碎屑岩类（表4－16），前者主要由变安山岩、变英安玢岩等构成；后者以各种安山质凝灰岩类为主，变火山角砾岩等粗碎屑岩不太发育。岩石化学成分（表4－13）样点大多数落入基性和中性岩分界线附近的玄武岩及玄武安山岩区，少量样品落入安山岩区（图4－7）。

**表 4-16　济宁群变质火山岩类岩石基本特征一览表**

| 岩石类型 | 岩石名称 | 碎屑（或斑晶）成分及含量（最低含量～最高含量/平均数）/% | 胶结物（或基质）成分及含量（最低含量～最高含量/平均数）/% | 样数 | 基本特征 |
|---|---|---|---|---|---|
| 变质火山熔岩类 | 辉绿玢岩 | 斑晶：斜长石 15、辉石 10 | 基质：斜长石 33、辉石 30、黑云母 10、磁铁矿 2 | 1 | 斑状结构，基质辉绿－粗玄结构，块状构造 |
| | 绢云母化碳酸盐化角闪安山玢岩 | 斑晶：斜长石 40、角闪石 10 | 基质：斜长石 30、石英 5、角闪石 15 | 1 | 变余斑状结构，块状构造，斑晶斜长石已绢云母化，角闪石、黑云母等碳酸盐化，基质为变余半自形粒状结构，斑晶 1～2mm |
| | 糜棱岩化（黑云）英安玢岩 | 碎斑：斜长石 19～40/28.6、黑云母 0～10/2.5、石英 0～5/1.0 | 碎基：斜长石 5～35/20.6、石英 15～35/26.8、黑云母 0～17/9、方解石 0～15/7.3、绢云母 0～20/4 | 8 | 碎斑－糜棱岩化结构，块状构造，碎斑粒径 0.3～4mm，圆化明显；碎基粒径 0.01～0.5mm，斜长石多见土化、碳酸盐化、绢云母化，有时见片状矿物围绕斑晶呈斑纹状 |
| | 变英安玢岩 | 斑晶：斜长石 19～23/21、石英 1～5/3、钾长石 0～2/1 | 基质：斜长石 40～46/43、石英 12～15/13.5、钾长石 4～5/4.5、绢云母 0～10/5、方解石 4～7/5.5、黑云母 0～4/2 | 2 | 斑状结构，块状构造，斑晶一般 0.8～4.0mm，基质一般 0.02～0.3mm。斜长石斑晶多发生土化、碳酸盐化、绢云母化。部分黑云母褪色为白云母 |
| | 变角闪安山岩 | 斑晶：斜长石 30～40/35、角闪石15～20/18、 | 基质：45～50，主要为绢云母、绿泥石、绿帘石、长英质微粒 | 2 | 斑状结构，块状构造，基质隐晶质结构。角闪石、斜长石晶形完好，角闪石为原岩中的矿物，不是变质矿物 |
| | 变绢云安山岩 | 斑晶：斜长石 30、黑云母 5、石英 2 | 基质：斜长石 15、石英 27、绢云母 15、方解石 5 | 1 | 变余斑状结构，块状构造，斑晶 0.4～2mm，部分可达 6mm，基质重结晶，由微粒斜长石、石英、绢云母、方解石组成，粒径 0.02～0.1mm |
| | 变安山岩 | 斑晶：斜长石 20、角闪石 25 | 基质：斜长石 15、角闪石 13、隐晶质 15、方解石 9、石英 2 | 1 | 变余斑状结构，块状构造，斑晶一般 0.5～3.0mm，基质间隐间粒结构，粒径一般 0.01～0.1mm |
| 变质火山碎屑岩类 | 千枚状变安山质凝灰岩 | 碎屑：岩屑（安山岩）10，晶屑（斜长石）40 | 填隙物：绿泥石 30、长英质微粒 15、方解石 5 | 3 | 变余凝灰结构，千枚状构造，碎屑棱角状，0.1～0.5mm，碎屑间被重结晶的绿泥石和长英质微粒充填而定向，岩石中见后期方解石脉穿插 |
| | 变安山质凝灰岩 | 碎屑：晶屑（斜长石）20～50/34.4，岩屑（安山岩）0～30/12，晶屑（方解石）0～10/2.4，晶屑（角闪石）0～10/2，晶屑（石英）0～3/0.6 | 胶结物：钠长石 10～25/16、石英 5～11/8.2、绿泥石 5～25/12、绢云母 0～20/7.8、方解石 0～10/3.4 | 5 | 变余凝灰结构，块状构造，碎屑由晶屑和岩屑构成，多棱角状，粒径 0.1～2mm，岩屑多为安山岩；胶结物多重结晶为绿泥石、钠长石、石英等 |
| | 变安山质（含）角砾（晶屑）凝灰岩 | 碎屑：晶屑（斜长石）30～40/37，晶屑（角闪石）0～15/3，岩屑（安山岩）5～40/15 | 胶结物：钠长石 0～15/7、石英 0～5/3、绿泥石 15～30/25、阳起石 0～30/3、方解石 0～15/6、绿帘石 0～15/5 | 6 | 变余凝灰结构，块状构造，砾屑 1～10mm，均为安山质岩屑，斜长石多发生土化、碳酸盐化、绢云母化等，碎屑棱角状，胶结物多被绿泥石、方解石交代，绿帘石为次生的 |
| | 变角闪安山质角砾凝灰岩 | 碎屑：岩屑（安山岩）25，晶屑（斜长石）15、晶屑（角闪石）20，晶屑（石英）3 | 胶结物：石英 22、钠长石 10、绢云母 2、方解石 2 | 1 | 变余含角砾凝灰结构，块状构造，碎屑棱角状，0.1～7mm 不等，角砾为安山岩，晶屑有斜长石、石英、角闪石等，胶结物为新生的钠长石、石英、绢云母、方解石 |
| | 变安山质凝灰角砾岩 | 角砾：50，为安山岩岩屑 | 胶结物：50，绢云母、绿泥石、方解石及长英质微粒 | 1 | 变余火山角砾结构，块状构造，砾屑多为长条状，成分为黑云母安山岩 |

济宁群变质火山岩类岩石变质程度较低，火山岩的原岩性质、结构构造、矿物成分等基本上保持未变，因此，在岩石命名上遵循一般火山岩类岩石命名原则，仅是在岩石基本名称前冠以“变质”以示区别。

## （一）岩相学特征

变质火山熔岩类岩石一般呈灰色—深灰色，变余斑状结构，块状构造，变斑晶一般由斜长石、角闪石、黑云母、石英、辉石等组成，斜长石斑晶一般多发生土化、碳酸盐化、绢云母化等，角闪石发生碳酸盐化，部分黑云母褪色为白云母，斑晶矿物一般结晶完好，粒径0.4～2mm不等，岩石发生糜棱岩化而形成碎斑，构成“眼球状”或“斑纹状”构造；基质一般粒度较细，矿物成分主要为斜长石、石英、角闪石、黑云母、绢云母、绿泥石、方解石等，矿物粒径一般为0.01～0.1mm。

变质火山熔岩类岩石主要有变（绢云、角闪）安山岩（图版Ⅲ中63、64、89、48）、变英安斑岩（图版Ⅲ中121、122）、糜棱岩化（黑云）英安斑岩（图版Ⅲ中147、65、58、22、18、15、17）、辉绿岩（图版Ⅲ中172）等，其中部分岩石可能为潜火山岩。

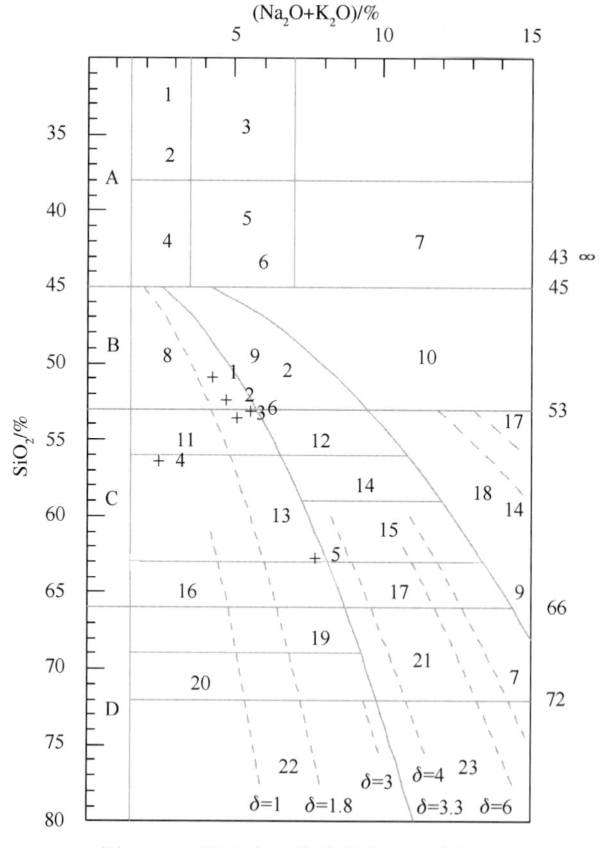


图4－7　邱氏火山岩分类命名综合图解

（据邱家骧，1982）

A（超基性岩类）：1、2—玻基纯橄岩－金伯利岩类，3—黄长玄武岩类，4—苦橄岩类，5、6—霞石碱玄岩－玻基辉（橄）岩类，7—霞石岩类；B（基性岩类）：8—玄武岩，9—碱性玄武岩，10—白榴碱玄岩－白榴岩类；C（中性岩类）：11—玄武安山岩，12—玄武粗安岩，13—安山岩，14—粗安岩，15—粗面岩，16—石英安山岩（安山英安岩），17—石英粗面岩，18—响岩类；D（酸性岩类）：19—英安岩（流纹英安岩），20—英安流纹岩，21—碱流岩，22—流纹岩，23—碱性流纹岩；δ—里特曼指数及分区变质火山碎屑岩类岩石碎屑多较细，以凝灰岩为主，火山角砾、火山集块等碎屑普遍含量较低。该岩类岩石一般呈灰色—深灰色，变余凝灰结构，块状构造，碎屑主要为岩屑和晶屑，碎屑多为棱角状—次棱角状。镜下所见岩屑均为安山岩岩屑，多为凝灰级碎屑，火山角砾一般含量较少；晶屑主要为斜长石、角闪石等，其次还有少量石英等；胶结物或填隙物多重结晶为绢云母、绿泥石及长英质微粒等，充填于碎屑间，部分胶结物矿物定向分布形成千枚状构造。

变质火山碎屑岩类岩石主要有千枚状变安山质凝灰岩、变安山质凝灰岩、变安山质（含）角砾（晶屑）凝灰岩、变角闪安山质角砾凝灰岩及变安山质凝灰角砾岩等。

典型的变质火山岩类样品显微特征如下：

**1. 变英安斑岩（样品编号：$ZK_{1202}$ – B012）**

岩石呈变余斑状结构，块状构造，岩石由斑晶（30%）和基质（70%）两部分组成。斑晶主要由斜长石（23%）、石英（5%）和钾长石（2%）组成，粒径一般为0.8～3.0mm，裂纹较发育，多沿其周边分布；基质主要由斜长石（40%）、石英（15%）、钾长石（5%）、黑云母（4%）、方解石（4%）及磁铁矿（2%）等组成，粒径一般为0.02～0.3mm，多呈微粒结构。

斜长石：斑晶中的斜长石较为自形，可见聚片双晶，多发生土化、碳酸盐化、绢云母化；基质中的斜长石多为颗粒细小的钠长石。

石英：呈不规则粒状，可见波状消光，有的颗粒发生重结晶作用；斑晶中的石英多呈不规则集合体状。

钾长石：不规则状，可见条纹结构，多呈填隙状分布。

黑云母：浅褐黄色，片状，部分发生绿泥石化，有的褪色变为白云母。

磁铁矿：黑色，不规则粒状，零星分布于基质中。

变英安斑岩、糜棱岩化（黑云）英安斑岩主要分布在翟村组和颜店组中，一般数量不多，规模较小，主体岩性为变质英安斑岩（图版Ⅱ中2、3），大部分岩石糜棱岩化作用较强。该岩类尽管厚度普遍不大，但在剖面上连续性较好，在地层对比中可作为标志层。

**2. 变角闪安山岩（样品编号：$ZK_{404}$ – B021）**

岩石呈变余斑状结构，块状构造，主要由角闪石、斜长石、石英、方解石、隐晶质及磁铁矿等组成，构成岩石的主要矿物多发生蚀变而成变余斑状结构。变斑晶（45%）主要由斜长石（20%）、角闪石（25%）组成，粒径一般为0.5～3.0mm；变基质（55%）呈间隐间粒结构，主要由斜长石（15%）、隐晶质（15%）、角闪石（13%）、方解石（9%）、石英（2%）及磁铁矿（1%）等组成，粒径一般为0.01～0.1mm，隐晶质物已发生重结晶。

斜长石：柱粒状，可见双晶，多发生土化、绢云母化、碳酸盐化。

角闪石：绿色，柱粒状，多被绿泥石、磁铁矿交代呈其假象。

石英：不规则粒状，零星分布。

方解石：不规则粒状，多呈不规则集合体状，零星分布。

磁铁矿：黑色，不规则粒状，有的为角闪石蚀变产物，零星分布。

隐晶质：多被重结晶为微细粒状的钠长石、石英、绿泥石、绢云母等。

变安山岩类岩石主要有变角闪安山岩、变质绢云安山岩及变质安山岩等，多见变余安山结构（图版Ⅱ中22），主要分布于翟村组中，一般厚度不大，数量较少，分布也较局限。

**3. 千枚状变安山质凝灰岩（样品编号：$ZK_{405}$ – B002）**

岩石呈灰色—浅灰色，变余凝灰结构，千枚状构造，碎屑（50%）主要由晶屑和岩屑构成，晶屑主要为斜长石（40%），岩屑主要为安山质岩屑（10%）。胶结物（50%）充填于碎屑间，多发生变质重结晶形成了绿泥石（30%）、长英质微粒（15%）和方解石（5%）等。岩石中的方解石矿物局部聚集成脉状。

斜长石（晶屑）：呈棱角状及半自形板状，大小一般0.1～0.5mm，可见聚片双晶。

岩屑（安山质）：呈棱角状及透镜状，有拉长现象，具安山结构，斑晶为斜长石。有些岩屑被绿泥石、方解石交代，边界不清。

绿泥石（胶结物）：鳞片状，多形成条纹状集合体围绕碎屑呈定向分布，构成千枚状构造。

长英质微粒（胶结物）：粒度一般小于0.05mm，与绿泥石一起分布在碎屑间，构成千枚状构造。

方解石：他形粒状，多与绿泥石分布在一起，有时呈脉状集合体。

千枚状变安山质凝灰岩主要见于翟村组中上部，岩石分布相对较局限而且数量不大，多与千枚岩相伴生。

**4. 变安山质凝灰岩（样品编号：$ZK_{405}$ – B010）**

岩石呈浅灰色—灰绿色，变余凝灰结构，块状构造，碎屑（60%）主要为斜长石晶屑（50%）和安山质岩屑（10%）；胶结物（40%）充填于碎屑间，被绿泥石（30%）交代。岩石中可见后期方解石呈网脉状穿插分布。

晶屑（斜长石）：呈棱角状及半自形板状，大小一般0.05～0.5mm，多具聚片双晶，有绢云母化现象。

岩屑（安山质）：呈棱角状及透镜状，具斑状结构，大小一般0.5～1mm，多被绿泥石交代，有的界限不清。

绿泥石（胶结物）：显微鳞片状，与长英质微粒一起分布于碎屑间。

方解石：他形粒状，多构成透镜状及网脉状集合体。

变安山质凝灰岩主要见于翟村组中，在颜店组、洪福寺组中也有分布。变安山质凝灰岩与含火山角砾的凝灰岩为过渡岩类。

**5. 变角闪安山质角砾凝灰岩（样品编号：$ZK_{404}$ – B020）**

岩石呈灰色—灰绿色，变余含角砾凝灰结构（图版Ⅱ中35），块状构造，岩石由砾屑（10%）、岩屑（15%）、晶屑（39%）及胶结物（36%）组成，砾屑、岩屑均为安山岩，晶屑主要为斜长石（15%）、角闪石（20%）、石英（3%）及磁铁矿（1%）等，胶结物主要为石英（22%）、钠长石（10%）、绢云母（2%）及方解石（2%）等。

砾屑：成分为安山岩，呈角砾状，多发生蚀变，大小为2.0～7.0mm，砾屑具斑状结构，主要由斜长石、角闪石、绢云母、磁铁矿等组成。

岩屑：成分为安山岩，棱角状，多发生蚀变，粒径一般为0.1～2.0mm，与砾屑的特征一致。

斜长石（晶屑）：棱角状，可见双晶，多发生土化、绢云母化、碳酸盐化。

角闪石（晶屑）：绿色，棱角状，有的发生碳酸盐化。

磁铁矿（晶屑）：黑色，不规则粒状，零星分布。

胶结物：分布于砾屑、岩屑和晶屑等颗粒间，重结晶为微粒钠长石、石英、绢云母、方解石等矿物。

该类岩石主要分布于翟村组中，在颜店组中也有少量分布。岩石主体为凝灰岩，其内含有不同数量、不同粒级的岩屑而成为单独命名的岩石，晶屑中出现大量的角闪石，岩石的主体成分为安山质，岩石中的碎屑以岩屑、晶屑为主，岩屑成分为安山岩（图版Ⅱ中1、23）或角闪安山岩，碎屑粒级达砾级则为火山角砾，大小相差悬殊，形态呈角砾状或棱角状。

**6. 变安山质凝灰角砾岩（样品编号：$ZK_{1203}$－B007）**

岩石为灰色—浅灰绿色，变余火山角砾结构，块状构造，岩石由砾屑（50%）和填隙物（50%）两部分组成。砾屑多塑性变形为长条状、长透镜状或扁豆状，大小一般为2～10mm不等，个别岩层角砾长轴达数厘米，但扁平砾石的平面形态仍保留其角砾形状。砾屑成分主要为黑云母安山岩，角砾多为长条状，砾屑长轴方向呈平行定向分布。黑云母安山岩砾屑中可见板条状斜长石微晶和斑晶，斑晶多被绢云母、绿泥石等交代。填隙物主要为安山质凝灰物质，晶屑主要成分为斜长石，大小一般为0.3～1mm，一般呈棱角状及透镜状，斜长石晶屑与绢云母、绿泥石、方解石等一起填充于碎屑间，构成填隙物。

该样品取自洪福寺组中，翟村组的中下部层位应为该岩石类型的聚集分布层位。

## （二）岩石化学特征

6件变质火山岩类岩石硅酸盐分析样品均采自翟村组。岩石化学成分（表4－13）：$SiO_2$ 在50.86%～64.34%之间变化，平均为56.70%，略高于世界安山岩平均值（54.20%）；$TiO_2$ 在0.3285%～0.6047%之间变化，平均为0.4443%，比世界安山岩平均值（1.30%）低3倍多；$Al_2O_3$ 在10.11%～16.06%之间变化，平均为13.93%，低于世界安山岩平均值（17.17%）；$Fe_2O_3$ 在0.74%～3.12%之间变化，平均为1.65%，低于世界安山岩平均值（3.48%）近2倍多；FeO 在2.73%～18.94%之间变化，平均为6.76%，明显高于世界安山岩平均值（5.49%）；CaO 在0.72%～9.357%之间变化，平均为5.615%，明显低于世界安山岩平均值（7.92%）；MgO 在1.123%～5.091%之间变化，平均为3.164%，低于世界安山岩平均值（4.36%）；$K_2O$ 在0.457%～3.645%之间变化，平均为1.92%，稍高于世界安山岩平均值（1.11%）；$Na_2O$ 在0.5973%～5.217%之间变化，平均为2.88%，略低于世界安山岩平均值（3.67%）；$P_2O_5$、MnO等组分平均值比世界安山岩平均值低近1倍多。

岩石的里特曼指数（$\sigma$）为0.45～3.02之间，平均为1.935，其中有2件样品（$ZK_{1202}$－YQ9、$ZK_{402}$－YQ25）里特曼指数（$\sigma$）分别为0.45和0.98，小于1.8，属于钙性岩石化学类型，其他样品的里特曼指数（$\sigma$）均处于2～3之间，属于钙碱性岩石化学类型。碱度指数（*AR*）为 1.46 ~ 2.50 之间，平均为 1.465，碱度指数偏低，指数值的变化区间也较小，指示济宁群变质火山岩类应形成于岛弧或活动大陆边缘环境。固结指数（*SI*）为 7.93 ~ 30.82，数值变化大，平均 20.27，数据大多反映为安山岩 - 玄武安山岩区域范畴。岩石化学分析结果投影到 $FeO^*/MgO—TiO_2$ 图解中（图 4 - 8），投点落入岛弧拉斑玄武岩区（IAT），与碱度指数所指示的形成环境相同。

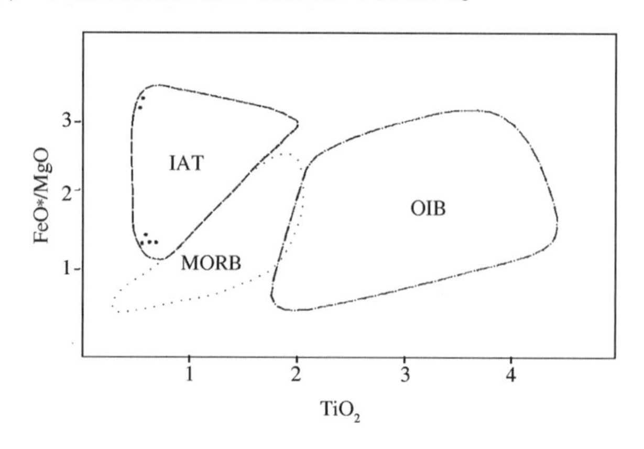


图 4 - 8　$FeO^*/MgO - TiO_2$ 图解

（据格拉席，1974）

MORB—洋中脊拉斑玄武岩；IAT—岛弧拉斑玄武岩；OIB—洋岛玄武岩

### （三）稀土元素地球化学特征

6 件稀土元素分析样品的分析结果和特征数据见表 4 - 14。稀土总量 ∑REE 在 $68.98 \times 10^{-6} \sim 114.3 \times 10^{-6}$ 之间变化，平均为 $90.11 \times 10^{-6}$，变化幅度较大，稀土总量最大、最小值分别为 $ZK_{303}$ - XT5（糜棱岩化变黑云英安斑岩）和 $ZK_{402}$ - XT25（变绢云安山岩），显示其与其他样品的不和谐性，稀土总量的高离散性可能说明了成岩环境的差别和成岩物质来源的差异性。轻稀土元素总量在 $62.33 \times 10^{-6} \sim 105.4 \times 10^{-6}$ 之间变化，平均为 $81.58 \times 10^{-6}$，轻稀土总量变化特点同稀土总量；重稀土元素总量在 $6.048 \times 10^{-6} \sim 11.32 \times 10^{-6}$ 之间变化，平均为 $8.382 \times 10^{-6}$；轻重稀土总量比值在 7.41 ~ 13.87 之间变化，平均为 10.16，轻稀土总量远大于重稀土总量，为轻稀土富集型；δCe 在 0.93 ~ 0.96 之间变化，δCe 值接近于 1，无明显亏损与富集现象；δEu 在 0.83 ~ 1.29 之间变化，平均为 1.08，δEu 值大部分在 1.00 前后做小幅度震荡，同样无明显的 Eu 亏损。$La_N/Yb_N$ 比值在 6.91 ~ 20.27 之间变化，平均为 11.79，反映变质火山岩类岩石稀土元素具中等程度的富集和分馏；代表轻稀土元素富集和分馏程度的 $La_N/Sm_N$ 比值在 3.22 ~ 5.56 之间变化，平均为 3.77，轻稀土元素为相对较富集型，且富集和分馏程度相对较平稳；$Sm_N/Nd_N$ 比值在 0.47 ~ 0.57 之间变化，平均为 0.53，说明中稀土元素是亏损的。

岩石稀土元素配分曲线（图 4 - 9）为右倾型，轻稀土富集，无明显正负铕异常。$ZK_{402}$ - XT25 样品曲线在 Er—Lu 元素间起伏变化较大，明显不同于其他样品。从稀土元素 La 到 Ho 曲线倾斜度在 35°左右；稀土元素 Ho 到 Lu 曲线总体趋于水平状态，个别曲线具微上翘趋势，说明重稀土元素富集程度较小，分馏作用也不明显。稀土配分曲线型式尽管具明显的一致性，但重稀土元素部分分布范围比较宽泛，可能指示岩石的岩浆演化阶段不同或是受后期成分变化的影响。

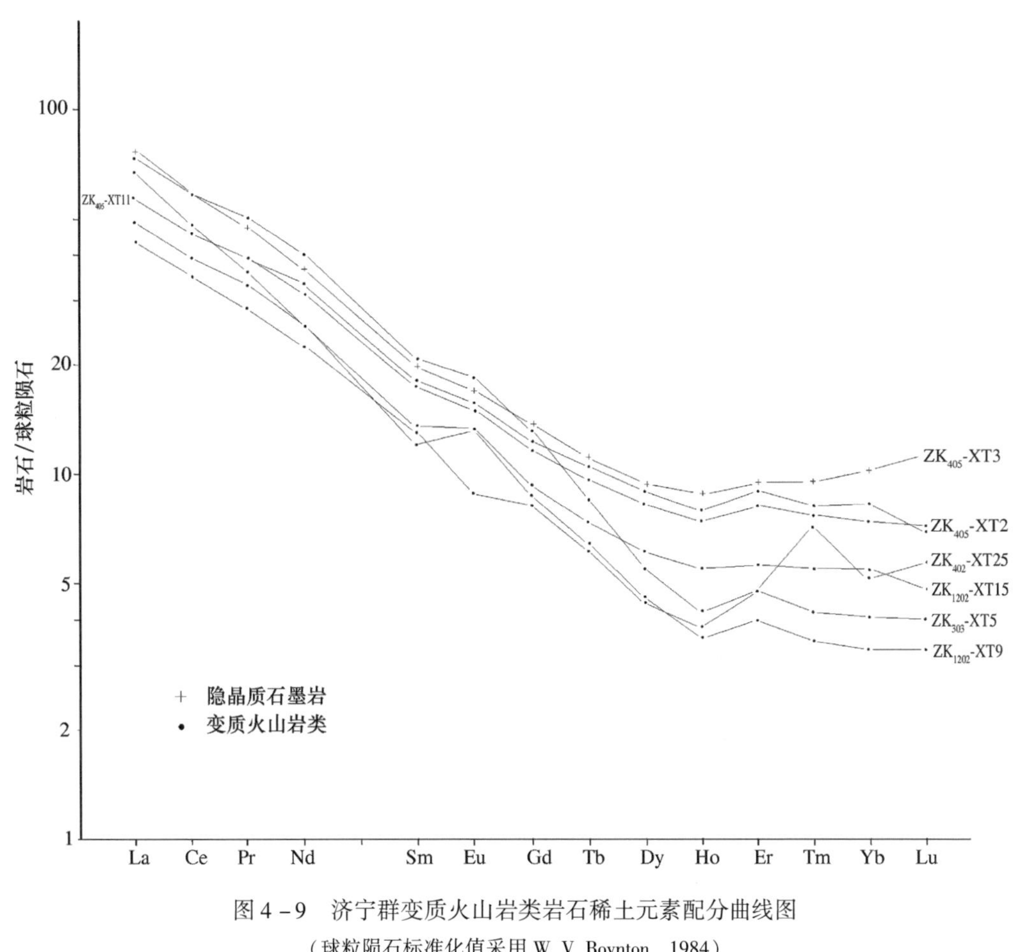


图4－9　济宁群变质火山岩类岩石稀土元素配分曲线图

（球粒陨石标准化值采用 W. V. Boynton，1984）

## （四）微量元素地球化学特征

6件微量元素分析样品（表4－15）的分析结果表明，微量元素平均值大于地壳丰度值的元素分别为As、Se、Bi、Cr、Li、Hf等，一般为地壳丰度值的1～5倍；微量元素平均值与地壳丰度值大致相当的元素分别为Au、Zn、Sb、Ba、V、F、Cs、Te、Ge、Sc、W、Br、Ga、Cu、Ni等；微量元素平均值小于地壳丰度值的元素分别为Hg、I、Sn、In、Cd、Mo、Nb、Y、Rb、Be、Ta、Pb、Th、U等，一般低于地壳丰度值1～10倍。

岩石微量元素经原始地幔数据标准化后所做的蛛网图（图4－10）可以看出：①各元素所表现出来的变化趋势是一致的，仅数值的大小和起伏变化的幅度有所差异；②不同岩石间W、Pb、Eu、Tm、Yb等元素在蛛网图上出现了相反的变化特征，但没有出现特别不协调的元素；③有些元素如Cs、W、Nb、Pb、Sb、Dy、Li等，尽管含量趋势变化一致，但变化幅度极大，个别元素的含量变化达数十倍，这种微量元素数值的显著变化可能只是其物质来源的差异性。

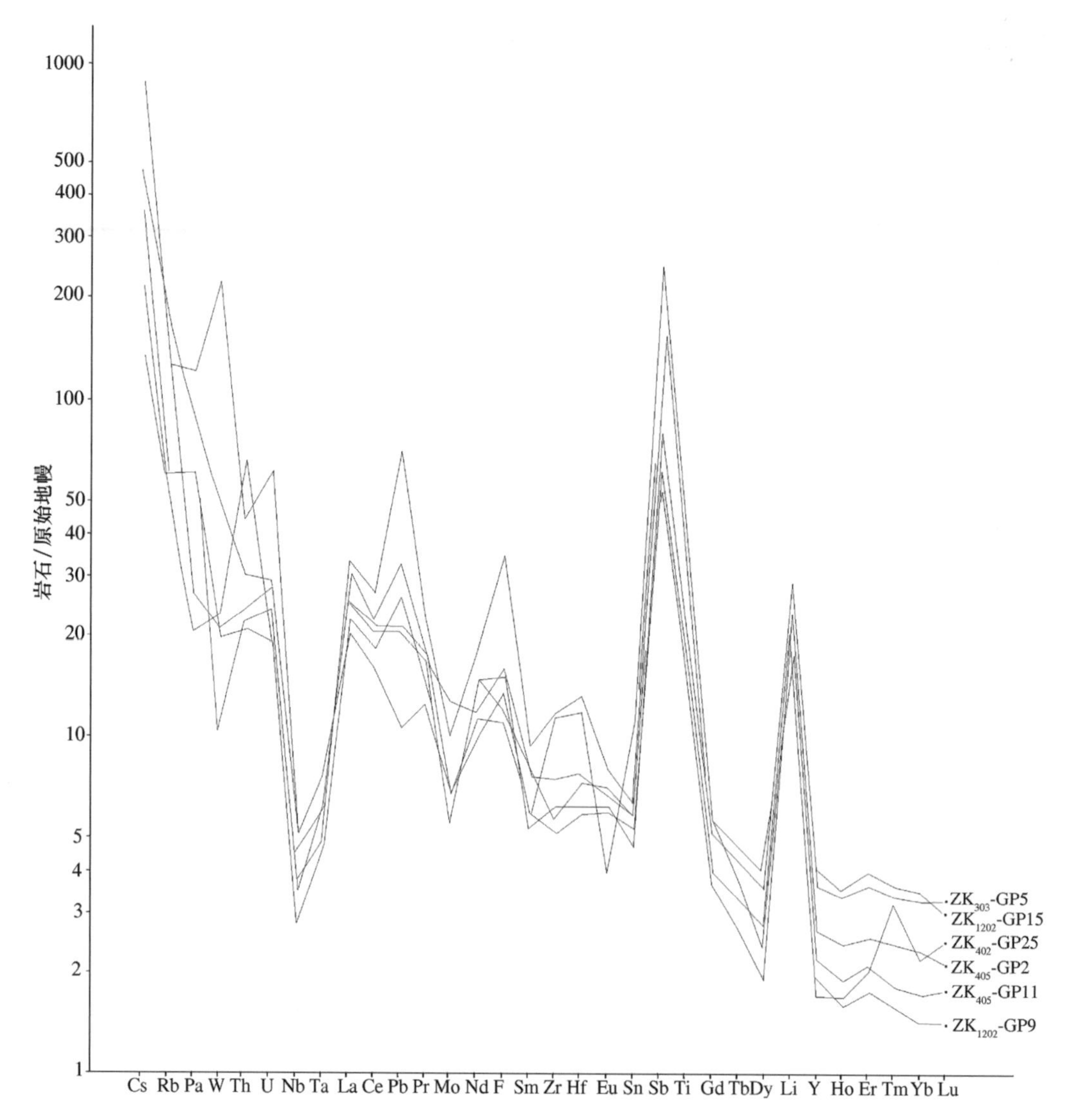


图4-10　济宁群火山碎屑岩类岩石微量元素蛛网图

（标准化数据 Sun and Donough，1989）

## 五、其他变质岩类

### 1. 隐晶质石墨岩

由于岩石质地软，钻机对该岩石的搅动和冲洗液的循环冲洗，岩心中完整的隐晶质石墨岩很难看到，岩心中见到的主要是砾屑或泥质条带碎块，是机械破碎所致，围绕砾屑或泥质条带分布的隐晶质石墨被循环水冲蚀殆尽。该类岩石在洪福寺组中分布较多，在颜店组、翟村组中也有分布。隐晶质石墨岩（图版Ⅲ中87、114）、碳质千枚岩（图版Ⅲ中2、26、29、163）等可能是海水中浮游生物沉积所致。

### 2. 绿泥阳起千枚岩

绿泥阳起千枚岩、千枚状阳起石岩（图版Ⅲ中62）仅见于$ZK_{403}$钻孔翟村组中，岩石呈浅灰绿色，鳞片柱粒状变晶结构，千枚状构造，岩石主要由阳起石（70%～75%）、绿泥石（8%～20%）、石英（2%～5%）、斜长石（0～15%）及方解石（0～5%）等组成，阳起石、绿泥石等矿物定向分布使岩石具千枚状构造特征。

阳起石：浅绿色，柱状，少量为纤维状，柱长一般0.05～0.15mm，部分呈定向分布。

绿泥石：显微鳞片状，浅绿色，多构成条纹状集合体定向分布。

斜长石：他形粒状及半自形板状，分布于阳起石粒间，粒度一般0.1～0.3mm，有时可见聚片双晶。

石英：局部可见，他形粒状，与绿泥石、方解石等组成条纹状集合体，粒度一般0.02～0.05mm。

方解石：他形粒状，局部可见，有时形成细脉状穿插分布于岩石中，有时单独或与石英一起呈条纹状集合体，粒度一般0.05～0.1mm。

# 第二节　区域变质作用

## 一、典型变质矿物共生组合

济宁群变质岩的矿物共生组合受原岩化学成分的影响而有所不同（表4－17）。原岩为（黏土质）泥岩的变质矿物共生组合为：石英＋钠长石＋绢云母＋绿泥石＋方解石；原岩为含铁质泥岩的变质矿物共生组合为：石英＋钠长石＋绢云母＋绿泥石＋方解石＋黑云母±磁铁矿；原岩为富含钙镁质泥岩的变质矿物共生组合为：石英＋钠长石＋阳起石＋绢云母＋绿泥石＋方解石；原岩为正常硅铁建造岩石的变质矿物共生组合为：石英＋磁铁矿＋绢云母＋绿泥石＋方解石；原岩为富铁硅铁建造岩石的变质矿物共生组合为：石英＋磁铁矿＋黑云母＋方解石±绿泥石±绢云母±钠长石。

**表4－17　济宁群变质矿物共生组合表**

| 变质作用 | 变质岩类型 | 原岩类型 | 变质矿物共生组合 |
| --- | --- | --- | --- |
| 低温动力变质作用（绿片岩相变质） | 绢云（绿泥）千枚岩 | （黏土质）泥岩 | 石英＋钠长石＋绢云母＋绿泥石＋方解石 |
| | 含磁铁黑云千枚岩 | 含铁质泥岩 | 石英＋钠长石＋绢云母＋绿泥石＋方解石＋黑云母±磁铁矿 |
| | 绿泥阳起石千枚岩 | 含钙镁质泥岩 | 石英＋钠长石＋阳起石＋绿泥石＋绢云母＋方解石 |
| | 绿泥（绢云）石英磁铁岩 | 硅铁建造 | 石英＋磁铁矿＋绿泥石＋绢云母＋方解石 |
| | 黑云石英磁铁岩 | 富铁硅铁建造 | 石英＋磁铁矿＋黑云母＋方解石±绿泥石±绢云母±钠长石 |

岩石中最常见、分布最广的变质矿物是石英、钠长石、绢云母、绿泥石、磁铁矿和方解石，另有少量矿物如黑云母、阳起石等出现在特殊层段中。

方解石在岩石中有两种分布状态，其一是呈脉状、细脉状分布者，为后期方解石脉的穿插（图版Ⅱ中19）；其二是呈条带状分布者，与其他矿物分别集中构成平行条带分布

（图版Ⅱ中34、36），是原岩中的碳酸钙成分在区域变质作用过程中发生重结晶而形成的方解石，方解石矿物在济宁群中分布比较普遍，大部分岩石中都能见到其踪迹。

黑云母作为变质矿物出现在相对比较固定的层段中，依据黑云母的出现和消失可以划分出黑云母变质带。通过大量薄片统计发现，黑云母上限一般出现在洪福寺组与颜店组界线稍微靠上一点，下限不是特别清晰，大多数情况下处于颜店组与翟村组的界线附近，个别地段向翟村组延伸较多。黑云母总体出现在颜店组这一特殊层段中，“黑云母带”没有明显的“穿层”现象。黑云母的粒度细、边界不甚清晰、晶形不好，为雏晶黑云母（图版Ⅱ中32）。

阳起石分布较局限，仅见于翟村组部分层段中，所构成的变质岩一般为绿泥阳起千枚岩、千枚状阳起石岩等，与原岩中富含钙镁质硅酸盐有直接关系，阳起石所代表的变质程度与黑云母雏晶变质带相当。

## 二、主要变质矿物特征

石英：石英出现在各类变质岩石中。一般以两种方式分布，其一是碎屑石英，原岩为碎屑岩，石英作为碎屑颗粒出现，多呈棱角状、小透镜体状、不规则粒状等，多见波状消光；其二是变质石英，在岩石中一般颗粒细小，呈微粒状，往往与钠长石一起构成长英质细脉或条带，多为原岩的胶结物，多分布于碎屑颗粒的周围。济宁群中的石英以变质新生成的微粒石英为主，常见于各类千枚岩、磁铁石英岩、千枚状变质细砂岩中。

钠长石：钠长石与石英一样广泛分布于各类岩石中。钠长石也有两种分布方式，其一为碎屑钠长石（有时为斜长石），作为碎屑颗粒出现在岩石中，多呈棱角状、小透镜体状或不规则柱粒状等，粒径一般相对粗大；其二是变质新生钠长石，一般呈微粒状与石英一起构成微粒长英质矿物集合体或条带，是由原岩中泥质胶结物变质而成的，多围绕碎屑颗粒的周边分布或填充。

绢云母：绢云母在济宁群中分布最广，各类岩石中均能见到。绢云母均为变质矿物，呈鳞片状，多由斜长石或原岩泥质变质而来。有时绢云母与石英、斜长石、方解石等一起呈透镜状、条带状集合体定向分布。

绿泥石：鳞片状，淡绿色，多呈条带状、条纹状、条痕状集合体定向分布，有时见与绢云母构成的条带等相间分布。绿泥石也是济宁群中最常见的变质矿物之一，广泛分布于千枚岩中。

黑云母：济宁群中见两种黑云母，其一是原岩残留黑云母，见于变英安斑岩、角闪安山岩等火山岩中，英安斑岩常发生塑性变形，黑云母往往围绕斑晶定向分布，局部发生绿泥石化、绢云母化，显示黑云母发生了退变质作用；其二是变质新生黑云母，多分布于颜店组含铁建造及其上下层位中，在磁铁石英岩、千枚岩中均能见到呈微晶出现的黑云母，黑云母与多种矿物一起组成条带状构造，常见的有：以黑云母为主的条带、磁铁矿+黑云母条带、黑云母+绿泥石条带等。黑云母多呈微晶、雏晶状分布，颗粒细小、边界不甚清晰、晶形不好，多呈淡褐色，在条带状磁铁石英岩中偶尔也能看到呈绿色片状分布的黑云母（$ZK_{402}$ - B024）。

方解石：方解石为济宁群中的常见矿物，多与其他矿物一起构成条带状构造。其分布形式有两种，其一是方解石集合体呈脉状、细脉状斜穿层理分布，代表后期碳酸盐脉的贯入；其二是方解石为不规则粒状，与其他矿物一起构成不同矿物的透镜体、条纹－条带等，方解石含量与原岩中碳酸盐的多寡有关。在个别薄片（$ZK_{403}$－B005）中可见到方解石与菱铁矿共生，基本上代表着该岩石形成于碳酸盐相。

阳起石：阳起石在济宁群中分布较局限，主要见于$ZK_{403}$钻孔的翟村组中，岩石主要为千枚状阳起石岩、绿泥阳起千枚岩等，阳起石的出现指示原岩中含有较多钙镁质硅酸盐成分。阳起石呈浅绿色柱状，部分为纤维状，柱长一般0.05～0.3mm，部分定向分布。

### 三、变质作用的温压条件

济宁群中广泛分布的千枚岩类岩石是由泥质岩石变质而来的，泥质岩对变质作用的反应最为敏感，原岩为泥质岩石的变质岩也是研究变质岩、变质作用、变质相系及变质温压条件等最好的岩石类型之一。在济宁群中广泛分布、相互共生的变质矿物主要有：绢云母、绿泥石、钠长石、阳起石、雏晶黑云母、石英、方解石等。阳起石出现在含钙镁硅酸盐成分相对较高的泥质岩石中，分布局限；黑云母雏晶出现在颜店组及其上下界线附近。

上述变质矿物组合及特征，显示了绿片岩相的特征矿物组合，指示济宁群经历了区域低温动力变质作用，推测变质温度为350～500℃，压力为0.2～0.5GPa。鉴于矿物组合组出现黑云母，说明济宁群中下部（颜店组和翟村组）位于绿片岩相的高温部分。

## 第三节　变质岩的原岩性质

济宁群变质程度较低，许多岩石保留明显的原岩结构、构造，因此原岩恢复主要根据钻孔岩心保留的地层特征及岩相学特征等原生标志，结合岩石化学图解进行判别分析。

### 一、原生标志恢复原岩性质

#### （一）变质泥质岩类

变质泥质岩类主要为各种千枚岩，常见其与变质细碎屑岩共同构成不同成分的纹层理构造，单个纹层一般0.5～1.0cm宽，一个相对较完整的韵律层一般厚1～3cm，个别厚度达到10cm以上。洪福寺组中韵律层一般由变质中细粒砂岩－变质粉细砂岩－千枚岩构成；颜店组中韵律层一般由变质粉细砂岩－条纹－条带状磁铁石英岩－千枚岩等构成，变质粉细砂岩局部地段由变质凝灰质粉细砂岩所替代；翟村组中韵律层一般由变质中细粒凝灰质砂岩－千枚岩构成，多处于两套变质火山岩中间，韵律层沉积厚度相对较大些。这种特征指示千枚岩主要为正常沉积的泥质岩类。

济宁群不同种类千枚岩的原岩性质有所不同。一般正常沉积的以黏土矿物为主的泥岩经绿片岩相区域变质作用多形成绿泥绢云千枚岩或黑云千枚岩；正常泥岩中混有砂屑或砾屑，则形成含砂砾的千枚岩；泥岩中含有大量的凝源类单细胞藻类而形成（含）碳质千枚岩或隐晶质石墨岩；钙质泥岩经绿片岩相区域变质作用多形成钙质千枚岩或含铁白云石千枚岩或方解石千枚岩等，如泥岩中含有较多的钙镁质硅酸盐则形成阳起石千枚岩。

### （二）变质碎屑岩类

变质碎屑岩类有时构成某一段地层的主体，有时与千枚岩、条纹－条带状磁铁石英岩等构成韵律性沉积条带或薄层。岩层在走向上常不甚稳定，与千枚岩等为相变过渡关系。变质碎屑岩类包括正常碎屑岩类和含火山物质的碎屑岩类两大类。正常碎屑岩类主要有砾岩（变质砾岩、千枚状绢云变质砾岩）、中细粒砂岩［变质中粒长石砂岩、变质中细粒（绢云）长石砂岩、千枚状变质（绢云）中细粒砂岩等］及粉细砂岩（千枚状变质绿泥绢云细粉砂岩）等；含火山物质的碎屑岩主要有变质凝灰质中细粒砂岩－凝灰质砂岩－凝灰质粉砂岩等，含火山物质的碎屑岩多为细碎屑岩。岩石中常保留明显的变余砂状结构（图版Ⅱ中 1、5、14）、变余凝灰结构（图版Ⅱ中 26、25、35）等。说明其原岩主要为正常碎屑沉积岩，部分为火山沉积岩或火山碎屑岩。

岩石中的砂屑多为晶屑，呈棱角状—次棱角状，很少见到磨圆相对较好的次圆状颗粒，构成晶屑的矿物成分一般为石英、斜长石，偶尔见到方解石、磁铁矿及黑云母等，变质砾岩中能见到泥岩的砾屑，在凝灰质砂岩中大多能见到安山质岩屑等。从砂屑的成分及颗粒形态判断，砂屑未经过长距离的搬运而且砂屑中还时常出现方解石、黑云母及磁铁矿等抗风化能力较弱的矿物；砂岩中胶结物含量较多，分选磨圆极差，多以杂砂岩的形式产出。由此推断，沉积时的水动力条件不强，碎屑物质搬运距离较短，来自于下伏和附近的新太古代变质岩系。

### （三）变质硅铁质建造岩类

磁铁石英岩呈条纹状、条带状、纹层状、薄层状等分布于千枚岩、变质粉细砂岩等组成的韵律沉积层中，磁铁石英岩条带相对集中分布则形成铁矿层，而磁铁石英条带分布稀疏时则不能形成铁矿层。济宁群中含磁铁矿的岩石类型较多，但主要由磁铁矿、石英两种矿物组成的岩石则较少，许多岩石中含有数量不等的方解石、绿泥石、绢云母、黑云母等，有时见有大量的凝灰质分布于含铁岩系中。磁铁石英岩常有浅色和暗色两种条带，浅色条带一般由石英、斜长石、方解石等组成，暗色条带一般由磁铁矿、黑云母等组成。因此，判断磁铁石英岩应是形成于浅海的化学沉积物，为相对较还原的沉积环境。

### （四）变质火山岩

变质火山岩包括变安山质凝灰岩、变安山岩及变英安斑岩等。变安山质凝灰岩中有时含有数量不等的火山角砾，角砾大小不一，大者 10mm 左右，为安山岩岩屑，角砾边界清晰。变安山岩及变英安斑岩，厚度一般不大，呈透镜体状，分布不甚稳定。推测变质火山岩为海底中性、中酸性火山喷发产物。

## 二、图解判别原岩性质

将岩石化学分析结果经计算处理投影到尼格里四面体图解中（图 4－11），千枚岩投影点主要落入“黏土岩类区”和“火山岩区”两大区域内。洪福寺组样品几乎全部落入黏土岩类区；颜店组样品部分落入黏土岩类区，部分落入火山岩区；翟村组样品全部落入火山岩区。

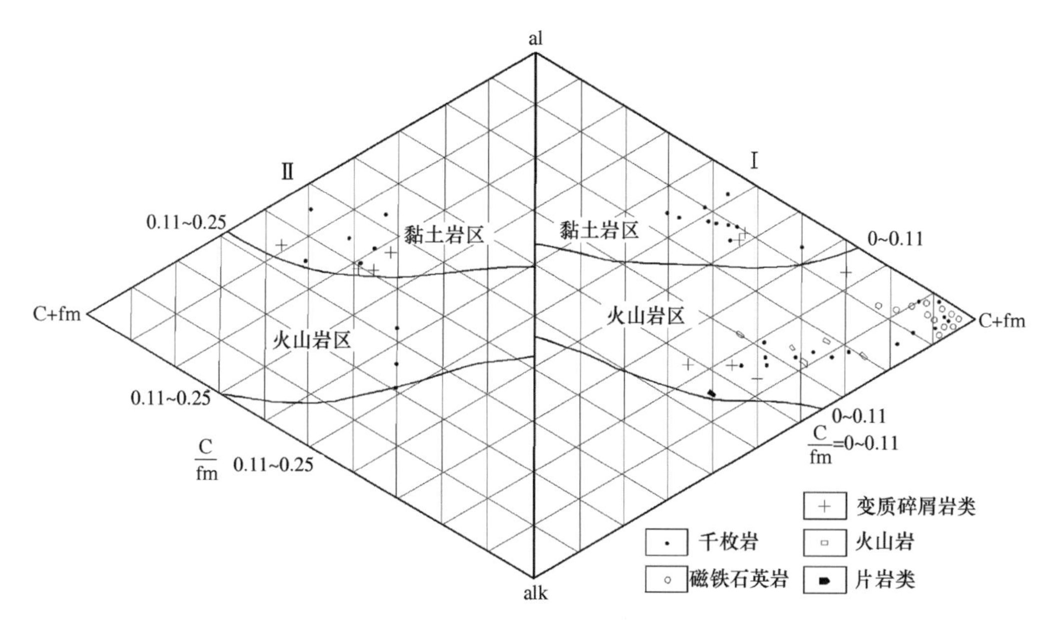


图 4－11　济宁群变质岩尼格里四面体图解

（据尼格里，1954）

Ⅰ、Ⅱ—小四面体编号；al、fm、C、alk— 4 个尼格里值

由此可见，洪福寺组中千枚岩的原岩多为泥岩、粉砂质泥岩等细碎屑岩类，该岩类与变碎屑岩类一起构成韵律性沉积，属于正常的浅海沉积；颜店组、翟村组中的千枚岩类同样属于浅海沉积，但沉积物多来源于海底火山喷发物质。

磁铁岩类全部落入“火山岩区”区域内。说明颜店组中的磁铁岩类岩石应该同大多数硅铁沉积建造一样为化学沉积，其沉积物主要来源于沉积盆地自身的海底火山喷发物质。

变质碎屑岩类样品分别落入“黏土岩类区”和“火山岩类区”，由于样品主要取自于洪福寺组中，说明洪福寺组沉积物主要来源于上述两大区域，这种特点在稀土元素配分曲线、微量元素特征等都程度不同地得到了证实。

变质火山岩类样品均落入“火山岩类区”，与岩矿鉴定结果和宏观岩性特征完全一致。

# 第四节　济宁群沉积环境分析

## 一、地层特征、沉积特征、岩石特征指示的沉积环境

济宁群岩石中不同程度地含有一定数量的方解石、白云石、菱铁矿等碳酸盐矿物，反映其形成于水下沉积环境。济宁群普遍发育纹层状构造、条纹－条带状构造等，并且条纹、条带及纹层等均由细小的沉积成分层组成沉积韵律层，每个成分薄层或条带较细小，一般在几毫米至十几毫米，一个较完整的沉积韵律一般厚几厘米至十几厘米。这种沉积特

征指示，济宁群沉积于相对较平静的水域中，水动力条件相对较弱，沉积物总体显示以悬浮沉积为主，沉积物颗粒细小。颜店组中分布的硅铁建造岩系属化学沉积，形成于浅海还原性环境中。

济宁群碎屑岩的成分成熟度和结构成熟度均较低，指示沉积物质未经过较长距离搬运，物质来源于附近和下伏新太古代变质岩系，含砾砂岩有较多泥岩砾屑，砾屑多呈长条状，长轴方向与层理一致，具内源碎屑的分布特点，砾屑来源于沉积盆地的内部，是已沉积的“泥岩”在还没有完全脱水固结成岩，经水动力作用而形成具有塑性特点的砾屑，在原地或稍有搬运而沉积下来。

本次研究首次在济宁群中发现大量的（含）碳质千枚岩，指示沉积环境中有机质较发育，沉积时水的深度不大。对微古植物化石分析表明，碳质千枚岩之碳质可能来源于结构简单的单细胞球形疑源类藻。导致疑源类藻死亡的原因应当与海底火山活动有关，火山活动提供了沉积物的物质来源，火山活动改变了沉积盆地内水体的温度及沉积盆地内氧化还原环境和条件，火山活动形成的热水成就了铁矿的形成。

## 二、岩石地球化学特征指示的沉积环境

### （一）主量元素地球化学

#### 1. 主量元素对比

为了揭示不同岩石类型岩石化学成分及其反应的形成环境的差异，本书将济宁群样品分为火山岩、铁矿石及其他岩类等三大岩类，分别计算了其主量元素平均值（表4－18）。这三大岩类也大致代表着济宁群3个组（即火山岩对应于翟村组，铁矿石对应于颜店组，其他岩类以千枚岩为主对应于洪福寺组）的主体岩性。

对比发现，3个岩类主量元素平均值各不相同，其中差别最大的当属铁矿石类。火山岩类与其他岩类主量元素含量差别不大，说明其物质来源具有相似性，其他岩类中的 $SiO_2$、$Al_2O_3$、$Fe_2O_3$、$K_2O$、$H_2O^+$、S 等主量元素稍高于火山岩类，说明以千枚岩、砂岩等为主的其他岩类中有一定量的陆源碎屑物质的加入；二者的 $TiO_2$、MnO、FeO 等平均值比较接近，说明它们处于相近的氧化还原环境；其他岩类的 $P_2O_5$、CaO、MgO、$Na_2O$、$CO_2$ 等元素含量低于火山岩类，CaO、MgO 和 $CO_2$ 等元素属于相对不稳定组分，随着火山物质的喷发和沉积环境的改变而改变，其他岩类中该类元素含量较低的原因可能与其远离火山喷发中心有关。

**表4－18　济宁群三大岩类主量元素含量平均值**

| 济宁群 | | 氧化物含量/% | | | | | | | | | | | | | |
|---|---|---|---|---|---|---|---|---|---|---|---|---|---|---|---|
| 岩类 | 样品数 | $SiO_2$ | $Al_2O_3$ | $TiO_2$ | $Fe_2O_3$ | $P_2O_5$ | MnO | FeO | CaO | MgO | $K_2O$ | $Na_2O$ | $H_2O^+$ | $CO_2$ | S |
| 火山岩类 | 5 | 55.18 | 13.60 | 0.47 | 1.56 | 0.12 | 0.09 | 7.42 | 6.29 | 3.57 | 1.57 | 3.28 | 2.72 | 3.95 | 0.17 |
| 铁矿石类 | 15 | 47.15 | 3.84 | 0.16 | 24.76 | 0.10 | 0.05 | 14.44 | 1.55 | 1.72 | 1.07 | 0.46 | 1.84 | 2.68 | 0.24 |
| 其他岩类 | 37 | 59.12 | 15.57 | 0.55 | 2.33 | 0.08 | 0.07 | 7.18 | 1.91 | 2.20 | 2.39 | 1.72 | 3.13 | 2.66 | 0.59 |

铁矿石类主量元素含量与其他两类岩石有较大的区别，而与华北早前寒武纪 BIF 一

致，均以 $SiO_2$、$TFe_2O_3$ 占主导地位。铁矿石中 $Al_2O_3$ 及 $TiO_2$ 含量的高低，可以反映陆源碎屑物质的加入程度。济宁群铁矿石与辽宁鞍山－本溪地区硅铁建造主量元素含量相对比（李志红等，2008），$Al_2O_3$、$TiO_2$ 明显高于辽宁鞍山－本溪地区（$Al_2O_3$ 为0.67%，$TiO_2$ 小于0.01%），指示本区铁矿石尽管以化学沉积为主，但有较多的陆源碎屑物质混入。

不同岩石类型比较而言，泥质变质岩中硅含量较低，铝、镁、钾含量较高；砂质变质岩硅、钠含量较高，铝、铁（$Fe_2O_3$）含量较低；变火山岩中镁、钾含量较高，钙、钠较低；碳酸盐岩中硅、铝、钙、钠、钾含量明显偏低，铁和 $CO_2$ 含量显著偏高。岩石中的 $SiO_2$ 含量高，反映硅的来源相当丰富，可能与火山活动有关。火山活动不仅可以从地壳深部带出大量含 $SiO_2$ 的火山灰、直接进入盆地的火山热液以及形成作为物源区的富含 $SiO_2$ 的酸性火山岩和火山碎屑岩，而且火山活动带来的热量还可使海水的温度升高，提高对硅的溶解度（杨振宇等，2009）。

在 $Al_2O_3-CaO+MgO-K_2O+Na_2O$ 图解（图4－12）中，济宁群岩石化学成分投点大体沿着平行 $Al_2O_3-CaO+MgO$ 的轴方向分布，$Al_2O_3$ 含量高的样品 $K_2O+Na_2O$ 含量也高。随着矿化程度的增强，岩石中 $Al_2O_3$ 含量降低。变质砂岩、千枚岩等投点集中于靠近 $Al_2O_3$ 顶点方向，显示富铝、碱特征，这一特征指示陆源物质是岩石的重要物质来源。

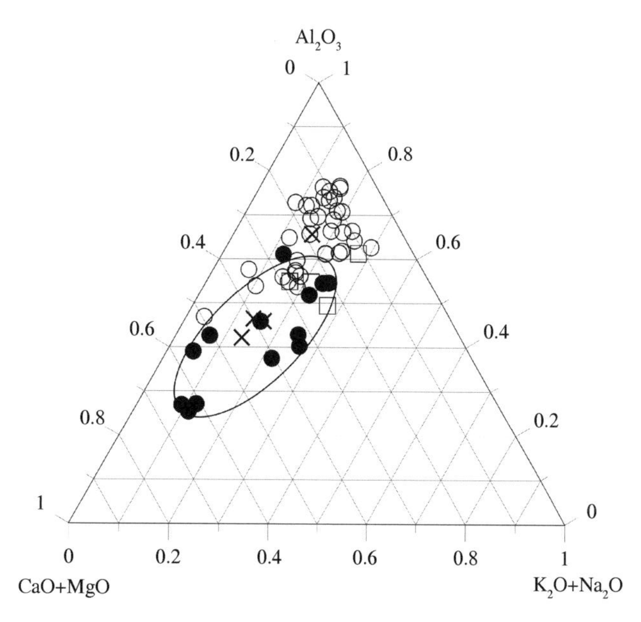


○变砂岩、千枚岩等；●磁铁石英岩、磁铁千枚岩等；□糜棱岩等；×凝灰岩、英安岩等

图4－12　$Al_2O_3-CaO+MgO-K_2O+Na_2O$ 三元图解

济宁群变质碎屑岩中 $Al_2O_3$、$Fe_2O_3$、$K_2O$ 等亲陆元素含量相对较高（表4－3，表4－13），说明沉积物离物源区不远。亲陆元素含量与鲁西变质基底主要岩石单元——太古宙TTG质花岗片麻岩中的元素含量接近，但 $K_2O$ 含量较高，$Na_2O$ 含量明显低于TTG岩系，$H_2O$ 和 $CO_2$ 含量高于TTG岩系。沉积岩的组成物质主要来源于遭受风

化的母岩，两者的化学成分特征既相似又有一定的差异。这种差异主要表现在沉积岩相对于母岩 $Fe_2O_3$、$K_2O$ 的增高和 $Na_2O$ 等的降低，以及 $H_2O$ 和 $CO_2$ 的增高（邱家骧等，1991）。济宁群沉积岩化学成分相对于鲁西 TTG 质花岗片麻岩符合这一特征，说明鲁西 TTG 岩系应是济宁群碎屑岩的主要源岩。

**2. 特征参数**

镁铝比值［$m=(100\times MgO/Al_2O_3)$］：镁铝比值 $m$ 是沉积环境的有效判别标志之一，随着水体盐度的增大，$m$ 值逐渐增加。研究表明(邱家骧等，1991)：淡水环境 $m<1$，海陆过渡性沉积环境 $m$ 值为 1～10，海水沉积环境(水体盐度 >30.63%)$m$ 值为 10～500，陆表海环境(或潟湖沉积环境)$m>500$。济宁群 $m$ 值为 5.75～124.24，平均为 27.60，除 7 件样品 $m$ 值小于 10 外，其他样品 $m$ 值均处于 10～124.24 之间，即多数样品 $m$ 位于海水环境范畴，少量样品位于海陆过渡性沉积环境。相比而言，洪福寺组部分样品的 $m$ 值偏低，指示济宁群由老到新海水有逐渐变浅的趋势，反映沉积盆地经历了海侵—最大海泛时期—海退的过程，与层序地层所反映的沉积特征相一致。Dasgup ta 等提出 $CaO/(CaO+MgO)$ 比值同样可以确定沉积环境，当岩石化学的 $CaO/(CaO+MgO)$ 比值 >0.70 时，为湖泊相沉积；当 $CaO/(CaO+MgO)$ 比值 <0.60 时为海相沉积。济宁群 $CaO/(CaO+MgO)$ 比值在 0.07～0.72 之间变化，平均值为 0.41，反映济宁群为海相沉积，与 $m$ 值所反映的沉积环境一致。

成熟度指数 $Al_2O_3/(K_2O+Na_2O)$：岩石化学的成熟度指数也称铝/碱指数，是指示沉积物离物源区远近程度的一个指标，数值越大沉积物离物源区越远，沉积物搬运距离越长。济宁群成熟度指数在 1.54～12.99 之间，平均为 4.04，说明沉积物离物源区不远。铁矿层（即颜店组）成熟度指数在 1.54～7.35 之间，平均为 3.32，千枚岩（洪福寺组）的成熟度指数在 2.13～12.99 之间，平均为 4.34，指示济宁群中部的颜店组沉积物离物源区的距离比济宁群上部的洪福寺组更近。

$MnO/TiO_2$ 比值：$MnO/TiO_2$ 比值可用于判断沉积环境，在海沟至深海范围内，其比值 >0.5；在陆架和陆坡范围内，其比值 <0.5；在近岸浅海陆架内，其比值 <0.2（Sugisaki et al.，1982）。济宁群岩石化学的 $MnO/TiO_2$ 比值在 0.02～1.24 之间变化，平均为 0.22，指示其原始沉积可能是在近岸浅海陆架和陆坡范围内。翟村组 $MnO/TiO_2$ 比值在 0.04～0.40 之间变化，平均为 0.21；颜店组 $MnO/TiO_2$ 比值在 0.03～0.74 之间变化，平均为 0.30；洪福寺组 $MnO/TiO_2$ 比值在 0.016～1.25 之间变化，平均为 0.15。即济宁群由早到晚 $MnO/TiO_2$ 比值平均值呈现 0.21～0.30～0.15 之变化，指示了水体深度和沉积环境的变化。

$Al_2O_3/(Al_2O_3+TFe_2O_3)$ 比值：$Al_2O_3/(Al_2O_3+TFe_2O_3)$ 比值是判别形成环境的又一个重要标志。$Al_2O_3/(Al_2O_3+TFe_2O_3)$ 比值 <0.40 时，指示其形成于洋中脊；$Al_2O_3/(Al_2O_3+TFe_2O_3)$ 比值在 0.40～0.70 之间时，指示其可能形成于大洋盆地或大陆边缘(0.50～0.90)。济宁群岩石化学的 $Al_2O_3/(Al_2O_3+TFe_2O_3)$ 比值在 0.03～0.86 之间变化，平均为 0.48，接近于大陆边缘数值。翟村组 $Al_2O_3/(Al_2O_3+TFe_2O_3)$ 比值为 0.07～0.77，平均为 0.55；颜店组 $Al_2O_3/(Al_2O_3+TFe_2O_3)$ 比值为 0.03～0.75，平均为 0.24；洪福寺

组 $Al_2O_3/(Al_2O_3+TFe_2O_3)$ 比值为0.45～0.86，平均为0.71。进一步说明了翟村组和洪福寺组总体形成于大陆边缘环境，而颜店组形成于较深水环境。

Al/(Al + Fe + Mn)比值：Al/(Al + Fe + Mn)比值是衡量沉积物中热液沉积物含量的标志。Adachi M 和 Yamamoto K 在系统研究热水沉积与生物沉积硅质岩后指出，Al/(Al + Fe + Mn)比值变化由纯热水沉积的0.01到纯远海生物沉积的0.60。Bostrom K 进一步提出：海相沉积物中 Fe/Ti、(Fe + Mn)/Ti 及 Al/(Al + Fe + Mn)比值是衡量沉积物中热水沉积含量的指标，当上述比值依次为 >20、>20±5、<0.35 时，一般认为属于热水沉积物。济宁群 Fe/Ti 比值在5.53～695.00之间变化，平均为106.84，比值波动变化较大，指示其沉积环境比较复杂。

条纹条带状磁铁石英岩 Fe/Ti 比值为104.20～695.00，平均为317.25；(Fe + Mn)/Ti 比值为104.63～695.59，平均为317.62；Al/(Al + Fe + Mn)比值为0.04～0.31，平均为0.13。3种比值均指示条纹条带状磁铁石英岩是热水沉积的产物，说明铁矿的形成与海底火山喷发热水溶液有关。

洪福寺组千枚岩 Fe/Ti 比值为5.53～61.13，平均为13.87；(Fe + Mn)/Ti 比值为5.55～62.53，平均为14.03；Al/(Al + Fe + Mn)比值为0.56～0.90，平均为0.79。3种比值一致表明洪福寺组不具备热水沉积特征。

翟村组样品 Fe/Ti 比值为8.87～277.79，平均89.90；(Fe + Mn)/Ti 比值为9.03～278.24，平均为90.15；Al/(Al + Fe + Mn)比值为0.11～0.85，平均为0.55。3种比值变化区间较大，可能说明该段地层热水沉积与非热水沉积共存。

### （二）稀土元素地球化学

李志红等对辽宁鞍山－本溪地区条带状铁建造稀土元素特征的研究表明，其稀土元素的总量较低，经页岩标准化后的稀土元素配分模式呈现轻稀土亏损、重稀土富集的特征，具有明显的 Eu、Y、La 正异常，指示其是古海洋的化学沉积岩，且具有明显的火山热液贡献。济宁群条带状磁铁石英岩（BIF）稀土总量为 $20.81\times10^{-6}$～$197.06\times10^{-6}$，平均为 $52.14\times10^{-6}$，明显高于辽宁鞍山－本溪地区的 $\sum$REE（$3.16\times10^{-6}$～$21.39\times10^{-6}$）。稀土元素经 PAAS（Post Archean Australian Shale 澳大利亚后太古代页岩）标准化后的 REE 配分曲线（图4－13），具轻稀土亏损、重稀土富集的特征。其特征参数 $La/La^*$ 为0.77～1.06，平均为0.96，具有相对较弱的负异常。$Eu/Eu^*$ 为1.36～2.52，平均为1.81，据前人研究，$Eu/Eu^*$ 值的大小与火山活动有关，Algoma 型铁矿的 $Eu/Eu^*$ 值一般大于1.80，其成因与火山活动关系密切；$Eu/Eu^*$ 值小于1.80时，一般认为属于与火山活动无明显关系的 Superior 型铁矿（Huston and Logan，2004）。济宁群条带状磁铁石英岩 $Eu/Eu^*$ 值变化较大，可能既有火山活动的贡献，又与陆源碎屑物质的加入有关。$Ce/Ce^*$ 为0.83～0.98，平均为0.92，基本上无明显 Ce 异常。以上特征说明，济宁群中 BIF 沉积是在火山热液与海水的混合溶液中形成的，沉积过程中有陆源碎屑物质的加入。济宁群各组的稀土元素特征参数基本上一致（表4－19），数值变化很小，指示各组的沉积物来源具有一致性。

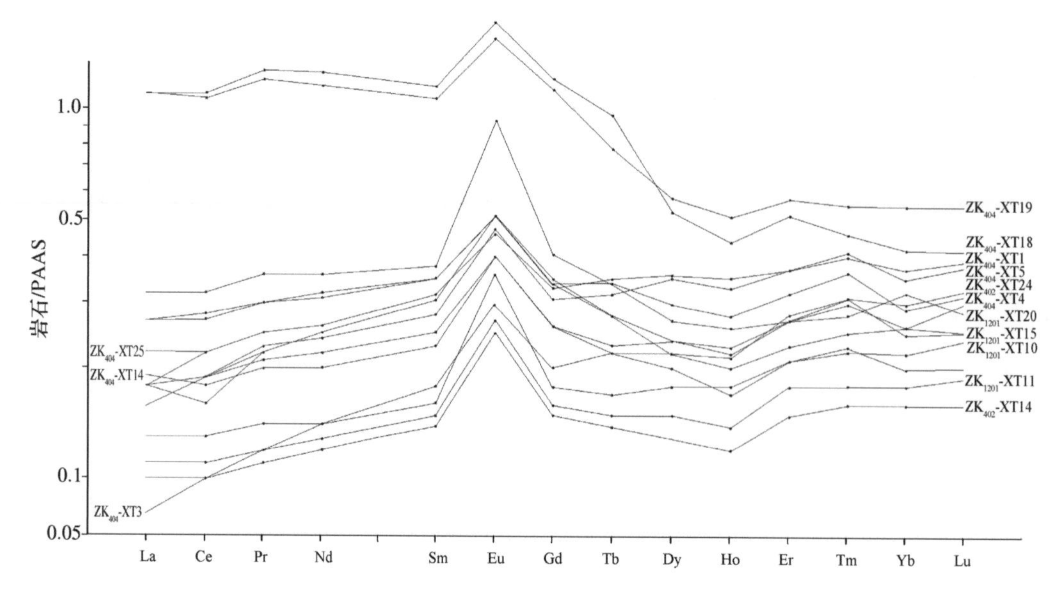


图4-13 济宁群条带状磁铁石英岩稀土配分曲线图

**表4-19 济宁群各组稀土元素特征参数对比表**

| 参数 | 翟村组 | | 颜店组 | | 洪福寺组 | |
|---|---|---|---|---|---|---|
| | 范围 | 平均值 | 范围 | 平均值 | 范围 | 平均值 |
| La/La* | 0.84~0.99 | 0.92 | 0.77~1.06 | 0.95 | 0.82~0.99 | 0.91 |
| Ce/Ce* | 0.85~0.94 | 0.89 | 0.83~1.00 | 0.92 | 0.87~1.00 | 0.90 |
| Eu/Eu* | 1.36~2.05 | 1.75 | 0.99~2.52 | 1.73 | 1.36~2.66 | 1.80 |
| Y/Y* | 0.96~1.16 | 1.07 | 1.02~1.37 | 1.16 | 0.96~1.13 | 1.02 |
| Pr/Yb | 0.65~3.07 | 1.42 | 0.47~1.40 | 0.87 | 0.32~1.95 | 0.89 |
| Y/Ho | 1.01~1.20 | 1.13 | 0.98~1.40 | 1.20 | 0.97~1.16 | 1.05 |

## （三）微量元素地球化学

微量元素含量及其特征参数可以指示地层的沉积背景和古环境。济宁群各类岩石具有亲陆相特性的Ba元素含量较低，其平均值均低于地壳丰度值，指示为非陆相成因。海洋成因和淡水成因的黏土在B、Sr、Ba、K、Li、Rb等元素的含量及比例上有所不同（麦列日克和普列多夫斯基，1982），可作为判别海水沉积物或淡水沉积物的重要标志，从济宁群Ba-Sr图解（图4-14）可以看出，样品均落入海水沉积的咸水—半咸水区域内，指示其为海相沉积环境。Cr/Th比值是判断沉积岩源区的有效指标，物源区不同，其比值变化很大，物源区单一，其比值变化不大。济宁群Cr/Th比值为0.82~593.31（表4-20），比值变化很大，说明有多个物源区的物质来源。其中，翟村组、洪福寺组Cr/Th比值变化很大，属于多物源区来源；而颜店组Cr/Th比值变化不大，指示物源区较单一。

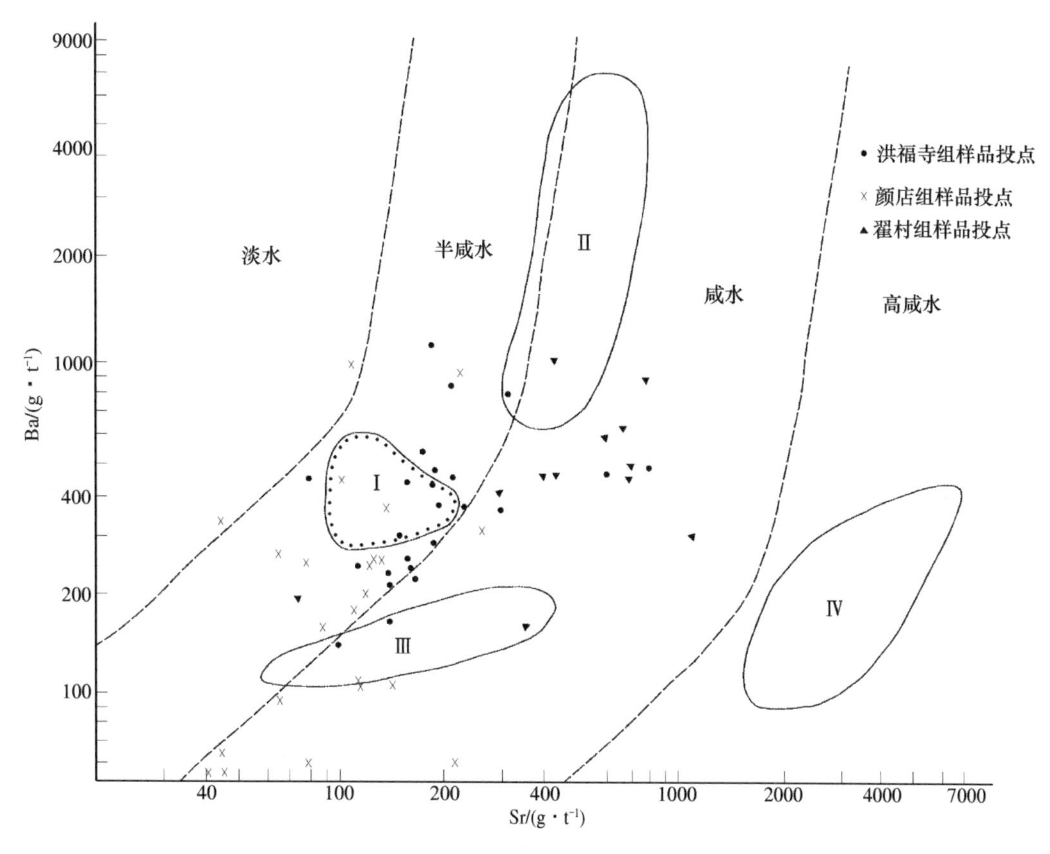


图4-14 济宁群Ba-Sr图解

（据麦列日克和普列夫斯基，1982）

Ⅰ—现代三角洲半咸水黏土区；Ⅱ—太平洋远海相沉积物区；

Ⅲ—俄罗斯地台不同年代海相碳酸盐岩区；Ⅳ—现代高咸水沉积物区

**表4-20 济宁群各组微量元素特征参数对比表**

| 参数 | 济宁群 | | 翟村组 | | 颜店组 | | 洪福寺组 | |
|---|---|---|---|---|---|---|---|---|
| | 范围 | 平均值 | 范围 | 平均值 | 范围 | 平均值 | 范围 | 平均值 |
| V/（V+Ni） | 0.29~0.86 | 0.68 | 0.37~0.86 | 0.62 | 0.63~0.83 | 0.72 | 0.29~0.85 | 0.67 |
| U/Th | 0.19~0.70 | 0.31 | 0.23~0.56 | 0.30 | 0.19~0.70 | 0.31 | 0.20~0.40 | 0.31 |
| Th/U | 0.56~5.30 | 3.46 | 1.80~4.38 | 3.53 | 1.43~5.30 | 3.74 | 2.50~5.08 | 3.34 |
| V/Cr | 0.12~5.36 | 1.43 | 0.45~3.72 | 1.17 | 0.79~4.11 | 1.55 | 0.12~5.36 | 1.26 |
| Cr/Th | 0.82~593.3 | 55.12 | 8.28~178.2 | 51.70 | 3.05~59.3 | 28.85 | 0.82~593.3 | 91.67 |
| Ni/Co | 0.93~6.67 | 2.81 | 1.19~3.25 | 2.42 | 1.23~3.67 | 2.76 | 0.93~7.73 | 3.31 |
| $U_{au}$（总U-Th/3） | -0.79~1.43 | -0.07 | -0.38~0.88 | -0.05 | -0.74~1.4 | -0.07 | -0.79~0.17 | -0.12 |

V/(V + Ni)值可以判断沉积环境（Hatch et al.，1992；Jones et al.，1994）：当V/(V + Ni)≥0.46时为还原环境，当V/(V + Ni)≤0.46时则为氧化环境。济宁群V/(V + Ni)值在0.29～0.86之间（表4－20），数值跨度较大，说明氧化和还原两种沉积环境并存。颜店组的V/(V + Ni)值均在0.46以上，具有还原环境特征；翟村组、洪福寺组的V/(V + Ni)值变化较大，显示了还原环境与氧化环境并存的特点。对海相沉积岩的微量元素指标研究表明（林治家等，2008），通常U/Th > 1.25代表缺氧环境，0.75 < U/Th < 1.25代表贫氧环境，U/Th < 0.75代表氧化环境。济宁群U/Th值在0.19～0.70之间变化，比值均小于0.75，位于氧化环境的U/Th值范围内。V/Cr > 4.25代表贫氧和缺氧环境，2.00 < V/Cr < 4.25指示为次富氧环境，V/Cr < 2.00代表富氧环境。济宁群V/Cr值在0.12～5.36之间变化，比值变化幅度较大，富氧、贫氧均有。Ni/Co比值 > 7.00指示贫氧或缺氧环境，5.00 < Ni/Co < 7.00指示次富氧环境，Ni/Co比值 < 5.00指示氧化环境。济宁群Ni/Co比值为0.93～6.67，多小于5.00，具有氧化环境数值特征。上述不同微量元素指标指示的氧化还原环境变化较大，总体分析认为，济宁群可能处于氧化与还原环境强烈交替变化期，位于氧化还原界面附近。

## 三、稳定同位素指示的沉积环境

对取自$ZK_{402}$、$ZK_{404}$、$ZK_{1201}$ 3个钻孔中的12件样品进行了碳、氧及硅稳定同位素测试，分析结果见表4－21。

**表4－21 济宁群岩石碳、氧、硅稳定同位素测定结果表**

| 样品编号 | 岩石名称 | 采样深度/m | $\delta^{13}C_{V-PDB}$/‰ | $\delta^{18}O_{V-PDB}$/‰ | $\delta^{18}O_{V-SMOW}$/‰ | $\delta^{30}Si_{NBS-28}$/‰ | 层位 |
|---|---|---|---|---|---|---|---|
| $ZK_{1201}$－TW002 | 碳质千枚岩 | 965 | －5.3 | －15.1 | 15.3 | －0.9 | 洪福寺组 |
| $ZK_{402}$－TW005 | 含方解绿泥碳质千枚岩 | 1229 | －4.7 | －12.9 | 17.6 | －1.0 | |
| $ZK_{402}$－TW006 | 含绢云碳质千枚岩 | 1231－1235 | －7.7 | －15.4 | 15.0 | －0.9 | |
| $ZK_{1201}$－TW011 | 条带状绢云绿泥磁铁石英岩 | 1192－1195 | －9.6 | －15.6 | 14.8 | －1.1 | 颜店组 |
| $ZK_{402}$－TW014 | 条纹条带状含方解石英黑云磁铁岩 | 1500 | －8.3 | －14.7 | 15.7 | －1.2 | |
| $ZK_{402}$－TW018 | 磁铁黑云千枚岩 | 1578 | －10.7 | －16.0 | 14.4 | －1.3 | |
| $ZK_{402}$－TW019 | 含方解黑云千枚岩 | 1598 | －11.7 | －12.1 | 18.4 | －1.1 | |
| $ZK_{402}$－TW020 | 条带状磁铁石英岩 | 1414－1416 | －15.0 | －14.1 | 16.4 | －0.8 | |
| $ZK_{404}$－TW005 | 条带状绿泥磁铁岩 | 1138.8－1142.64 | －6.4 | －13.1 | 17.4 | －0.9 | |
| $ZK_{404}$－TW008 | 黑云绿泥千枚岩 | 1174－1175 | －6.7 | －18.8 | 11.5 | －1.2 | |
| $ZK_{404}$－TW014 | 条带状凝灰质磁铁黑云千枚岩 | 1296－1300 | －7.3 | －16.3 | 14.1 | －0.8 | |
| $ZK_{404}$－TW024 | 条带状磁铁石英岩 | 1796.7－1799.7 | －12.1 | －15.9 | 14.5 | －1.2 | |

注：分析测试单位：核工业地质分析测试研究中心；检测方法和依据：DZ/T 0184.17—1997碳酸盐矿物碳、氧同位素组成的磷酸法测定（MAT－253），DZ/T 0184.13—1997硅同位素组成的测定（MAT－253）。

## （一）碳同位素

碳质的来源不同，碳稳定同位素的组成则不同，来自火山成因的 $\delta^{13}C_{PDB}=-3.1‰\sim-15‰$，深部地幔来源的 $\delta^{13}C_{PDB}=-4‰\sim-10‰$，海底热泉来源的 $\delta^{13}C_{PDB}=-4‰\sim-10‰$（孙省利等，2002），沉积碳酸盐岩来源的 $\delta^{13}C_{PDB}$ 值在0‰左右，存在于沉积岩、变质岩及火山岩中的有机碳（还原碳）的 $\delta^{13}C_{PDB}$ 值在 -25‰左右（韩吟文等，2004）。济宁群岩石的 $\delta^{13}C_{V-PDB}=-4.7‰\sim-15‰$（表4-21），接近于火山成因碳同位素值，指示沉积物中的火山物质较多。研究认为，开放的氧化环境比封闭的还原环境 $\delta^{13}C$ 要高，即还原性（封闭型）越高，$\delta^{13}C$ 值越低（李振清等，2001），济宁群的 $\delta^{13}C$ 值相对较低，指示了还原性的沉积环境。

## （二）氧同位素

济宁群氧同位素 $\delta^{18}O_{V-PDB}$ 值为 $-12.1‰\sim-18.8‰$（表4-21），明显低于蓟县中、新元古代碳酸盐岩的氧同位素值（$\delta^{18}O_{V-PDB}=-9.13‰\sim-4.49‰$；赵震，1995），也低于山东淄博上寒武统碳酸盐岩的氧同位素值（$\delta^{18}O_{V-PDB}=-9.05‰\sim-8.51‰$；李振清等，2001）。可见，济宁群氧同位素值明显不同于正常海相碳酸盐岩沉积。但氧同位素值比较接近于甘肃西成矿化集中区（$\delta^{18}O_{V-PDB}=-2.0‰\sim-20.2‰$；孙省利，2002）和粤北大宝山（$\delta^{18}O_{V-PDB}=-14.29‰\sim-24.91‰$；杨震强，1997）热水沉积的碳酸盐岩氧同位素值，而且碳同位素也比较接近粤北大宝山热水沉积碳酸盐岩碳同位素值（$\delta^{13}C_{V-PDB}=-6.64‰\sim0.86‰$；杨震强，1997）。在 $\delta^{18}O-\delta^{13}C$ 关系图解中（图4-15），济宁群岩石投点于洋中脊热液和密西西比河谷型矿床热液之间。这些特征说明济宁群含铁岩系具有热水沉积的特点。

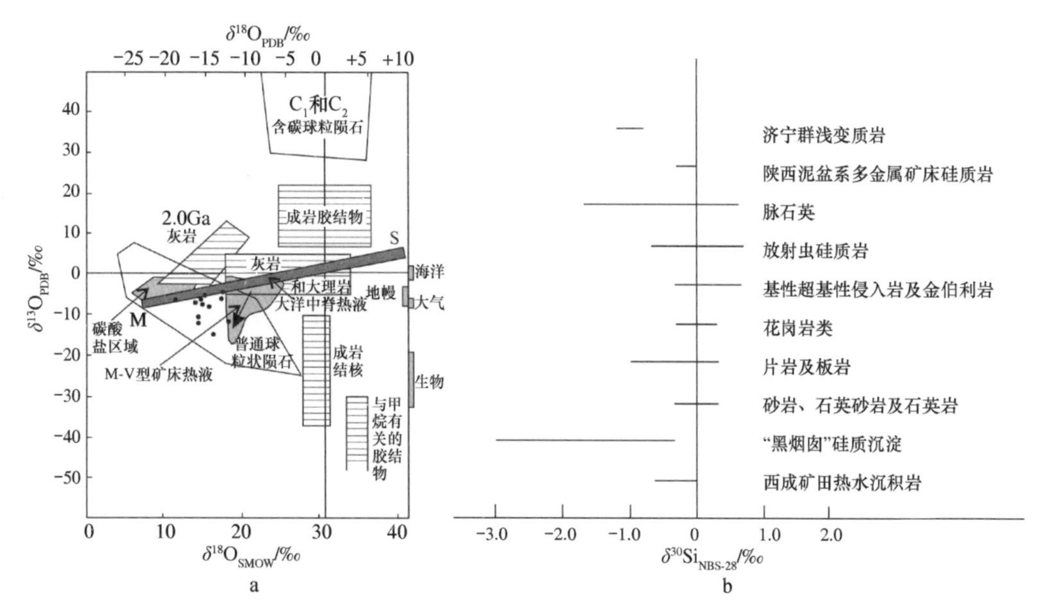


图4-15　不同环境碳酸盐组成的 $\delta^{18}O-\delta^{13}C$ 图解（a）和硅同位素对比图（b）

a图底图据 Rollinson，1993；M—幔源碳；S—海水碳；在密西西比河谷型矿床（M-V型矿床热液）区中的箭头指示时代逐渐年轻的方向。b图据孙省利等，2001

### （三）硅同位素

济宁群硅同位素 $\delta^{30}Si_{NBS-28}$ 值为 -0.8‰～-1.3‰（表4-21），均为负值，与各类沉积岩的硅同位素组成（$\delta^{30}Si$ = -1.2‰～-0.2‰；丁悌平，1994）相近，与各类火成岩硅同位素差异较大，位于黑烟囱硅质沉积硅同位素范围的较高值端（图4-15）。对辽宁鞍山-本溪地区弓长岭太古宙条带状硅铁建造的硅同位素研究表明，上、下含铁带的 $\delta^{30}Si$ 值为 -0.9‰～-2.2‰，认为弓长岭BIF是在太古宙海盆中的热水沉积环境中化学沉淀的产物，硅质来源于喷于海底的经过对流循环的热水溶液（蒋少涌等，1992）。本区硅同位素值与弓长岭矿区上含铁带 $\delta^{30}Si$ 值（-1.3‰～-0.9‰）一致，也说明济宁群含铁岩系具有热水沉积特点。

# 第五章 构造变形

济宁群是一个变质变形岩石地层单位，除经受了普遍的绿片岩相变质作用外，也遭受了广泛的构造变形改造。构造变形以千枚理最为普遍，褶皱构造和韧性剪切带也较发育，另外也见有断层、节理等脆性构造。由于缺少连续的地质剖面，对这些变形构造的整体特征尚不能全面了解。本章仅简要描述韧性变形构造的局部特征。

## 一、千枚理和褶皱构造

### 1. 千枚理

千枚岩是济宁群最主要的组成岩石，岩心中柔和绚丽的丝绢光泽显示了良好的千枚理特征。在部分变质碎屑岩和变质火山岩中还发育板劈理，局部显示为条带状构造。千枚理（S1）是透入性的，已经完全替代了原始层理（S0），从磁铁石英岩等标志层的整体产状分析，千枚理与层理平行一致，即 S1∥S0。千枚理和层理总体为单斜形态，地层层序为下老上新的正常层序。在已揭露的济宁群分布范围内，千枚理、层理及相应的地层走向近南北向，总体倾向西，岩层倾角 54°～70°，多在 58°～65°之间。自济宁群分布的东部向西部、由南向北岩层倾角呈变缓趋势，指示沿走向由北向南地层和矿体埋深变深（图 3－5）。

### 2. 褶皱构造

济宁群总体为单斜构造，但其内发育褶皱构造，褶皱构造以千枚理和层面为变形面。在宏观上，由北向南，岩层走向由北北西向转为北北东方向，显示宽缓的向斜特点。在钻孔中，岩层和千枚理倾角有明显变化，如 $ZK_8$ 孔自 1225.18m 古生代地层与济宁群不整合面以下至 1500m 左右，千枚理/层面与岩心轴的夹角（轴心角）为 20°～40°；1550～1804.78m 终孔位置，轴心角为 60°～70°（图 5－1），指示有不对称褶皱存在。

在钻孔岩心中发现了一些层间小褶皱，包括开阔的平行（等厚）褶皱形态（图版Ⅲ中 060）、中常－紧闭的相似（顶厚）褶皱形态（图版Ⅲ中 120、160）和封闭的鞘褶皱形态（图版Ⅲ中 024、046）等。显微镜下可以见到不对称的“Z”型褶皱（图版Ⅱ中 8）。相似褶皱的出现表明济宁群经历了较强烈的构造变形，显示了一定的固态流变特点。鞘褶皱的形成可能与韧性剪切构造有关。

| 层位 | 层号 | 相当孔深/m | | | | | 柱状图 | 标志面与岩心轴夹角 | 岩性 |
|---|---|---|---|---|---|---|---|---|---|
| | | 自 | 至 | 厚度 | 样长 | 采取率/% | | | |
| 寒武纪长清群 | 83、84 | 1194.08 | 1222.93 | 28.85 | 28.85 | 100 | | 70° | 白云岩夹页岩、粒屑白云岩 |
| | 85 | 1222.93 | 1225.18 | 2.35 | 2.35 | 100 | | | 褐铁矿化硅化角砾岩 |
| 济宁群 千枚岩组 | 86 | 1225.18 | 1260.00 | 34.82 | 34.82 | 100 | | | 绿泥绢云千枚岩，有霏细斑岩脉 |
| | 87 | 1260.00 | 1289.22 | 29.22 | 29.22 | 100 | | | 含赤铁矿绢云千枚岩 |
| | 88 | 1289.22 | 1355.09 | 65.87 | 65.87 | 100 | | 20° 30° 20° | 绢云千枚岩、含碳绢云千枚岩 |
| | 89 | 1355.09 | 1376.64 | 21.05 | 21.05 | 100 | | 30° | 绿泥绢云千枚岩 |
| | 90 | 1376.64 | 1396.69 | 20.05 | 20.05 | 100 | | 30° | 绢云千枚岩 |
| | 91 | 1396.69 | 1418.41 | 21.72 | 21.72 | 100 | | | 磁铁绿泥千枚岩 |
| | 92 | 1418.41 | 1446.93 | 28.53 | 28.53 | 100 | | | 绢云千枚岩 |
| | 93 | 1446.93 | 1467.41 | 20.48 | 20.48 | 100 | | | 方解绿泥绢云千枚岩 |
| | 94 | 1467.41 | 1472.64 | 5.23 | 5.23 | 100 | | | 绢云千枚岩 |
| | 95 | 1472.64 | 1485.54 | 12.90 | 12.90 | 100 | | 30° | 绿泥绢云千枚岩 |
| 济宁群 含铁岩组 | 96 | 1485.54 | 1603.70 | 118.16 | 118.16 | 100 | | 40° 60° 70° 60° | 方解绢云千枚岩、含磁铁矿方解绢云千枚岩、绢云方解凝灰质千枚岩 |
| | 97 | 1603.70 | 1612.89 | 9.19 | 9.19 | 100 | | 60° | 绿泥磁铁微晶大理岩 |
| | 98 | 1612.89 | 1644.91 | 32.02 | 32.02 | 100 | | 55° 60° | 条带状方解磁铁石英岩 |
| | 99 | 1644.91 | 1653.74 | 8.83 | 8.83 | 100 | | | 绿泥磁铁钙质千枚岩 |
| | 100 | 1653.74 | 1670.89 | 17.15 | 17.15 | 100 | | | 条带状方解磁铁石英岩 |
| | 101 | 1670.89 | 1680.46 | 9.57 | 9.57 | 100 | | 60° | 条带状磁铁方解石英岩 |
| | 102 | 1680.46 | 1683.09 | 2.63 | 2.63 | 100 | | | 绢云千枚岩 |
| | 103 | 1683.09 | 1688.71 | 5.62 | 5.62 | 100 | | | 条带状磁铁方解石英岩 |
| 济宁群 变火山碎屑岩组 | 104 | 1688.71 | 1763.54 | 74.83 | 74.83 | 100 | | 60° | 方解变质泥砂岩、方解绢云凝灰质千枚岩 |
| | 105 | 1763.54 | 1781.68 | 18.14 | 18.14 | 100 | | | 条带状方解磁铁石英岩 |
| | 106 | 1781.68 | 1793.51 | 11.83 | 11.83 | 100 | | | 方解绢云凝灰质千枚岩 |
| | 107 | 1793.51 | 1804.78 | 8.24 | 8.24 | 100 | | | 千枚状变质泥砂岩 |

图 5－1　$ZK_8$ 钻孔柱状图

## 二、韧性剪切构造

济宁群中韧性剪切构造比较发育，在钻孔岩心中揭露有变形强烈的糜棱岩带，主要糜棱岩类岩石有英安质绢云千糜岩、变英安质糜棱岩、绢云方解钠长千糜岩、糜棱岩化英安斑岩、绿泥千糜岩、绢云石英片岩等。韧性剪切构造在翟村组中的火山岩、潜火山岩层中表现比较明显。在济宁群中—上部的千枚岩中也有韧性剪切带，但在岩心编录时不易识别。

济宁群中韧性剪切构造的识别标志主要有：糜棱面理和拉伸线理，变质砾状岩石中砾石发生塑性变形为条状、条纹状、透镜状，岩层中的剪切褶皱和 a 型鞘褶皱，糜棱岩、千糜岩、绢云石英构造片岩等动力变质岩，糜棱结构、残碎斑结构（图版Ⅱ中 18、21、24、33）、S－C 组构（图版Ⅱ中 15）、斜长石机械双晶（图版Ⅱ中 16）、石英变形带和波状消光（图版Ⅱ中17、37）等韧性剪切变形指示标志。韧性变形新生矿物主要是绢云母、绿泥石、钠长石等，是浅部构造相的产物。由于钻孔数量和观察的局限性所限，韧性剪切带空间分布、性质等尚不能判断。本书简要描述典型韧性变形构造岩特征如下：

**1. 糜棱岩化变英安斑岩（样品编号：$ZK_{303}$－B005）**

岩石具变余斑状结构，糜棱结构，块状构造，主要由斜长石、石英、黑云母、绢云母、方解石、磁铁矿等矿物组成。变形矿物由残斑（30%）和基质（70%）构成。残斑主要由斜长石组成，粒径一般为1.0～6.0mm，沿其周边及裂隙多被碎粒状长英质矿物环绕，圆化明显，长轴具定向分布；基质主要由细粒化的斜长石、石英、黑云母、方解石、绢云母、磁铁矿等组成，粒径一般为0.01～0.4mm，多沿其长轴方向呈半定向—定向分布。

斜长石：柱粒状，可见聚片双晶，多发生土化、碳酸盐化、绢云母化；基质中的斜长石多为钠长石。

石英：不规则粒状，可见波状消光，有的发生重结晶，多呈透镜状、条带状集合体定向分布。

黑云母：褐黄色，片状，多呈条带状、条纹状集合体围绕残斑定向分布。

方解石：不规则粒状，多沿长轴方向定向分布。

绢云母：鳞片状，多沿长轴方向定向分布。

磁铁矿：黑色，不规则粒状，零星分布。

矿物含量：残斑（30%）：斜长石（20%）、石英（5%）、黑云母（5%）；基质（70%）：斜长石（20%）、石英（27%）、黑云母（15%）、方解石（5%）、绢云母（2%）及磁铁矿（1%）。

**2. 英安质糜棱岩（样品编号：$ZK_{1201}$－B030）**

岩石呈残斑糜棱结构，定向构造，岩石由残斑（20%）和基质（80%）两部分组成。残斑主要由斜长石（18%）和石英（2%）组成，粒径一般为0.4～2.0mm，多为单体，少数为集合体，沿其周边多被糜棱微细粒化长英质矿物等环绕；基质主要由微细粒的斜长石（48%）、石英（20%）、黑云母（4%）、绢云母（2%）、方解石（2%）、绿泥石（2%）及磁铁矿（2%）等组成，粒径一般为0.01～0.20mm，多呈透镜状、条带状集合体定向分布。

斜长石：柱粒状，可见聚片双晶，多发生绢云母化、土化、帘石化。

石英：他形不规则粒状，波状消光，有的发生重结晶，有的呈拉长的条带状、透镜状集合体定向分布。

绢云母：鳞片状，零星分布于基质中的长英质矿物之间。

黑云母：褐黄色，片状，有的发生绿泥石化。

绿泥石：浅绿色，鳞片状，多呈条痕状、条纹状集合体定向分布。

方解石：不规则粒状，有的呈透镜状集合体定向分布。

磁铁矿：黑色，不规则粒状，零星分布。

**3. 千枚糜棱岩**

主要有绿泥千糜岩、英安质绢云千糜岩及绢云方解钠长千糜岩等。

绢云方解钠长千糜岩（样品编号：$ZK_{1202}$ - B003）：岩石呈粒状鳞片变晶结构，残斑结构，千糜状构造，主要由石英、斜长石、绢云母、黑云母、方解石及不透明矿物（磁铁矿）等组成。残斑（15%）主要由方解石（10%）和斜长石（5%）组成，粒径一般为0.4～1.0mm；基质（85%）主要由石英（25%）、斜长石（20%）、绢云母（20%）、方解石（12%）、黑云母（7%）及磁铁矿（1%）等组成，矿物粒径一般为0.01～0.2mm，多呈鳞片状、粒状，其中粒状矿物多呈糜棱微细粒状，鳞片状矿物黑云母、绢云母等多与粒状矿物斜长石、石英等呈透镜状、条带状集合体相间定向分布。

斜长石：在残斑中多呈柱粒状，可见聚片双晶，有的发生土化、绢云母化、碳酸盐化，在基质中多为钠长石，呈糜棱微细粒状。

石英：不规则粒状，波状消光，有的发生重结晶，单体多呈拉长的扁豆状，在残基中多与斜长石一起呈透镜状、条带状集合体定向分布。

绢云母：鳞片状，多呈条纹状、条带状集合体定向分布。

黑云母：鳞片状，褐黄色，有的发生绿泥石化、绢云母化，多呈透镜状、条纹状集合体定向分布。

方解石：不规则粒状，多呈透镜状、条带状集合体定向分布。

# 第六章　济宁铁矿特征及成矿作用

## 第一节　矿 床 特 征

### 一、地质概况

济宁铁矿位于华北陆块之鲁西隆起济宁坳陷，处于山东主要产煤区——济宁煤田东北部。矿区附近绝大部分地区被第四系覆盖，仅个别地区出露零星的奥陶纪地层。第四系最大厚度近150m。第四系下伏地层由老至新有：新太古代泰山岩群、新太古代—古元古代济宁群、寒武纪长清群、寒武纪—奥陶纪九龙群、奥陶纪马家沟群、石炭纪—二叠纪月门沟群、二叠纪石盒子组、侏罗纪淄博群、白垩纪莱阳群和古近纪官庄群（图2-3）；岩浆岩有少量中生代辉长岩类侵入体、中酸性脉岩和新太古代TTG岩系；断裂构造以近东西-北东和近南北-北西走向者为主，北北西走向的孙氏店断裂和北东走向的白王庄-滋阳山断裂穿过矿区。

月门沟群是鲁西煤炭资源的主要含煤岩系，马家沟组中有石膏矿层产出。泰山岩群是鲁西变质硅铁建造铁矿的赋矿层位，在矿区西北30余千米的东平县、汶上县交界处磁铁矿床集中分布，构成东平-汶上铁矿成矿带，铁矿类型属变质硅铁建造中的产于以角闪质岩石为主并夹有黑云变粒岩等岩层中的铁矿。

济宁铁矿为隐伏矿床，矿体赋存于济宁群变质岩中，上覆盖层为寒武纪—奥陶纪地层。矿体呈层状、似层状产出，矿体产状与围岩一致。颜店矿段矿体总体走向342°~354°，倾向南西西，倾角58°~65°，赋存标高-856~-1924m。翟村矿段矿体总体走向326°~359°，倾向南西西，倾角54°~70°，赋存标高-1032~-1998m。

### 二、勘查工作简况

2006年之前该区仅进行了零星的铁矿勘查。大规模的铁矿勘查是在2006年以后。2006年1月至2010年12月间，山东省物化探勘查院在济宁大磁异常的北峰值区及以北地段颜店、翟村地区开展了铁矿普查—详查工作，提交了《山东省兖州市颜店矿区洪福寺铁矿详查报告》和《山东省兖州市翟村矿区屯头铁矿详查报告》；矿区施工钻孔60个，钻探工作量101137.75m，共计探明(332)+(333)类铁矿石资源量18.22×$10^8$t。

### 三、矿体特征

济宁铁矿矿体呈似层状赋存于济宁群中，主要赋存于颜店组中，在洪福寺组千枚岩中偶见零星的磁铁矿条带分布，但圈不出矿体，翟村组变质沉积火山岩系不含铁矿体。矿体顺层展布，总体走向333°~355°（图6-1），倾向南西西，倾角56°~65°（图6-2）。矿体在勘探线剖面上显示西深东浅特征，东部矿体埋深浅，矿头位于东部的济宁群与长清群不整合接触面；由东向西矿体埋深逐渐增加。

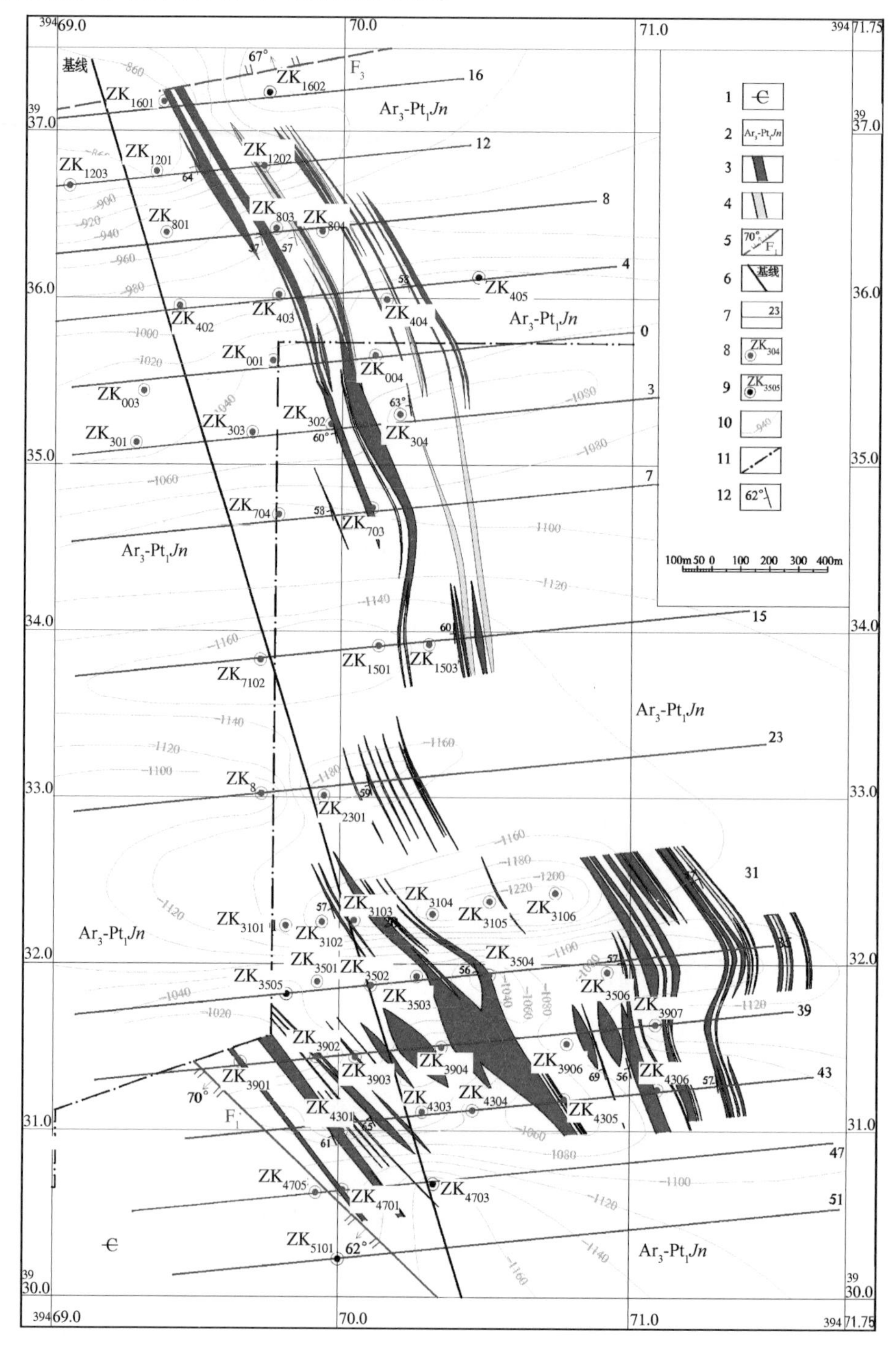

图6-1　济宁铁矿顶面平面分布图

1—寒武系；2—济宁群；3—矿体；4—低品位矿体；5—实测及推测断层；6—基线位置；7—勘探线位置及编号；8—见矿钻孔及编号；9—未见矿钻孔及编号；10—含矿岩层顶面等值线及标高值（m）；11—探矿权登记范围界线；12—矿体产状

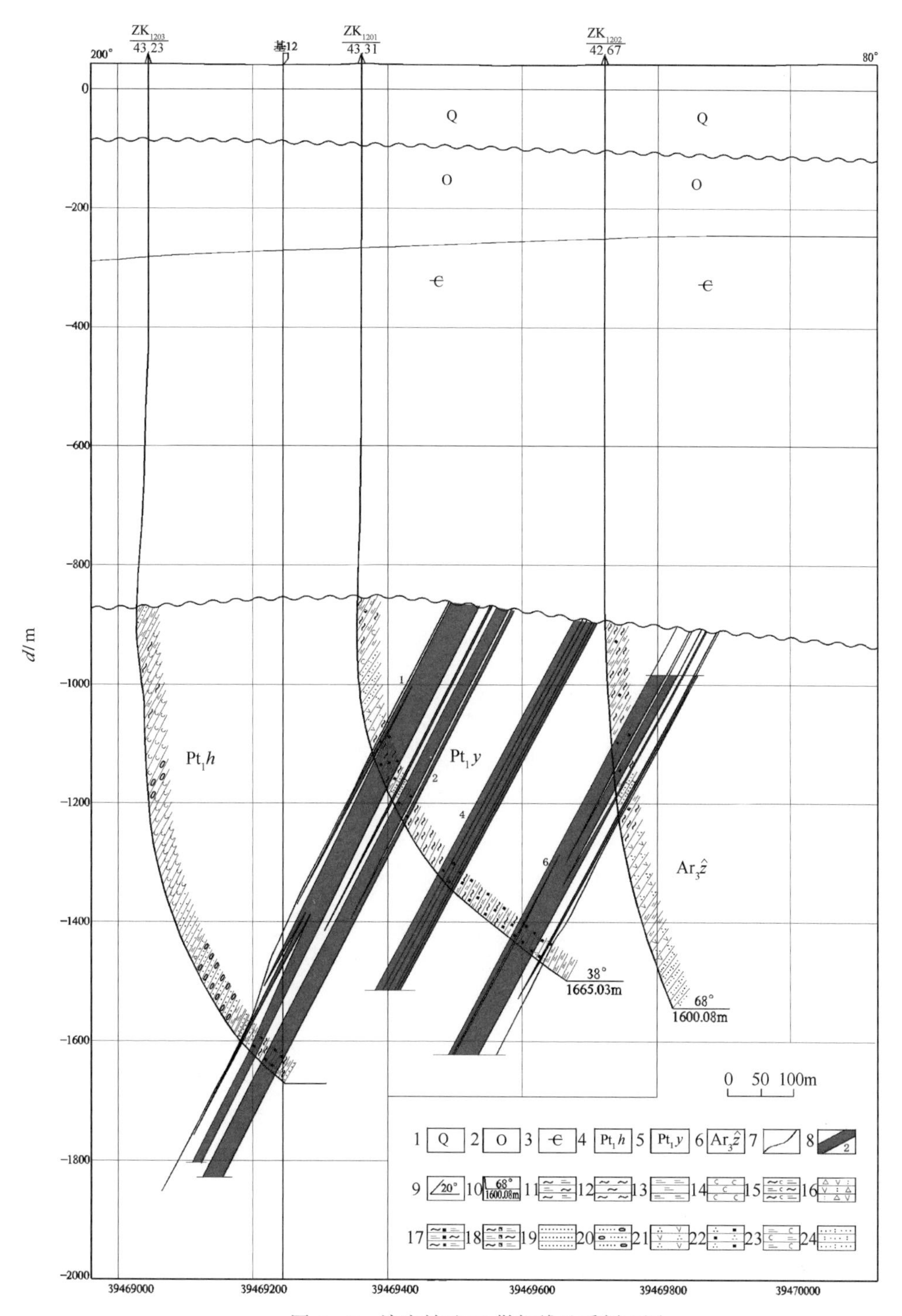


图 6－2　济宁铁矿 12 勘探线地质剖面图

1—第四系；2—奥陶系；3—寒武系；4—洪福寺组；5—颜店组；6—翟村组；7—地质界线；8—磁铁矿体及编号；9—岩层倾角及矿体倾角；10—终孔倾角/终孔深度（m）；11—绢云绿泥千枚岩；12—绿泥千枚岩；13—绢云千枚岩；14—碳质板岩；15—含碳质绿泥绢云千枚岩；16—变角闪安山质角砾凝灰岩；17—条带状磁铁绿泥绢云千枚岩；18—赤铁矿化绢云千枚岩；19—变质砂岩；20—变质砂砾岩；21—变英安斑岩；22—条带状石英磁铁岩；23—碳质绢云千枚岩；24—凝灰质砂岩

矿体在寒武系底部不整合面上显示条带状分布，北至 $F_3$ 断层以北，南至 47 与 51 勘探线之间（图 6 - 1）。矿床被 $F_1$、$F_3$ 两条断层切割成三部分：$F_3$ 断层以北的北部矿段，$F_3$ 与 $F_1$ 断层之间的中部矿段，$F_1$ 以南的南部矿段。$F_3$ 断层为高角度正断层，走向 71°左右，倾向北西，倾角 67° ~ 72°。矿体在 $F_3$ 断层北部上盘下降，南部下盘上升，垂直断距约 200m。$F_1$ 断层亦为高角度正断层，走向 324° ~ 341°，倾向南西，倾角 70°左右。矿体在 $F_1$ 断层东北部下盘上升，西南部上盘下降，垂直断距也在 200m 左右；水平方向上东北部下盘向东南方向错动，西南部上盘向西北方向错动，水平断距约 300m。

济宁铁矿勘查分颜店勘查区、翟村勘查区，两勘查区相连，勘查系统一致，分两次勘查。

矿床共有 44 个矿体。颜店勘查区内圈出铁矿体 11 个，其中 6、2 矿体为主矿体，1、3、4、7、8 矿体为次要矿体；5、9、10、11 矿体规模较小。矿体赋存于济宁群颜店组中，上覆盖层为寒武纪—奥陶纪地层。1 ~ 8 号矿体分布于 3 ~ 18 线间，9 ~ 11 号矿体分布于 23 线附近。矿体呈层状、似层状产出，各矿体之间大致平行展布，矿体产状与围岩一致，总体走向 333° ~ 355°，倾向南西西，倾角 56° ~ 65°。

翟村勘查区位于颜店勘查区以南，两勘查区矿体连续，但矿体特征各有不同。翟村勘查区圈出铁矿体 44 个，其中 20、2、4、6、38、19 矿体为主矿体，其他矿体为次要矿体和小矿体。矿体赋存于济宁群颜店组中，上覆盖层为寒武纪—奥陶纪地层。矿体呈层状、似层状产出，矿体产状与围岩一致。1 ~ 8 号矿体分布于 0 ~ 15 线间，含矿岩石为磁铁绿泥绢云千枚岩，总体走向 342° ~ 354°，倾向南西西，倾角 58° ~ 65°。9 ~ 44 号矿体分布于 23 ~ 47 线间，含矿岩石为条带状磁铁石英岩。总体走向 326° ~ 359°，倾向南西西，倾角 54° ~ 70°。各矿体地质特征如表 6 - 1 所示。

**1. 2 号矿体**

矿体呈似层状分布于 5 ~ 16 线间，赋存标高 - 861 ~ - 1829m，走向 337° ~ 348°，倾向南西西，倾角 58° ~ 62°。矿体共有 11 个钻孔控制，控制矿体长度 2874m，控制斜深 374 ~ 986m。沿走向向北在 16 线北侧被 $F_3$ 断层所切，向南至 3 线尚未封闭（图 6 - 3），沿倾向深部未封闭。矿体在 4 线 - 1200m 标高以下为 1 层，向上分为 4 层；4 线以北分为 2 层；4 线以南总体为 2 层，在 0 线 - 1500m 标高以上分为 3 层。

单工程矿体厚 9.45 ~ 35.68m，平均厚度 21.92m，厚度变化系数为 49.04%，属厚度变化稳定型矿体。矿体厚度沿走向由北向南逐渐增大，沿倾向深部矿体厚度增大。单样品位 TFe 23.29% ~ 36.33%，mFe 15.06% ~ 30.27%；单工程矿体品位 TFe 28.70% ~ 30.04%，mFe 21.14% ~ 23.07%；矿体平均品位 TFe 29.52%，mFe 22.00%。品位变化系数 TFe 19.36%，mFe 28.24%，属品位变化均匀型。

**2. 4 号矿体**

4 号矿体为矿床的主矿体，矿体呈似层状分布于 15 ~ 16 线间，赋存标高 - 989 ~ - 1950m 区间，矿体共有 14 个钻孔控制，控制矿体长度 3066m，控制斜深 374 ~ 1052m。矿体走向 344° ~ 351°，倾向南西西，倾角 58° ~ 65°，矿体倾角由北向南逐渐变陡。

矿体沿走向、倾向呈似层状，具膨胀狭缩、分支复合特点。沿走向北延至 $F_3$ 断裂，

**表 6－1　济宁铁矿主要矿体地质特征一览表**

| 矿体编号 | 矿体形态 | 赋存空间 | | 矿体产状 | | 矿体规模/m | | 平均厚度/m | 厚度变化系数/% | 平均品位/% | | 变化系数/% | |
|---|---|---|---|---|---|---|---|---|---|---|---|---|---|
| | | 勘探线 | 赋存标高/m | 倾向/° | 倾角/° | 控制长度 | 延深 | | | TFe | mFe | TFe | mFe |
| 2 | 层状 | 5 ~ 16 | －861 ~ －1829 | 252 ~ 258 | 58 ~ 62 | 2874 | 374 ~ 986 | 21. 92 | 49. 04 | 29. 52 | 22. 00 | 19. 36 | 28. 24 |
| 4 | 层状 | 15 ~ 16 | －989 ~ －1950 | 254 ~ 261 | 58 ~ 65 | 3066 | 374 ~ 1052 | 25. 15 | 63. 05 | 28. 20 | 21. 19 | 8. 55 | 15. 20 |
| 6 | 层状 | 15 ~ 16 | －983 ~ －1928 | 247 ~ 262 | 56 ~ 65 | 2070 | 424 ~ 1004 | 31. 42 | 78. 52 | 28. 51 | 20. 83 | 8. 23 | 15. 07 |
| 19 | 层状 | 31 ~ 39 | －1172 ~ －2036 | 233 ~ 250 | 57 ~ 70 | 1108 | 316 ~ 1098 | 97. 14 | 69. 35 | 34. 45 | 22. 81 | 18. 91 | 24. 68 |
| 20 | 层状 | 23 ~ 43 | －1034 ~ －1830 | 236 ~ 248 | 54 ~ 68 | 2134 | 290 ~ 888 | 97. 49 | 51. 29 | 32. 60 | 23. 06 | 15. 75 | 21. 06 |
| 38 | 层状 | 31 ~ 43 | －1182 ~ 1998 | 259 ~ 269 | 57 ~ 59 | 1588 | 302 ~ 1018 | 30. 33 | 76. 48 | 28. 55 | 22. 28 | 14. 51 | 21. 41 |
| 1 | 层状 | 8 ~ 16 | －856 ~ －1804 | 256 ~ 257 | 58 | 1040 | 270 ~ 918 | 27. 37 | 40. 03 | 31. 51 | 25. 26 | 8. 13 | 15. 38 |
| 7 | 层状 | 15 ~ 16 | －1061 ~ －1987 | 254 ~ 261 | 59 ~ 61 | 1782 | 380 ~ 1088 | 12. 35 | 53. 89 | 28. 27 | 20. 62 | 12. 50 | 22. 82 |
| 8 | 层状 | 15 ~ 12 | －1083 ~ －1840 | 257 ~ 264 | 59 ~ 63 | 1544 | 276 ~ 836 | 12. 48 | 46. 79 | 29. 32 | 21. 96 | 8. 35 | 13. 56 |
| 10 | 层状 | 39 ~ 47 | －1100 ~ －1730 | 242 ~ 246 | 61 ~ 66 | 1094 | 506 ~ 688 | 24. 25 | 81. 15 | 30. 16 | 22. 54 | 18. 73 | 25. 52 |
| 13 | 层状 | 39 ~ 47 | －1032 ~ －1642 | 236 ~ 243 | 62 ~ 66 | 1084 | 366 ~ 658 | 1. 00 | | 26. 62 | 20. 10 | | |
| 31 | 层状 | 35 ~ 43 | －1062 ~ －1922 | 261 ~ 264 | 56 ~ 58 | 1106 | 350 ~ 1026 | 19. 13 | 65. 26 | 30. 62 | 23. 36 | 12. 50 | 18. 25 |
| 33 | 层状 | 31 ~ 43 | －1112 ~ －1738 | 263 ~ 267 | 54 ~ 57 | 1130 | 400 ~ 824 | 21. 97 | 55. 47 | 28. 61 | 22. 58 | 10. 56 | 16. 25 |
| 34 | 层状 | 31 ~ 43 | －1182 ~ －1750 | 263 ~ 266 | 56 ~ 57 | 1148 | 496 ~ 784 | 19. 02 | 58. 61 | 27. 96 | 20. 86 | 18. 78 | 27. 44 |

南至15线南尖灭；矿体在0~7线分为2~3层，至15线合为1层。15线在-1500m以浅封闭，深部被低品位矿体替代。

单工程矿体厚度2.10~72.16m，平均厚度25.15m，厚度变化系数为63.05%，厚度变化较稳定。矿体在3线厚度最大，沿走向延伸两侧矿体厚度呈变薄趋势；沿倾向0线、3线矿体由浅部至深部厚度呈变薄趋势，7线矿体由浅部向深部厚度有增大趋势。矿体单样品位TFe 21.43%~33.91%，mFe 15.03%~28.99%；单工程矿体品位TFe 25.36%~33.11%，mFe 20.02%~21.83%；矿体平均品位TFe 28.20%，mFe 21.19%。品位变化系数TFe 8.55%，mFe 15.20%，属品位变化均匀型。

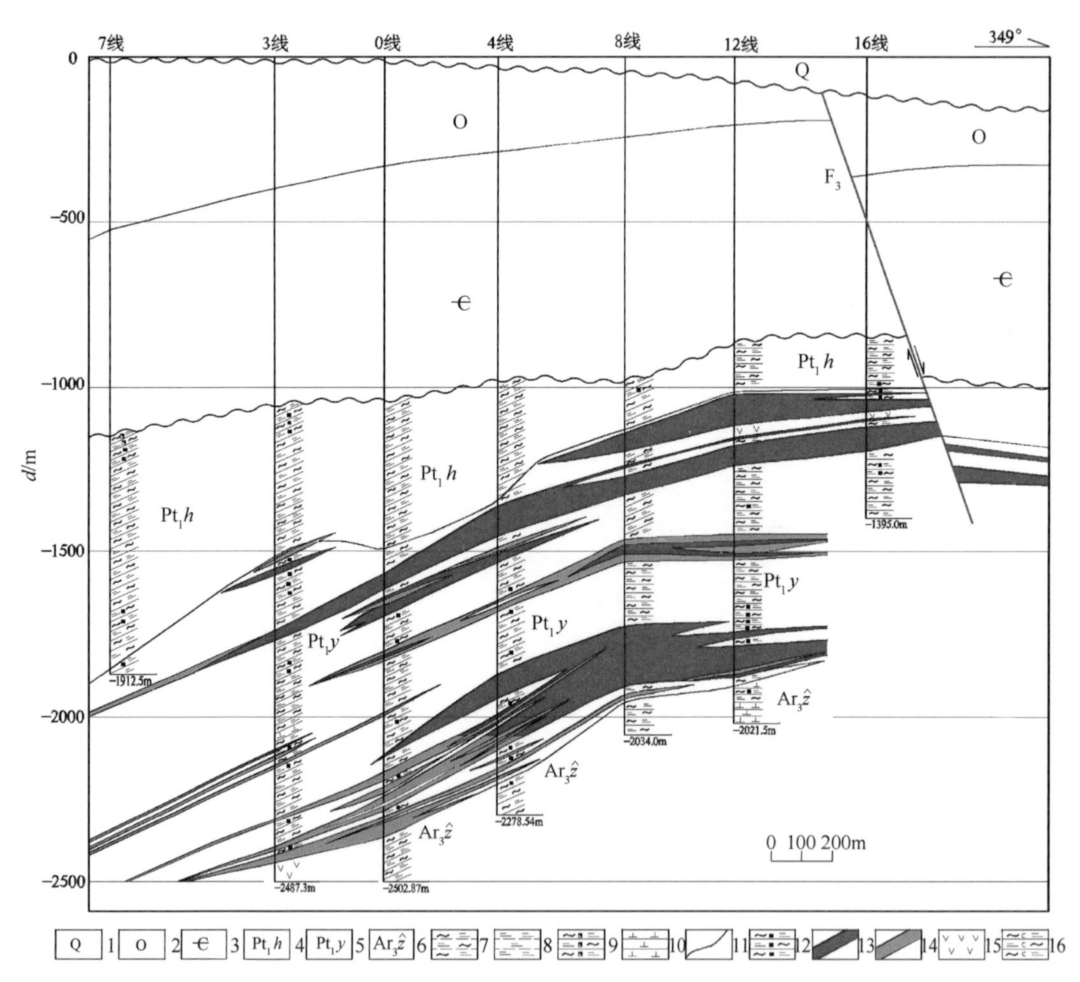


图6-3　济宁铁矿颜店勘查区地质纵剖面图

1—第四系；2—奥陶系；3—寒武系；4—洪福寺组；5—颜店组；6—翟村组；7—绿泥绢云千枚岩；8—绢云千枚岩；9—赤铁矿化绢云千枚岩；10—闪长玢岩；11—地层界线；12—条带状磁铁绿泥绢云千枚岩；13—磁铁矿体及编号；14—低品位磁铁矿体及编号；15—英安玢岩；16—含碳质绿泥绢云千枚岩

### 3. 6号矿体

该矿体分布于15~16线间，赋存标高-983~-1928m区间，矿体由4个钻孔控制，控制矿体长度2070m，控制斜深424~1004m。矿体总体走向337°~352°，倾向南西西，倾角 56°~65°，以 4、8 线间倾角较缓，向两端逐渐变陡。矿体沿走向、倾向膨胀狭缩、分支复合的特点较为明显，沿走向北至 12 线北侧尖灭，向南至 3 线尖灭，至 15 线再现，沿倾向深部未封闭。矿体在 8 线 -1300m 以上分为 4 层，-1300~-1800m 合为 2 层，向下合为 1 层；向北至 12 线分为 3 层；向南 4 线以南在 -1300m 以下为 5 层，向上分支矿体变薄尖灭余 2~3 层。矿体厚度一般 13.06~49.14m，最小 3.33m，最大 113.16m，平均厚度 31.42m，厚度变化系数为 78.52%，厚度变化较稳定。沿走向矿体在 8 线厚度最大，向北逐渐变薄至尖灭，向南有变薄的趋势，沿倾向深部有增厚的趋势。矿体单样品位 TFe 23.58%~37.21%，mFe 15.18%~34.33%；单工程矿体品位 TFe 27.78%~29.87%，mFe 20.13%~23.03%；矿体平均品位 TFe 28.51%，mFe 20.83%。品位变化系数 TFe 8.23%，mFe 15.07%，属品位变化均匀型。

**4. 20 号矿体**

为矿床的主矿体之一，矿体呈似层状分布于 23~43 线间，赋存标高 -1034~-1830m 区间，埋深 1118~1567m。矿体有 9 个钻孔控制，控制矿体长度 2134m，控制斜深 290~888m。矿体走向 326°~338°，倾向南西西，倾角 54°~68°，矿体倾角沿走向由中部向两侧逐渐增大，39 线倾角 68°。矿体沿走向在 23 线北延伸至颜店勘查区，南部未封闭；矿体沿走向和倾向膨胀狭缩、分支复合、尖灭再现的特点明显，在 39 线、43 线矿体为单层，向北至 23 线分为 3~5 层。

单工程矿体厚度 26.41~198.39m，平均厚度 97.49m，厚度变化系数为 51.29%，厚度变化较稳定。39 线矿体厚度最大，沿走向向南、北呈变薄的趋势，沿倾向深部总体呈逐渐变薄趋势。单样品位 TFe 20.68%~42.92%，mFe 15.01%~37.33%；单工程矿体品位 TFe 26.64%~36.30%，mFe 20.52%~24.83%；矿体平均品位 TFe 32.60%，mFe 23.06%。品位变化系数 TFe 15.75%，mFe 21.06%，属品位变化均匀型。

**5. 19 号矿体**

19 矿体位于 20 矿体的上部，为矿床的主矿体。矿体呈似层状分布于 31~39 线间，矿体由 3 个钻孔控制，矿体走向 323°~340°，倾向南西西，倾角 57°~70°，39 线矿体倾角达 70°。控制矿体长 1108m，控制斜深 316~1098m，赋存标高 -1172~-2036m 区间，埋深 1214~1254m。沿倾向由浅向深厚度有增大的趋势。该矿体 39 线矿体为单层，31 线分为 3 层。

单工程矿体厚度 8.86~172.31m，平均厚度 97.14m，厚度变化系数为 69.35%，厚度变化较稳定。39 线矿体厚度最大，沿走向厚度变薄，向北延入颜店勘查区，南部在 39 线与 43 线间尖灭，至 43 线 $ZK_{4301}$ 孔深 1750~1870m 之间呈薄层磁铁石英岩，厚度在 0.1~0.2m 之间，间隔 0.5~1.0m，呈分层尖灭的特点。沿倾向由浅向深总体呈厚度增大的趋势，在 35 线浅部（$ZK_{3501}$）以矿化带出现。

单样品位 TFe 20.42%~37.64%，mFe 15.01%~37.64%；单工程矿体品位 TFe 25.70%~36.11%，mFe 20.17%~23.11%；矿体平均品位 TFe 34.45%，mFe 22.81%。品位变化系数 TFe 18.91%，mFe 24.68%，属品位变化均匀型。

**6. 38 号矿体**

38 矿体为矿床的主矿体，矿体呈似层状分布于 31~43 线间，赋存标高 -1182~-1998m，埋深 1224.5~1631m。矿体共有 6 个钻孔控制，控制矿体长度 1588m，控制斜深302～1018m。矿体走向349°～359°，倾向南西西，倾角57°～59°，由北向南矿体变陡。矿体沿走向和倾向均为封闭，在39线矿体呈单层出现，向南至43线分为3层，向北至35线分为5层，至31线由于分层尖灭为2层。

单工程矿体厚度在6.28～68.86m之间，平均厚度30.33m，厚度变化系数为76.48%，厚度变化较稳定；矿体厚度沿走向总体呈中间厚度大向两端变薄的趋势，沿倾向39线矿体由浅部向深部厚度增大，而43线则浅部向深部矿体有变薄的趋势。矿体单样品位TFe 22.12%～36.67%，mFe 15.74%～33.96%；单工程矿体品位TFe 28.53%～30.49%，mFe 20.27%～27.46%；矿体平均品位TFe 28.55%，mFe 22.28%。品位变化系数TFe 14.51%，mFe 21.41%，属品位变化均匀型。

## 四、矿石特征

### （一）*矿石类型*

矿石自然类型主要分为四类：条带状磁铁石英岩、磁铁岩、磁铁千枚岩、赤铁岩（氧化矿石）。以前三者为主，赤铁岩仅见于寒武系底部不整合面下的古氧化面之下30m之内，是磁铁矿氧化而成，为后生矿物。主要矿石细分为：方解磁铁石英岩、黑云磁铁石英岩、黑云绿泥磁铁石英岩、含方解黑云磁铁石英岩，石英磁铁岩、黑云磁铁岩、含石英黑云磁铁岩、含石英磁铁岩、绿泥磁铁岩、绢云石英磁铁岩、含绢云绿泥石英磁铁岩、含黑云方解石英磁铁岩，凝灰质黑云磁铁绿泥千枚岩、凝灰质磁铁黑云千枚岩、磁铁绿泥千枚岩、磁铁黑云千枚岩、磁铁绢云千枚岩。

### （二）*矿石矿物成分*

#### 1. 主要矿物特征

磁铁矿石中矿石矿物以磁铁矿为主，少见黄铁矿物。赤铁矿石中矿石矿物以赤铁矿为主。脉石矿物主要有绢云母、黑云母、绿泥石、石英、方解石、钠长石。

磁铁矿：呈自形—他形晶粒状，粒度大小不等，粒度细小的磁铁矿占相当数量。粒度一般为0.005～0.120mm，最大可达0.30mm，小的在0.005mm以下。粒度偏细的磁铁矿，粒度一般0.005～0.018mm，常集合成暗色条带分布；粒度粗一些的磁铁矿，一般在0.024～0.120mm，也聚合在一起组成暗色条带。这两种粒度不等的暗色条带可宽、可窄，可同一种条带相间分布，也可以两种条带相间分布。

黄铁矿：含量较少，呈自形—他形晶粒状，粒度较大的多呈自形—半自形晶，单独分布于脉石矿物间；粒度细小的呈他形晶粒状集合体，夹杂于磁铁矿条带间，与条带平行排列。

赤铁矿：少量，他形不规则状，主要是交代磁铁矿而形成，多出现在磁铁矿边部。

黄铜矿：很少，呈细粒状、星点状分布。

石英：他形粒状，具波状消光，粒度大小不等，一般是0.02～0.05mm。在矿石中按粒度大小常可分两种，各自构成条带与磁铁矿条带相间分布。在磁铁石英岩中含量高，可高达50%～60%。在磁铁千枚岩中含量5%～25%。

方解石：半自形—他形晶。常与石英相伴，形成方解石－石英条带；也有单独构成条带者，与石英条带、磁铁矿条带平行、相间分布。磁铁石英岩和磁铁千枚岩中普遍含有方解石，含量不等，一般在2%～20%。

黑云母（绢云母、绿泥石）：呈细小鳞片状，矿物之间边界不清晰，常呈透镜状、条纹状、条带状集合体定向分布。由于粒度普遍细小，黑云母、绢云母、绿泥石三者较难区，个别矿石中三者均有分布，多数矿石中仅有一种或两种矿物。黑云母结晶程度低，为雏晶黑云母。部分磁铁石英岩含有黑云母，含量4%～20%；磁铁千枚岩普遍含有黑云母（绢云母、绿泥石），含量高达20%～60%。

钠长石：少量矿石中含有，含量5%左右。

**2. 主要矿石类型的矿物组成**

（1）磁铁石英岩类

条带状含方解磁铁石英岩（$ZK_{404}$－B007）：磁铁矿35%±，绿泥石5%±，石英50%±，方解石10%±；

条带状绢云磁铁石英岩（$ZK_{1201}$－B010）：磁铁矿35%±，石英43%±，绢云母15%±，绿泥石2%±，方解石5%±；

条带状含绢云绿泥磁铁石英岩（$ZK_{1201}$－B011）：磁铁矿35%±，石英35%±，绢云母7%±，绿泥石20%±，方解石3%±；

条带状含黑云方解磁铁石英岩（$ZK_{1201}$－B012）：磁铁矿35%±，石英50%±，黑云母7%±，方解石8%±；

条带状含方解黑云磁铁石英岩（$ZK_{1201}$－B015）：磁铁矿35%±，石英40%±，黑云母17%±，方解石8%±；

条带状磁铁石英岩（$ZK_{1201}$－B020）：磁铁矿35%±，石英＋钠长石53%±，黑云母4%±，绢云母3%±，方解石5%±；

条带状磁铁石英岩（$ZK_{1201}$－B025）：磁铁矿40%±，石英55%±，方解石5%±；

条带状含黑云方解磁铁石英岩（$ZK_{403}$－B006）：磁铁矿30%±，石英40%±，黑云母10%±，方解石20%±；绢云母少量。

（2）磁铁千枚岩类

条带状凝灰质黑云磁铁绿泥千枚岩（$ZK_{404}$－B012）：磁铁矿30%±，绿泥石35%±，石英15%，方解石2%±，黑云母18%±；

条带状凝灰质磁铁黑云千枚岩（$ZK_{404}$－B014）：黑云母60%±，磁铁矿25%±，石英8%±，斜长石2%±，绿泥石5%±；

条纹状黑云绿泥磁铁千枚岩（$ZK_{403}$－B011）：磁铁矿50%±，绿泥石25%；石英5%±，黑云母20%±；

含方解磁铁黑云千枚岩（$ZK_{402}$－B018）：磁铁矿20%±，黑云母40%±，石英25%±，方解石10%±，斜长石5%±。

（3）磁铁岩类

条带状绿泥磁铁岩（$ZK_{404}$－B005）：磁铁矿60%±，绿泥石32%±，石英5%±，方解石3%±；

条纹状含绢云方解黑云磁铁岩（$ZK_{402}$－B014）：磁铁矿45%±，黑云母20%±，石英10%±，绢云母6%±，绿泥石4%，钠长石5%±，方解石10%±；

条纹状黑云磁铁岩（$ZK_{402}$－B024）：磁铁矿57%±，黑云母20%±，石英10%±，绿泥石5%，钠长石5%±，方解石3%±。

（4）赤铁岩类（氧化矿石）

绢云母赤铁岩（$ZK_{404}$－B001）：赤铁矿60%±，绢云母38%±，石英2%±；

条带状石英赤铁岩（$ZK_{404}$－B003）：石英65%±，赤铁矿33%±，方解石2%±。

## （三）矿石结构构造

### 1. 矿石结构

矿石结构为自形—他形粒状结构、包含结构（图版Ⅱ中9）。

自形—他形粒状结构：矿石中的磁铁矿和黄铁矿有结晶较好的颗粒，呈完好的自形晶；也有结晶较差的颗粒，呈半自形—他形粒状结构。

包含结构：矿石中部分稍粗粒的磁铁矿包含极细微粒的磁黄铁矿，磁铁矿颗粒中包含的磁黄铁矿数量不等。

### 2. 矿石构造

矿石构造主要为条带状构造、条带－稠密浸染状构造。

条带状构造：组成矿石的主要矿物磁铁矿、石英、绢云母、黑云母、方解石等呈条带状分布，形成条带状构造（图版Ⅱ中7、10、27、30、31）。不同的矿石类型条带的组成矿物不同，如方解磁铁石英岩有三种条带：石英＋碳酸盐＋绢云母条带，石英＋磁铁矿＋碳酸盐＋绢云母条带，以及石英＋磁铁矿＋绢云母条带（图版Ⅱ中10）；含方解黑云磁铁石英岩的三种条带则是：磁铁矿＋黑云母条带，石英＋磁铁矿＋绢云黑云母条带，石英＋碳酸盐条带（图版Ⅱ中30）；磁铁石英岩中有两种条带，以石英为主的条带和以磁铁矿为主的条带（图版Ⅱ中31）。

条带－稠密浸染状构造：矿石中的磁铁矿组成暗色条带，与由脉石矿物组成的浅色条带相间排列，平行分布。条带间和条带中的磁铁矿单体颗粒构成集合体，又呈均匀地、无定向分布，构成稠密浸染状构造。

## （四）矿石化学成分

委托山东省地质科学实验研究院分析的9件铁矿石中（表6－2）$SiO_2$含量41.6%～49.49%，平均45.98%；$TiO_2$含量0.0652%～0.253%，平均0.1437%；$Al_2O_3$含量1.25%～7.23%，平均3.544%；$Fe_2O_3$含量16.8%～25.43%，平均22.82%；FeO含量12.57%～21.36%，平均17.39%；MnO含量0.0294%～0.0751%，平均0.0494%；MgO含量1.391%～2.174%，平均1.721%；CaO含量0.546%～2.876%，平均1.5937%；$Na_2O$含量0.1221%～1.0241%，平均0.4662%；$K_2O$含量0.209%～2.271%，平均1.165%；$P_2O_5$含量0.0576%～0.168%，平均0.093%；$CO_2$含量1.55%～5.57%，平均3.246%；$H_2O^+$含量0.83%～2.3%，平均1.65%；S含量0.024%～1.19%，平均0.2253%；固定碳含量0.07%～0.38%，平均0.17%。不同类型磁铁矿石成分存在一些差异。

表 6-2　磁铁矿石全岩主元素分析结果　　单位:%

| 样品编号 | $ZK_{1201}$ -010 | $ZK_{1201}$ -011 | $ZK_{1201}$ -015 | $ZK_{1201}$ -025 | $ZK_{402}$ -014 | $ZK_{402}$ -018 | $ZK_{402}$ -024 | $ZK_{404}$ -005 | $ZK_{404}$ -014 | 平均值 |
|---|---|---|---|---|---|---|---|---|---|---|
| 孔深 | 1166.5m | 1192~1195m | 1272m | 1573~1576m | 1500m | 1578m | 1796.7~1799.7m | 1138.8~1142.64m | 1296~1300m | |
| 岩石名称 | 条带状绢云石英磁铁岩 | 条带状含绢云绿泥石英磁铁岩 | 条带状含方解黑云磁铁石英岩 | 条带状磁铁石英岩 | 条纹条带状含方解石英黑云磁铁岩 | 磁铁黑云千枚岩 | 条带状含石英黑云磁铁岩 | 条带状绿泥磁铁岩 | 条带状凝灰质磁铁黑云千枚岩 | |
| $SiO_2$ | 43.49 | 41.6 | 48.64 | 46.8 | 43.69 | 46.26 | 49.49 | 48.16 | 45.66 | 45.98 |
| $Al_2O_3$ | 1.31 | 1.5 | 6.39 | 4.25 | 1.25 | 3.41 | 7.23 | 3.38 | 3.18 | 3.544 |
| $TiO_2$ | 0.0652 | 0.0799 | 0.2191 | 0.1535 | 0.0726 | 0.1386 | 0.253 | 0.1603 | 0.1508 | 0.1437 |
| $Fe_2O_3$ | 25.43 | 23.74 | 19 | 22.86 | 24.97 | 22.75 | 16.8 | 24.99 | 24.86 | 22.82 |
| $P_2O_5$ | 0.1049 | 0.0752 | 0.0576 | 0.0778 | 0.1093 | 0.0791 | 0.06 | 0.168 | 0.1054 | 0.093 |
| MnO | 0.0341 | 0.0328 | 0.056 | 0.0751 | 0.0338 | 0.0676 | 0.0558 | 0.168 | 0.0597 | 0.0494 |
| FeO | 19.85 | 21.36 | 16.19 | 16.31 | 19.87 | 16.79 | 16.55 | 12.57 | 17 | 17.39 |
| CaO | 1.724 | 1.659 | 1.2445 | 1.722 | 1.557 | 1.314 | 0.5458 | 2.876 | 1.701 | 1.5937 |
| MgO | 1.391 | 1.712 | 1.94 | 1.508 | 1.553 | 1.533 | 2.174 | 1.939 | 1.742 | 1.721 |
| $K_2O$ | 0.319 | 0.48 | 1.844 | 1.933 | 0.386 | 1.533 | 2.271 | 0.209 | 1.514 | 1.165 |
| $Na_2O$ | 0.1221 | 0.178 | 0.9109 | 0.5157 | 0.162 | 0.6844 | 1.0241 | 0.251 | 0.3477 | 0.4662 |
| $H_2O^+$ | 1.5 | 1.82 | 1.4 | 1.37 | 1.57 | 0.83 | 2.08 | 2.3 | 2 | 1.65 |
| $CO_2$ | 4.51 | 5.57 | 2.48 | 2.58 | 4.24 | 4.31 | 1.81 | 2.16 | 1.55 | 3.246 |
| S | 0.0725 | 0.25 | 0.0635 | 0.099 | 0.024 | 0.075 | 0.155 | 1.19 | 0.099 | 0.2253 |
| 固定碳 | 0.19 | 0.38 | 0.12 | 0.07 | 0.21 | 0.16 | 0.13 | 0.13 | 0.1 | 0.17 |
| 总量 | 100.112 | 100.4369 | 100.5556 | 100.3241 | 99.6977 | 99.9347 | 100.6287 | 100.6513 | 100.0696 | |
| $SiO_2/Al_2O_3$ | 33.20 | 27.73 | 7.61 | 11.01 | 31.95 | 13.57 | 6.85 | 14.25 | 14.36 | 12.97 |
| $Fe_2O_3/FeO$ | 1.28 | 1.11 | 1.17 | 1.40 | 1.26 | 1.35 | 1.02 | 1.99 | 1.46 | 1.31 |
| $MnO/TiO_2$ | 0.52 | 0.41 | 0.26 | 0.49 | 0.47 | 0.49 | 0.22 | 0.18 | 0.40 | 0.34 |
| $\frac{Al_2O_3}{(K_2O+Na_2O)}$ | 2.97 | 2.28 | 2.32 | 1.74 | 2.28 | 1.54 | 2.19 | 7.35 | 1.71 | 2.17 |

赤铁矿为磁铁矿氧化而成，位于寒武系与济宁群不整合面之下古氧化带，古氧化带厚度约30m。分析测试了5件赤铁矿石样品（表6-3），由山东省地质科学实验研究院分析的3件样品中，$SiO_2$ 含量46.9%~51.14%，平均49.27%；$TiO_2$ 含量0.0829%~0.3042%，平均0.1739%；$Al_2O_3$ 含量1.86%~6.22%，平均3.66%；$Fe_2O_3$ 含量30.38%~38.8%，平均34.44%；FeO含量2.92%~7.21%，平均5.047%；MnO含量0.0219%~0.0313%，平均0.0259%；MgO含量0.943%~2.366%，平均1.642%；CaO含量0.3313%~1.824%，平均0.9279%；$Na_2O$ 含量0.0435%~0.1813%，平均0.0983%；$K_2O$ 含量0.283%~1.197%，平均0.688%；$P_2O_5$ 含量0.0757%~0.0995%，平均0.0865%；$CO_2$ 含量1.53%~2.06%，平均1.713%；$H_2O^+$ 含量1.2%~2.9%，平均1.98%；S含量0.0097%~0.04%，平均0.0211%；固定碳含量0.12%~0.14%，平均0.13%。另有2件样品分析结果由中国科学院地球化学研究所汤好书提供，见表6-3

中 $ZK_{403}-002$、$ZK_{404}-002$。

**表6－3　赤铁矿石全岩主元素分析结果**　　单位:%

| 样品编号 | $ZK_{404}$ －001 | $ZK_{404}$ －003 | $ZK_{404}$ －004 | 平均值 | $ZK_{403}$ －002 | $ZK_{404}$ －002 |
|---|---|---|---|---|---|---|
| 孔深 | 1103.29～1110.4m | 1116.58～1119.0m | 1133～1136m | | 1038.52m | 1102.64m |
| 岩石名称 | 绢云母赤铁岩 | 条带状石英赤铁岩 | 赤铁绿泥千枚岩 | | 条纹条带状含砂绿泥赤铁石英岩 | 含砂砾赤铁矿绿泥黑云千枚岩 |
| $SiO_2$ | 46.9 | 51.14 | 49.78 | 49.27 | 52.81 | 65.23 |
| $Al_2O_3$ | 6.22 | 1.86 | 2.9 | 3.66 | 4.85 | 9.59 |
| $TiO_2$ | 0.3042 | 0.0829 | 0.1346 | 0.1739 | 0.163 | 0.497 |
| $Fe_2O_3$ | 30.38 | 38.8 | 34.15 | 34.44 | 36.78 | 12.93 |
| $P_2O_5$ | 0.0757 | 0.0844 | 0.0995 | 0.0865 | 0.09 | 0.0519 |
| MnO | 0.0313 | 0.0219 | 0.0246 | 0.0259 | 0.0096 | 0.0136 |
| FeO | 7.21 | 2.92 | 5.01 | 5.047 | | |
| CaO | 0.3313 | 0.6285 | 1.824 | 0.9279 | 0.187 | 0.1 |
| MgO | 2.366 | 0.943 | 1.616 | 1.642 | 1.31 | 3.06 |
| $K_2O$ | 1.197 | 0.583 | 0.283 | 0.688 | 0.331 | 2.957 |
| $Na_2O$ | 0.0702 | 0.0435 | 0.1813 | 0.0983 | | 0.037 |
| $H_2O^+$ | 2.9 | 1.2 | 1.83 | 1.98 | | |
| $CO_2$ | 1.53 | 1.55 | 2.06 | 1.713 | | |
| S | 0.04 | 0.0094 | 0.014 | 0.011 | | |
| 固定碳 | 0.14 | 0.12 | 0.12 | 0.13 | | |
| 烧失量 | | | | | 2.15 | 4.47 |
| 总量 | 99.6957 | 99.9866 | 100.027 | | 98.68 | 98.94 |
| $SiO_2/Al_2O_3$ | 7.54 | 27.49 | 17.17 | 13.46 | | |
| $Fe_2O_3/FeO$ | 4.21 | 13.29 | 6.82 | 6.82 | | |
| $MnO/TiO_2$ | 0.10 | 0.26 | 0.18 | 0.15 | | |
| $\frac{Al_2O_3}{(K_2O+Na_2O)}$ | 4.91 | 2.97 | 6.25 | 4.66 | | |

分析测试单位：$ZK_{404}-001$、$ZK_{404}-003$、$ZK_{404}-004$ 山东省地质科学实验研究院；$ZK_{403}-002$、$ZK_{404}-002$ 中国科学院地球化学研究所汤好书。

### （五）铁的矿物相

据磁铁矿石物相分析结果（表6－4），磁性铁（mFe）含量17.84%～27.35%，平均23.53%；氧化铁（OFe）含量2.59%～6.78%，平均4.262%；碳酸铁（CFe）含量0.92%～3.17%，平均1.854%；硅酸铁（SiFe）含量0.011%～0.022%，平均0.0134%；硫化铁（SFe）含量0.037%～0.825%，平均0.1577%。磁性铁占全铁的71.62%～83.77%，硅酸铁等四项合计占全铁的16.23%～28.38%。分析发现，随着埋藏深度的增加碳酸铁（CFe）含量有所减少。

**表 6-4　磁铁矿石铁的物相分析结果表**　　单位:%

| 样品编号 | 取样位置 | 矿石名称 | 分析项目 | | | | | |
|---|---|---|---|---|---|---|---|---|
| | | | TFe | mFe | SFe | CFe | OFe | SiFe |
| $ZK_{1201}$-010 | $ZK_{1201}$ 孔深 1166.5m | 条带状绢云石英磁铁岩 | 33.36 | 27.35 | 0.061 | 2.28 | 3.73 | 0.011 |
| $ZK_{1201}$-011 | $ZK_{1201}$孔深 1192~1195m | 条带状绿泥石英磁铁岩 | 33.28 | 25.36 | 0.165 | 3.17 | 4.6 | 0.011 |
| $ZK_{1201}$-015 | $ZK_{1201}$ 孔深 1272m | 条带状含方解黑云磁铁石英岩 | 26.4 | 20.22 | 0.058 | 1.74 | 4.31 | 0.022 |
| $ZK_{1201}$-025 | $ZK_{1201}$孔深 1573~1576m | 条带状磁铁石英岩 | 28.78 | 24.11 | 0.062 | 1.35 | 4.21 | 0.011 |
| $ZK_{402}$-014 | $ZK_{402}$ 孔深 1500m | 条纹条带状含方解石英黑云磁铁岩 | 33.25 | 27.39 | 0.037 | 2.05 | 3.83 | 0.011 |
| $ZK_{402}$-018 | $ZK_{402}$ 孔深 1578m | 磁铁黑云千枚岩 | 28.86 | 24.02 | 0.04 | 2.29 | 2.59 | 0.022 |
| $ZK_{402}$-024 | $ZK_{402}$孔深 1796.7~1799.7m | 条带状含石英黑云磁铁岩 | 24.91 | 17.84 | 0.09 | 1.83 | 5.22 | 0.011 |
| $ZK_{404}$-005 | $ZK_{404}$孔深 1138.8~1142.64m | 条带状绿泥磁铁岩 | 27.4 | 19.79 | 0.825 | 1.06 | 5.81 | 0.011 |
| $ZK_{404}$-014 | $ZK_{404}$孔深 1296~1300m | 条带状凝灰质磁铁黑云千枚岩 | 30.72 | 25.69 | 0.081 | 0.92 | 4.06 | 0.011 |
| 平均 | | | 29.66 | 23.53 | 0.1577 | 1.854 | 4.262 | 0.0134 |

注：分析测试单位山东省地质科学实验研究院。

赤铁矿石的3件样品物相分析结果（表6-5）表明：磁性铁（mFe）含量0.22%~5.23%，平均1.91%；氧化铁（OFe）含量20.68%~27.35%，平均24.26%；碳酸铁（CFe）含量1.05%~1.76%，平均1.30%；硅酸铁（SiFe）含量0.011%，平均0.011%；硫化铁（SFe）含量0.305%~0.905%，平均0.692%。对比发现，随着埋藏深度增加碳酸铁（CFe）含量减少，石英赤铁岩的硫化铁（SFe）、氧化铁（OFe）含量高于绢云母赤铁岩和赤铁绿泥千枚岩。

**表 6-5　赤铁矿石铁的物相分析结果表**　　单位:%

| 样品编号 | 取样位置 | 矿石名称 | 分析项目 | | | | | |
|---|---|---|---|---|---|---|---|---|
| | | | TFe | mFe | SFe | CFe | OFe | SiFe |
| $ZK_{404}$-001 | $ZK_{404}$孔深 1103.29~1110.4m | 绢云母赤铁岩 | 27.1 | 0.27 | 0.305 | 1.76 | 24.76 | 0.011 |
| $ZK_{404}$-003 | $ZK_{404}$孔深 1116.58~1119.0m | 条带状石英赤铁岩 | 29.53 | 0.22 | 0.905 | 1.08 | 27.35 | 0.011 |
| $ZK_{404}$-004 | $ZK_{404}$孔深 1133~1136m | 赤铁绿泥千枚岩 | 27.89 | 5.23 | 0.865 | 1.05 | 20.68 | 0.011 |
| 平均 | | | 28.17 | 1.91 | 0.692 | 1.30 | 24.26 | 0.011 |

注：分析测试单位山东省地质科学实验研究院。

氧化带赤铁岩与原岩磁铁石英岩相比，除了磁铁变成氧化铁外，氧化带的硫化铁比原岩增高，可能为后期热液改造所致。

# 第二节　成矿规律

## 一、矿床类型

### （一）矿体围岩和夹层

矿体赋存在济宁群变质岩系中，矿体顶板和底板岩性主要为绿泥绢云千枚岩、含磁铁绿泥绢云千枚岩、变质砂岩和变英安岩，矿体与顶底板接触面多见韵律层，厚度几十厘米至数米不等。围岩空间分布差异较大且变化剧烈，整体而言矿体西南部顶底板一般以千枚岩为主，包括绿泥绢云千枚岩、磁铁绿泥绢云千枚岩、绢云千枚岩等；矿体东北部顶底板多见变质砂岩，北部部分钻孔资料显示，矿层厚度往往与变质砂岩厚度呈反比。矿体内夹层多呈透镜状—层状，沿走向和倾向延伸较稳定，岩石主要为含磁铁绿泥绢云千枚岩、绿泥绢云千枚岩、变英安岩和变质砂岩。铁矿床之下（翟村组）是变火山碎屑岩、变中基性火山岩、千枚岩，铁矿床之上（洪福寺组）主要为千枚岩，铁矿体主要产于绿泥绢云千枚岩为主的岩层中。矿体围岩和夹层岩性特征描述如下：

绿泥绢云千枚岩：灰色、浅紫红色，粒状鳞片变晶结构，千枚状构造。主要矿物为绢云母（35%～60%）、绿泥石（10%～20%）、石英（20%～30%）、方解石（2%～5%）、磁铁矿（小于1%），偶见赤铁矿。组成岩石的矿物都非常细小，具有明显的定向构造，其中绢云母呈连续的定向排列，而方解石、石英、钠长石等粒状矿物多数形成大小不等、厚薄不一的扁豆状、透镜状集合体，夹在绢云母集合体内呈连续的定向排列。

磁铁绿泥绢云千枚岩：岩石呈浅灰色—深灰色，鳞片变晶结构，条带状构造。岩石主要矿物组合与绿泥绢云千枚岩组合基本一致，但磁铁矿含量较高，TFe 含量 21.79%～26.20%，mFe 含量 8.95%～14.32%。

变质砂岩：岩石呈浅灰色，块状构造。岩石主要矿物为石英、长石。长石、石英粒径 0.1～0.2mm，矿物颗粒和集合体常被剪切拉长呈长条状或细纹状。

变英安玢岩：灰白色，变余斑状结构、鳞片状变晶结构，块状构造。岩石由斑晶和基质两部分组成，斑晶主要为长石（以斜长石为主，钾长石少量，总体含量 35%～40%）、石英（10%～20%），基质主要由长英质微粒和绿泥石（6%～10%）、绢云母（2%～15%）、方解石（2%～15%）等组成，副矿物有磁铁矿、锆石、磷灰石等。受应力作用斑晶有塑性变形现象。岩石中 TFe 含量 4.05%～4.07%，mFe 含量 1.83%～2.29%。

### （二）矿床类型

依据形成环境、成矿作用和成矿特征的不同，前寒武纪铁矿床分为（火山）沉积变质型、与火山侵入活动有关型、沉积型、复合成矿作用型和岩浆型五类（沈保丰等，2005）。济宁铁矿矿体呈层状赋存于济宁群中，严格受沉积变质地层层位控制，矿石中铁矿物与石英、方解石构成条带分布，条带与层理一致。济宁群原岩属浅海相泥砂沉积夹钙质硅铁沉积及中基性火山岩建造，铁矿的矿床类型无疑应为沉积变质铁矿床，属产于变质硅铁建造铁矿中以绢云母质绿泥石质千枚岩和片岩为主的岩层中的铁矿类型。

济宁铁矿与鲁西新太古代泰山岩群中的条带状铁矿及华北陆块大多数条带状铁矿（BIF）有明显区别，后者主要为产于以角闪质岩石或黑云变粒岩等岩石的岩层中的铁矿，变质程度为角闪岩相，磁铁矿粒度较粗，矿物相中不含赤铁矿。济宁铁矿的产状及矿石特征与山西袁家村铁矿和吉林大栗子铁矿相似：袁家村铁矿产于吕梁群上部袁家村组，主要由铁英岩、绿泥千枚岩、阳起片岩和千枚岩组成，为沉积变质型微细粒嵌布磁赤混合铁矿；大栗子铁矿赋存于老岭群顶部的大栗子组中，该组主要由青灰色千枚岩夹大理岩和褐色千枚岩组成，矿石可分为赤铁矿、磁铁矿、菱铁矿及混合矿，赤铁矿、磁铁矿矿石围岩为千枚岩，而菱铁矿则赋存于大理岩中。

BIF 铁矿包括阿尔戈马式和苏必利尔湖式铁矿床。前者出现于太古宙绿岩带内，矿石主要为磁铁矿、赤铁矿，伴以燧石、石英等。硅质矿物与富铁矿物常呈薄细交互层，显示清楚的原生沉积层纹。铁和氧化硅来自基性火山岩的喷流和热液源。苏必利尔湖式磁铁矿、赤铁矿矿床，形成时代主要是古元古代，发育于太古宙克拉通边缘大陆斜坡，可能与近海火山脊同期，铁、氧化硅沉淀可能远离喷发中心，除胶体沉淀外，可能有生物化学沉淀。条带状含铁建造铁矿石基本上是由硅和铁构成，仅带有少量或微量的其他元素。济宁铁矿层的下部含有少量中酸性火山物质，上部火山物质很少，矿床特征与苏必利尔湖式铁矿床更接近，但矿石中常含较多黏土质沉积物，普遍含有碳酸盐，与 BIF 铁矿矿石主要由铁和硅组成的特征不同。

由此可见，济宁铁矿虽为变质硅铁建造铁矿，但是其特征不同于以往发现的 BIF 铁矿，是产于变质中酸性火山－沉积岩与泥质岩之间的一种新类型矿床，称之为济宁型铁矿。

## 二、赋矿规律

### （一）赋矿层位

矿床产于济宁群中部颜店组。济宁群由 3 个组组成，下部翟村组为火山碎屑岩组，以变质火山碎屑岩为主夹千枚岩、火山岩；中部颜店组为含铁岩组，为一套以磁铁石英岩、磁铁千枚岩、石英磁铁岩、绿泥千枚岩为主的含铁岩系；上部洪福寺组为千枚岩组，主要由千枚岩夹变质（火山）碎屑岩组成。铁矿层总体位于变火山碎屑岩层与千枚岩岩层过渡偏千枚岩一侧，矿床下部常见火山碎屑岩，上部则很少见火山碎屑岩。矿床中出现较多硅质、碳酸盐成分，而在其上、下层位中则较少见。含铁岩组（颜店组）总厚度 300～600m。

### （二）矿体产状和分布

矿体呈层状、似层状和透镜状，有分枝复合、膨大夹缩、尖灭再现等现象。矿体受地层层位控制，产状与地层一致，矿体大致平行产出。矿体倾角较陡（介于 56°～65°之间），常有层内褶皱导致矿体局部产状变缓或变陡，矿体膨大部位常常是小褶皱发育位置，因此，矿层厚度增大，可能部分与褶皱的叠置有关。

颜店、翟村两勘查区共圈出铁矿体44个，其中2、4、6、19、20、38号为主要矿体。控制矿体长度最大为4号矿体，长度3066m，其次为2号矿体2874m，20号矿体2134m，6号矿体2070m；小矿体为单工程圈定，长度100m，共计15个。20号矿体厚度最大，平均厚度97.49m；其次为19号矿体，平均厚度97.14m；6号矿体平均厚度31.42m，38号矿体平均厚度30.33m，4号矿体平均厚度25.15m，2号矿体平均厚度21.92m。

各主要矿体沿倾向、走向厚度变化情况见济宁铁矿体联合剖面图、中断图（图6－4～图6－6）。

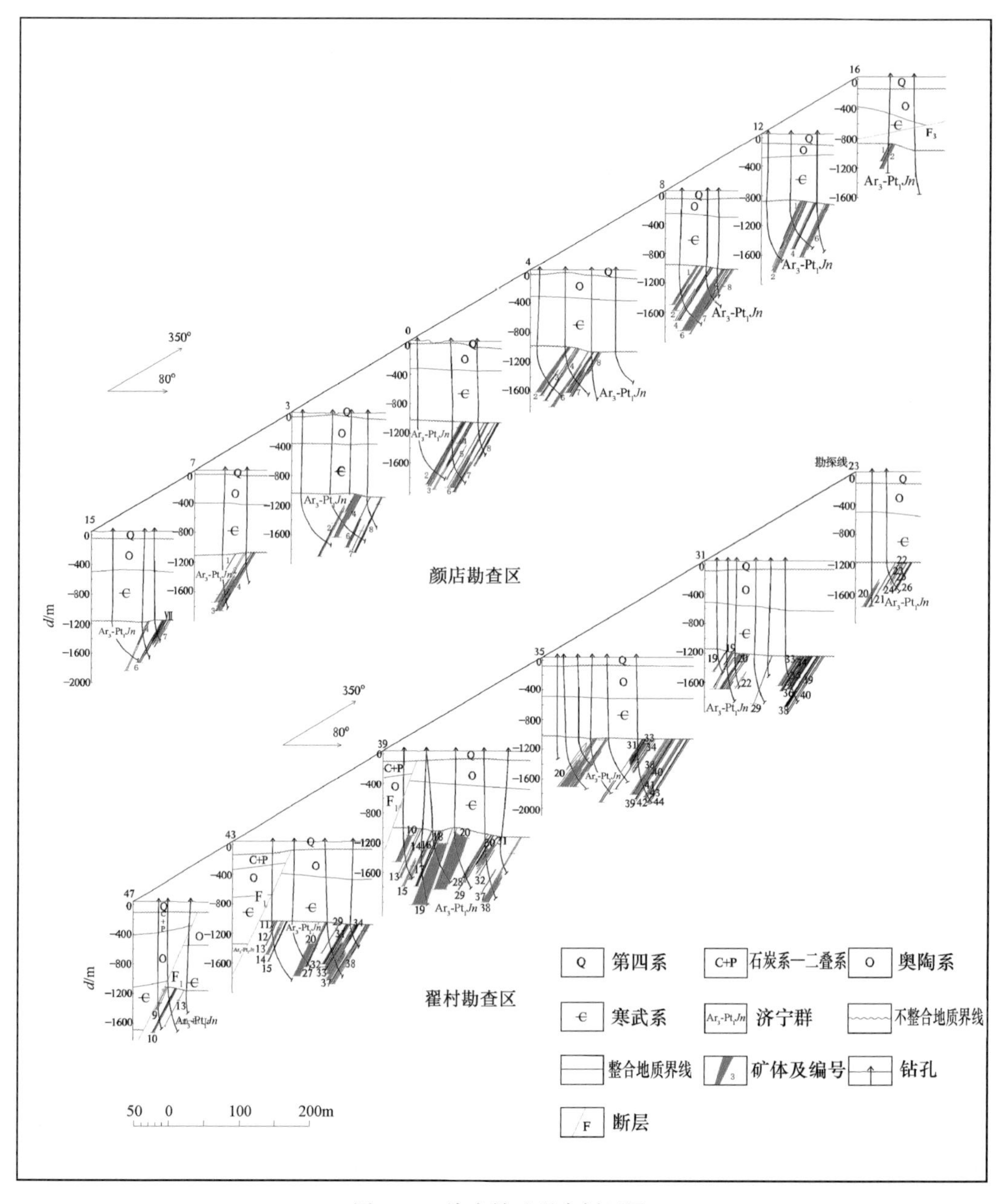


图6－4 济宁铁矿联合剖面图

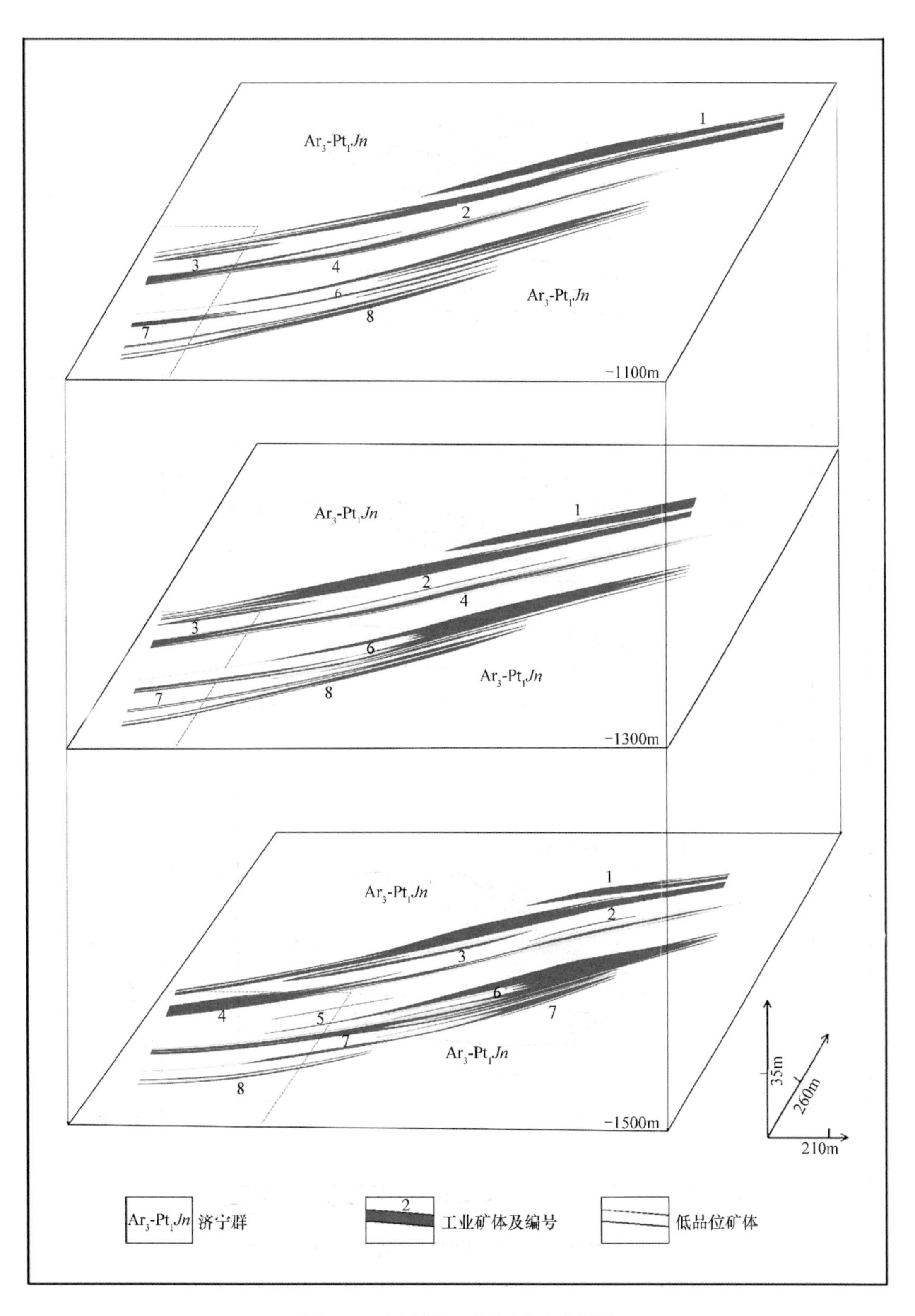


图 6－5　颜店勘查区矿体联合中断图

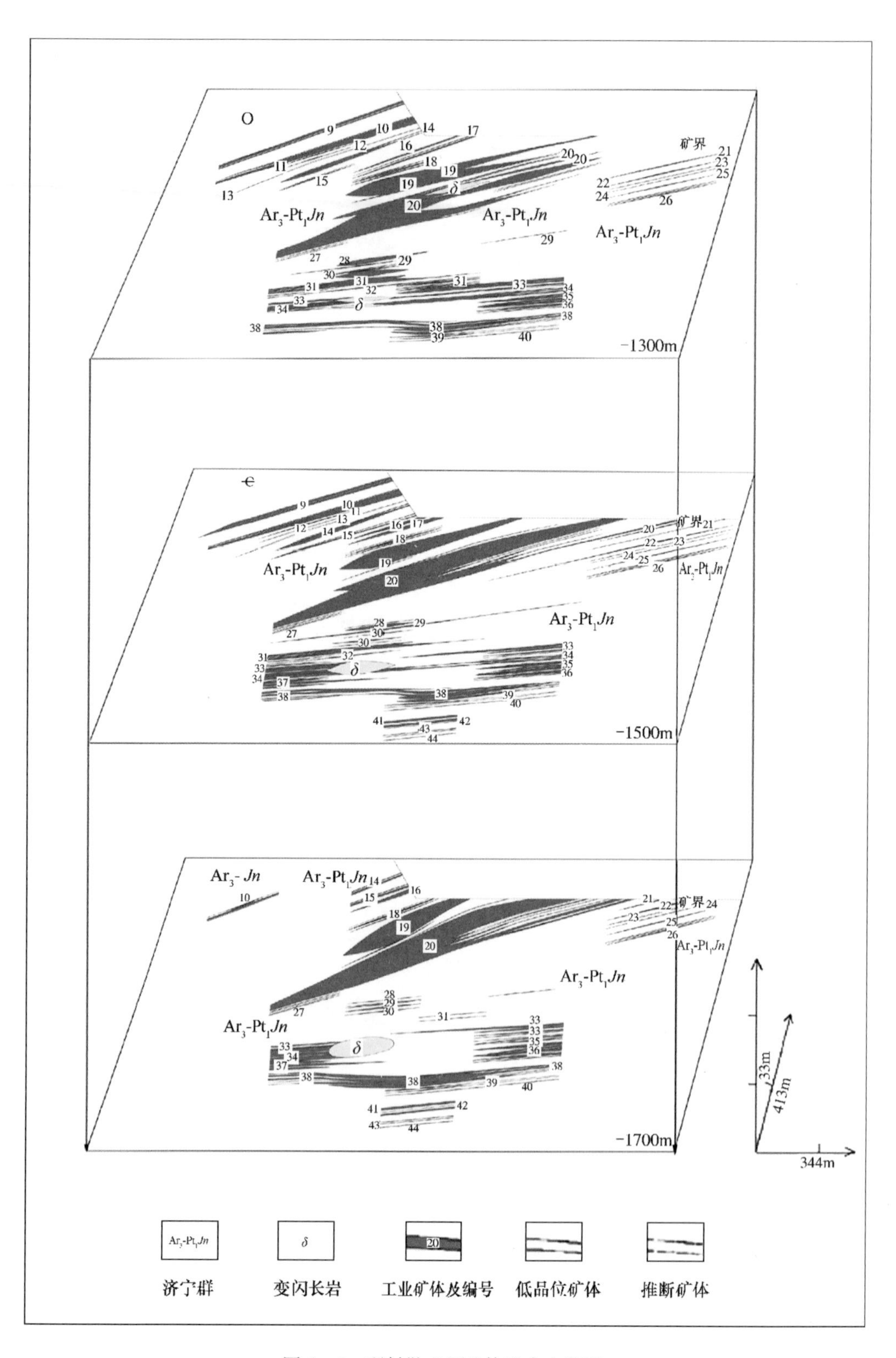


图 6-6　翟村勘查区矿体联合中断图

颜店勘查区矿体分层明显（图6－5），2、4、6号矿体为主要矿体，其厚度沿走向变化明显（图6－7）。翟村勘查区北段为颜店勘查区铁矿体的延伸，主要矿体为2、4、6号；翟村南部矿体分层不明显，具分枝复合，膨胀夹缩特征，主要矿体为19、20、38号（图6－6）。

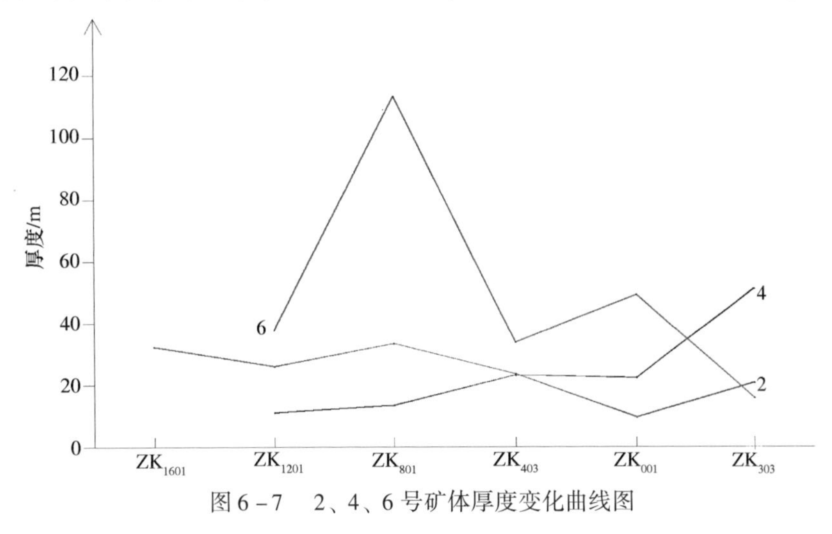


图6－7　2、4、6号矿体厚度变化曲线图

## （三）铁含量变化

44个矿体中，全铁平均最高含量为35.13%，磁性铁平均最高含量为25.19%，品位变化系数全铁（TFe）3.42%～19.36%，磁性铁（mFe）3.58%～34.02%，属品位变化均匀型铁矿体。2、4、6号矿体沿走向品位变化不大（图6－8—图6－10）。

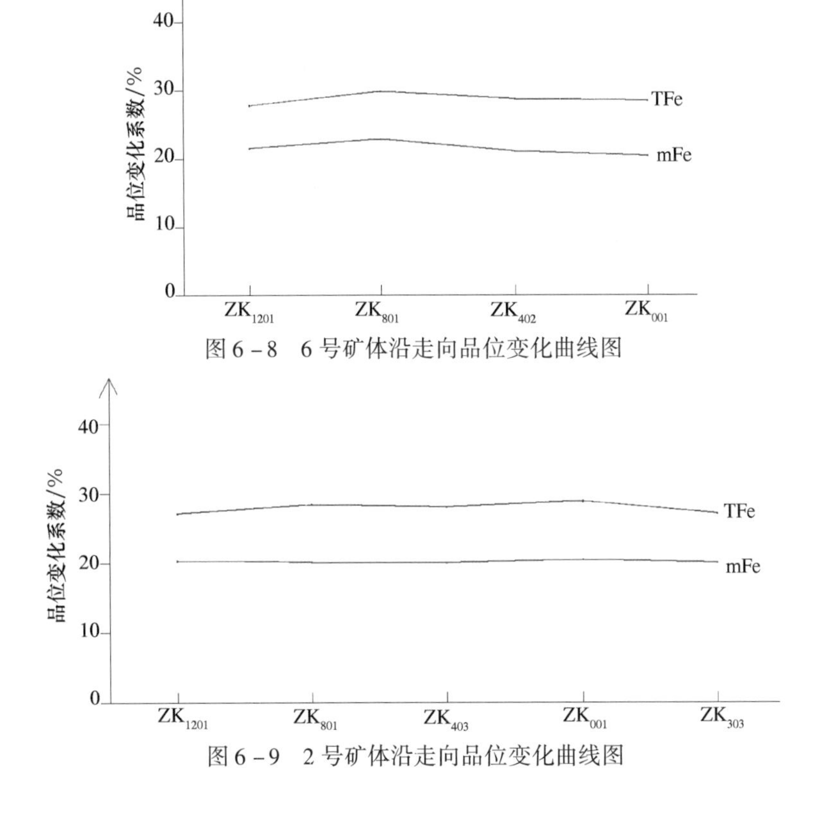


图6－8　6号矿体沿走向品位变化曲线图

图6－9　2号矿体沿走向品位变化曲线图

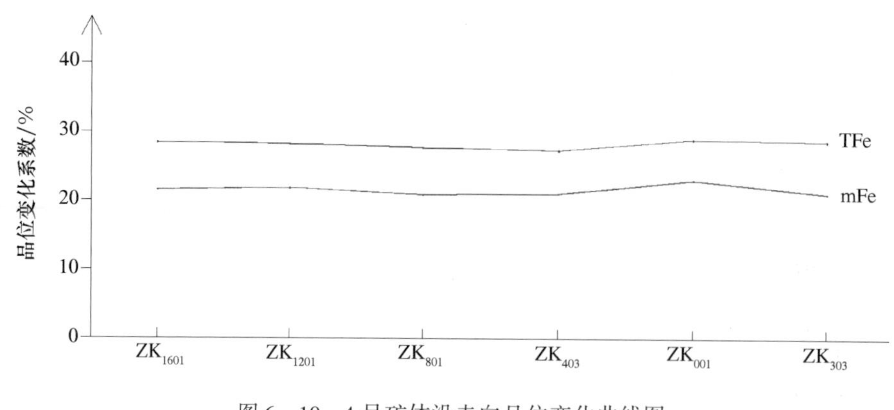


图6－10　4号矿体沿走向品位变化曲线图

## 三、成矿时代

### （一）华北陆块前寒武纪沉积变质型铁矿的时空分布

（火山）沉积变质型铁矿床是中国前寒武纪铁矿床的主要类型，其中最主要的是条带状铁建造铁矿床亚类型。条带状铁建造指全铁含量大于15%，具有由富铁矿物（磁铁矿、赤铁矿等）和脉石矿物（以石英为主）组成条带状（或条纹状）构造的富铁化学沉积岩。当条带状铁建造的全铁含量达到工业品位时，就成为条带状铁建造铁矿床。据沈保丰等（2005）研究，中国条带状铁建造铁矿床分布相当广泛，尤其在华北陆块产出更为集中，如鞍山—本溪、冀东—密云、五台—吕梁、安徽霍邱、山东鲁西、河南鲁山—登封—许昌等地。根据条带状铁建造铁矿床的形成条件和成因再细分为阿尔戈马型和苏必利尔湖型两个亚类。阿尔戈马型主要指铁矿床的形成与海底火山作用关系密切，在含铁岩系中广泛分布火山岩，特别是中、基性火山岩。苏必利尔湖型铁矿床形成于大陆架海水相当浅的环境中，含铁岩系中石英岩、白云岩和黑色页岩相当发育，成因与火山作用关系不明确。华北条带状铁建造铁矿床以阿尔戈马型为主，主要形成在太古宙，鞍山—本溪、冀东—密云、五台、鲁西、河南许昌等地区的铁矿床均属此类，如弓长岭、南芬、东、西鞍山、齐大山、歪头山、水厂、司家营、山羊坪、沙厂、东平、韩旺等铁矿床，矿床形成与海相火山－沉积作用密切，属于绿岩带型铁矿床（沈保丰等，1994）。苏必利尔湖型条带状铁建造铁矿床在中国分布不多，多形成于古元古代，主要产出在山西吕梁地区，代表性矿床有袁家村、尖山、狐姑山等铁矿。袁家村铁矿赋存在吕梁群袁家村组，袁家村组可分为3个段，相应为3个沉积成矿旋回。每个沉积旋回的底部均从变质石英砂岩起，经绢云石英片岩、绢云千枚岩、绿泥片岩、铁硅质岩到绿泥片岩或绢云千枚岩的海进—海退的序列，也就是由碎屑岩经黏土岩到化学沉积岩再到黏土岩，然后又由碎屑岩开始构成另一个沉积旋回（沈保丰等，1982）。条带状铁建造经受不同的变质作用，从绿片岩相到麻粒岩相，太古宙条带状铁建造的变质作用一般为角闪岩相到麻粒岩相，因而磁铁矿颗粒较粗，有利于工业利用。

（火山）沉积变质型铁矿床也是山东省铁矿的重要类型，主要形成于新太古代和古元古代两个地质时代。新太古代铁矿主要发育于鲁西泰山岩群雁翎关组和山草峪组中，含铁建造分别为斜长角闪岩－角闪片岩－磁铁石英岩建造和黑云变粒岩－磁铁石英岩建造，常见矿石类型为阳起磁铁石英岩型、铁闪磁铁石英岩型、镁铁闪石磁铁石英岩型和石英磁铁矿型。古元古代铁矿主要赋存于粉子山群小宋组和芝罘群老爷山组中，含矿建造分别为斜长角闪岩－黑云变粒岩－磁铁石英岩－磁铁角闪岩建造和含砾钾长石英岩－钾长石英岩－赤铁石英岩－石英岩－黑云片岩、黑云变粒岩夹大理岩建造，矿石类型分别为磁铁石英岩型和赤铁石英岩型。

### （二）济宁铁矿成矿时代

如前所述，济宁铁矿的矿床特征和含矿岩系特征与太古宙 BIF 铁矿有明显差异，而与古元古代及其后的铁矿特征相似之处较多。铁矿的赋矿地层——济宁群的沉积特征、变质程度、地层对比、所含的微古植物组合等也与元古宙地层相似，但在济宁群变火山岩中测出了新太古代末期的岩浆锆石年龄数值，指示济宁群的下部形成于新太古代。综合分析认为，济宁群是新太古代—古元古代跨地质年代的岩石地层单位，济宁群中上部层位及铁矿床则可能形成于古元古代，与吕梁群、粉子山群的形成时代相当。

## 四、成矿阶段

济宁铁矿的形成过程可分为 3 个阶段，即早期沉积阶段、中期变质富集（成矿）阶段和晚期改造阶段。

早期阶段，具岛弧特点的鲁西陆块与其西侧陆块拼贴、碰撞，发生强烈造山作用，形成大量造山型花岗岩。造山后期，岩石圈拉张减薄，在济宁地区形成裂陷盆地，接受火山－沉积、硅铁沉积和泥质或碎屑沉积，形成了济宁群含铁沉积岩系。

中期阶段，地幔岩浆活动产生高热异常，沉积地层发生区域低温动力变质作用，济宁群由沉积岩系变为浅变质岩系，原始沉积的铁矿物变质结晶形成可利用的磁铁矿床，矿石的成分和结构也发生改变。

晚期阶段，铁矿受韧性剪切变形和风化剥蚀等改造，韧性剪切和层间褶皱作用造成铁矿体的不均匀分布和产状变化，在褶皱核部成矿有利空间成矿物质聚集，矿体厚度加大，在褶皱的翼部矿体被拉伸减薄。风化剥蚀作用使铁矿体遭受剥蚀和氧化。

# 第三节　成矿作用地球化学

地壳物质是由元素组成的，同一种元素在不同地质－地球化学作用中的行为是不同的，每种元素的行为均发生于特定的地球化学系统环境中。因此，地球化学研究的一个主要任务就是查明这些系统的特征以及元素在某一特定系统中的地球化学行为。成矿作用的实际就是成矿元素从地壳丰度值富集到了被开采利用的浓度，这个过程与岩石圈的演化紧密相关（杨忠芳等，1998）。研究矿石的地球化学特征有助于探讨铁矿成因、物质来源及元素在地质作用中的演化过程。

## 一、采样与测试分析

铁矿石样品主要采自济宁铁矿颜店矿段 $ZK_{1201}$、$ZK_{402}$、$ZK_{404}$3 个钻孔，分别送山东省地质科学实验研究院（国土资源部济南矿产资源监督检测中心）、核工业北京地质研究院分析测试中心（核工业地质分析测试研究中心）进行分析测试，山东省地质科学实验研究院对矿石进行了化学全分析以及光谱全分析，检测依据：岩石矿物分析（DZG20.01—1991）、贵金属矿分析规程（DZG93—09）、1∶20万区域化探样品分析方法及质量管理（DZG20.03—1987），测试仪器：双波长分光光度计（日立-3310）、全谱直读等离子体发射光谱仪（IRIS Intrepid Ⅱ）、原子吸收分光光度计（PE-400）。北京核工业地质分析测试研究中心完成了磁铁矿粉化学分析，采用GB14506.28—93硅酸盐岩石化学分析方法X射线荧光光谱法测定主、次元素量，微量元素测试方法：电感耦合等离子体质谱（ICP-MS），仪器型号：FinniganMAT制造HR-ICP-MS（Element I）。

## 二、主元素地球化学特征

5件磁铁石英岩型样品和3件磁铁千枚岩型样品经初步选矿后，对矿粉进行主量元素分析。结果表明（表6-6），磁铁石英岩型磁铁矿全铁含量56.25%~67.89%，平均值62.342%；$SiO_2$含量27.85%~36.18%，平均值30.908%；$Al_2O_3$含量1.31%~3.2%，平均值2.266%；$TiO_2$含量0.051%~0.11%，平均值0.0784%。磁铁千枚岩型磁铁矿全铁含量49.18%~64.30%，平均值58.80%；$SiO_2$含量26.24%~38.34%，平均值32.04%；$Al_2O_3$含量2.06%~5.30%，平均值3.61%；$TiO_2$含量0.072%~0.19%，平均值0.13%。磁铁石英岩型磁铁矿与磁铁千枚岩型磁铁矿相比全铁含量略高，$SiO_2$、$Al_2O_3$、$TiO_2$、$K_2O$低。磁铁石英岩中磁铁矿的$Fe_2O_3$/FeO为1.02~1.99，平均值为1.31；磁铁千枚岩中磁铁矿的$Fe_2O_3$/FeO为1.35~1.46，平均值为1.41，高于磁铁石英岩类。

**表6-6 济宁铁矿中铁矿粉（单矿物）主量元素含量** 单位:%

| 样品编号 | $ZK_{1201}$-010 | $ZK_{1201}$-011 | $ZK_{1201}$-015 | $ZK_{402}$-024 | $ZK_{1201}$-025 | 磁铁石英岩（或石英磁铁岩）平均值 | $ZK_{404}$-014 | $ZK_{402}$-018 | $ZK_{1201}$-020 | 磁铁千枚岩平均值 | 韩旺（4） |
|---|---|---|---|---|---|---|---|---|---|---|---|
| 孔深 | 1166.5m | 1192~1195m | 1272m | 1796.7~1799.7m | 1573~1576m | | 1296~1300m | 1578m | 1414~1418m | | |
| 矿石类型 | 绢云石英磁铁岩 | 绿泥石英磁铁岩 | 含方解黑云磁铁石英岩 | 含石英黑云磁铁岩 | 磁铁石英岩 | | 磁铁黑云千枚岩 | 磁铁黑云千糜岩 | 石英磁铁岩夹绿泥千枚岩 | | |
| $SiO_2$ | 27.85 | 31.03 | 29.99 | 29.49 | 36.18 | 30.908 | 26.24 | 31.53 | 38.34 | 32.04 | 40.23 |
| $Al_2O_3$ | 1.42 | 1.31 | 3.2 | 2.3 | 3.1 | 2.266 | 3.47 | 2.06 | 5.3 | 3.61 | 0.41 |
| $TFe_2O_3$ | 67.89 | 61.38 | 62.52 | 63.67 | 56.25 | 62.342 | 64.30 | 62.92 | 49.18 | 58.80 | 58.42 |
| MgO | 1.01 | 1.41 | 1.37 | 1.78 | 1.11 | 1.336 | 1.89 | 0.82 | 2.05 | 1.59 | 1.61 |
| CaO | 0.71 | 0.94 | 0.74 | 0.77 | 0.97 | 0.826 | 0.88 | 0.66 | 0.87 | 0.80 | 1.88 |
| $Na_2O$ | 0.13 | 0.22 | 0.25 | 0.12 | 0.45 | 0.234 | 0.28 | 0.37 | 0.55 | 0.40 | 0.07 |
| $K_2O$ | 0.23 | 0.43 | 0.64 | 0.65 | 1.03 | 0.596 | 1.14 | 0.67 | 1.24 | 1.02 | 0.02 |
| MnO | 0.011 | 0.011 | 0.011 | 0.023 | 0.012 | 0.0136 | 0.007 | 0.002 | 0.089 | 0.03 | 0.08 |
| $TiO_2$ | 0.051 | 0.067 | 0.11 | 0.064 | 0.1 | 0.0784 | 0.13 | 0.072 | 0.19 | 0.13 | 0.02 |
| $P_2O_5$ | 0.083 | 0.085 | 0.057 | 0.068 | 0.069 | 0.0724 | 0.063 | 0.051 | 0.096 | 0.07 | 0.06 |
| 烧失量 | 0.083 | 2.7 | 0.67 | 0.91 | 0.28 | 0.9286 | 1.45 | 0.29 | 1.73 | 1.16 | |
| 总量 | 99.468 | 99.583 | 99.558 | 99.845 | 99.551 | | 99.85 | 99.445 | 99.635 | | |

分析测试单位：北京核工业分析测试中心；韩旺（4）引自沈其韩（2011）。

磁铁矿中含量最多的化学成分是 $SiO_2$、$Fe_2O_3$，二者含量之和为 87.53% ~95.74%，其他组分含量较低。总体特征与韩旺、鞍山、五台山地区条带状铁矿一致，但 $Al_2O_3$、$TiO_2$ 含量（二者之和为 1.471% ~5.49%，平均 3.0%）明显高于韩旺（0.43%）、鞍山、五台山地区条带状铁矿。

中国科学院地球化学研究所汤好书对铁矿石分析表明（表 6 -7），磁铁石英岩型矿石全铁含量 36.86% ~54.49%，平均值 44.98%；$SiO_2$ 含量 32.94% ~49.84%，平均值 39.812%；$Al_2O_3$ 含量 0.83% ~5.91%，平均值 3.27%；$TiO_2$ 含量 0.044% ~0.231%，平均值 0.1334%。磁铁千枚岩型矿石全铁含量 27.32% ~41.74%，平均值 33.37%；$SiO_2$ 含量 45.71% ~56.91%，平均值 49.75%；$Al_2O_3$ 含量 3.79% ~9.31%，平均值 6.096%；$TiO_2$ 含量 0.154% ~0.385%，平均值 0.2524%。磁铁石英岩型矿石与磁铁千枚岩型矿石相比，全铁含量高，$SiO_2$、$Al_2O_3$、$TiO_2$、$K_2O$ 含量低。

**表 6 -7　铁矿石主量元素化学成分**　　单位:%

| 样品编号 | $ZK_{301}$-B | $ZK_{1201}$-026 | $ZK_{403}$-006 | $ZK_{403}$-011 | $ZK_{404}$-007 | 磁铁石英岩平均 | $ZK_{404}$-012 | $ZK_{404}$-006-1 | $ZK_{1202}$-004 | $ZK_{1201}$-024 | $ZK_{1201}$-022 | 磁铁千枚岩平均 |
|---|---|---|---|---|---|---|---|---|---|---|---|---|
| 孔深 | 1780m | 1272m | 1136m | 1587.1 | 1155.7m | | 1247m | 1147m | 1251.9m | 1549m | 1478m | |
| 矿石类型 | 条带状磁铁石英岩 | 条带状黑云磁铁石英岩 | 条纹条带状方解磁铁石英岩 | 条纹状黑云绿泥磁铁岩 | 条带状含方解磁铁石英岩 | | 条带状凝灰质黑云磁铁绿泥千枚岩 | 条带状磁铁绿泥千枚岩 | 含磁铁黑云绿泥千枚岩 | 含磁铁黑云千枚岩 | 含磁铁绿泥黑云千枚岩 | |
| $SiO_2$ | 39.65 | 49.84 | 40.8 | 35.83 | 32.94 | 39.812 | 45.71 | 47.64 | 56.91 | 49.78 | 48.71 | 49.75 |
| $Al_2O_3$ | 0.83 | 2.21 | 5.91 | 3.45 | 3.95 | 3.27 | 4.92 | 3.82 | 3.79 | 8.64 | 9.31 | 6.096 |
| $Fe_2O_3$ | 39.99 | 36.86 | 39.93 | 54.49 | 53.61 | 44.976 | 41.74 | 39.94 | 28.9 | 27.32 | 28.95 | 33.37 |
| MgO | 1.16 | 0.73 | 2.86 | 2.19 | 2.21 | 1.83 | 1.84 | 1.9 | 1.38 | 1.89 | 1.67 | 1.736 |
| CaO | 0.75 | 3.626 | 1.465 | 0.112 | 1.994 | 1.5894 | 1.622 | 1.499 | 2.5 | 1.922 | 2.254 | 1.9594 |
| $Na_2O$ | | 0.031 | 0.885 | 0.013 | | | | | 0.052 | 0.468 | 0.892 | |
| $K_2O$ | 0.273 | 0.748 | 2.852 | 1.888 | 0.039 | 1.16 | 0.922 | 0.041 | 1.892 | 3.241 | 1.333 | 1.4858 |
| MnO | 0.0172 | 0.0867 | 0.0581 | 0.0562 | 0.1091 | 0.06546 | 0.0475 | 0.0315 | 0.0559 | 0.0751 | 0.0759 | 0.05718 |
| $P_2O_5$ | 0.0652 | 0.0411 | 0.0872 | 0.101 | 0.1374 | 0.08638 | 0.1339 | 0.2374 | 0.1878 | 0.108 | 0.0907 | 0.15156 |
| $TiO_2$ | 0.044 | 0.045 | 0.231 | 0.16 | 0.187 | 0.1334 | 0.228 | 0.154 | 0.175 | 0.32 | 0.385 | 0.2524 |
| 烧失量 | 15.70 | 4.63 | 3.49 | 0.27 | 3.35 | 5.488 | 1.40 | 3.43 | 2.66 | 4.93 | 4.91 | 3.466 |
| 总量 | 98.48 | 98.85 | 98.57 | 98.56 | 98.55 | | 98.56 | 98.69 | 98.5 | 98.69 | 98.58 | |

（据中国科学院地球化学研究所汤好书）

济宁铁矿石的化学成分（表 6 -8），与汶上 - 东平、冀东迁安、鞍山北台铁矿床矿石的 $SiO_2$ 含量（45% ~55%；曾广湘等，1998）相比，明显偏低；而较之韩旺、苍峄铁矿则略有偏高。与华北克拉通各岩群中铁英岩的化学成分（沈其韩，1998）相比，济宁地区矿石中 MgO + CaO 含量（2.72% ~4.82%；华北克拉通一般在 2% ~5% 之间）、$SiO_2/Al_2O_3$ 值（6.85 ~ 34.95；华北克拉通为 16 ~ 108）明显偏低。$Fe_2O_3$/FeO 值（1.02 ~ 1.99；华北克拉通为 1.36 ~11.03）略偏低。在 $Al_2O_3$ - （CaO + MgO） - （$K_2O$ + $Na_2O$）

图中(图6-11)，济宁地区矿石成分投点位置比华北克拉通各岩群中铁英岩成分投点集中区偏向富铝、碱一侧。上述特征表明，济宁地区铁矿石化学成分与华北典型BIF铁矿石有差异，沉积过程中可能有较多陆源碎屑物质加入。

**表6-8 不同地区铁矿石主量元素化学成分对比** 单位:%

| 样品产地 | TFe | $SiO_2$ | $TiO_2$ | $Al_2O_3$ | $Fe_2O_3$ | FeO | MnO | MgO | CaO | $Na_2O$ | $K_2O$ | $P_2O_5$ | $CO_2$ | $H_2O^+$ | S | 固定碳 |
|---|---|---|---|---|---|---|---|---|---|---|---|---|---|---|---|---|
| 冀东迁安铁矿 | 28.35 | 49.71 | 0.22 | 0.84 | 24.71 | 15.4 | 0.26 | 4.11 | 1.74 | 0.29 | 0.09 | 0.15 | — | — | — | — |
| 鞍山北台矿区 | 22.81 | 53.32 | — | 1.87 | 22.03 | 10.43 | 0.11 | 3.65 | 3.22 | 0.02 | 0.15 | 1.61 | — | — | — | — |
| 韩旺铁矿 | 36 | 43.11 | 0.15 | 0.96 | 31.36 | 19.04 | 0.07 | 1.63 | 2.67 | 0.17 | 0.13 | 0.12 | — | 0.76 | — | — |
| 苍峄太平铁矿 | 38.8 | 38.33 | 0.02 | 0.48 | 30.89 | — | 0.08 | 0.33 | 3.41 | 0.14 | 0.05 | 0.08 | 0.32 | 2.16 | — | — |
| 宁群条带状含铁建造 | | 45.98 | 0.1437 | 3.544 | 22.82 | 17.39 | 0.0494 | 1.721 | 1.5937 | 0.4662 | 1.165 | 0.093 | 3.246 | 1.65 | 0.2253 | 0.17 |

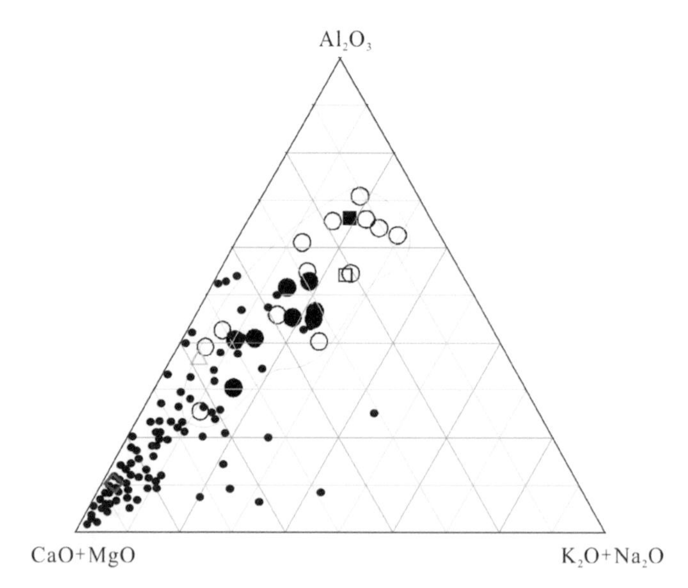


图6-11 $Al_2O_3$-（CaO+MgO）-（$K_2O+Na_2O$）图解

○济宁地区铁矿石；●济宁地区铁矿石矿粉；◇韩旺铁矿；△五台山铁矿；□鲁西TTG；■世界黏土岩平均；•华北克拉通铁英岩成分投点位置（据沈其韩，1998）

## 三、微量元素地球化学特征

### （一）微量元素组成

从济宁群含铁矿石与单矿物（矿粉）微量元素组分（表6-9）特征来看，磁铁石英岩、磁铁千枚岩等铁矿石相对铁矿粉富集 K、Li、Ta、Th、Hf、Zr 元素，贫 Ba、Pb、U 等不相容元素，而围岩含量可达铁矿石的几倍、十几甚至几十倍；矿石相对矿物 Cr 偏高 5 ~ 10 倍，而同地球化学性质近于一致的 Ni、Co、Sc、Cu、Ti 等过渡元素则相对偏贫乏；Re、Pd、Pt、Be、Te 等稀散元素在围岩和磁铁石英岩、磁铁千枚岩等中含量近于一致；其余微量元素在围岩和磁铁石英岩中含量无明显的变化规律。

**表 6－9　铁矿粉微量元素分析数据**　　单位：$10^{-6}$

| 微量元素 \ 样品编号 | $ZK_{1201}$ -010 | $ZK_{1201}$ -011 | $ZK_{404}$ -014 | $ZK_{1201}$ -015 | $ZK_{402}$ -018 | $ZK_{1201}$ -020 | $ZK_{402}$ -024 | $ZK_{1201}$ -025 | 韩旺（4） |
|---|---|---|---|---|---|---|---|---|---|
| Li | 0. 391 | 1. 28 | 6. 86 | 17. 5 | 6. 17 | 16. 0 | 2. 10 | 8. 27 | |
| Be | 0. 57 | 0. 578 | 1. 2 | 0. 725 | 0. 498 | 0. 704 | 0. 651 | 0. 682 | |
| Sc | 1. 62 | 1. 45 | 3. 34 | 2. 77 | 1. 68 | 5. 93 | 2. 54 | 2. 43 | 1. 31 |
| V | 24. 8 | 20. 5 | 63. 1 | 44. 6 | 35. 2 | 71. 5 | 31. 5 | 32. 5 | 8. 54 |
| Cr | 98. 8 | 105 | 53. 9 | 115 | 215 | 76. 8 | 184 | 204 | 23. 8 |
| Co | 2. 73 | 2. 34 | 4. 49 | 4. 69 | 4. 9 | 9. 85 | 4. 29 | 4. 67 | 3. 31 |
| Ni | 6. 76 | 4. 63 | 11. 4 | 9. 12 | 9. 93 | 21. 3 | 8. 57 | 8. 51 | 17. 57 |
| Cu | 11. 7 | 9. 83 | 16. 3 | 8. 87 | 10. 2 | 11. 0 | 5. 77 | 9. 61 | 62. 19 |
| Zn | 16. 0 | 21. 4 | 22. 1 | 19. 0 | 19. 7 | 33. 7 | 19. 8 | 25. 9 | 41. 92 |
| Ga | 2. 45 | 2. 81 | 4. 73 | 4. 98 | 4. 11 | 7. 20 | 3. 73 | 5. 63 | 1. 51 |
| Rb | 50. 6 | 32. 2 | 99. 2 | 50. 6 | 37. 5 | 90. 3 | 53. 4 | 61 | 1. 00 |
| Sr | 24. 5 | 40. 4 | 47. 9 | 66. 9 | 35. 8 | 54. 2 | 35. 8 | 54. 8 | 10. 39 |
| Nb | 0. 649 | 0. 952 | 1. 3 | 1. 18 | 0. 826 | 1. 71 | 0. 730 | 3. 24 | 0. 19 |
| Mo | 1. 16 | 1. 47 | 0. 553 | 1. 26 | 2. 09 | 1. 86 | 1. 89 | 2. 45 | |
| Cd | 0. 010 | 0. 040 | 0. 046 | 0. 031 | 0. 025 | 0. 058 | 0. 007 | 0. 027 | |
| In | 0. 005 | 0. 011 | 0. 010 | 0. 012 | 0. 009 | 0. 028 | 0. 008 | 0. 016 | |
| Sb | 1. 71 | 1. 68 | 1. 27 | 0. 711 | 0. 428 | 0. 273 | 0. 540 | 0. 488 | |
| Cs | 9. 58 | 5. 95 | 14. 9 | 6. 16 | 2. 23 | 10. 0 | 5. 51 | 3. 62 | |
| Ba | 29. 3 | 31. 4 | 94. 2 | 118 | 109 | 165 | 43. 6 | 152 | 6. 53 |
| Tb | 0. 103 | 0. 096 | 0. 188 | 0. 139 | 0. 103 | 0. 189 | 0. 096 | 0. 213 | |
| Ta | 0. 044 | 0. 056 | 0. 107 | 0. 102 | 0. 069 | 0. 149 | 0. 075 | 0. 231 | 0. 05 |
| W | 6. 62 | 6. 66 | 2. 71 | 6. 32 | 12. 5 | 2. 09 | 11. 1 | 12. 0 | |
| Re | 0. 001 | 0. 002 | 0. 000 | 0. 001 | 0. 005 | 0. 001 | 0. 002 | 0. 002 | |
| Ti | 0. 071 | 0. 047 | 0. 258 | 0. 079 | 0. 056 | 0. 150 | 0. 062 | 0. 11 | |
| Pb | 2. 94 | 3. 91 | 6. 87 | 2. 99 | 2. 40 | 5. 38 | 4. 06 | 4. 90 | 1. 92 |
| Bi | 0. 026 | 0. 043 | 0. 221 | 0. 034 | 0. 038 | 0. 091 | 0. 033 | 0. 070 | |
| Th | 0. 385 | 0. 512 | 1. 25 | 0. 931 | 0. 668 | 1. 20 | 0. 537 | 2. 03 | 0. 11 |

续表

| 微量元素 \ 样品编号 | $ZK_{1201}$-010 | $ZK_{1201}$-011 | $ZK_{404}$-014 | $ZK_{1201}$-015 | $ZK_{402}$-018 | $ZK_{1201}$-020 | $ZK_{402}$-024 | $ZK_{1201}$-025 | 韩旺（4） |
|---|---|---|---|---|---|---|---|---|---|
| U | 7.85 | 4.98 | 12.2 | 4.44 | 0.447 | 0.527 | 1.91 | 6.28 | 0.15 |
| Zr | 12.5 | 9.90 | 46.8 | 18.1 | 15.5 | 35.2 | 8.27 | 27.1 | 1.39 |
| Hf | 0.184 | 0.423 | 1.13 | 0.403 | 0.462 | 0.932 | 0.240 | 1.62 | 0.05 |
| Ca | 6086 | 6532 | 6799 | 6208 | 4433 | 6177 | 6140 | 6377 | |
| Sr/ Ba | 0.84 | 1.27 | 0.51 | 0.57 | 0.33 | 0.33 | 0.82 | 0.36 | 1.59 |
| Ni/Co | 2.48 | 1.98 | 2.54 | 1.94 | 2.03 | 2.16 | 2.0 | 1.82 | 5.31 |

分析测试单位：北京核工业分析测试中心，测试方法：电感耦合等离子体质谱（ICP－MS），仪器型号：FinniganMAT 制造 HR－ICP－MS（Element I）；韩旺（4）引自沈其韩（2011）。

在微量元素洋中脊玄武岩（N－MORB）标准化蛛网图上（图6－12），济宁群含铁矿石级矿粉与其他地区 BIF 铁矿石曲线近于平行一致，反映了明确的成因联系；济宁铁矿石中富集大离子亲石元素 K、Rb、Ba，贫高场强元素 Nb、Ti 和 P、Cr，Ta、Nb 略呈亏损态势，表明角闪石的量不大；K、Nb、P、Ti、Yb 呈“V”型谷，指示斜长石、磷灰石等矿物含量不多；Rb、Ce 呈明显的尖峰，指示绢云母、榍石含量较高；而在与山东韩旺及山西五台山、安徽霍邱 BIF 铁矿曲线的对比中发现，磷的分布具有明显的不一致性，呈现尖峰状，可能反映了铁矿类型的差异，因为磷的存在可能反映与基性岩或者暗色岩相关的角闪岩相。对 $ZK_8$ 孔微量元素特征研究表明（宋明春等，2009），岩石富 K、Rb、Ba，贫 Sr、Nb、P、Ti、Cr。在相对于洋中脊玄武岩标准化的蛛网图上（图6－13）上，Sr、Nb、P、Ti、Cr 呈显著的“V”形，指示斜长石、磷灰石、钛铁矿等矿物含量少；Rb、Ce 呈明显的尖峰，指示绢云母、榍石含量较高。曲线型式具有拉张环境的特点。

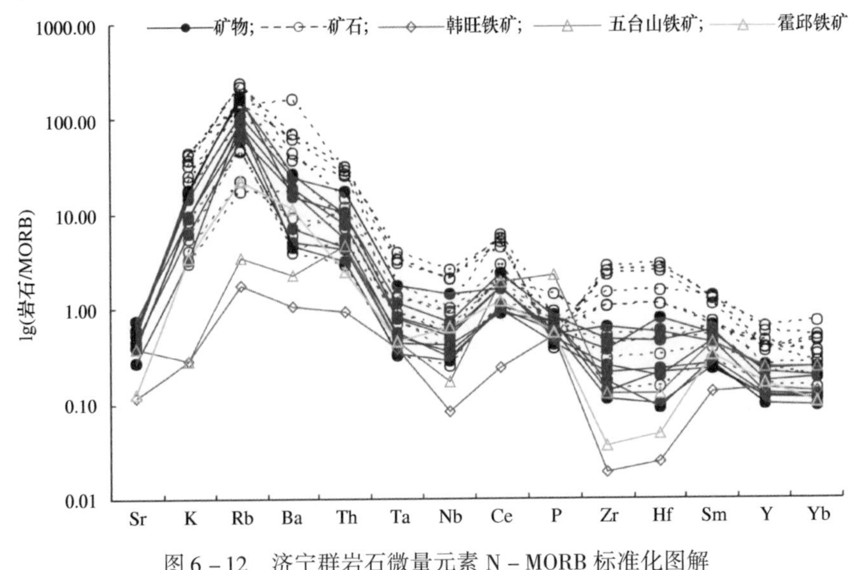


图6－12　济宁群岩石微量元素 N－MORB 标准化图解

（N－MORB 标准值据 S. Sun and W. F. McDonough，1989）

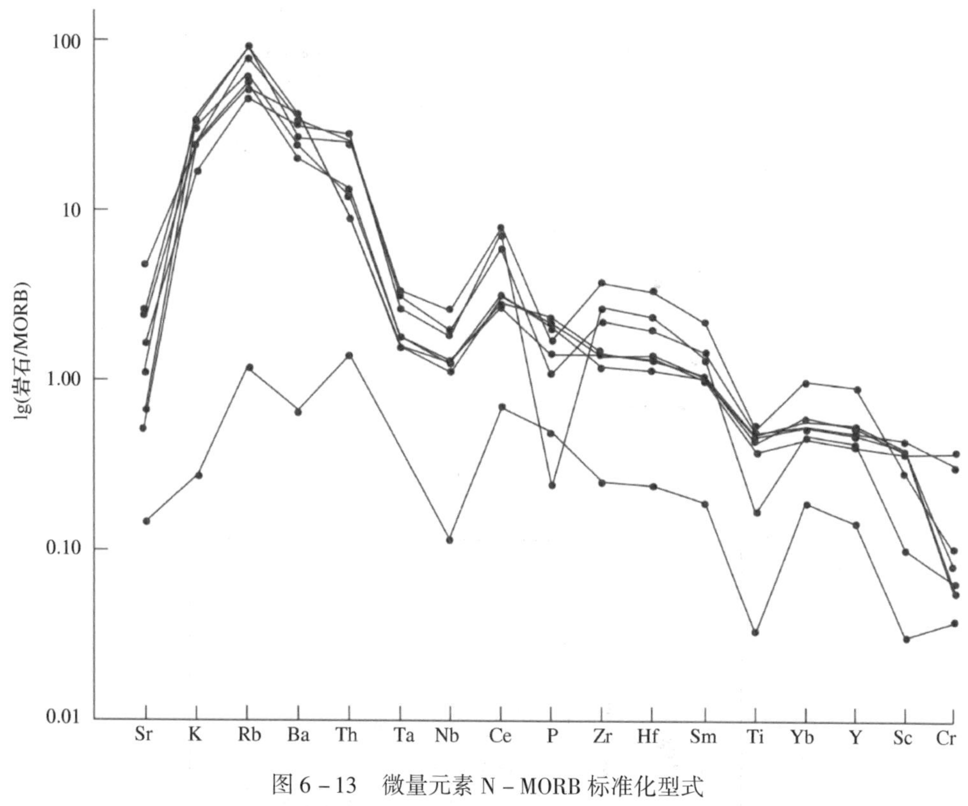


图 6－13　微量元素 N－MORB 标准化型式

（据宋明春等，2009）

铁矿粉的微量元素（表 6－9）Co/Zn、Ni/Zn 比值变化范围分别为 0.057～0.249，0.2～0.601，平均值分别为 0.133、0.351，与热液成因铁矿的 Co/Zn 和 Ni/Zn 比值相似。磁铁石英岩型矿石与磁铁千枚岩型矿石中磁铁矿的微量元素含量差别不大，暗示二者成矿物质可能具有相同的来源。

## （二）微量元素特征值的指示意义

济宁群磁铁石英岩、磁铁千枚岩等含铁岩石中 K/Rb＜200，其中的 3 个千枚岩类 K/Rb＞200，在矿粉及我国其他 BIF 铁矿床中 K/Rb 值一般均＜200，且济宁群岩石、矿石中 K/Rb 略呈规则的线性关系，反映了成岩成矿演化具有一致性。

从济宁铁矿矿石及矿粉中 Th、U 演化趋势来看（图 6－14），二者有着不同的消长趋势，这可能显示低温氧化条件下 U、Th 相互分离的演化趋势；矿粉中 U 的含量明显偏高，表明其变质程度应略低于岩石，磁铁石英岩、磁铁千枚岩等矿石样品投点集中于图的左下方，U、Th 含量均较低，暗示含矿岩石相对其他类型岩石的变质程度有所增高。济宁群矿石中 Th/U 值呈规则的线性演化，指示了成岩成矿演化基本一致性的特征，与 K/Rb 值反映的信息一致。

在 La/Yb－∑REE 判别图解（图 6－15）中，济宁群矿粉及矿石样相对集中于图幅中部，反映了其沉积成矿的特征，而矿粉投点主要分布于碳酸盐岩区，其余两件矿粉样与矿石样主体处于碳酸盐岩区与页岩和泥质岩区、砂岩与杂砂岩区的叠加区域，结合区域岩相地理特征认为，这可能反映了海相沉积的特点；而韩旺铁矿、安徽霍邱与弓长岭铁矿投点与济宁铁矿差别较大，主要集中于角闪岩区。

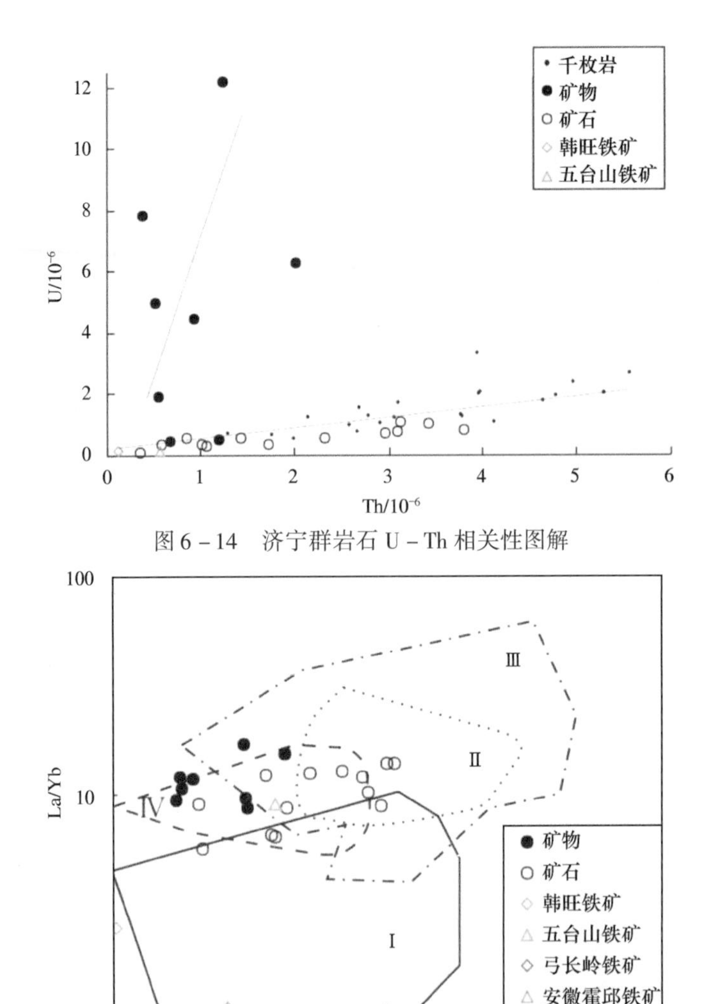


图 6 – 14　济宁群岩石 U – Th 相关性图解



图 6 – 15　济宁群 La/Yb – ∑REE 判别图解

（底图据王仁民等，1987）

Ⅰ—角闪岩区；Ⅱ—砂质岩与杂砂岩区；Ⅲ—页岩和泥质岩区；Ⅳ—碳酸盐岩区

## 四、稀土元素地球化学特征

济宁铁矿的 PAAS 标准化的稀土元素配分模式图解（图 6 – 16）表明，矿石及矿粉与我国其他铁矿呈现较为一致的配分曲线，曲线呈平滑状，重稀土略微富集，具明显的正 Eu 异常，弱的 Ce 正异常，反映了沉积成因的特征；从铁矿石与矿粉的分布特征来看，铁矿石分布的阴影区面积较大，叠置于矿粉分布区之上，总体分布型式近于平行一致，表明了二者同源演化的相关性，而这一特征与山东韩旺铁矿和安徽霍邱铁矿的分布型式有所不同，后两处铁矿 HREE/LREE 明显偏大，呈向左的缓倾状，其性质可能与具正 Eu 异常的基性 – 超基性岩类相当。磁铁石英岩、磁铁千枚岩等赋矿岩石的 Eu/Sm 稍高于年轻的铁建造，变化范围为 0.28 ~ 0.48，与世界上其他地区太古宙铁建造稀土元素的分布特征吻合（沈其韩等，2009）。表 6 – 10 列出了铁矿粉稀土元素含量数据。

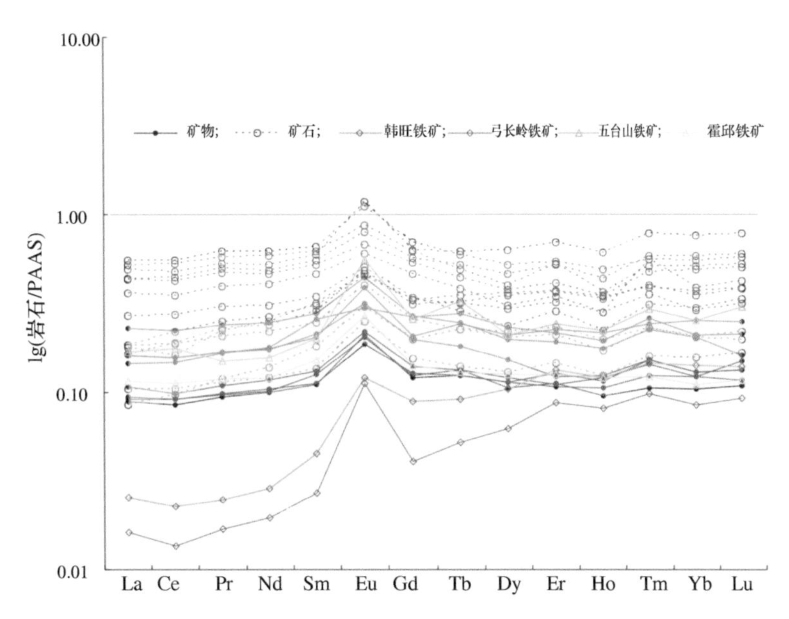


图6-16 济宁铁矿不同样品的稀土元素PAAS标准化图解

[澳大利亚后太古宙沉积岩（PAAS）稀土元素标准值据McLennan，1989]

**表6-10 铁矿粉稀土元素分析数据** 单位：$10^{-6}$

| 稀土元素 | $ZK_{1201}$-010 | $ZK_{1201}$-011 | $ZK_{404}$-014 | $ZK_{1201}$-015 | $ZK_{402}$-018 | $ZK_{1201}$-020 | $ZK_{402}$-024 | $ZK_{1201}$-025 | 韩旺（4） | 冀东迁安 | 山西五台（岩柏枝） |
|---|---|---|---|---|---|---|---|---|---|---|---|
| La | 4.07 | 3.40 | 6.14 | 6.13 | 3.50 | 8.79 | 3.61 | 5.55 | 0.97 | 2.93 | 1.49 |
| Ce | 7.79 | 6.71 | 12.5 | 12.4 | 7.21 | 17.6 | 7.28 | 11.8 | 1.80 | 4.39 | 2.89 |
| Pr | 0.965 | 0.832 | 1.48 | 1.48 | 0.857 | 2.10 | 0.866 | 1.46 | 0.22 | 0.51 | 0.32 |
| Nd | 3.96 | 3.39 | 5.97 | 5.92 | 3.41 | 8.32 | 3.53 | 6.07 | 0.97 | 1.88 | 1.53 |
| Sm | 0.730 | 0.612 | 1.13 | 1.18 | 0.697 | 1.53 | 0.619 | 1.43 | 0.25 | 0.33 | 0.43 |
| Eu | 0.236 | 0.228 | 0.417 | 0.344 | 0.221 | 0.476 | 0.203 | 0.321 | 0.13 | 0.17 | 0.24 |
| Gd | 0.654 | 0.564 | 0.964 | 0.924 | 0.576 | 1.26 | 0.597 | 1.24 | 0.41 | 0.44 | 0.62 |
| Dy | 0.562 | 0.529 | 0.987 | 0.717 | 0.493 | 0.927 | 0.534 | 1.09 | 0.49 | 0.45 | 0.63 |
| Ho | 0.119 | 0.114 | 0.214 | 0.123 | 0.094 | 0.174 | 0.104 | 0.192 | 0.12 | 0.12 | 0.14 |
| Er | 0.316 | 0.365 | 0.639 | 0.350 | 0.318 | 0.544 | 0.304 | 0.613 | 0.38 | 0.37 | 0.42 |
| Tm | 0.059 | 0.062 | 0.099 | 0.062 | 0.043 | 0.092 | 0.051 | 0.107 | 0.06 | 0.06 | 0.06 |
| Yb | 0.346 | 0.367 | 0.717 | 0.365 | 0.292 | 0.575 | 0.345 | 0.589 | 0.40 | 0.36 | 0.38 |
| Lu | 0.064 | 0.057 | 0.107 | 0.057 | 0.047 | 0.069 | 0.050 | 0.092 | 0.06 | 0.06 | 0.06 |
| Y | 3.34 | 3.33 | 6.37 | 3.57 | 2.71 | 4.82 | 3.21 | 5.78 | 3.99 | 4.33 | 5.25 |
| ∑REE | 23.21 | 20.56 | 37.73 | 33.62 | 20.47 | 47.28 | 21.30 | 36.33 | 10.33 | 16.46 | 14.56 |
| Eu/Sm | 0.32 | 0.37 | 0.37 | 0.29 | 0.32 | 0.31 | 0.33 | 0.22 | 0.51 | 0.53 | 0.57 |
| Y/Ho | 28.07 | 29.21 | 29.77 | 29.02 | 28.83 | 27.70 | 30.87 | 30.10 | 33.25 | 37.67 | 36.63 |

分析测试单位：北京核工业分析测试中心，测试方法：电感耦合等离子体质谱（ICP-MS），仪器型号：FinniganMAT制造HR-ICP-MS（Element I）；冀东迁安5件样品的平均值、山西五台（岩柏枝）3件样品的平均值和韩旺（4）引自沈其韩，2011。

前人研究认为，沉积岩中 Eu 的正异常是高温海底热液的特征（Danielson 等，1992），而 Y 的正异常则是海水本身的特征（Bau and Dulski，1995；Zhang and Nozaki，1996；Alibo and Nozaki，1998）。Dymek 和 Klein（1988）做了高温海底热液与海水混合的实验，结果表明：当热液与海水按 1∶100 比例混合时，REE 的配分曲线显示 Eu 的正异常、LREE 亏损、HREE 富集和 La 正异常。济宁群中铁矿石的 REE 配分曲线显示了与之相似的特征，指示铁矿石形成于高温热液和海水的混合溶液环境。

不同类型的 BIF 中 Eu 异常的程度不同：与火山活动关系密切的 Algoma 型铁矿具有较大的 Eu 正异常（>1.8），而与火山活动无明显关系的 Superior 型铁矿具有相对较弱的 Eu 正异常（<1.8）（Huston and Logan，2004）。济宁群条带状磁铁石英岩 Eu/Eu* 为 1.36～2.52，平均为 1.81，介于 Algoma 型和 Superior 型铁矿之间，可能属于二者的过渡类型，既有火山活动的因素，又有陆源碎屑物质加入的影响。与辽宁鞍山－本溪地区、山东韩旺铁矿（1.78）及安徽霍邱（1.82）BIF 比较，济宁铁矿的 Eu/Eu* 正异常值（强度）偏低，说明二者的成因是有差异的。

$ZK_8$ 孔岩石稀土元素球粒陨石标准化型式呈右倾斜线（图 6－17；宋明春等，2009），轻稀土元素相对亏损，重稀土相对富集的分馏模式，具轻微正铕异常，与澳大利亚后太古宙沉积岩稀土元素平均值和大陆上地壳稀土元素平均值型式相似。

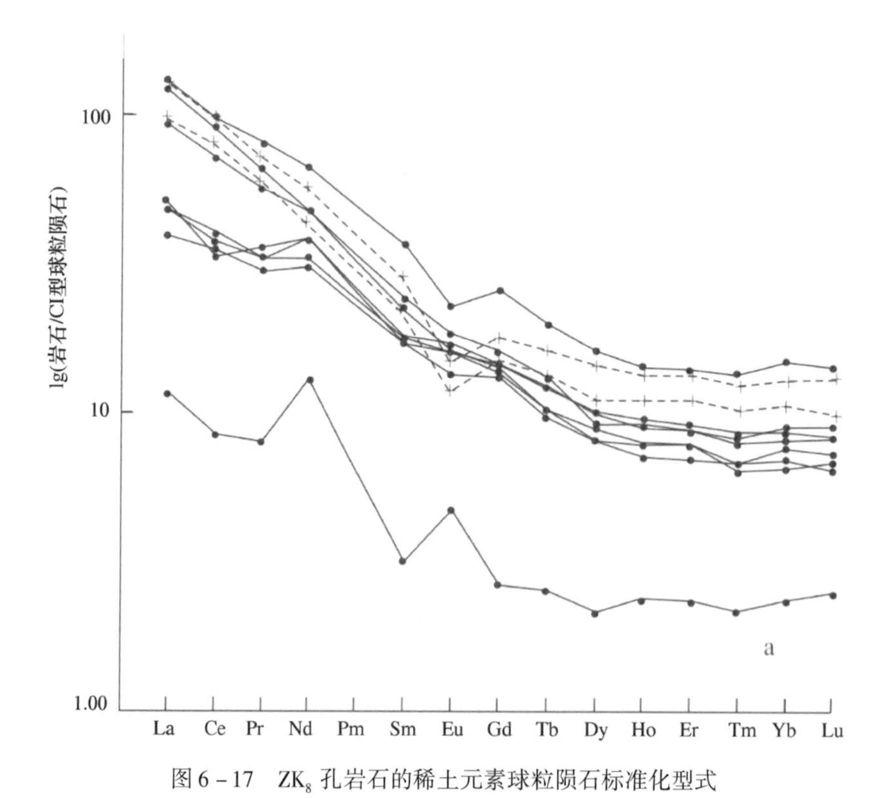


图 6－17　$ZK_8$ 孔岩石的稀土元素球粒陨石标准化型式

［稀土曲线位置靠上的虚线为澳大利亚后太古宙沉积岩稀土元素平均值（McLennan，1989）；位置靠下的虚线是大陆上地壳稀土元素平均值（Taylor and Mclennan，1981）；其他为济宁群 $ZK_8$ 样品；对比样品的原始数据转引自 Rollinson，1993］

# 第四节　矿床成因和成矿构造背景

## 一、成矿物质来源

济宁铁矿矿石层位、岩相学和地球化学特征表明，成矿物质具有火山物质和碎屑物质双重来源。一般认为沉积变质铁矿的 $SiO_2/Al_2O_3$ 的比值应小于10，火山沉积变质铁矿的 $SiO_2/Al_2O_3$ 应大于10（沈其韩，2009），济宁铁矿8件样品的 $SiO_2/Al_2O_3$ 比值分别为19.6、23.5、7.56、9.37、15.3、7.23、12.82、11.67，其中低于10的3件，高于10的5件，说明矿石物质来源既有火山物质又有陆源碎屑物的加入。与韩旺铁矿 $SiO_2/Al_2O_3$ 比值70.9~12.6（平均98；沈其韩，2009）相比，差异显著，韩旺铁矿是与火山沉积作用有关的化学Fe－Si沉积，而济宁铁矿则是受火山沉积作用与陆源碎屑加入共同影响的化学Fe－Si沉积。

对济宁群碎屑岩的研究表明（宋明春等，2011），其岩石化学成分 $Al_2O_3$、$Fe_2O_3$、$K_2O$等亲陆元素含量高，分别为14.75%~19.84%、0.84%~3.23%、2.51%~5.2%，岩石化学的成熟度指数 $Al_2O_3/(K_2O+Na_2O)$ 不高，为2.32~3.69，说明沉积物离物源区不远。亲陆元素含量与鲁西变质基底主要岩石单元——太古宙TTG质花岗片麻岩中的元素含量（2.83）接近，但 $K_2O$ 含量多较高，$Na_2O$ 含量明显低于TTG岩系，$H_2O$ 和 $CO_2$ 含量高于TTG岩系。沉积岩的组成物质主要来源于遭受风化的母岩，两者的化学成分特征既相似又有一定的差异。这种差异主要表现在沉积岩相对于母岩 $Fe_2O_3$、$K_2O$ 的增高和 $Na_2O$ 等的降低，以及 $H_2O$ 和 $CO_2$ 的增高（邱家骧等，1991）。济宁群沉积岩化学成分相对于鲁西TTG质花岗片麻岩符合这一特征，说明鲁西TTG岩系应是济宁群碎屑岩的主要源岩，同时也应是铁矿成矿物质的来源之一。

综上，济宁铁矿成矿物质来自于海底火山喷溢及陆源碎屑。在特定的环境下Fe质以 $Fe_2O_3$ 的形成沉积下来，而Si元素则以蛋白石的形式（$SiO_2 \cdot nH_2O$）的形式固结。当发生区域变质作用时，原始沉积的泥质、钙质岩石、火山碎屑－沉积岩变质成为千枚岩、变英安岩、变安山质碎屑岩和变质砂岩等，而由赤铁矿＋蛋白石组成的沉积铁矿床变质后形成由磁铁矿＋石英组成的变质矿床。

## 二、成矿条件

对比发现，冀东迁安铁矿、鞍山北台铁矿、韩旺铁矿的 $Fe_2O_3/FeO$ 变化范围在1.60~2.11之间（图6－18），$Fe_2O_3$ 含量明显高于FeO含量，说明它们形成于较强氧化的环境。济宁铁矿 $Fe_2O_3/FeO$ 的比值为1.17，二价铁与三价铁的含量相差不大，三价铁含量略高于二价铁。这说明，济宁铁矿的成矿环境是轻微氧化到轻微还原环境。

除了氧化还原条件，pH值和 $E_h$ 值也是影响成矿物质沉淀的重要因素之一，图6－19展示了在25 ℃条件下铁的沉淀物与 pH－$E_h$ 的关系。根据济宁铁矿物相分析结果（表6－4），全铁（TFe）中主要成分为磁性铁（mFe）占23.53%，其次是氧化铁（OFe）占4.262%，碳酸铁（CFe）占1.854%，硫化铁（SFe）占0.1577%，硅酸铁

(SiFe) 占0.0134%。据此，可以大致圈定铁矿床沉积时的有利条件范围，pH 的范围是在7~9，$E_h$ 值范围为 -0.10~0.30。

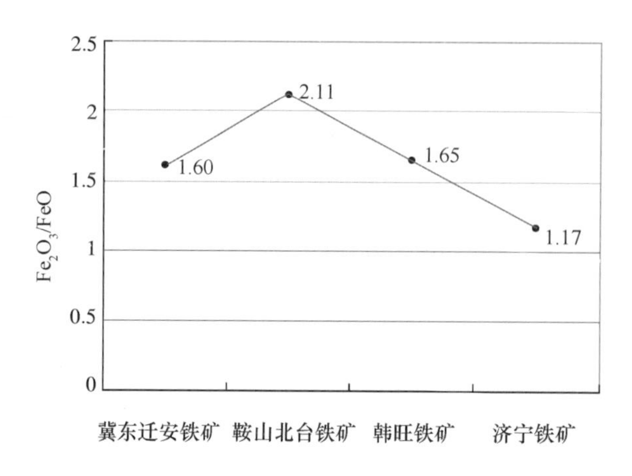


图6-18　不同地区铁矿石的 $Fe_2O_3/FeO$ 比值

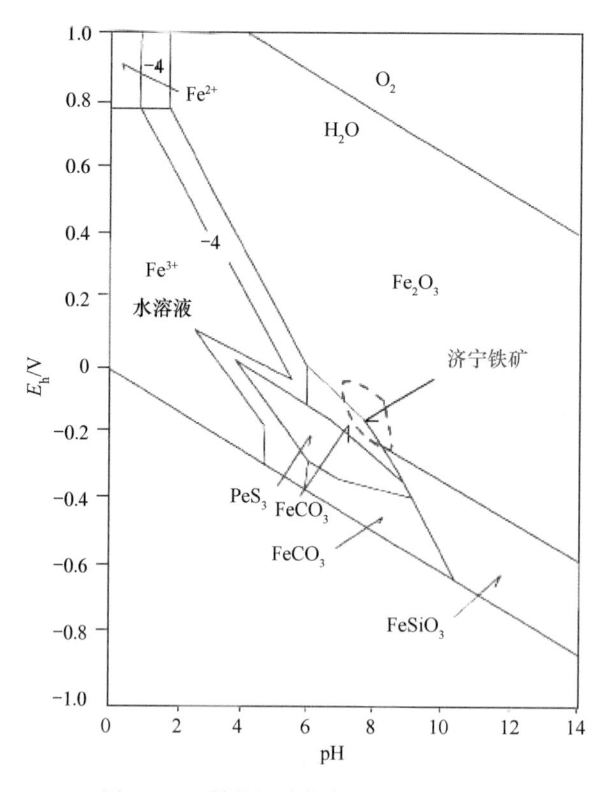


图6-19　铁的沉淀物与 pH - $E_h$ 的关系

沉积盆地中随着海水深度的加大，其物理化学条件表现出规律性变化。从滨浅海向深海由氧化环境向还原环境过渡，pH 值逐渐增大，$E_h$ 值逐步减少。济宁铁矿形成于弱氧化-弱还原条件，属于浅海海域。

## 三、矿床成因

地层对比表明，济宁群中含铁岩系的地层特征、岩性组合、变质程度、矿石特征等与鲁西及华北克拉通其他新太古代 BIF 相比具有明显差异，而与山西袁家村 BIF 相似。鲁西韩旺式铁矿和苍峄式铁矿为阿尔戈马型 BIF，赋矿地层的变质程度为角闪岩相，铁矿物相包括氧化物相和硅酸盐相；山西袁家村 BIF 铁矿，具苏必利尔湖型 BIF 特征，变质程度主体为低绿片岩相，铁矿物相包括氧化物相（60%）、硅酸盐相（30%）和碳酸盐相（10%）（王长乐等，2015）；济宁铁矿变质程度也为低绿片岩相，铁矿物相包括氧化物相、硅酸盐相和碳酸盐相，类似于袁家村铁矿。济宁铁矿含铁岩层与正常沉积的细碎屑岩共生，伴有较多碳酸盐岩条带，沉积类似于苏必利尔湖型 BIF。

地球化学特征表明，济宁铁矿物质来源既有火山作用的影响，又有陆源碎屑加入的因素，矿床形成于浅海热水沉积环境和弱氧化 - 弱还原条件，矿床成因类型介于阿尔戈马（Algoma）型和苏必利尔（Superior）湖型（Gross，1980）铁矿之间。

阿尔戈马型主要产在太古宙绿岩带中，与海底火山作用密切相关，大多发育在由基性火山岩向酸性火山岩或沉积岩过渡部位，主要矿体形成于火山喷发的宁静期；苏必利尔湖型与正常沉积的细碎屑岩 - 碳酸盐岩共生，通常发育在被动大陆边缘或稳定克拉通盆地的浅海沉积环境，规模更为巨大，与火山作用没有直接联系。一些学者从板块构造观点，认为阿尔戈马型铁矿形成于火山活动区的岛弧和大洋中脊环境，而苏必利尔湖型铁矿形成于远离火山活动区的近陆一侧或被动大陆边缘（图 6 - 20）。实际上一些铁矿的形成环境具有弧后盆地性质（张连昌等，2012），这就为济宁型等过渡类型 BIF 铁矿的形成提供了条件。

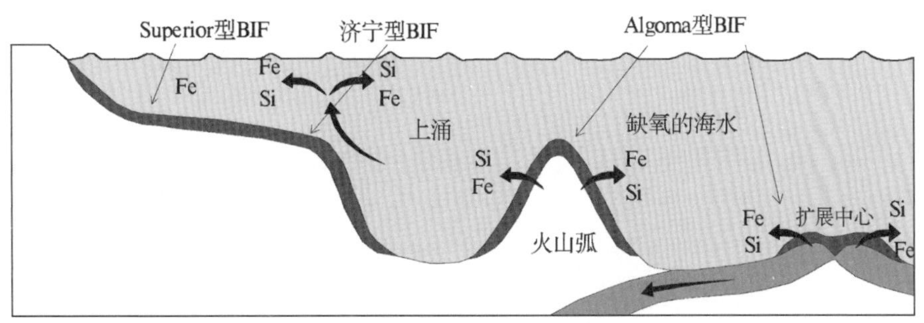


图 6 - 20　BIF 铁矿的板块构造成因模式

（转引自张连昌等，2012）

成矿物质来源和成矿机制是矿床成因的两大要素。对于 BIF 铁矿 Fe 和 Si 的物质来源，主要有陆壳风化对海洋供给和海底火山喷发后热液活动两种主流的观点，这两种观点的结合恰好指示了济宁铁矿的物质来源，济宁铁矿形成于翟村组火山活动期后，火山喷发后的热液活动无疑为铁矿形成提供了部分物质来源；含矿岩系中有较多陆源碎屑物质，说明陆壳风化对成矿亦有较大贡献。含铁流体运移、沉淀形成 BIF 矿的机制主要有上升洋流和海底喷流两种认识：①上升洋流模式：深部富 $Fe^{2+}$ 的海水上涌到大陆边缘浅海盆地和陆棚时，$Fe^{2+}$ 在缺氧水体与上部氧化层界面附近氧化成 $Fe^{3+}$，大量沉淀形成含铁建造；②海底喷流模式：下伏岩浆房加热新形成的镁铁质 - 超镁铁质洋壳，海水对流循环从新生洋壳中淋滤出 Fe 和 Si 等元素，在海底减压排泄成矿，成矿流体的脉动式喷发导致形成条带状构造（张连昌等，2012）。上升洋流模式可以较好解释济宁铁矿的成矿机制：翟村组火山喷发后，高温热液和海水混合的热水溶液中含有大量铁质和硅质，在大陆边缘浅海盆地的氧化－还原界面附近沉淀，形成含铁建造。大规模的火山活动也是造成水温升高和还原环境的主要原因之一。

## 四、成矿构造背景讨论

对济宁群的岩石地球化学研究表明（详见第四章），其形成于大陆边缘浅海环境，主要为近岸浅海陆架产物。在 Bhatia（1983）的砂岩 11 种常量元素判别函数（$F_1$、$F_2$）图中（图 6－21a），济宁群岩石投点于活动大陆边缘、大陆岛弧和被动大陆边缘区，进一步投点于硅－碱图解中（图 6－21b），多数样品位于活动大陆边缘和岛弧区。结合济宁群下部火山活动活跃等特点分析，认为其形成环境可能与活动大陆边缘类似。

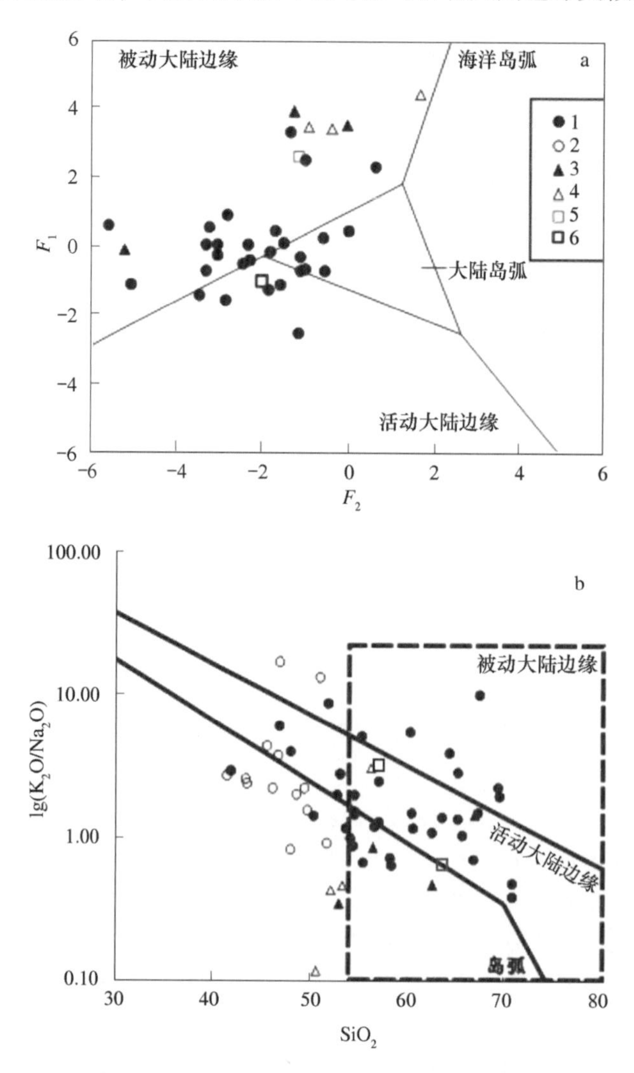


图 6－21　济宁群变质岩系构造环境判别图解

（底图分别据 Bhatia，1983 和 Roser and Korsch，1986，其中 b 图矩形虚线框为原文作者引用区域）

1—变质砂岩、千枚岩等；2—磁铁石英岩、磁铁千枚岩等；3—糜棱岩等；4—凝灰岩、英安岩等；5—鲁西 TTG；6—世界黏土岩平均

稳定同位素地球化学特征说明，济宁群的含铁岩系具有热水沉积的特点。热水沉积矿床在空间上主要分布于世界上5个地区：①东澳大利亚北部地区；② 北美西部；③ 西北欧；④ 非洲南部：南非和津巴布韦；⑤中国北方。一般认为，热水沉积成矿作用主要发生在拉张构造环境，主要为受裂谷控制的克拉通内部及其边缘沉降盆地或拉张的裂谷、地堑和大陆边缘或拗拉槽裂谷中，而边缘裂谷比洋底裂谷更加有利于热水沉积成矿。

济宁群主要特征与吕梁群、老岭群、熊耳群、栾川群和渣尔泰山群等相似，这些岩石地层单位多被认为具有裂谷沉积特征，熊耳群被认为是一套陆缘裂谷火山－沉积建造（吴利仁等，1998）。本书认为，济宁群也具有陆缘裂谷构造背景特点。

华北克拉通与哥伦比亚（Columbia）超大陆聚合过程类似，是由多个块体分阶段拼合而形成的（翟明国等，2007），华北克拉通南缘至少发生了两次属于Columbia超大陆旋回的汇聚拼贴事件，分别为2.15Ga的嵩阳运动和1.85Ga的中岳运动（陈衍景等，2009）。华北克拉通存在3条古元古代的活动带，即在东北－胶东的胶辽活动带，在晋冀豫地区的晋豫活动带以及在晋北－内蒙古的丰镇活动带（翟明国，2012），济宁群位于接近胶辽活动带的东南方向。这些活动带是古元古代的裂谷盆地（如胶辽裂谷），在古元古代末发生汇聚与盆地闭合。Columbia超大陆会聚之后，华北克拉通在1850~1700Ma期间发生了裂解事件，在克拉通内部广泛发育该时期的基性脉岩（翟明国等，2007；胡俊良等，2007），鲁西地区发育的中元古代基性岩墙群（宋明春等，2009），也被认为是裂解或伸展作用的产物（王岳军等，2007）。济宁裂谷可能是与古元古代活动带有关的裂谷系。鲁西地区在经历了新太古代晚期华北克拉通微陆块拼合的强烈构造岩浆活动（主要标志是形成大量花岗岩类侵入岩）之后，于新太古代末至古元古代发生了裂解，形成济宁群巨厚的复理石沉积组合及济宁型BIF。

# 第七章 结 束 语

## 一、取得的主要成果及意义

沉积变质型含铁建造是引起济宁强磁异常的地质体，济宁铁矿的发现是山东省深部找矿的重大突破，揭开了济宁大异常的神秘面纱。早前寒武纪浅变质岩系的发现及济宁群的建立和详细研究则是找矿突破带动基础地质研究的典型案例。本书对济宁群及其成矿作用的研究取得了许多新的进展，主要成果和创新点如下：

**1. 在对钻孔岩心详细编录的基础上，系统研究了济宁群地层层序，新建立了翟村组、颜店组、洪福寺组3个岩石地层单位，划分了各组的基本层序，确定了地层单位的区域变化、划分标志和接触关系**

（1）翟村组

为济宁群底部的一套浅变质火山沉积岩系，以出现变火山碎屑岩、熔岩和粒度相对粗的碎屑岩为特点，岩石组合主要由变安山质凝灰岩、变安山质含角砾凝灰岩、变凝灰质砂岩（细砂岩、粉砂岩）组成，夹变质砂岩（细砂岩、粉砂岩）、千枚岩，少量安山岩、英安斑岩。底部为变安山质含角砾凝灰岩、变安山质凝灰岩夹变凝灰质细砂岩和含碳质千枚岩。中部以变安山质凝灰岩、变安山质含角砾凝灰岩为主，夹变凝灰质砂岩（细砂岩、粉砂岩）、变安山岩。上部以变凝灰质砂岩（细砂岩、粉砂岩）为主，夹磁铁黑云（绿泥）千枚岩、变质砂岩、千枚岩。翟村组总厚度大于444.59m，未见底。翟村组地层走向北北西（近南北），倾向西，倾角58°~65°。原岩主要为凝灰岩、凝灰质砂岩、泥岩、英安（斑）岩、安山岩，为海相火山沉积建造。变质程度为绿片岩相。翟村组上覆为颜店组，二者层理产状完全一致，为整合接触关系，以磁铁石英岩消失和出现变英安岩为颜店组结束和翟村组开始。

（2）颜店组

济宁群中部的一套浅变质含铁沉积岩系，以出现磁铁石英岩和千枚岩组合为特征，岩石中常含有碳酸盐岩矿物，主要由方解绢云千枚岩、方解磁铁石英岩组成，夹变质粉砂岩、变凝灰岩，局部夹有糜棱岩化变英安岩凸镜体和变含角砾凝灰岩。上与洪福寺组、下与翟村组均为整合接触关系。颜店组横向上厚度比较稳定，403.48~465.84m。颜店组地层走向北北西（近南北），倾向西，倾角58°~65°。原岩主要为含钙泥质岩、含铁泥质岩、含钙硅铁质岩、凝灰岩、凝灰质砂岩，为海相沉积-火山硅铁质建造。变质程度为绿片岩相。

（3）洪福寺组

济宁群上部的一套浅变质细碎屑沉积岩系，以出现大量千枚岩为特点，夹变质砂岩。

主要为绿泥绢云千枚岩、绢云千枚岩夹碳质绢云千枚岩、碳质千枚岩、变质中细粒长石砂岩、变粉砂岩、变质砾岩、绿泥钙质千枚岩。碳质千枚岩中局部夹薄层碳质岩。该组下部与颜店组为整合接触关系，上部被寒武纪长清群朱砂洞组不整合覆盖，厚度大于557.35m。洪福寺组地层走向近南北向（北北西），倾向西，倾角58°～65°。原岩主要为泥质岩、粉砂岩和砂岩，偶有凝灰岩、英安岩、砾岩，为海相泥质－细碎屑沉积岩建造。变质程度为绿片岩相。

（4）济宁群基本层序

总体反映为以火山碎屑物质沉积为主的地层单位，基本层序类型复杂多样，但基本层序类型主要反映为向上粒度变细，水体变深，水动力条件变弱等基本特征。

翟村组基本层序类型主要有：变含火山角砾安山质凝灰岩－变安山质凝灰岩－千枚岩型、变凝灰质细砂岩－变凝灰质千枚岩（或千枚状凝灰质粉砂岩）型、（变含砾砂岩）－变细砂岩－变粉砂岩－千枚岩型。

颜店组基本层序类型主要有：（变粉砂岩）－方解磁铁石英岩－千枚岩型、千枚状粉砂岩－千枚岩型、变细砂岩－千枚岩型、变细砂岩－千枚状粉砂岩－千枚岩型、变含砾砂岩－变细砂岩－千枚岩型，以第一、第二种基本层序为主，第四、第五种基本层序仅局部出现。

洪福寺组基本层序类型主要有：千枚状粉砂岩－千枚岩型、变细砾岩或含砾砂岩－变细砂岩型、变砾岩或含砾砂岩－千枚状细砂岩－千枚状粉砂岩或千枚岩型、变细砂岩－千枚状粉砂岩－千枚岩型、变细砂岩－千枚状粉砂岩型、变细砂岩－千枚岩型、变粗砂岩－变细砂岩－千枚状粉砂岩－千枚岩型，该组虽然基本层序类型、数量较多，沉积韵律明显，但总体为细碎屑岩，以第一种基本层序为主。

**2. 首次对济宁群进行了层序地层划分和区域地层对比，新发现微古植物化石**

（1）层序地层

翟村组由下而上划分为两个（层序编号为 $Z_1$、$Z_2$）三级层序。$Z_1$、$Z_2$ 层序构成了一个海平面逐渐上升的过程，海水逐渐加深，沉积物逐渐变细，水动力条件逐渐减弱，构成了更高级别层序的海侵体系域。

颜店组划分为两个快进－快退的三级层序（编号为 $Y_1$、$Y_2$），三级层序的海进、海退时限大致相当，CS段沉积占据了较大空间范围，指示该时期海平面相对较高，有较多化学沉积，沉积速率缓慢，沉积时限可能较长，是最大海泛期沉积的产物。

洪福寺组由下而上划分为 $H_1$、$H_2$、$H_3$、$H_4$ 等4个三级层序，其中 $H_1$ 层序与 $Y_1$、$Y_2$ 层序相似，$H_2$—$H_4$ 层序指示了向上逐渐加深的过程，细碎屑颗粒物逐渐减少，代表高水位时期以加积沉积作用为主的千枚岩等大量增加。

$Z_1$—$H_1$ 三级层序可归并为同一个二级层序，由下而上水体是逐渐加深的，沉积物也表现出由粗到细的变化特点；$H_2$—$H_4$ 归属于另一个二级层序范畴，也反映是一个水体逐渐变深，沉积物逐渐变细的演化过程。

（2）区域地层对比

在山东省境内没有与济宁群特征完全相似的岩石地层。济宁群的地层特征与山东和华北克拉通元古宙地层接近。在含碳质、铁质、火山物质方面相似于山东的古元古代荆山群、粉子山群组合，在岩石组合特征、变质程度及微古植物特征与华北中元古代地层特征更为接近。

微古植物化石：发现的微古植物化石有：*Leiosphaeridia laminarita*（Timofeev）emend. Jankauskas，1989；*Leiosphaeridia minutissima*（naumova）emend. Jankauskas，1989；*Trachysphaeridium* sp.；*Stictosphaeridium* sp.；*Leiosphaeridia* spp.；*Leiosphaeridia* sp.；*Eosynechococcus* sp.。

样品中微古化石数量不多，且为类型分异度不高的疑源类化石组合，以简单球形的疑源类为主，如光面球藻（*Leiosphaeridia*）、鲛面球藻（*Trachysphaeridium*）、线脊球藻（*Stictosphaeridium*）。这些化石常见于国内外元古宙乃至显生宙地层，一些样品出现最早见于俄罗斯地台下里菲（中元古代至新元古代早期）的薄膜光面球藻（*Leiosphaeridia laminarita*）和微小光面球藻（*Leiosphaeridia minutissima*），以及通常见于中元古代至新元古代早期地层的原始连球藻（*Eosynechococcus*）。与山东已知前寒武纪疑源类组合比较，更接近于蓬莱群底部的疑源类组合面貌，而早于土门群佟家庄组的疑源类组合。

**3. 首次测得济宁群SHRIMP锆石U-Pb新太古代年龄数据，提出其形成于新太古代—古元古代新认识，为华北克拉通地壳演化研究提供了新依据**

测得翟村组变质火山岩中岩浆结晶锆石年龄为（2522±7）Ma和（2561±15）Ma，最年轻岩浆结晶锆石的$^{207}Pb/^{206}Pb$年龄为2487Ma，变质火山岩锆石核部年龄为（2666±7）Ma，济宁群含砾绿泥绢云千枚岩中碎屑锆石年龄为2700Ma左右和（2609±13）Ma。指示济宁群下部的变质火山岩系形成于新太古代晚期，火山活动可能延续到新太古代早期，济宁群碎屑岩系其来源于新太古代早、中期花岗岩和泰山岩群。结合微古植物、地层对比综合认为，济宁群中上部层位及赋铁岩层的形成时代定位古元古代为宜。据此提出，济宁群是新太古代—古元古代跨地质年代的岩石地层单位。

除济宁群外，鲁西地区尚存在其他形成于新太古代—古元古代过渡期的地质体。这些新太古代—古元古代岩浆活动和沉积作用的发现，填补了全球地质演化的寂静期（2.5~2.3Ga）。尤其是，济宁群展示了从新太古代末期—古元古代早期连续沉积的地层序列，对其进行进一步的深入研究，不仅对研究鲁西和华北克拉通东部岩石-年代格架和华北克拉通的重建具有重要启示作用，有利于深入分析华北克拉通的成矿环境，而且可以揭示全球新太古代晚期—古元古代早期的地质环境演变。

**4. 研究了济宁群变质作用和地球化学特征，提出了关于物质来源、沉积环境和原岩性质等的一系列新认识**

（1）变质作用

济宁群经历了区域低温动力变质作用，变质相为绿片岩相，推断变质温度为350~500℃，压力为0.2~0.5GPa。

（2）变质矿物

变质岩石中最常见、分布最广的变质矿物是石英、钠长石、绢云母、绿泥石、磁铁矿和方解石，另有少量矿物如黑云母、阳起石等出现在部分层段中。济宁群典型变质矿物共生组合有：绢云母+绿泥石+石英+钠长石±方解石±磁铁矿（千枚岩），石英+磁铁矿

±方解石（磁铁石英岩），石英+磁铁矿+黑云母±绿泥石±绢云母±钠长石（黑云磁铁石英岩），阳起石+绢云母+绿泥石+石英+钠长石（绿泥阳起千枚岩）。方解石常出现在磁铁石英岩中，与石英、磁铁矿相伴分布，各自构成条带状分布，为原岩中的碳酸钙成分在区域变质作用过程中发生重结晶而形成方解石。黑云母主要分布于颜店组及附近层位中，其上限一般出现在洪福寺组与颜店组界线稍微靠上一点，下限不是特别清晰，大多数情况下处于颜店组与翟村组的界线附近，个别地段向翟村组延伸较多。黑云母多呈微晶、雏晶状分布，颗粒细小，多与其他矿物组成条带状构造，常见的有：以黑云母为主的条带，磁铁矿+黑云母条带，黑云母+绿泥石条带等。

（3）常量元素地球化学

翟村组火山岩常量元素平均值处于中性岩的范围内，以安山质占主导地位，具岛弧和活动大陆边缘火山岩特征。常量元素特征指数指示，济宁群总体形成于近岸浅海陆架附近，物质来源兼具火山喷发、化学沉积和陆源碎屑物质特征。济宁群岩石的镁铝比值 $m$ 值为5.75~124.24，多数样品位于海水环境范畴；成熟度指数在1.54~12.99之间，指示沉积物离物源区不远；$Al_2O_3$/（$Al_2O_3+TFe_2O_3$）比值在0.03~0.86之间变化，接近于大陆边缘数值；Fe/Ti比值在5.53~695.00之间变化，显示了热水沉积与非热水沉积共存的特点。

（4）稀土元素地球化学

济宁群岩石稀土配分曲线具轻稀土亏损、重稀土富集、正铕异常明显和无Ce异常特征，指示济宁群是在火山热液与海水的混合溶液中形成的，沉积过程中有陆源碎屑物质的加入。济宁群各组的稀土元素特征参数基本一致，数值变化很小，指示各组的沉积物来源具有一致性。

（5）微量元素地球化学

微量元素地球化学特征指示济宁群形成于海相沉积环境。岩石的Cr/Th比值为0.82~593.31，比值变化很大，说明有多个物源区的物质来源，其中颜店组Cr/Th比值变化不大，指示物源区较单一；V/（V+Ni）值在0.29~0.86之间，数值跨度较大，指示氧化和还原两种沉积环境并存；U/Th值在0.19~0.70之间变化，位于氧化环境的U/Th值范围内；V/Cr值在0.12~5.36之间变化，比值变化幅度较大，富氧、贫氧均有；Ni/Co比值为0.93~6.67，多小于5.00，具有氧化环境数值特征。总体认为，济宁群可能处于氧化与还原环境强烈交替变化期，位于氧化还原界面附近。

（6）稳定同位素

济宁群岩石的 $\delta^{13}C_{V-PDB}=-4.7‰\sim-15‰$，接近于火山成因碳同位素值，指示沉积物中的火山物质较多；氧同位素 $\delta^{18}O_{V-PDB}$ 值为 $-12.1‰\sim-18.8‰$，不同于正常海相碳酸盐岩沉积，投点于洋中脊热液和密西西比河谷型矿床热液之间，指示了热水沉积特点；硅同位素 $\delta^{30}Si_{NBS-28}$ 值为 $-0.8‰\sim-1.3‰$，均为负值，与各类沉积岩的硅同位素组成（$\delta^{30}Si=-1.2‰\sim-0.2‰$）相近，与各类火成岩硅同位素差异较大，位于黑烟囱硅质沉积硅同位素范围的较高值端，相似于弓长岭矿区上含铁带 $\delta^{30}Si$ 值（$-1.3‰\sim-0.9‰$），具有热水沉积特点。

（7）原岩性质

济宁群变质程度较低，岩石中保留了大量原岩结构、构造，为火山－沉积岩，具有海相沉积特征。根据岩石组合特征、变余结构构造等恢复了济宁群的原岩性质，翟村组原岩主要为凝灰岩、凝灰质砂岩、泥岩、英安（斑）岩、安山岩，为海相火山沉积建造；颜店组原岩主要为含钙泥质岩、含铁泥质岩、含钙铁硅质岩、凝灰岩、凝灰质砂岩，为海相沉积－火山硅铁质建造；洪福寺组原岩主要为泥质岩、粉砂岩和砂岩，偶有凝灰岩、凝灰质砂砾岩，为海相泥质－细碎屑沉积岩建造。

**5. 首次在济宁群中发现韧性变形构造，并对其进行了初步研究**

济宁群除了广泛发育千枚理外，新发现了许多褶皱和韧性剪切构造。褶皱构造既有宏观的不对称褶皱，也有岩心中观察到的标本尺度平行褶皱、相似褶皱、鞘褶皱等形态，还有显微尺度的“Z”型褶皱。

韧性剪切构造主要表现为糜棱岩带，主要糜棱岩类岩石有英安质绢云千糜岩、变英安质糜棱岩、绢云方解钠长千糜岩、糜棱岩化英安斑岩、绿泥千糜岩、绢云石英片岩等。韧性剪切构造在翟村组中的火山岩、潜火山岩层中表现比较明显。

**6. 研究了铁矿床特征、赋矿规律和成矿作用，首次提出济宁型铁矿是介于阿尔戈马（Algoma）型和苏必利尔（Superior）湖型铁矿之间的新类型铁矿**

（1）矿床特征和赋矿规律

济宁铁矿为隐伏矿床，赋存在济宁群颜店组中，共圈定44个矿体，矿体呈层状、似层状产出，各矿体之间大致平行展布，矿体产状与围岩一致。铁矿层总体分布于变火山碎屑岩层与千枚岩岩层过渡偏千枚岩一侧，矿床下部常见火山碎屑岩，上部则很少见火山碎屑岩。矿床中出现较多硅质、碳酸盐成分，而在其上、下层位中则较少见。含铁岩组（颜店组）总厚度300～600m。

（2）矿石类型

铁矿石自然类型主要有四类：条带状磁铁石英岩、磁铁岩、磁铁千枚岩、赤铁岩（氧化矿石），以前三者为主，赤铁岩仅见于济宁群顶部古剥蚀面之下30m之内。

（3）铁矿物相

磁铁矿的铁矿物相以磁性铁（17.84%～27.35%）为主，其次是氧化铁（2.59%～6.78%），少量碳酸铁（0.92%～3.17%）、硅酸铁（0.011%～0.022%）和硫化铁（0.037%～0.825%）。

（4）矿床类型

为沉积变质铁矿床，属产于变质硅铁建造铁矿中以绢云母质绿泥石质千枚岩和片岩为主的岩层中的铁矿类型，其特征不同于华北克拉通大部分BIF铁矿，是产于变质中酸性火山－沉积岩与泥质岩之间的一种新类型矿床，称之为济宁型铁矿。

（5）成矿阶段

济宁铁矿的形成过程可分为3个阶段，即早期沉积阶段、中期变质富集阶段和晚期改造阶段。

（6）成矿时代

根据沉积特征、变质程度、地层对比、微古植物组合结合同位素测年等，认为济宁群是新太古代—古元古代跨地质年代的岩石地层单位，而位于济宁群中部的铁矿床则可能形成于古元古代。

（7）成矿物质来源和成矿条件

地球化学和地层特征共同指示，济宁铁矿是受火山沉积作用与陆源碎屑加入共同影响的化学 Fe－Si 沉积。成矿的 pH 的范围是在 7～9，$E_h$ 值范围为－0.10～0.30。铁矿形成于从滨浅海向深海由氧化环境向还原环境过渡的弱氧化－弱还原条件，为热水沉积产物。

（8）矿床成因和构造背景

济宁铁矿形成于浅海沉积环境，既与海底火山作用密切相关，又与正常沉积的细碎屑岩－碳酸盐岩共生，矿床成因和成矿条件介于阿尔戈马（Algoma）型和苏必利尔（Superior）湖型（Gross，1980）铁矿之间，济宁铁矿是二者之间的过渡类型 BIF 铁矿。翟村组火山喷发后，高温热液和海水混合的热水溶液中含有大量来自于火山热液和陆壳风化的铁质和硅质，在大陆边缘浅海盆地的氧化－还原界面附近沉淀，形成含铁建造。

济宁群为近岸浅海陆架产物，具有陆缘裂谷构造背景特点。鲁西地区在经历了新太古代晚期华北克拉通微陆块拼合的强烈构造岩浆活动（主要标志是形成大量花岗岩类侵入岩）之后，于新太古代末—古元古代发生了裂解，形成济宁群巨厚的复理石沉积组合及济宁型 BIF。

## 二、需要进一步探讨的问题和建议

虽然地质工作者针对济宁群开展了大量工作，但由于该套地层隐伏于地面千米之下，对其研究程度仍然不足，尚有一些需要进一步研究的问题。

1）济宁群下部翟村组未见底，其与新太古代结晶基底接触关系尚不清楚，地层序列尚不完整，地层的分布范围尚未确定。

2）已经取得的同位素年龄资料、生物资料、地球化学资料尚较少，且不连续和系统，年代地层、生物地层划分和成岩、成矿构造背景尚需进一步研究，地层时代的准确和详细厘定还需要进一步加强。

3）褶皱、韧性剪切带等构造的宏观特征尚不清晰，其对地层、矿床的控制或破坏作用需要进一步研究。

4）本次工作仅对颜店勘查区的典型剖面进行了钻孔编录，对翟村勘查区没有进行详细研究，地层的区域变化情况有待进一步研究。

5）建议有条件时，选择代表性勘探线剖面向东、西延长，进一步施工钻孔，揭露济宁群底界面和分布边界。

# 参 考 文 献

曹国权. 1996. 鲁西早前寒武纪地质. 北京：地质出版社，30～32.

陈衍景，翟明国，蒋少涌. 2009. 华北大陆边缘造山过程与成矿研究的重要进展和问题. 岩石学报，25（11）：2695～2726.

邓宏文，钱凯. 1993. 沉积地球化学与环境分析. 兰州：甘肃科学技术出版社.

丁悌平，李延河，万德芳. 1994. 硅同位素地球化学. 北京：地质出版社，1～102.

韩吟文，马振东主编. 2004. 地球化学. 北京：地质出版社，259～267.

韩玉珍，王世进，李培远. 2008. 济宁颜店铁矿地质特征及济宁岩群含矿性研究. 山东国土资源，24（2）：3～8.

胡俊良，赵太平，陈伟，等. 2007. 华北克拉通 1.75Ga 基性岩墙群特征及其研究进展. 大地构造与成矿学，31（4）：457～470.

蒋少涌，丁悌平，万德芳，等. 1992. 辽宁弓长岭太古代条带状硅铁建造（BIF）的硅同位素组成特征. 中国科学（B 辑），22（6）：626～631.

蓝廷广，范宏瑞，胡芳芳，等. 2012. 鲁东昌邑古元古代 BIF 铁矿矿床地球化学特征及矿床成因讨论. 岩石学报，28（11）：3595～3611.

李培远，边荣春，曹秀华. 2010. 兖州市颜店矿区洪福寺铁矿床地质特征. 山东国土资源，26（4）：12～15.

李森乔，李评. 1979. 山东济宁磁异常数据处理及找矿效果. 见：国家地质总局书刊编辑室编辑. 金属矿物探电算文集. 北京：地质出版社，1～211.

李振清，周洪瑞，陈建强. 2001. 山东淄博地区上寒武统沉积地球化学特征及其层序地层学意义. 现代地质，4：377～382.

李志红，朱祥坤，唐索寒. 2008. 鞍山－本溪地区条带状铁建造的铁同位素与稀土元素特征及其对成矿物质来源的指示. 岩石矿物学杂志，27（4）：285～290.

李志红，朱祥坤，唐索寒，等. 2010. 冀东、五台和吕梁地区条带状铁矿的稀土元素特征及其地质意义. 现代地质，24（5）：843～844.

南京地质矿产研究所变质铁矿组. 1979. 蚌埠、济宁两地区下元古代地层中与铁矿有关的变质火山岩. 华东地质（地质矿产专辑），（2）：149.

亓润章. 1984. 鲁西前寒武纪地层划分及含铁建造地质特征. 南京地质矿产研究所所刊，5（3）：58～82，105～108.

邱家骧，林景仟. 1991. 岩石化学. 北京：地质出版社，242～256.

沈保丰，宋亮生，李华芝，1982. 山西省岚县袁家村铁建造的沉积相和形成条件分析. 长春地质学院学报，（增刊）：31～51.

沈保丰，翟安民，杨春亮，等，2005. 中国前寒武纪铁矿床时空分布和演化特征. 地质调查与研究，28（4）：196～206.

沈其韩，1998. 华北地台早前寒武纪条带状铁英岩地质特征和形成的地质背景. 见：程裕淇主编. 华北地台早前寒武纪地质研究论文集. 北京：地质出版社，1～30.

沈其韩，宋会侠，杨崇辉，等，2011. 山西五台山和冀东迁安地区条带状铁矿的岩石化学特征及其地质意义. 岩石矿物学杂志, 30 (2): 161 ~ 171.
沈其韩, 宋会侠, 赵子然, 2009. 山东韩旺新太古代条带状铁矿的稀土和微量元素特征. 地球学报, 30 (6): 693 ~ 699.
宋明春, 焦秀美, 宋英昕, 等. 2011. 鲁西隐伏含铁岩系——前寒武纪济宁岩群地球化学特征及沉积环境. 大地构造与成矿学, (04).
宋明春, 李培远, 熊玉新, 等. 2008. 山东省济宁强磁异常区深部铁矿初步验证及其意义. 地质学报, 82 (9): 1285 ~ 1292.
宋明春, 徐军祥, 王沛成. 2009. 山东省大地构造格局和地质构造演化. 北京: 地质出版社, 34 ~ 66.
宋志勇, 张增奇, 赵光华, 等. 1994. 鲁西前寒武纪及岩石地层清理意见. 山东地质, 10 (增): 7 ~ 8.
孙省利, 曾允孚. 2002. 西成矿化集中区热水沉积岩物质来源的同位素示踪及其意义. 沉积学报, 20 (1): 41 ~ 46.
万渝生, 董春艳, 颉颃强, 等. 2012. 华北克拉通早前寒武纪条带状铁建造形成时代——SHRIMP 锆石 U - Pb 定年. 地质学报, 86 (9): 1447 ~ 1478.
王长乐, 张连昌, 兰彩云, 等. 2015. 山西吕梁袁家村条带状铁建造沉积相与沉积环境分析. 岩石学报, 31 (6): 1671 ~ 1693.
王继广, 李静, 李庆平, 等. 2013. 鲁西地区绿岩带型金矿及其矿源层探讨. 地质学报, 87 (7): 994 ~ 1002.
王伟, 王世进, 刘墩一, 等. 2010. 鲁西新太古代济宁岩群含铁岩系形成时代——SHRIMP U - Pb 定年. 岩石学报, 26 (4): 1175 ~ 1181.
王岳军, 彭头平, 范蔚茗, 等. 2007. 华北陆块基性岩墙群及其构造意义. 矿物岩石地球化学通报, 26 (1): 1 ~ 9.
吴利仁, 徐贵忠. 1998. 东秦岭 - 大别山碰撞造山带的地质演化. 北京: 科学出版社, 13 ~ 31.
杨震强. 1997. 大宝山块状硫化物矿床成因: 泥盆纪海底热事件. 华南地质与矿产, 13 (1): 7 ~ 17.
杨忠芳, 徐景奎, 赵伦山, 1998. 胶东区域地壳演化与金矿成矿作用地球化学. 北京: 地质出版社, 101.
翟明国, 卞爱国. 2000. 华北克拉通新太古代末超大陆拼合及古元古代末—中元古代裂解. 中国科学 (D 辑), 30 (增刊): 129 ~ 137.
翟明国, 彭澎. 2007. 华北克拉通古元古代构造事件. 岩石学报, 23 (11): 2665 ~ 2682.
翟明国. 2012. 华北克拉通的形成以及早期板块构造. 地质学报, 86 (9): 1335 ~ 1349.
张成基, 焦秀美, 李世勇, 等. 2010. 济宁岩群大量变质碎屑岩和碳质岩的发现及地层划分. 山东国土资源, 26 (7): 1 ~ 3.
张连昌, 翟明国, 万渝生, 等. 2012. 华北克拉通前寒武纪 BIF 铁矿研究: 进展与问题. 岩石学报, 28 (11): 3431 ~ 3445.
张贻侠, 刘连登. 1994. 中国前寒武纪矿床和构造. 北京: 地震出版社, 1 ~ 38.
张增奇, 刘明渭. 1996. 山东省岩石地层. 武汉: 中国地质大学出版社, 81 ~ 83, 172 ~ 174, 207 ~ 226.
张增奇, 张成基, 王世进, 等. 2014. 山东省地层侵入岩构造单元划分对比意见. 山东国土资源, 30 (3): 1 ~ 23.
赵震. 1995. 从碳、氧同位素组成看蓟县元古宙碳酸盐岩特征. 沉积学报, 13 (3): 46 ~ 53.
Alibo D S, Nozaki Y. 1999. Rare earth elements in seawater. Particle association shalenormalization and Ce oxidation. Geochimica et Cosmochimica Acta, 63 (3/4): 363 ~ 372.
Bau M, Dulski P. 1996. Distribution of yttrium and rare - earth elements in the Penge and Kuruman iron - formations, Transvaal Supergroup, South Africa. Precambrian Research, 79: 37 ~ 55.
Danielson A, Moller P, Dulski P. 1992. The europium anomalies in banded iron formations and the thermal

history of the oceanic crust. Chemical Geology, 97: 89 ~ 100.

Dymek R F, Klein C. 1988. Chemistry, petrology and origin of banded iron formation lithologies from the 3800 Ma Isua Supracrustal Belt, West Greenland. Precambrian Res., 39: 247 ~ 302.

Hatch J R, Leventhal J S. 1992. Relationship between inferred redox potential of the deposition environment and geochemistry of the Upper Pennsylvanian (Missourian) Stark Shale Member of the Dennis Limestone, Wabaunsee County, Kansas, U. S. A. Chem. Geol., 99 (1 - 2): 21 ~ 24.

Huston D L, Logan G A. 2004. Barite, BIFs and bugs: evidence for the evolution of the Earth's early hydrosphere. Earth and Planetary Science Letters, 220: 41 ~ 55.

Jones B J, Manning A C. 1994. Comparison of geochemical indices used for the interpretation of palaeoredox conditions in ancient mudstones. Palaeogeogr Palaeoclimatol Palaepecol, 111: 111 ~ 129.

Ludwig K R. 2001. Squid 1.02: a user's manual. Berkeley geochronological center. Special publication, 2: 1 ~ 17.

Rollinson H, Wiley J. 1994. Using geochemical data: Evaluation, presentation, interpretation library of congress. 1 ~ 352.

Sugisaki R, Yamamoto K, Adachi M. 1984. Triassic bedded cherts in central Japan are not pelagic. Nature, 298: 644 ~ 647.

Williams I S. 1998. U - Th - Pb geochronology by ion microprobe. In: McKibben, M. A., Shanks, W. C., Ridley, W. I. (Eds.). Applications of Microanalytical Techniques to Understanding Mineralizing Processes. Review in Economic Geology, 7: 1 ~ 35.

Zhang J, Nozaki Y. 1996. Rare earth elements and yttrium in seawater: ICP - MS deter - minations in the East Caroline, Coral Sea, and South Fiji basins of the Western South Pacific Ocean. *Geochimica et Cosmochimica Acta*, 60 (23): 4631 ~ 4644.

# 图版 I　疑源类化石

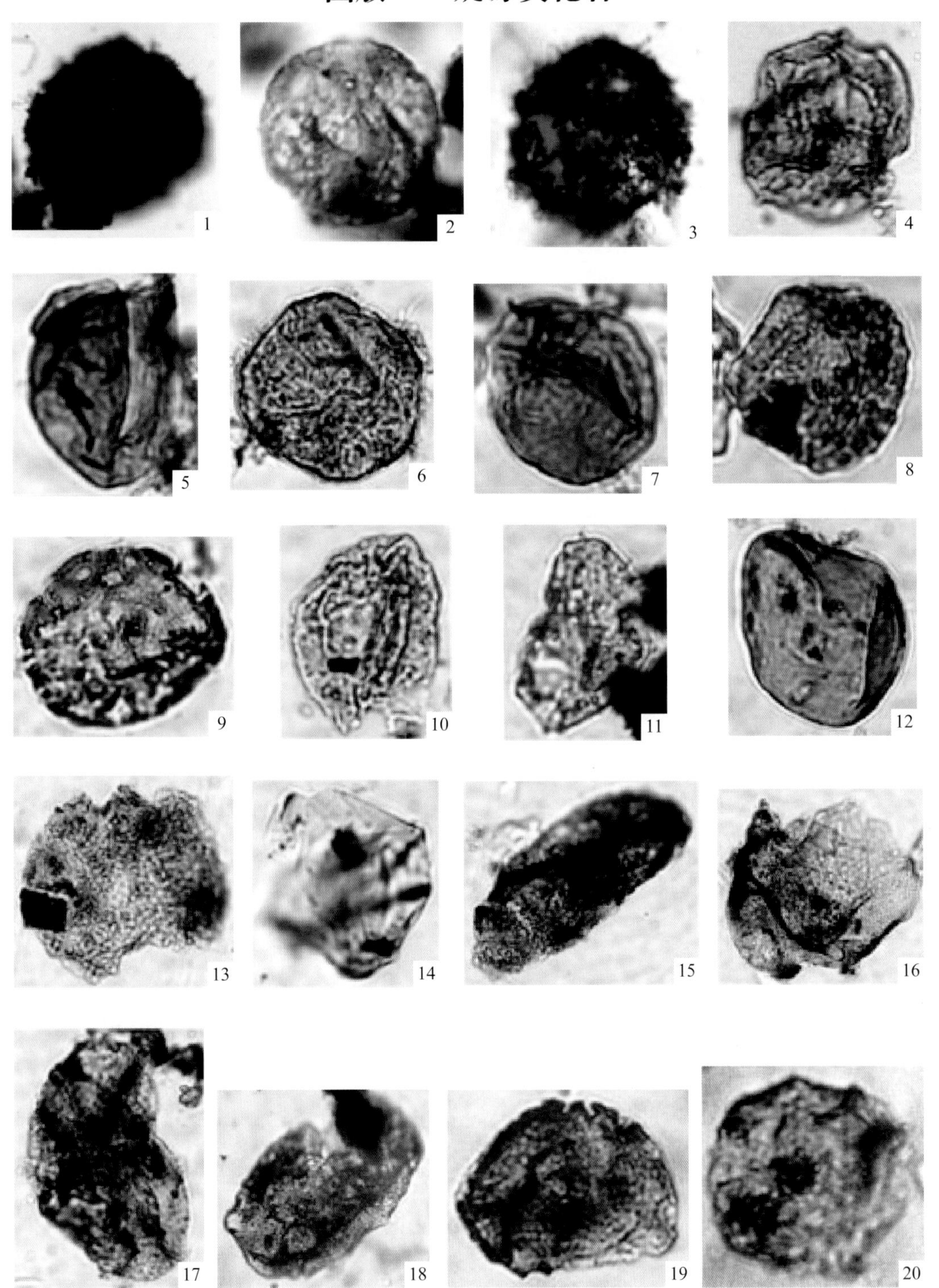

（所有图像皆放大850倍）

1,2,3,4,9,11,12,13,16,17,18,20—光面球藻（未定多种）*Leiosphaeridia* spp; 5,7,14—微小光面球藻—*Leiosphaeridia minutissima* (naumova) emend. Jankauskas, 1989; 6—薄膜光面球藻—*Leiosphaeridia laminarita* (Timofeev)emend. Jankauskas, 1989；8,19—鲛面球藻（未定种）*Trachysphaeridium* sp.；10—线脊球藻（未定种）*Stictosphaeridium* sp.；15—原始连球藻（未定种）*Eosynechococcus* sp.

# 图版Ⅱ 岩矿石显微照片

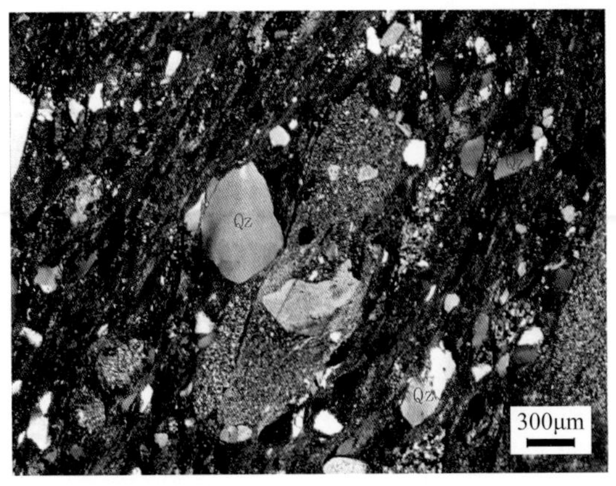


1. 安山质角砾凝灰绢云绿泥千枚岩的变余凝灰结构，正交偏光。R—安山岩岩屑，Qz—石英晶屑。$ZK_{303}$–B003，$ZK_{303}$孔深1783m。

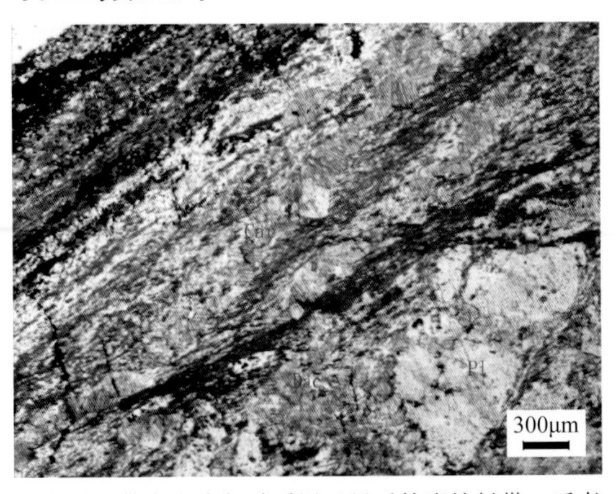


2. 变黑云英安斑岩与碳质黑云母千枚岩接触带，后者具有黑云母化蚀变特征，单偏光。Dac—变黑云英安斑岩，Phy—黑云母千枚岩，Car—碳酸盐条带，Pl—斜长石斑晶。$ZK_{303}$–B004，$ZK_{303}$孔深1880m。

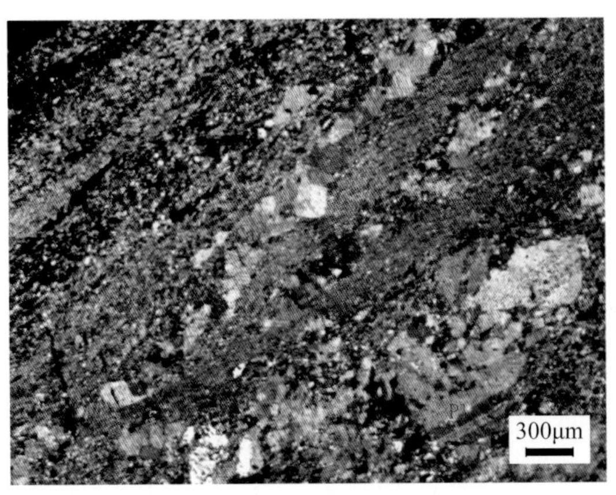


3. 变黑云英安斑岩与碳质黑云母千枚岩接触带，后者具有黑云母化蚀变特征，正交偏光。Dac—变黑云英安斑岩，Phy—黑云母千枚岩，Car—碳酸盐条带，Pl—斜长石斑晶。$ZK_{303}$–B004，$ZK_{303}$孔深1880m。

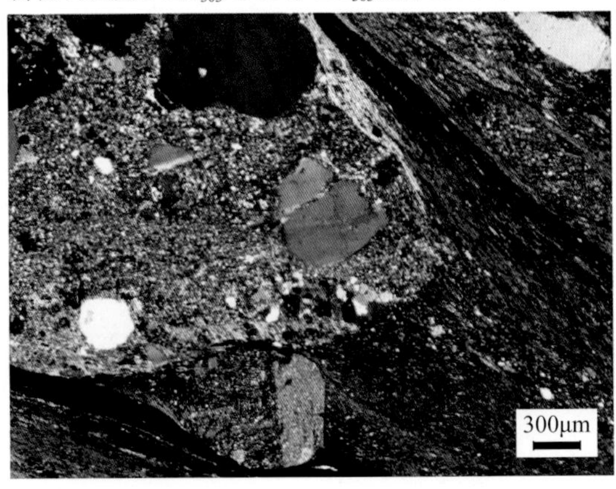


4. 含砂砾黑云千枚岩中的岩屑，正交偏光。R—安山岩岩屑。$ZK_{303}$–B007，$ZK_{303}$孔深1240m。

5. 变质中细粒长石砂岩的变余砂状结构，长英矿物棱角–次棱角状为主，单偏光。$ZK_{402}$–B007，$ZK_{402}$孔深1263m。

6. 含石英砾绢云凝灰质千枚岩中的熔蚀港湾状石英，正交偏光。Qz—石英，F–Q—长英质集合体，Ser—绢云母。$ZK_{402}$–B016，$ZK_{402}$孔深1544.69m。

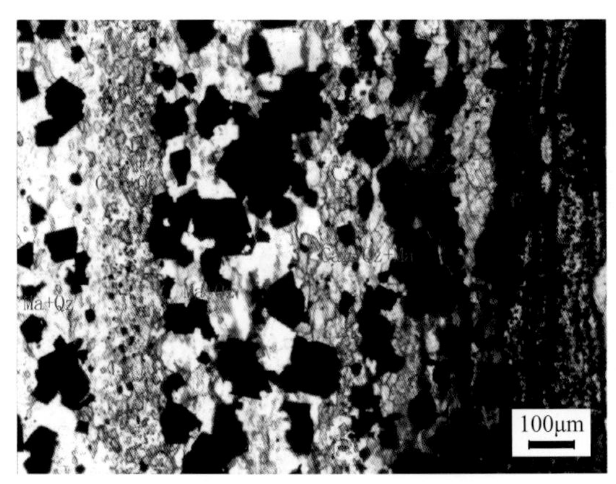


7. 磁铁黑云千枚岩的条带状构造，单偏光。Ma+Qz—磁铁矿+石英条带，Car+Qz—碳酸盐+石英条带，Car+Qz+Ma—碳酸盐+石英+磁铁矿条带。ZK$_{402}$–B018，ZK$_{402}$孔深1578m。

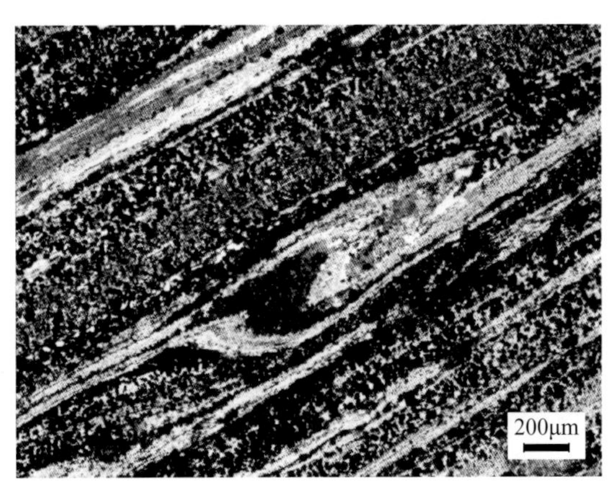


8. 含砂绿泥赤铁石英岩中的层内剪切形成的“Z”型显微褶皱，单偏光。ZK$_{403}$–B002，ZK$_{403}$孔深1038.52m。

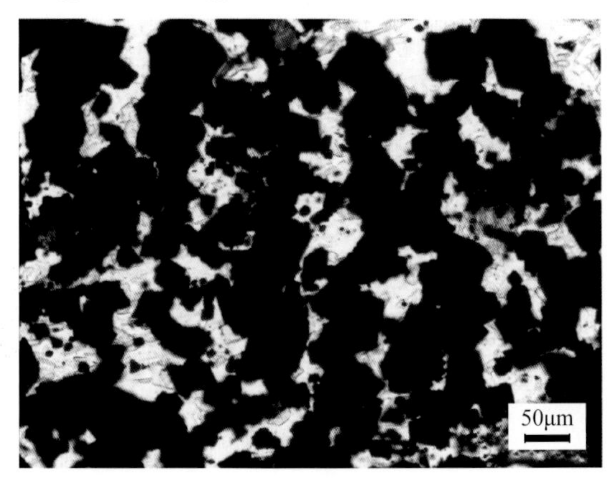


9. 含砂绿泥赤铁石英岩中的磁铁矿（图片中黑色者）与石英（图片中白色者）的镶嵌结构，单偏光。ZK$_{403}$–B002，ZK$_{403}$孔深1038.52m。

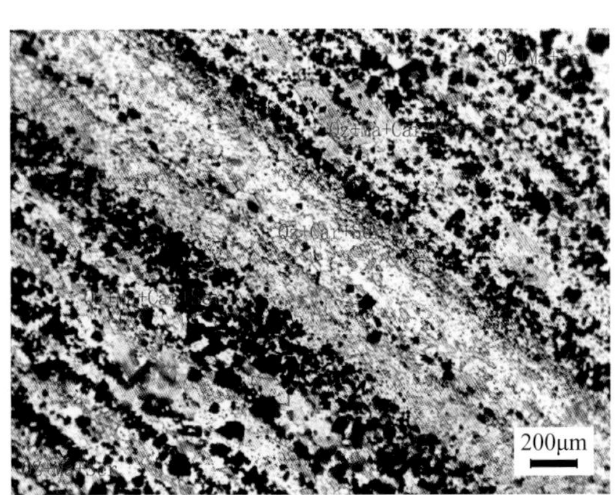


10. 条带状方解磁铁石英岩的条带状构造，单偏光。三种条带：Qz+Car+Ser—石英+碳酸盐+绢云母条带，Qz+Ma+Car+Ser—石英+磁铁矿+碳酸盐+绢云母条带，Qz+Ma+Ser—石英+磁铁矿+绢云母条带。ZK$_{403}$–B006，ZK$_{403}$孔深1136m。

11. 条带状方解磁铁石英岩中的石英+碳酸盐+绢云母条带，单偏光。Qz—石英，Car—碳酸盐，Ser—绢云母。ZK$_{403}$–B006，ZK$_{403}$孔深1136m。

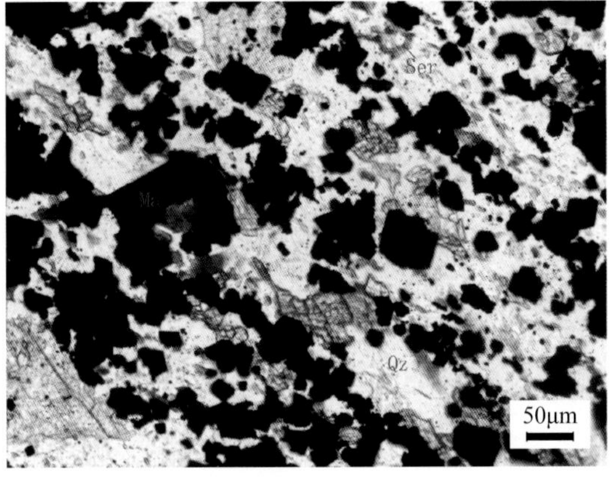


12. 条带状方解磁铁石英岩中的石英+磁铁矿+碳酸盐+绢云母条带，单偏光。Qz—石英，Ma—磁铁矿，Car—碳酸盐，Ser—绢云母。ZK$_{403}$–B006，ZK$_{403}$孔深1136m。

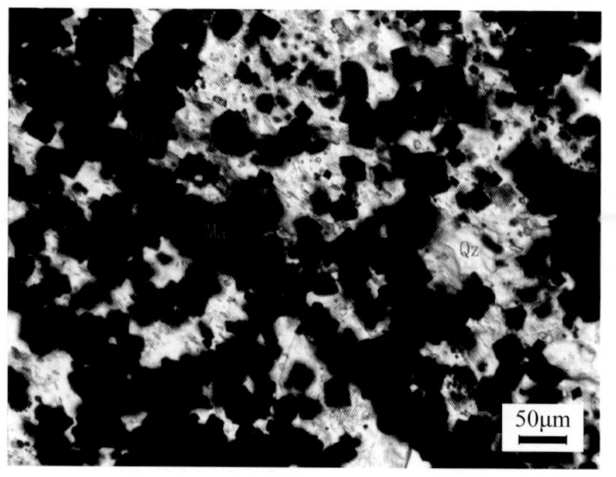


13. 条带状方解磁铁石英岩中的石英+磁铁矿+绢云母条带，单偏光。Qz—石英，Ma—磁铁矿，Ser—绢云母。ZK$_{403}$-B006，ZK$_{403}$孔深1136m。

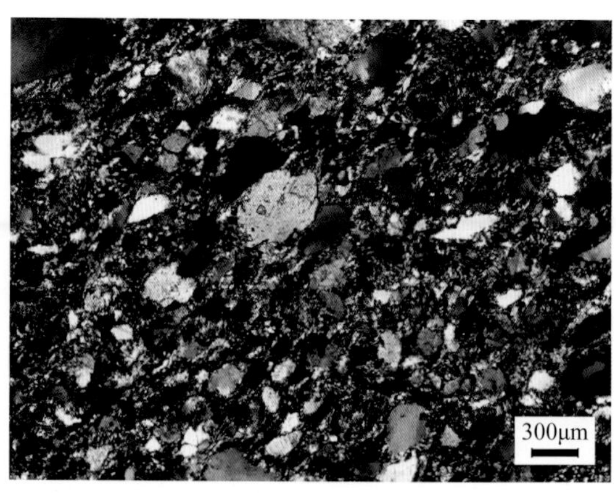


14. 黑云绿泥千枚岩的变余砂状结构，长英碎屑矿物多呈棱角-次棱角状，正交偏光。ZK$_{403}$-B007，ZK$_{403}$ 孔深1158.24m。

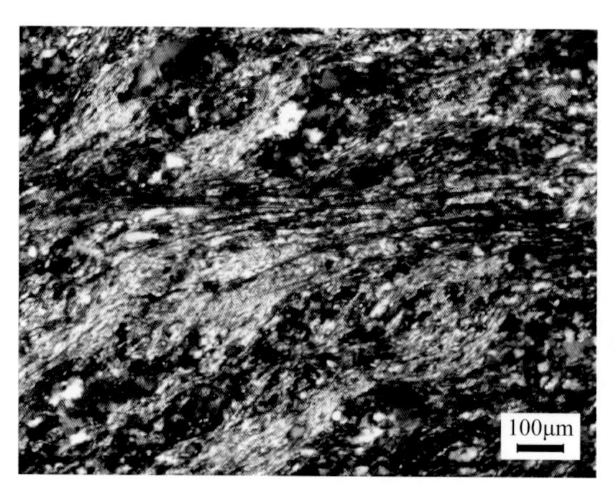


15. 千枚状变凝灰岩中的剪切形成的S-C组构，正交偏光。S—剪切面理，C—糜棱面理。ZK$_{403}$-B009，ZK$_{403}$ 孔深1473m。

16. 千枚状变凝灰岩中斜长石的应变双晶，正交偏光。Pl—斜长石。ZK$_{403}$-B009，ZK$_{403}$ 孔深1473m。

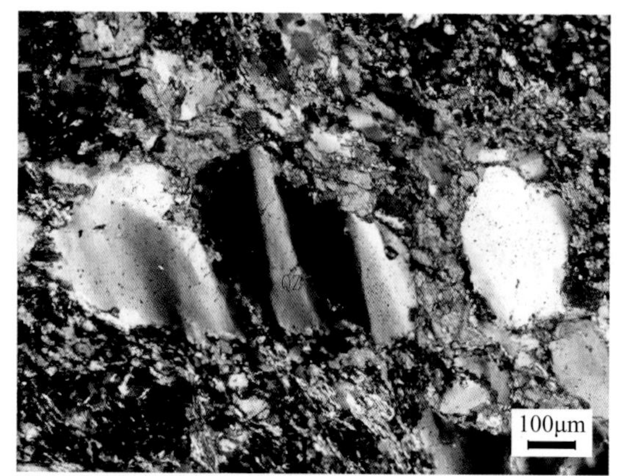


17. 千枚状变凝灰岩中石英的应变变形带和波状消光，正交偏光。Qz—石英。ZK$_{403}$-B009，ZK$_{403}$ 孔深1473m。

18. 糜棱岩化变黑云母英安斑岩的残斑糜棱结构，照片中右上部有自形的斜长石残斑，正交偏光。ZK$_{403}$-B012，ZK$_{403}$ 孔深1610m。

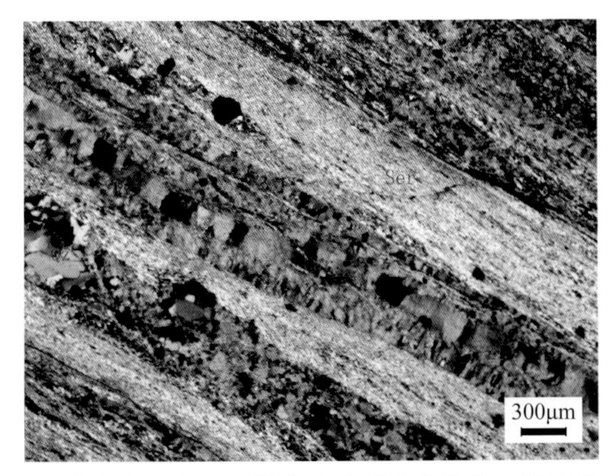


19. 方解绿泥绢云千枚岩中的碳酸盐条带，绢云母面理小角度斜交条带，正交偏光。Car—碳酸盐，Ser—绢云母，Qz—石英。$ZK_{403}$–B023，$ZK_{403}$孔深1791m。

20. 含砂砾赤铁绿泥黑云千枚岩中的多晶石英碎屑（Mqz）和单晶石英碎屑（Qz），棱角状明显，正交偏光。$ZK_{404}$–B002，$ZK_{404}$ 孔深1102.6m。

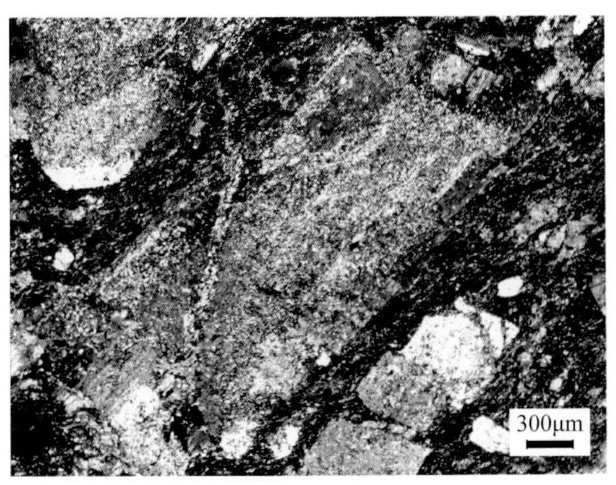


21. 糜棱岩化变英安斑岩的变余斑状自形结构，正交偏光。$ZK_{404}$–B009，$ZK_{404}$ 孔深1188m。

22. 变质角闪安山岩的变余安山结构，正交偏光。$ZK_{404}$–B021，$ZK_{404}$ 孔深1763m。

23. 变安山质凝灰岩中的安山岩屑（Anr），单偏光。$ZK_{405}$–B002，$ZK_{405}$ 孔深1258m。

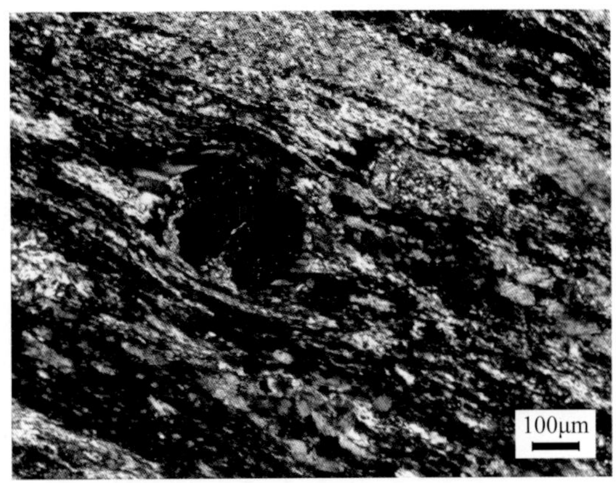


24. 英安质绢云千枚岩的残斑糜棱结构，斜长石眼球状旋转残碎斑（Pl）具$\sigma$形不对称石英结晶尾（Q），正交偏光。$ZK_{1201}$–B007，$ZK_{1201}$孔深1135m。

25. 变凝灰质砂岩中的熔蚀港湾状石英，正交偏光。Qtz—石英。ZK$_{1201}$–B013，ZK$_{1201}$孔深1233m。

26. 变凝灰质砂岩的变余凝灰质结构，碎屑由石英（Qz）、长石（Pl）组成，大小不均，呈次圆–次棱角状，正交偏光。ZK$_{1201}$—B013，ZK$_{1201}$孔深1233m。

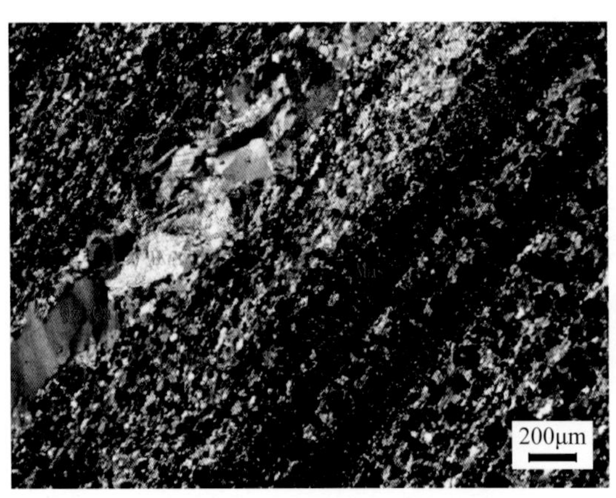


27. 条带状含方解黑云磁铁石英岩的条带状构造，正交偏光。Qz+Ma+Bi—石英+磁铁矿+黑云母条带，Qz+Car—石英+碳酸盐条带，Ma—以磁铁矿为主的条带。ZK$_{1201}$–B015，ZK$_{1201}$孔1272m。

28. 条带状含方解黑云磁铁石英岩中的磁铁矿+石英+黑云母条带，单偏光。Qz—石英，Ma—磁铁矿，Ser—黑云母。ZK$_{1201}$–B015，ZK$_{1201}$孔深1272m。

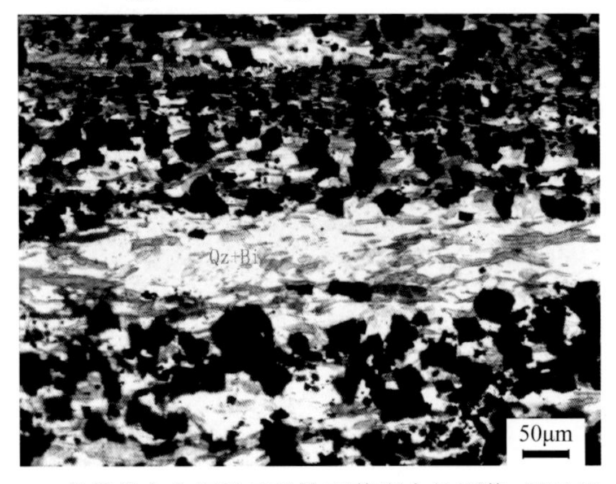


29. 条带状含方解黑云磁铁石英岩中的石英+黑云母条带（Qz+Bi），单偏光。ZK$_{1201}$–B015，ZK$_{1201}$孔深1272m。

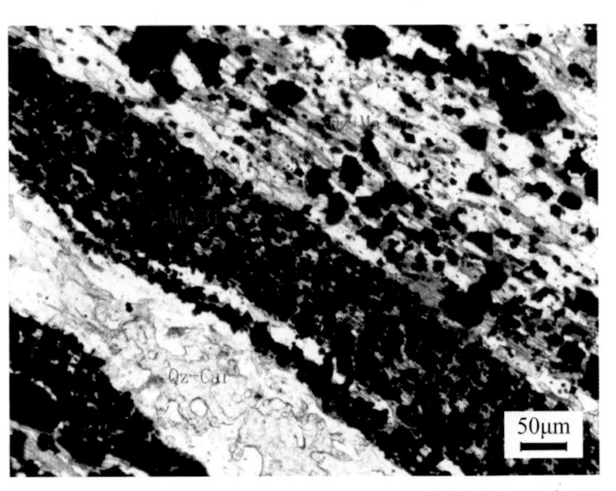


30. 条带状含方解黑云磁铁石英岩的条带状构造，单偏光。Ma+Bi—磁铁矿+黑云母条带，Qz+Ma+Bi—石英+磁铁矿+绢云黑云母条带，Qz+Car—石英+碳酸盐条带。ZK$_{1201}$–B015，ZK$_{1201}$孔深1272m。

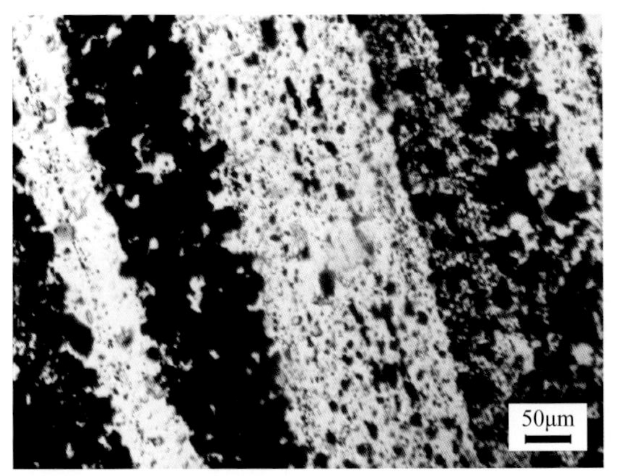


31. 条带状磁铁石英岩的条带状构造，以石英为主的条带（图中的浅色条带）和以磁铁矿为主的条带（图中的深色条带），单偏光。$ZK_{1201}$–B025，$ZK_{1201}$孔深1574m。

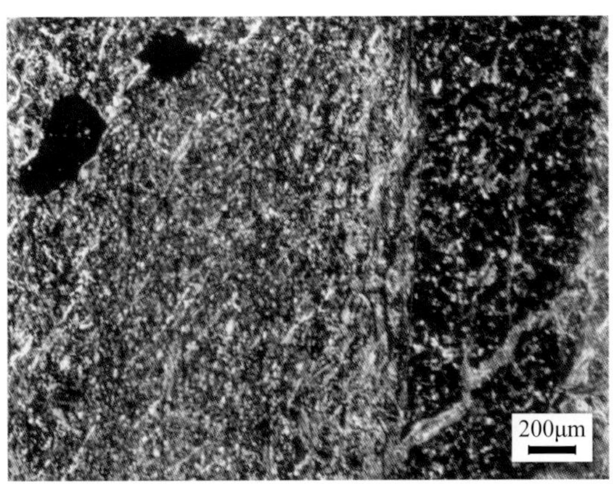


32. 条带状黑云磁铁石英岩中的$S_0$、$S_1$两期面理交切，正交偏光。$ZK_{1201}$–B026，$ZK_{1201}$孔深1598m。

33. 变英安质糜棱岩中的透镜状斜长石残碎斑（Pl），正交偏光。$ZK_{1201}$–B030，$ZK_{1201}$孔深1664m。

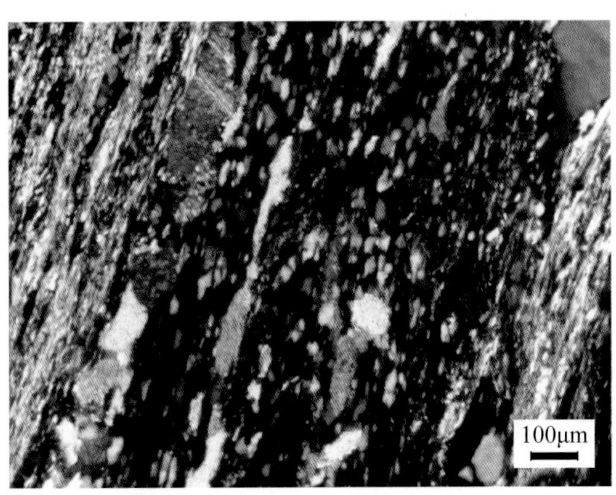


34. 方解绢云千枚岩中的碳酸盐（Car）、石英（QZ）条带，正交偏光。$ZK_{1202}$–B008，$ZK_{1202}$孔深1367.7m。

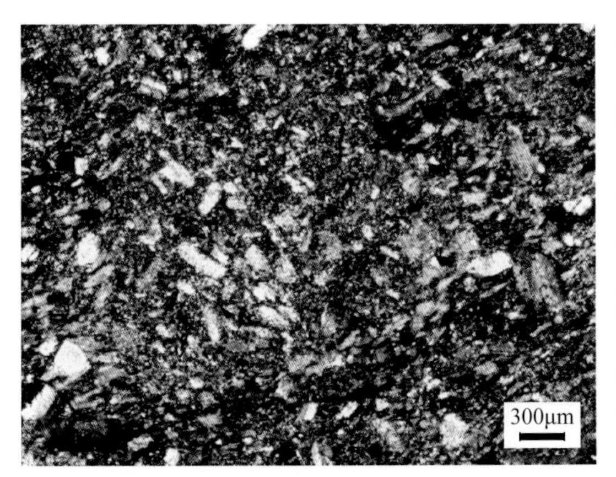


35. 变质安山质含角砾凝灰岩的变余晶屑凝灰结构，正交偏光。$ZK_{1202}$–B014，$ZK_{1202}$孔深1550m。

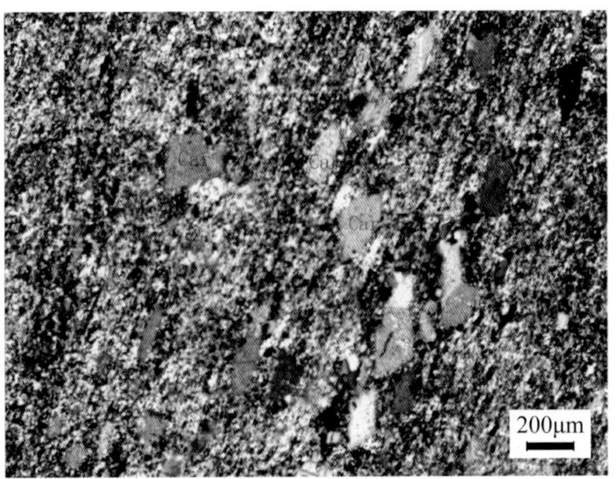


36. 千枚岩中的碳酸盐矿物（Car），正交偏光。$ZK_{1203}$–B009，$ZK_{1203}$孔深1658m。

37. 变质含凝灰质细粒砂岩中石英的变形纹和波状消光，正交偏光。$ZK_{1203}$-B010，$ZK_{1203}$孔深1726m。

# 图版Ⅲ　岩矿石照片

（钻孔岩心直径为46mm）

1. 绿泥绢云千枚岩。$ZK_{301}$孔深1136m。

2. 碳质绢云千枚岩。$ZK_{301}$孔深1174.28m。

3. 千枚状绢云变质砾岩，砾石塑性变形定向排列。$ZK_{301}$孔深1675m。

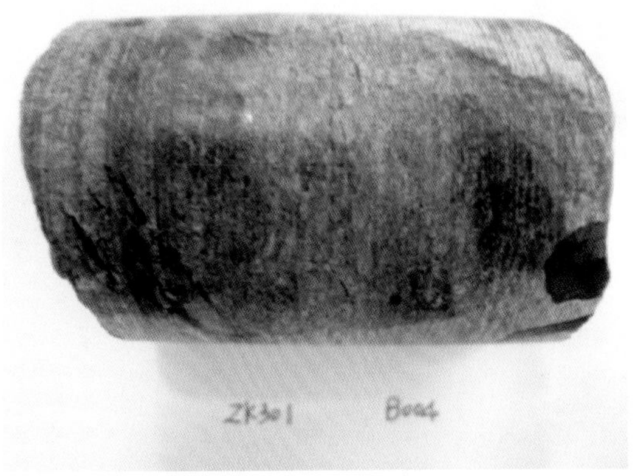


4. 变安山质含角砾凝灰岩。$ZK_{301}$孔深1810m。

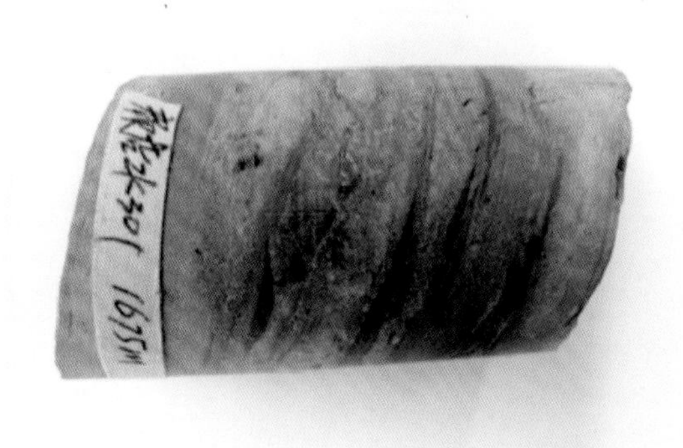

5. 千枚状绢云变质砾岩，砾石塑性变形定向排列。$ZK_{301}$孔深1675m。

6. 变安山质含角砾凝灰岩。$ZK_{301}$孔深1746m。

7. 变安山质含角砾凝灰岩。$ZK_{301}$孔深1833m。

8. 条带状磁铁石英岩。$ZK_{301}$孔深1870m。

9. 条带状磁铁石英岩。$ZK_{301}$孔深1870m。

10. 条带状磁铁石英岩。$ZK_{301}$孔深1902m。

11. 条带状磁铁石英岩。$ZK_{301}$孔深1902m。

12. 条带状构造。$ZK_{301}$。

13. 变质砾岩。$ZK_{301}$。

14. 千枚岩。$ZK_{301}$。

15. 糜棱岩化变英安斑岩。$ZK_{303}$孔深1720m。

16. 含安山质角砾凝灰绢云绿泥千枚岩。$ZK_{303}$孔深1785m。

17. 糜棱岩化变黑云英安斑岩。$ZK_{303}$孔深1880m。

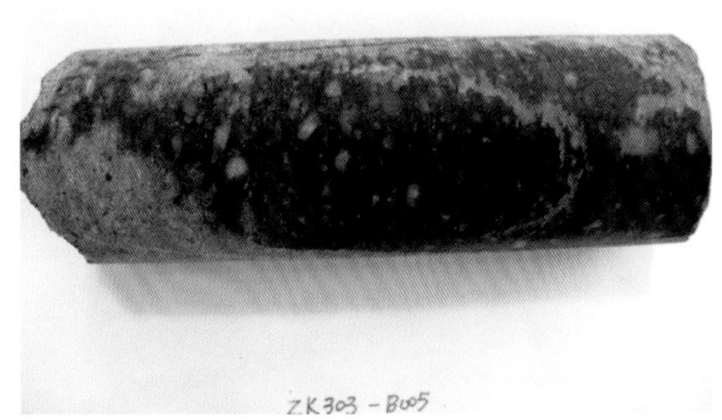


18. 糜棱岩化变黑云英安斑岩。$ZK_{303}$孔深1910m。

19. 绿泥碳质绢云千枚岩。$ZK_{303}$孔深1163m。

20. 含砂砾黑云千枚岩。$ZK_{303}$孔深1240m。

21. 含砂砾黑云石英千枚岩。$ZK_{303}$孔深1370m。

22. 糜棱岩化变黑云英安斑岩。$ZK_{303}$孔深1910m。

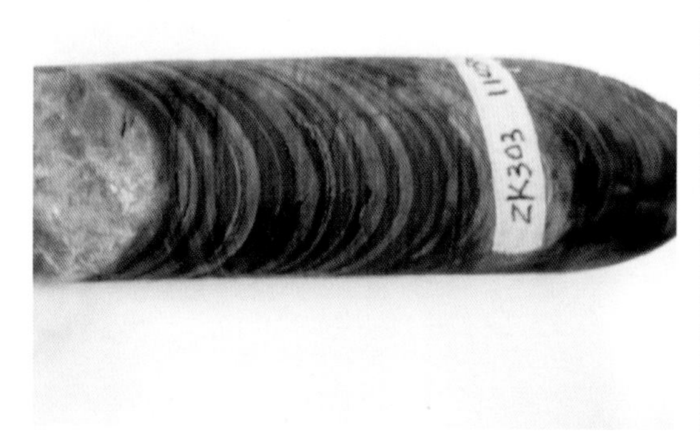


23. 条带状构造。$ZK_{303}$孔深1105m。

24. 鞘状构造。$ZK_{303}$孔深1688m。

25. 绿泥绢云千枚岩。ZK$_{402}$孔深1071m。

26. 碳质绿泥绢云千枚岩。ZK$_{402}$孔深1091m。

27. 绢云千枚岩。ZK$_{402}$孔深1116.2m。

28. 绿泥碳质千枚岩。ZK$_{402}$孔深1192m。

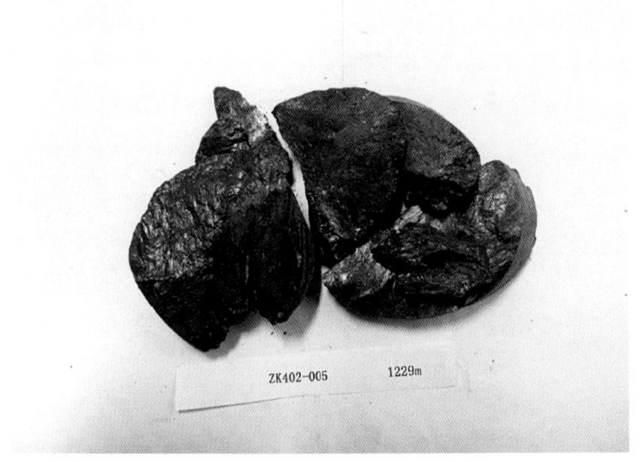


29. 方解绿泥碳质千枚岩。ZK$_{402}$孔深1229m。

30. 含绢云碳质千枚岩。ZK$_{402}$孔深1232m。

31. 变质中细粒长石砂岩。ZK$_{402}$孔深1263m。

32. 千枚状变质绿泥绢云细粉砂岩。ZK$_{402}$孔深1320m。

33. 绢云石英千枚岩。ZK$_{402}$孔深1371m。

34. 纹层状碳质绢云绿泥千枚岩。ZK$_{402}$孔深1360m。

35. 纹层状绿泥绢云千枚岩。ZK$_{402}$孔深1400m。

36. 含砾绿泥绢云千枚岩。ZK$_{402}$孔深1450m。

37. 绢云千枚岩。$ZK_{402}$孔深1483m。

38. 条纹条带状含方解石英黑云磁铁岩。$ZK_{402}$孔深1500m。

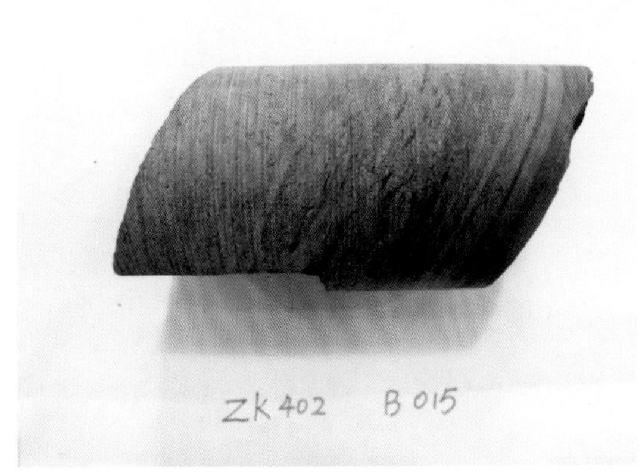


39. 含方解绢云凝灰质千枚岩。$ZK_{402}$孔深1549.6m。

40. 含石英砾绢云凝灰质千枚岩。$ZK_{402}$孔深1544.7m。

41. 磁铁黑云千枚岩。$ZK_{402}$孔深1578m。

42. 含方解黑云千枚岩。$ZK_{402}$孔深1598m。

43. 绿泥千枚岩。ZK$_{402}$孔深1732m。

44. 千枚状变质绢云中细粒砂岩。ZK$_{402}$孔深1744.2m。

45. 黑云千枚岩。ZK$_{402}$孔深1768m。

46. 条带状含石英黑云磁铁岩。ZK$_{402}$孔深1798m。

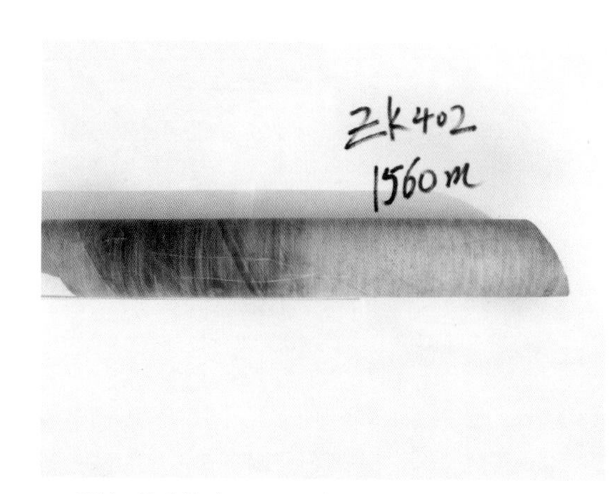


47. 凝灰质千枚岩。ZK$_{402}$孔深1560m。

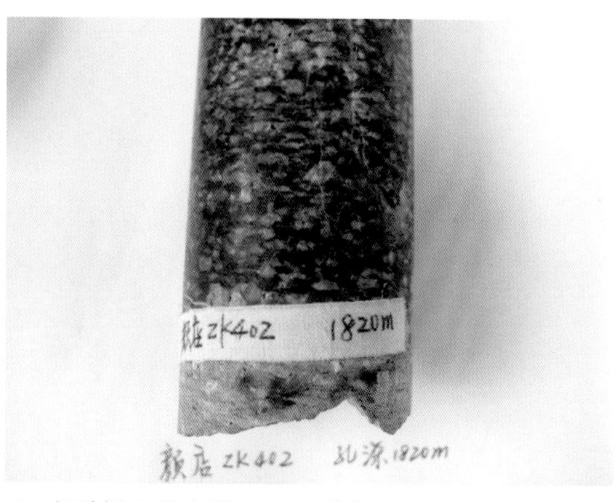


48. 变质绢云安山岩。ZK$_{402}$孔深1820m。

49. 条纹条带状含砂绿泥赤铁石英岩。ZK$_{403}$孔深1038.5m。

50. 含磁铁凝灰质千枚岩。ZK$_{403}$孔深1072.7m。

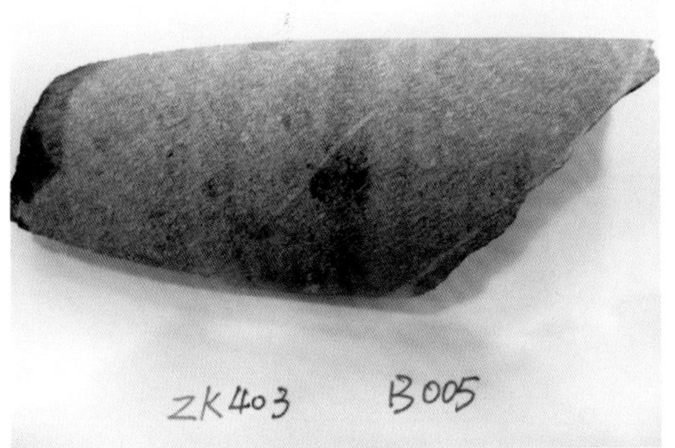


51. 方解二云片岩。ZK$_{403}$孔深1125m。

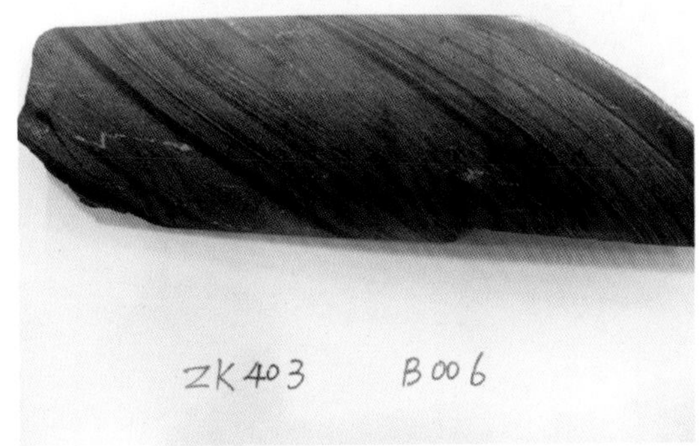


52. 条纹条带状方解磁铁石英岩。ZK$_{403}$孔深1136m。

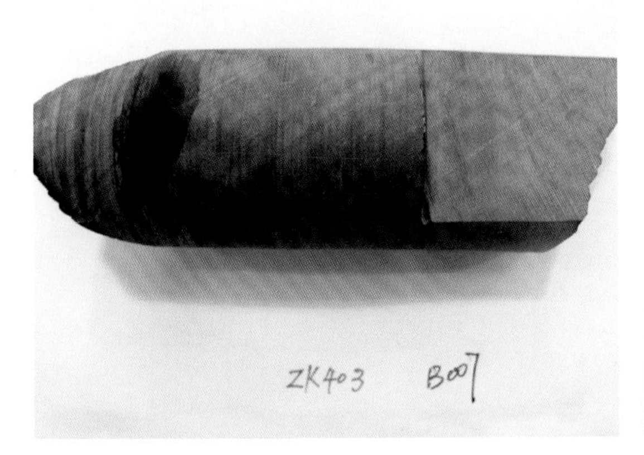


53. 黑云绿泥千枚岩。ZK$_{403}$孔深1158.24m。

54. 黑云绿泥千枚岩。ZK$_{403}$孔深1221m。

55. 千枚状变凝灰岩。$ZK_{403}$孔深1473m。

56. 千枚状含砾凝灰质砂岩。$ZK_{403}$孔深1485.8m。

57. 条纹状黑云绿泥磁铁岩。$ZK_{403}$孔深1587.1m。

58. 糜棱岩化变黑云母英安斑岩。$ZK_{403}$孔深1610m。

59. 千枚状变质凝灰质粉细砂岩。$ZK_{403}$孔深1645m。

60. 含黄铁矿条带绢云碳质千枚岩。$ZK_{403}$孔深1674.45m。

61. 方解绿泥千枚岩。$ZK_{403}$孔深1685m。

62. 千枚状阳起石岩。$ZK_{403}$孔深1706.5m。

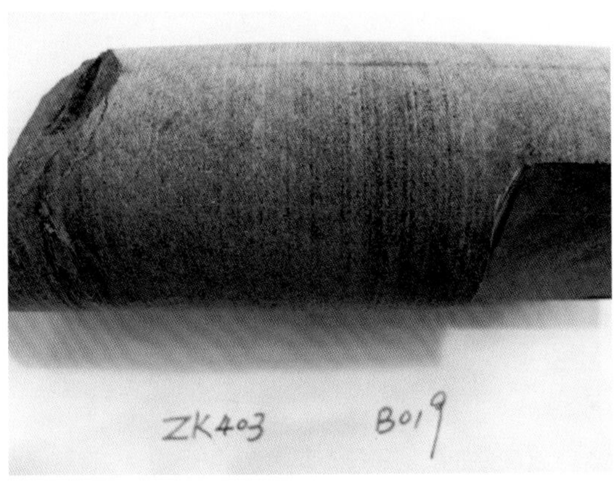


63. 变角闪安山岩。$ZK_{403}$孔深1749.9m。

64. 变角闪安山岩。$ZK_{403}$孔深1756.7m。

65. 糜棱岩化变英安斑岩。$ZK_{403}$孔深1766.7m。

66. 变安山质角砾凝灰岩。$ZK_{403}$孔深1775m。

67. 方解绿泥绢云千枚岩。$ZK_{403}$孔深1791m。

68. 含方解绢云碳质千枚岩。$ZK_{403}$孔深1799.5m。

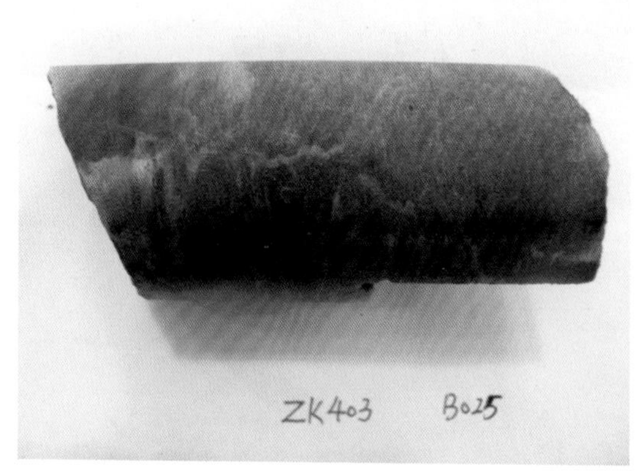


69. 变安山质凝灰岩。$ZK_{403}$孔深1802.5m。

70. 变凝灰质长石砂岩。$ZK_{403}$孔深1803m。

71. 绢云母赤铁岩。$ZK_{404}$孔深1104m。

72. 含砂砾赤铁矿绿泥黑云千枚岩。$ZK_{404}$孔深1102.6m。

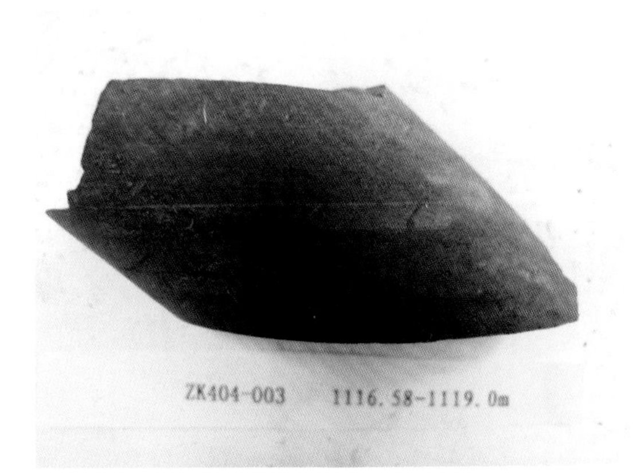


73. 条带状石英赤铁岩。$ZK_{404}$孔深1117m。

74. 赤铁绿泥千枚岩。$ZK_{404}$孔深1134m。

75. 条带状绿泥磁铁岩。$ZK_{404}$孔深1140m。

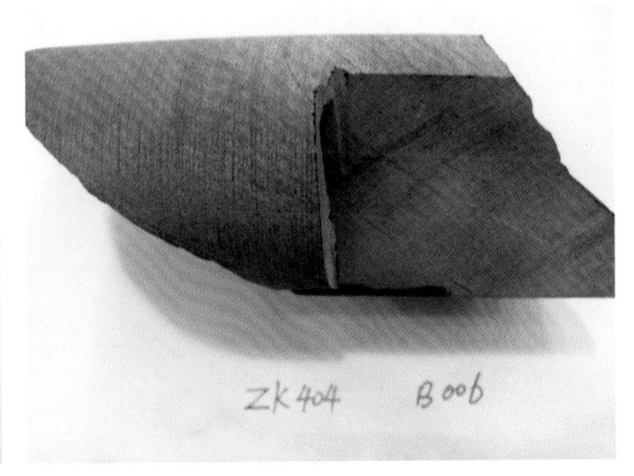


76. 含砂质黑云绿泥千枚岩。$ZK_{404}$孔深1147m。

77. 条带状磁铁绿泥千枚岩。$ZK_{404}$孔深1147m。

78. 条带状含方解磁铁石英岩。$ZK_{404}$孔深1155.7m。

79. 黑云绿泥千枚岩。$ZK_{404}$孔深1174m。

80. 含角砾凝灰质黑云绿泥千枚岩。$ZK_{404}$孔深1229m。

81. 条带状凝灰质黑云磁铁绿泥千枚岩。$ZK_{404}$孔深1247m。

82. 条带状凝灰质磁铁黑云千枚岩。$ZK_{404}$孔深1298m。

83. 绢云千枚岩。$ZK_{404}$孔深1342m。

84. 千枚状变凝灰质细砂岩。$ZK_{404}$孔深1363m。

85. 含磁铁碳质绢云千枚岩。$ZK_{404}$孔深1492m。

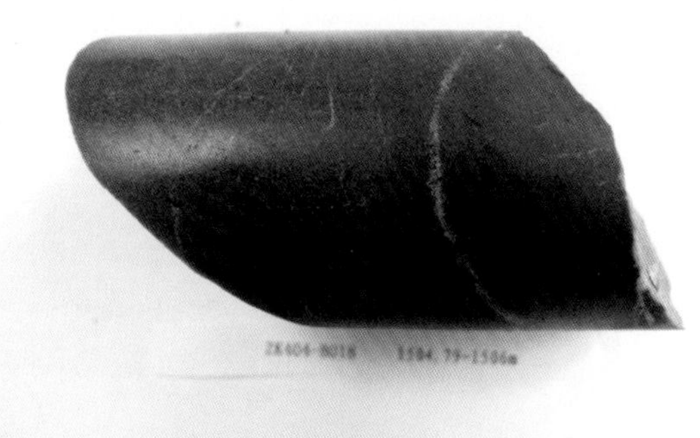

86. 含方解变凝灰质粉砂岩。$ZK_{404}$孔深1505m。

87. 隐晶质石墨岩。$ZK_{404}$孔深1621m。

88. 变角闪安山质角砾凝灰岩。$ZK_{404}$孔深1691m。

89. 变质角闪安山岩。$ZK_{404}$孔深1763m。

90. 底砾岩。$ZK_{404}$孔。

91. 古氧化面。赤铁岩$ZK_{404}$。

92. 条带状绿泥磁铁岩黄铁矿石英脉。$ZK_{404}$孔深1140m。

93. 变质砂岩与千枚岩接触面。$ZK_{404}$孔深1187m。

94. 含角砾凝灰质黑云绿泥千枚岩。$ZK_{404}$孔深1220m。

95. 条带状黑云绿泥磁铁岩。$ZK_{404}$孔深1247m。

96. 条带状构造。$ZK_{404}$孔深1247m。

97. 黑云绿泥千枚岩。ZK$_{404}$孔深1175.4m。

98. 千枚状变质中细砂岩。ZK$_{404}$孔深1360m。

99. 碎裂状碳质绢云千枚岩。ZK$_{404}$孔深1492m。

100. 变角闪安山质角砾凝灰岩。ZK$_{404}$孔深1600m。

101. 变安山质凝灰岩。ZK$_{405}$孔深1229.5m。

102. 安山质凝灰岩。ZK$_{405}$孔深1260m。

103. 碳质硅质角砾岩。$ZK_{405}$孔深1289m。

104. 变安山质角砾凝灰岩。$ZK_{405}$孔深1320.4m。

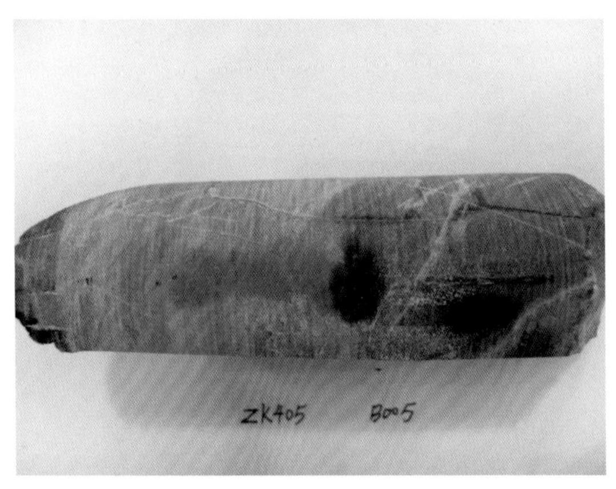


105. 凝灰质绢云绿泥千枚岩。$ZK_{405}$孔深1344m。

106. 变安山质含角砾晶屑凝灰岩。$ZK_{405}$孔深1393m。

107. 变安山质含角砾凝灰岩。$ZK_{405}$孔深1445m。

108. 含碳质绢云千枚岩。$ZK_{405}$孔深1550m。

109. 凝灰质绢云绿泥千枚岩。ZK$_{405}$孔深1579.8m。

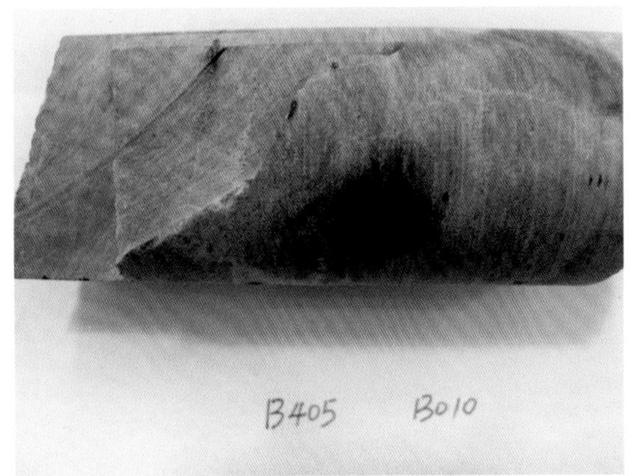


110. 变安山质凝灰岩。ZK$_{405}$孔深1595m。

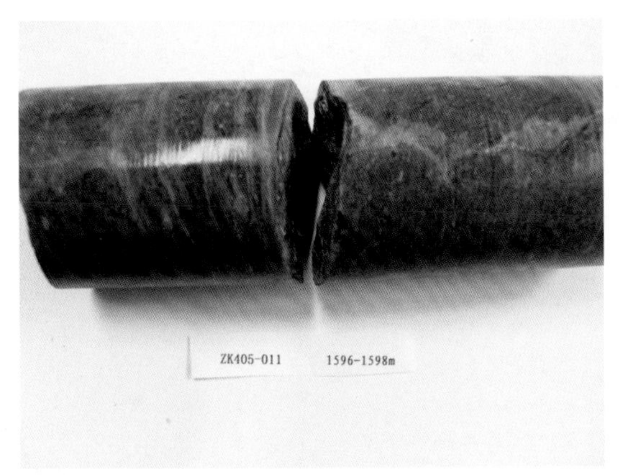


111. 变安山质含角砾凝灰岩。ZK$_{405}$孔深1597m。

112. 构造裂隙中充填方解石。ZK$_{405}$。

113. 碳质硅质角砾岩。ZK$_{405}$孔深1288.53 ~ 1289.7m

114. 隐晶质石墨岩。ZK$_{405}$孔深1294m。

115. 碳酸盐化断层泥。$ZK_{405}$孔深1307～1310m。

116. 碳酸盐化断层泥。$ZK_{405}$孔深1315～1317m。

117. 碳酸盐化变质细砂岩。$ZK_{405}$1329～1337m。

118. 变安山质凝灰岩。$ZK_{405}$孔深1241～1283.7m。

119. 含碳质绿泥绢云千枚岩。$ZK_{1201}$孔深965m。

120. 千枚状变质中细砂岩。$ZK_{1201}$孔深980m。

121. 变英安斑岩。$ZK_{1201}$孔深1115m。

122. 变英安斑岩。$ZK_{1201}$孔深1115m。

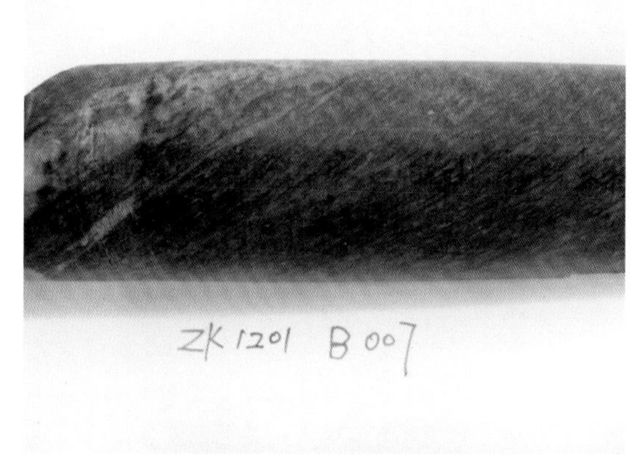


123. 英安质绢云千糜岩。$ZK_{1201}$孔深1135m。

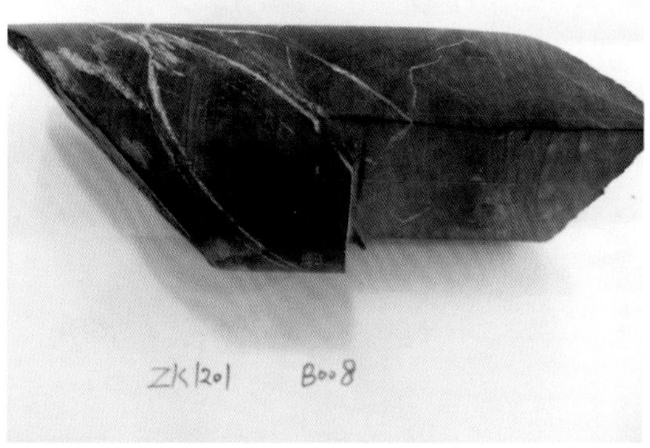


124. 绿泥千枚岩。$ZK_{1201}$孔深1151m。

125. 含砂绿泥千枚岩。$ZK_{1201}$孔深1157m。

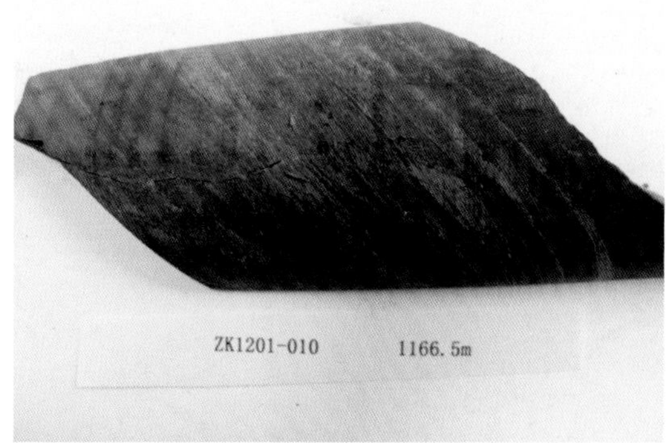


126. 条带状绢云石英磁铁岩。$ZK_{1201}$ 孔深1166.5m。

127. 条带状含绢云绿泥石英磁铁岩。$ZK_{1201}$孔深1193m。

128. 变凝灰质砂岩。$ZK_{1201}$孔深1233m。

129. 条带状含方解黑云磁铁石英岩。$ZK_{1201}$孔深1272 m。

130. 绿泥千枚岩夹磁铁石英岩条带。$ZK_{1201}$孔深1366m。

131. 绿泥千枚岩。$ZK_{1201}$孔深1385m。

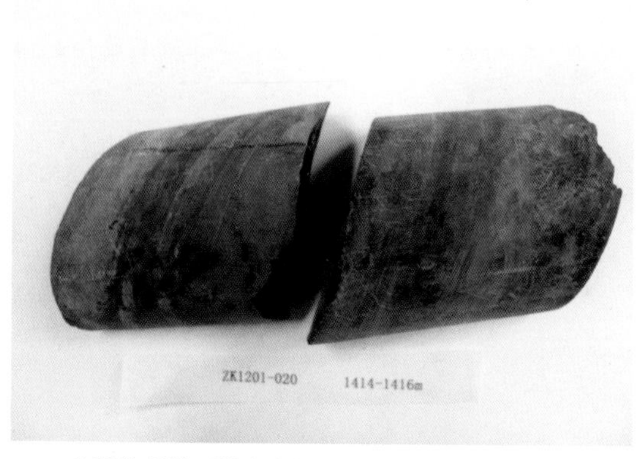


132. 条带状磁铁石英岩夹绿泥千枚岩。$ZK_{1201}$孔深1415m。

133. 方解绢云千枚岩。$ZK_{1201}$孔深1445 ~ 1446m。

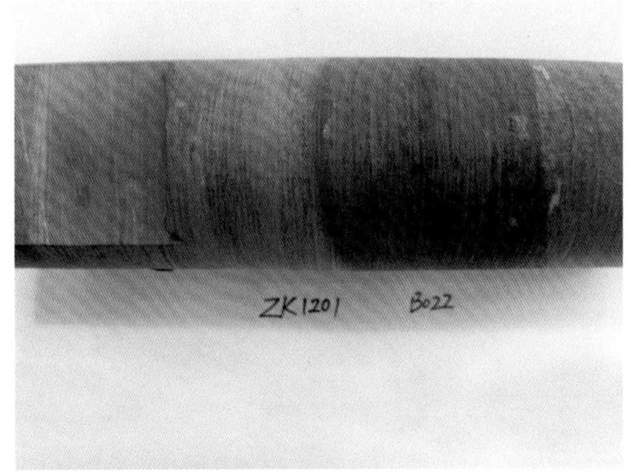


134. 绿泥黑云千枚岩。$ZK_{1201}$孔深1478m。

135. 含砂绢云千枚岩。$ZK_{1201}$孔深1545m。

136. 含磁铁黑云千枚岩。$ZK_{1201}$孔深1549m。

137. 条带状磁铁石英岩。$ZK_{1201}$孔深1575m。

138. 条带状黑云磁铁石英岩。$ZK_{1201}$孔深1598 m。

139. 黑云千枚岩。ZK$_{1201}$孔深1599m。

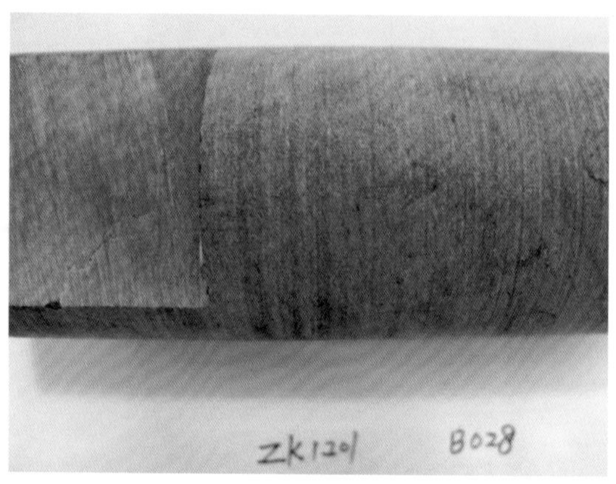


140. 绢云千枚岩。ZK$_{1201}$孔深1607

141. 含砂绢云千枚岩。ZK$_{1201}$孔深1618m。

142. 变英安质糜棱岩。ZK$_{1201}$孔深1664m（翟村组）。

143. 变质凝灰质细砂岩。ZK$_{1202}$孔深1219m。

144. 含砂黑云绢云钠长千枚岩。ZK$_{1202}$孔深1220m。

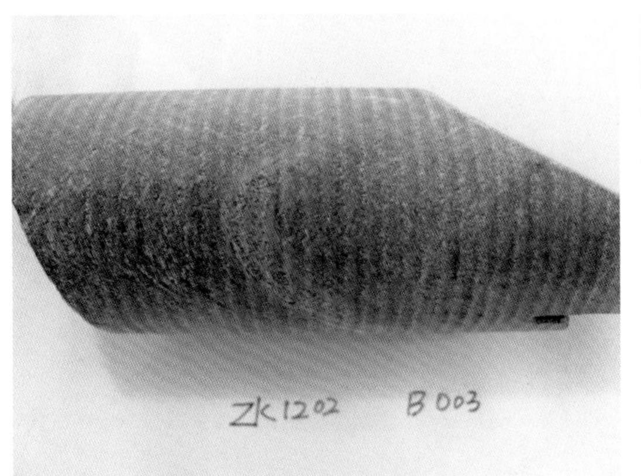


145. 绢云方解钠长千糜岩。$ZK_{1202}$孔深1241m。

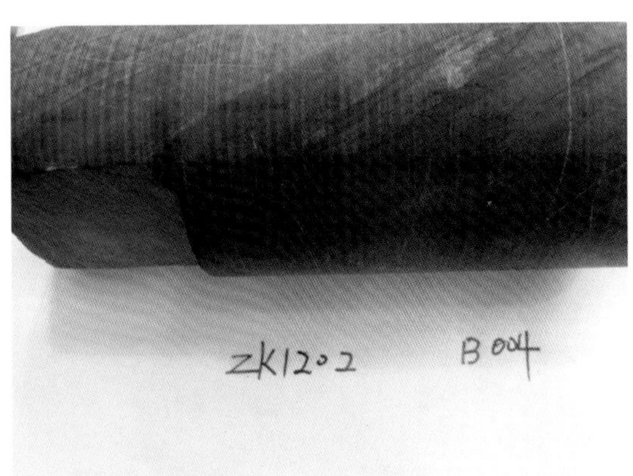


146. 黑云绿泥千枚岩。$ZK_{1202}$孔深1251.9m。

147. 糜棱岩化英安斑岩。$ZK_{1202}$孔深1276.8m。

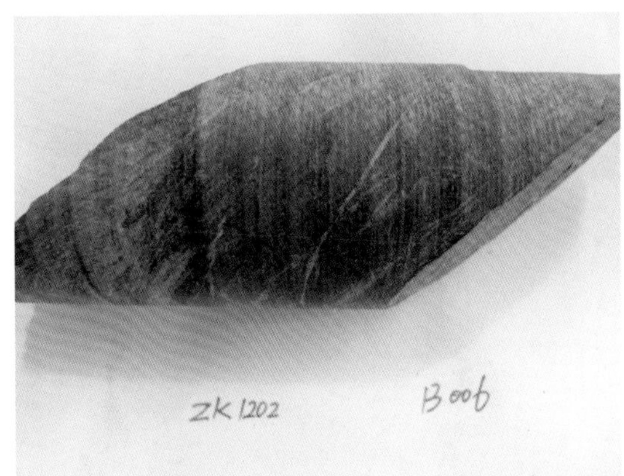


148. 绿泥千糜岩。$ZK_{1202}$孔深1284m。

149. 含砂方解钠长千枚岩。$ZK_{1202}$孔深1308m。

150. 方解绢云千枚岩。$ZK_{1202}$孔深1367.7m。

151. 绢云石英片岩。$ZK_{1202}$孔深1370～1371m。

152. 绢云千枚岩。$ZK_{1202}$孔深1418m。

153. 碳质钠长千枚岩。$ZK_{1202}$孔深1460m。

154. 变质凝灰质砂岩。$ZK_{1202}$孔深1476m。

155. 变安山质含角砾凝灰岩。$ZK_{1202}$孔深1550m。

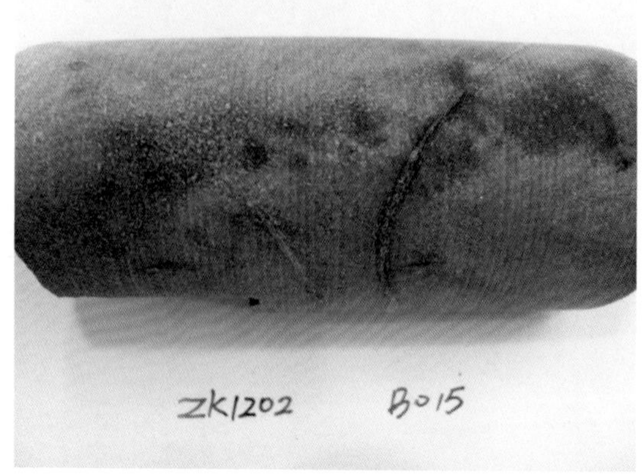


156. 变安山质凝灰岩。$ZK_{1202}$孔深1560m。

157. 变安山质凝灰岩。$ZK_{1202}$孔深1560m。

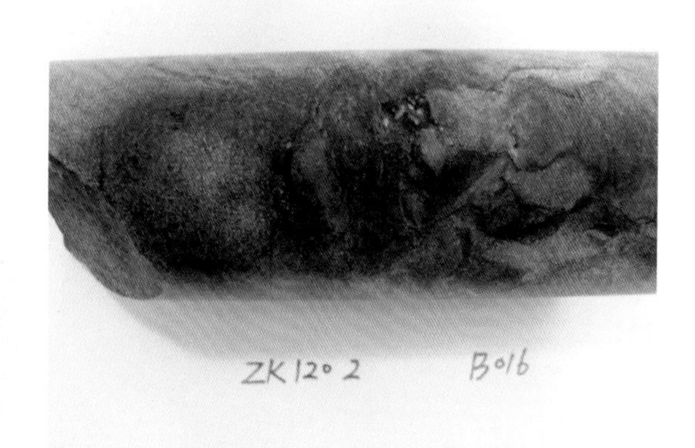


158. 变安山质凝灰岩。$ZK_{1202}$孔深1584m。

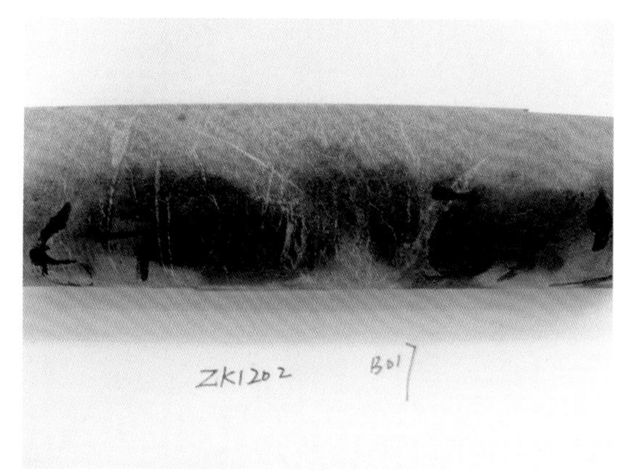


159. 变安山质凝灰岩。$ZK_{1202}$孔深1595m。

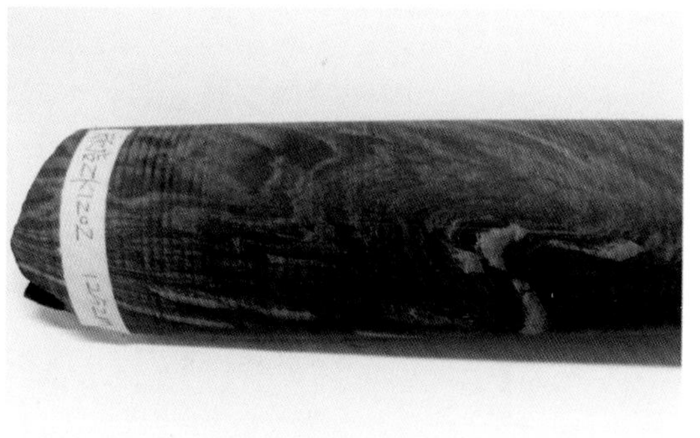

160. 褶皱构造。$ZK_{1202}$孔深1252m。

161. 碳质绢云千枚岩。$ZK_{1203}$孔深990m。

162. 变质砾岩。$ZK_{1203}$孔深1101.5m。

163. 碳质千枚岩。ZK$_{1203}$孔深1111m。

164. 变质砾岩。ZK$_{1203}$孔深1101.6m。

165. 变质中粒长石砂岩。ZK$_{1203}$孔深1308m。

166. 变质中细粒长石砂岩。ZK$_{1203}$孔深1340m。

167. 变质安山质凝灰角砾岩。ZK$_{1203}$孔深1503m。

168. 绢云母化碳酸岩化角闪安山斑岩。ZK$_{1203}$ 孔深1530m。

169. 含铁白云石绢云千枚岩。ZK$_{1203}$孔深1658m。

170. 含铁白云石绢云千枚岩。ZK$_{1203}$孔深1658m。

171. 变质含细粒凝灰质砂岩。ZK$_{1203}$孔深1726m。

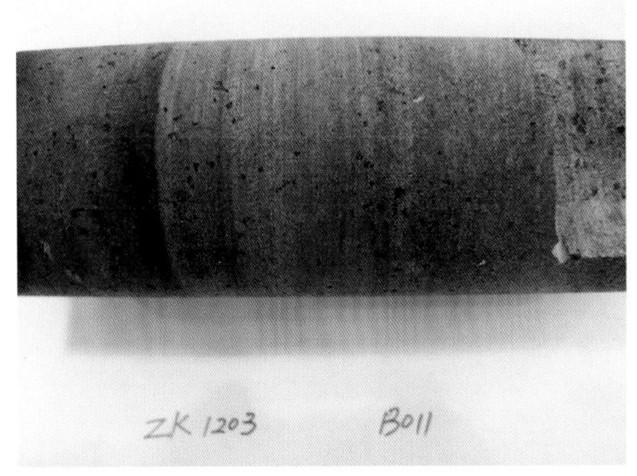


172. 辉绿玢岩。ZK$_{1203}$孔深1761.21~1762.81m（脉岩）。

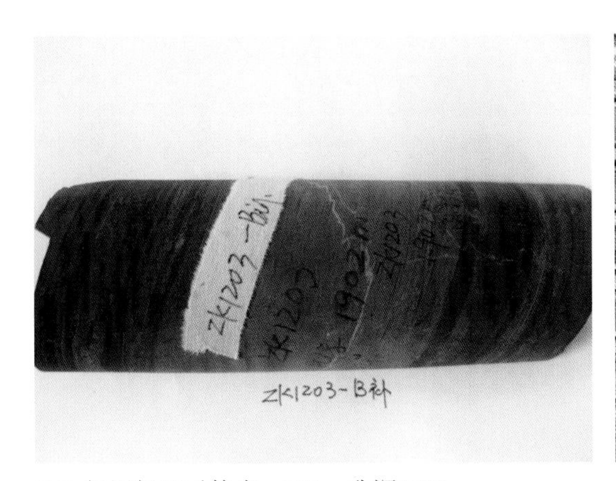


173. 绿泥绢云千枚岩。ZK$_{1203}$孔深1902m。

174. 变质砾岩。ZK$_{1203}$孔深1110 m ± 。

175. 白色方解石脉穿插千枚岩层理。ZK$_{1203}$孔深958 m±。

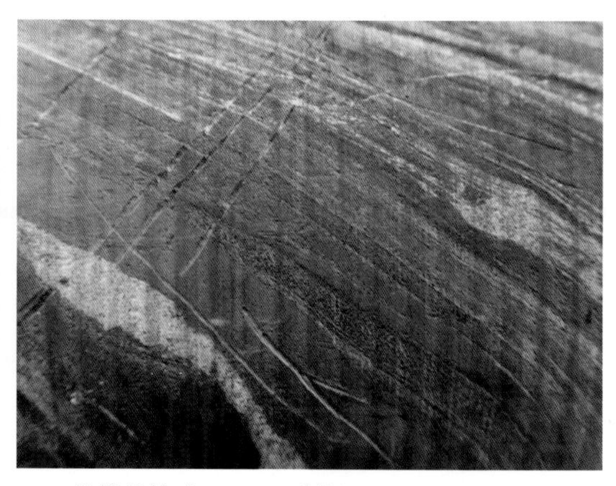

176. 条带状构造。ZK$_{1202}$孔深1230～1239m。

177. 绿泥千糜岩。ZK$_{1202}$孔深1297～1330m。

178. 含砂黑云绢云钠长千枚岩。ZK$_{1202}$孔深1218～1230m。